教育部高等学校轻工类专业教学指导委员会“十四五”规划教材

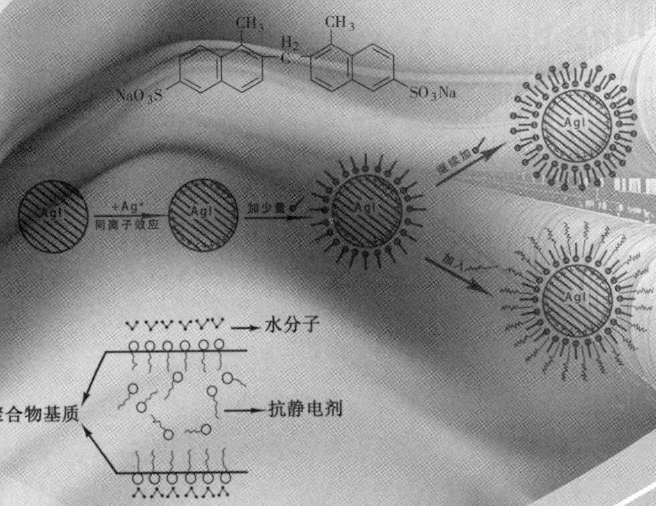

纺织化学品化学及应用

◎ 罗艳 高爱芹 主编

東華大學出版社

· 上海 ·

图书在版编目(CIP)数据

纺织化学品化学及应用 / 罗艳,高爱芹 主编. 上海:
东华大学出版社,2025. 6.

ISBN 978-7-5669-2536-7

Ⅰ. TS101.3

中国国家版本馆 CIP 数据核字第 2025TW3806 号

纺织化学品化学及应用

主　编: 罗　艳　高爱芹

责任编辑: 曹晓虹

封面设计: 魏依东

出版发行: 东华大学出版社(上海市延安西路 1882 号　邮政编码: 200051)

联系电话: 编辑部　021-62379902

营销中心: 021-62193056　62373056

天猫旗舰店: http: //dhdx.tmall.com

出版社网址: http: //dhupress.dhu.edu.cn

印　刷: 上海龙腾印务有限公司

开　本: 787mm × 1092mm　1/16

印　张: 18.25

字　数: 410 千字

版　次: 2025 年 6 月第 1 版　　印　次: 2025 年 6 月第 1 次印刷

书号: ISBN　978-7-5669-2536-7　　定价: 68.90 元

前 言

中国是最早织造纺织品,并发展染色印花技术的国家。我国劳动人民在古代就已采用米浆、豆浆对棉麻、纱线进行上浆,选取矿、植物对纺织物进行染色。公元前3000年出现的草木染工艺即为古代印染技术重要组成部分。我国纺织品印染的发展历史,跨越千年时空,不仅种类繁多,工艺精湛,而且许多印染整理,诸如蜡染还被列入国家非物质文化遗产,成为中华民族的宝贵财富。

纺织、印花、染色、整理用到许多纺织化学品,包括染料、助剂、表面活性剂、功能整理剂,以及诸多与纺织品密切相关的化学物质,对纺织品的升级迭代和高附加值影响深远。它不仅赋予纺织品功能性、时尚性,还可革新现有织造技术及染整加工,使纺织品趋于高档化及绿色化。但在全球化、数字化及人工智能化的今天,纺织工业已然面临巨大的机遇和挑战。

近年来,纺织化学品高速发展,产品推陈出新,为了紧跟时代步伐,更新迭代,出版一部纺织化学品的专用教材迫在眉睫。鉴此,东华大学相关人员联合浙江理工大学和武汉纺织大学各位同仁,共同编撰了此部《纺织化学品化学及应用》。该书获得教育部高等轻工类专业教学指导委员会“十四五”规划教材批准,是一本极具专业特色的教材。全书共分10章,第1、2、3、7、10章由东华大学高爱芹副研究员撰写;第4章节与第6章3、4节由浙江理工大学钟齐教授撰写;第5章节与第6章1、2节由浙江理工大学吴金丹教授和王成龙副研究员撰写;第8章由武汉纺织大学权衡教授撰写;第9章由武汉纺织大学赵瑾朝副教授撰写;整本教材的统稿审核人由东华大学罗艳教授完成。

本教材旨在为读者提供关于纺织化学品相对系统且完整的知识框架,内容涵盖纺丝、织造、前处理、染色、印花、后整理,以助剂及表面活性剂为主的纺织化学品。全书基于分子结构特点,阐明了纺织化学品构效关系;论述了常用纺织化学品的应用及评估方法;介绍了纺织化学品种类、化学性质与相关应用;针对纺织化学品与环境保护之间的关系,提供了一些建议和参考方案。

我国作为一个纺织印染生产大国,若想建设成为纺织印染强国,需要不断加强技术升级和理论创新。提高印染技术水平和产品质量,引进先进技术或自主研发，改善生产工艺，降低能耗和污染物排放，优化产品附加值和市场竞争力。实现这些目标需要每一位纺织专业技术人员的不懈努力。

至此，编者期望通过此教材，能让读者对纺织化学品有更加深入全面的了解，从而能更好地服务于纺织工业的可持续和健康绿色发展。当然，由于时间关系及编者在生产技术实践经验方面的不足，加之专业知识的一定局限性，教材难免有所疏漏，还望资深专家和广大读者海涵。

目 录

第一章 绪论

随着社会进步与经济发展，人们对纺织品的需求不断扩大，其种类和功能也日趋丰富与多样。为满足多样化需求，纺织工业在长期生产实践中逐步形成了一套完整的生产体系。在该体系中，纺织化学品起着至关重要的作用。它不仅决定了纺织品的外观、手感和性能，更在生产过程中扮演了关键角色，帮助纺织品实现从原料到成品的转变。

第一节 纺织化学品的作用与分类

纺织化学品在现代纺织工业中的角色已日益凸显，无论是传统纺织品性能的提升，还是新型纺织品的开发，都离不开纺织化学品。对它的研究与开发，既是发展精细化工的重要方面，又是发展纺织工业的重要条件。深入了解纺织化学品的作用、种类及应用是提高纺织品质量、降低生产成本和实现绿色生产的关键。

一、纺织化学品的作用

纺织化学品是纺织生产过程中不可或缺的辅助用料，遍布纺织品生产的每一处环节。其作用千变万化，对于纺织品的加工、性能改进和最终应用有着重要影响。以下是主要作用：

1.改进加工性能

纺织化学品可提高纤维加工性能，减少生产难度，提高效率，具体如下：

(1)增加纤维的加工流畅性。在纺丝过程中，润滑剂能减少纤维间的摩擦，确保纺丝机的流畅运转，防止纤维断裂，提高生产效率和产品质量。抗静电剂可有效减少静电的产生，使得纤维更易于加工。

(2)提高纱线的强度和韧性。织造过程中使用的浆料及固化剂能够提高纱线的强度，降低其在织机上的断裂率，使纱线更为稳定，减少其在后续加工过程中的收缩或变形。

(3)改善纤维的可染性。漂白剂通过去除纤维中的杂质和原色，提高织物对染料的亲和力。增湿剂可改善纤维对水的亲和力，使得染料能够更均匀渗透至纤维中。

(4)增强纺织品的稳定性。后整理过程中，交联剂可改善纺织品的尺寸稳定性，防止其在洗涤或使用过程中的变形。抗皱剂可为纺织品提供更佳抗皱性，减少其在使用和洗涤后的皱纹产生。

(5)优化纺织品的触感。如柔软剂可使纺织品手感更柔软舒适，提高消费者的使用体验。光亮剂为纺织品增加光泽，使其外观更加光滑和高档。

(6)提高生产效率和降低成本。在织物固色、交联等处理过程中，催化剂类纺织化学品可显著加快反应速度，从而缩短生产周期。在纺织品的热处理过程中，节能剂可降低加热的温度或时间，实现节能。

2.赋予或增强纺织品功能性

随着技术进步和消费者需求不尽相同，纺织品的功能性已不再局限于传统遮挡和保暖。

现代纺织品已涵盖了从健康、舒适性到保护、持久性等特殊功能。纺织化学品为实现这些功能发挥了关键作用。如:防水、防油整理剂通过形成纺织品表面薄膜或改变纤维表面性质,实现拒水、拒油效果,可广泛用于户外服装和工作服。抗菌剂通过杀死或抑制细菌生长,为纺织品提供抗菌功能,适用于内衣、袜子、医用纺织品等。防臭剂可抑制或中和致臭物质,提高纺织品的舒适度和使用寿命。紫外线吸收剂通过吸收紫外线,避免其对皮肤的伤害。抗静电剂可减少纺织品表面的静电堆积,提高舒适度,尤其在干燥环境中。热稳定剂通过提高纺织品在高温下的稳定性,防止褪色或变形。不过,值得注意的是,这些化学品的使用应当遵循环境和健康标准,确保对人体和环境安全。

3.改善织物外观和手感

织物外观和手感是消费者首次接触和评价产品的重要指标,纺织化学品可提升织物外观吸引力和舒适触感。

(1)增加纺织品的光泽度。光亮剂让织物呈现特定光亮度,使其外观更具光泽。荧光增白剂让织物在可见光下呈现更洁白的效果,提高外观质感。

(2)改善纺织品的手感。柔软剂可赋予织物柔软、丝滑手感,提供额外舒适性。手感调整剂可根据需要为织物赋予从滑爽到毛茸茸的不同手感。

(3)提高纺织品的平整度。抗皱剂可减少织物在使用和洗涤后的皱纹产生,提高织物的平整度。

(4)赋予纺织品特殊的视觉效果。珠光剂为织物赋予珠光效果,增加其高级感。印花辅助剂可确保织物印制图案的清晰度和色彩鲜艳度。

4.环境保护

环保已成为全球关注的焦点,纺织化学品也朝着绿色、环保的方向发展。如生物可降解性化学品、可再生材料等绿色、可持续的纺织化学品,均可显著降低对环境的影响。这不仅是出于环保的考虑,也是为了满足消费者对绿色、健康产品日益增长的需求。这一趋势正引导纺织业走向更环保、可持续的未来。

二、纺织化学品的分类

1.形态分类

纺织化学品根据其形态和应用特性可以分为液态产品和固态产品两类。液态产品是纺织化学品中最常见的形态,又分为水溶型、乳液型、溶剂型三类。液态化学品配制容易、计量准确、使用方便。大多数助剂和表面活性剂通常都是液态形式。其中,许多纺织助剂化学品,如柔软剂,都是以乳液形式提供。固态产品多为片状、颗粒状、微球状或粉末状,其特点是易于储存和运输。固态化学品在使用时通常需要先行溶解或分散。

2.化学分类

按照化学结构特征,纺织化学品主要分为表面活性剂和非表面活性剂两大类。在纺织印染工业中,用量及品种最多的产品当属表面活性剂类化学品。表面活性剂主要又分为阴离子型、阳离子型、两性和非离子型。在实际使用时,有时用单一表面活性剂,更多使用多种表面活性剂的复配物。非表面活性剂类的化学品助剂是由高分子化合物或其他有机、无机物组成的,如螯合剂、助溶剂、防腐剂、树脂整理剂、荧光增白剂、阻燃剂等。

3.应用分类

按照在纺织品加工过程中的用途分类,纺织化学品可分为纺纱织造用化学品和染整用化学品。前者包括纺丝用化学品及织造用化学品。后者可细分为前处理用、染色用、印花用、后整理用化学品,具体如下:

(1)纺丝用化学品:主要用于纺丝过程,使纤维易于加工。如合成纤维纺丝用油剂、浆料、表面活性剂型纺织助剂等。

(2)织造用化学品:用于织造过程中的化学品,增加纱线的强度,提高织造效率,如浆料、增稠剂。

(3)前处理用化学品:主要用于纤维或织物的预处理,去除坯布上的杂质以及纺织过程中的污物,改善织物的外观,赋予其良好的白度、表面光泽度及优良的手感,同时提高织物的润湿性和尺寸稳定性,为后续的染色、印花和后整理提供合格的半成品。例如改善染色或印花效果,包含退浆助剂、精炼剂、氧漂稳定剂、净洗剂等。

棉及其混纺物所含杂质主要包括棉籽壳、蜡质、果胶、色素等,以及在纺丝和织造过程中使用的浆料、油剂等物质。棉织物的退浆主要是去除织造过程中施加到纱线上的浆料,包括淀粉浆、改性淀粉浆及合成浆料等。退浆过程中通常添加一些具有渗透、洗涤作用的化学品助剂,有助于浆料充分完全从织物上脱附洗除。为进一步去除退浆后残留的浆料及棉籽壳等天然杂质,需要对棉织物进行煮练处理。烧碱是煮练剂的主要成分,同时添加一些具渗透、洗涤效果的化学品来提高煮练效果,增加棉织物的润湿性。棉纤维上的一些天然色素需要经过漂白工序去除。目前棉织物漂白最常用的方法为双氧水漂白,在此过程中通常需加入双氧水稳定剂以提升漂白效果。

蚕丝织物前处理工艺主要为精炼,其目的是去除丝胶、色素等杂质,常用的方法有肥皂精炼、碱精炼、酸精炼、酶精炼等。各精炼方法中均需添加一定量的纺织化学品助剂以提高丝胶的溶解和洗除效果。

羊毛织物的前处理工艺主要是通过洗毛、碳化等加工过程去除原毛纤维上的羊脂、羊汗及羊毛中混杂的植物性杂质。其中,羊毛脂主要利用碱剂和其他化学品助剂通过皂化和乳化的方法去除,包括碱性洗毛法、中性洗毛法和酸性洗毛法。植物性杂质则是利用酸脱水碳化而去除。

涤纶、锦纶、腈纶等合成纤维的前处理工艺相似,主要去除纺丝油剂、浆料等人为杂质,及沾污的油剂、尘埃等,故其主要前处理工艺为退浆、精炼。由于工艺简单,通常将退浆、精炼合并为一道工序,以氢氧化钠或纯碱为主要成分,再加入一些具有润湿、渗透、乳化、分散、增溶、洗涤等作用的纺织化学品助剂,达到良好的退浆精炼效果。

黏胶纤维等再生纤维素纤维的前处理工艺与棉纤维相似,主要包括退浆及煮练,但由于其耐碱稳定性比棉纤维差,一般选择更温和的条件加以实施。

(4)染色用化学品:用于纺织品染色过程,主要包括匀染剂、缓染剂、防泳移剂、消泡剂、分散剂、固色剂、剥色剂、染色牢度提升剂、增深剂、皂洗剂等。织物或纤维的染色过程,是染料分子直接或间接地和纤维分子发生物理或化学作用而上染的加工过程。根据纺织品纤维种类不同,需选用不同的染料,如棉纤维的染色多选用活性染料、直接染料、还原染料,涤纶纤维多选用分散染料,而腈纶纤维则选用阳离子染料。为保证获得颜色均匀、色泽鲜艳,兼具良好色牢度的染色效果,在染液中除了染料外,还需加入各种染色化学品助剂。如为了降低染料在被染基物上的初始上染速率,避免色花、色斑等染色不匀的现象,通常需要在染浴中加入匀染剂。直接染料、酸性染料等阴离子水溶性染料色谱较齐全,色光较鲜艳,但其湿处理色牢度欠佳,褪色和沾色问题较为严重。为了提高染色织物的湿处理色牢度,通常在染色后使用固色剂。分散染料由于水溶性差,为使其可良好分散,染色时需加分散剂。

(5)印花用化学品:用于纺织品印花过程,如增稠剂、交联剂、涂料印花黏合剂等。纺织品的印花是通过特定加工方式,使用染料或涂料在织物上形成图案的过程。从着色的角度讲,可将其理解为局部染色。与染色不同的是,其上染的介质是印花色浆。因此,除了染料或涂料作为着色剂外,还需要添加糊料作为增稠剂,可起到稳定、载体、黏着、吸湿、防泳移等作用。由于印花浴比小,色浆中含有大量的糊料、染料,使得染料溶解困难,因此色浆中还需加入助溶剂。若使用涂料印花,则还需加入黏合剂以提高颜色坚牢度。

(6)后整理用化学品:用于纺织品的最终处理。纺织品的后整理是织物最后一道加工工序,通过物理或化学加工方式,赋予纺织品一些特殊性能,增加纺织品的舒适性和功能性,以改善其性能和手感。根据所需赋予纺织品的功能可选择不同的后整理化学品助剂,主要包括抗皱整理剂、柔软整理剂、阻燃整理剂、防水防油整理剂、抗静电整理剂、抗菌整理剂、抗紫外整理剂等。

综上,在纺织品的加工过程中,从纺丝、织造到退浆、练漂、染色、印花及后整理的每道工序,都离不开各类纺织化学品。纺织工业为化学工业提供了用武之地,而纺织化学品的应用与发展又给纺织工业带来了新的生机。

第二节　纺织化学品的发展趋势

一、纺织化学品发展现状

纺织化学品是精细化工产品在纺织印染行业的应用,属于化工和纺织的边缘学科。近年来,世界纺织助剂工业及市场发展迅速。在我国,由于纺织工业的快速发展和人们对纺织品品质要求的不断提高,纺织助剂工业发展速度明显高于世界平均水平。

全球范围纺织化学品约有上百种类,万余个品种,其中,美国、德国等西方发达国家以及日本的纺织印染助剂的制造在世界上占比处于较高水平。最近几年,在我国经济不断快速发展的大背景下,我国的印染布生产总量正飞速增长,目前我国的印染布加工制造总量已达全球首位。根据《2021年中国印染助剂行业分析报告-市场行情监测与未来趋势研究》数据显示,我国纺织印染助剂产能继续呈增长态势,从2000年的30万吨增长至2018年的200万吨左右,复合年增长率达到11%左右;2020年中国纺织印染助剂产能约为250万吨。整体来看,我国印染助剂产能产量持续上升,产销率保持稳定,行业市场规模持续扩张,从2017年的259亿元增长至2019年的316亿元,复合年增长率为10.46%;2020年中国印染助剂行业市场规模达到328亿元,同比增长3.8%。

过去纺织印染助剂的研发主要依靠剖析和仿制外国产品。近年来,我国在新产品及新配方的研发、基础原料的合成、基础理论的研究等方面取得了长足发展,基本满足了下游纺织产业发展需要。各国都在对纺织化学品进行研发,各种新型技术层出不穷。助剂需求变化的重要特征表现为结构调整,产品品质提高,服装面料流行趋势的迅速变化也要求助剂企业有较强的新品开发能力和快速反应能力。从产品上,从上世纪五六十年代的传统助剂,到二十一世纪以来的新型助剂,如染色同浴除油剂、无磷皂洗粉、环保型分散染色载体、环保型增稠剂、三元共聚有机硅柔软剂等,可看出纺织化学品整体沿着环保节约、创新高效的方向发展。

纺纱织造化学品的发展方向表现为高效、低用量和环保。新型的助剂旨在提高生产效率,减少能源和资源的消耗。生物技术在此领域的应用取得了较大技术创新,如使用生物酶进行纤维的前处理,可使生产过程更加环保且高效。前处理化学品主要是采用环保型替代品取代有毒或高污染的前处理化学品。染色化学品的研发则朝向在低温、少水、少盐等条件下也能得到良好染色效果的方向发展。印花化学品的发展需与数字化印花相匹配,实现高精度、多样性和快速响应市场的生产模式。新型后整理助剂更注重对人体和环境的安全性与多功能性。纺织化学品的发展现状显示了行业在技术创新、满足消费者需求和应对全球环境挑战方面的努力。

二、纺织化学品发展趋势

进入新世纪以来,纺织化学品开发的重点是后整理剂和印染助剂,两者占比四分之三,且主要集中在"三高"新型纺织化学品开发上,即高环境和生态保护性能纺织化学品,也称环保型助剂。它们具有优异的生物可降解性、无磷、无有害有机溶剂;高级专用助剂,能适应新纺织纤维和新染整技术的需要;高功能助剂,能最大限度提高加工质量、性能和效率,降低生产成本。

1.开发高环境和生态保护性能的绿色助剂化学品

根据《中华人民共和国清洁生产促进法》《生态纺织品技术要求》等国家政策和规定,以及人们对纺织品安全性要求的不断提高。纺织印染行业大力推广环保、绿色、清洁工艺,除纺织印染助剂所要求的一般性能外,还须满足一定的质量指标,如良好的安全性、生物可降解性、低毒性、无环境激素及重金属离子、无生物活化整理剂、甲醛含量低于限定值等。环保、绿色将成为今后纺织化学品发展的主流。

2.开发适应新纺织纤维和新染整技术需要的高级专用助剂化学品

目前,我国已成功开发出多种新型纺织纤维及其制品,常见的主要产品有:"一细四异"(超细、异纤度、异收缩、异截面、异材质)纤维、弹性纤维、新纤维素纤维、功能性纤维等。这些新纺织纤维及其织物,主要是一些功能性很强的纤维,如防静电、防水等。这些产品的开发,带动了新染整工艺的研究,对染料和纺织助剂化学品提出了新的、更高要求。如Tencel纤维和大豆蛋白纤维的出现,需要一些特定的纺织化学品,包括新型活性染料、新型酸性染料、浴中润滑剂、酶制剂等加以实现其生产加工。

3.基于高新技术开发新型多功能和高功能助剂化学品

目前较为突出的高新技术有生物技术、纳米技术、复配增效技术和微乳化技术等,采用这些高新技术开发多功能和高功能纺织助剂也是纺织化学品的开发热点之一。例如运用生物技术制造酶制剂发展迅速,包括用于棉纤维退浆处理的淀粉酶,用于棉纤维光洁和减量处理的纤维素酶,用于棉纤维精炼的果胶酶和纤维素酶,以及用于丝绸脱胶和羊毛防缩整理的蛋白酶等。将纳米技术用于纺织助剂中制成的纳米材料抗菌粉、远红外粉的特种助溶剂、纳米级乳液黏合剂等都起到了传统产品无法比拟的作用。

4.清洁、节约型纺织化学品

近年来,各企业在清洁生产、节能减排等方面均投入了大量人力、物力和财力。其中,高效、节能、短流程、低温等清洁、节约型纺织助剂的开发成为纺织化学品的重要发展方向，不仅要满足人民日益增长的优质生态纺织品需求，同时还要满足优美生态环境的需要。

5.多功能与智能化纺织化学品

多功能与智能化纺织化学品是近年来纺织领域中极为引人关注的研发焦点。这些化学品为纺织品带来了前所未有的功能与特性，满足了现代消费者对于高效、方便和智慧生活的追求。其中，多功能性纺织化学品主要以健康与安全、环境适应性为导向，包括抗菌与抗病毒整理剂、自清洁与防污整理剂、紫外防护整理剂等。智能纺织化学品代表了纺织领域与高科技的交叉融合，开创了纺织品在各个方面的无限可能性。这些化学品使纺织品具有了感知、响应和适应特定环境或刺激的能力，主要包括感应型智能纺织化学品、穿戴电子与传感器集成、自适应与自修复型智能纺织化学品。智能纺织化学品的发展趋势是多元化、高度集成化和个性化的。重点关注与现代科技的融合、环境响应、人体健康与生活品质的提高。随着技术的不断进步，我们可以期待未来纺织品将更加智能、互联和个性化。

参考文献

[1]张祥瑞.纺织助剂[M].北京:中国纺织出版社,2005.
[2]王永春.纺织化学[M].北京:化学工业出版社,2003.
[3]郑有为.纺织化学品应用技术[M].北京:中国轻工业出版社,2007.
[4]杨明星.纺织品化学处理新技术[M].北京:中国纺织出版社,2009.
[5]胡淑芬.纺织品绿色化学处理[M].北京:化学工业出版社,2019.
[6]Carr,C.M.Chemistry of the Textiles Industry[M].London,Chapman & Hall,1995.
[7]陈平.纺织化学与生态[M].北京:中国纺织出版社,2010.

第二章　纺织工业用表面活性剂

第一节　表面活性剂概述

什么是表面活性剂？若将一些溶质溶于水中，有三类物质可影响水溶液的表面张力（图2-1）。第一类物质是无机盐，例如，氯化钾、硫酸铝等，随着这类物质的加入，水溶液的表面张力会缓慢增加。进一步研究发现：这类物质在溶液表面相的浓度比本体相的低，一般称为表面负吸附物质；第二类物质是极性有机物，例如，乙醇、丙酸、丁醛等，随着这类物质的浓度增加，水溶液的表面张力会降低，而且，其在溶液表面相的浓度会高于本体相，一般称为表面正吸附物质；第三类物质是一些长碳链的极性有机物，例如，硬脂酸钠（肥皂）、十二烷基硫酸酯钠等。与前两类物质不同的是：少量加入这类物质，水溶液的表面张力会急剧下降，并随其本体相浓度增加，表面相浓度迅速趋于饱和，表面张力降至极小并趋于定值；随着继续加入，该类物质分子还会在本体相中相互缔合生成胶团、胶束。所以，第三类物质是一类极端的正吸附物质，称为表面活性剂。

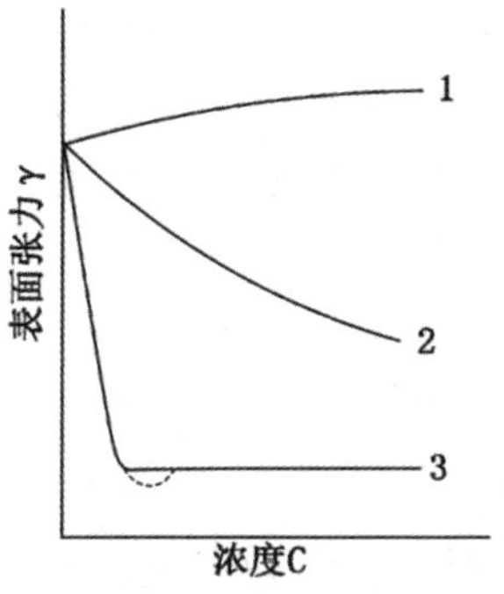

图2-1　三类物质水溶液的表面张力与浓度关系示意图
（1—无机盐　2—极性有机物　3—表面活性剂）

一、表面活性剂及其发展史

其实，表面活性剂远在人类认识其之前就已经客观存在了。例如，构成地球上最初的原生动物阿米巴的细胞双分子脂膜中的蛋白质、核酸和脂质，哺乳动物乳汁中的乳化剂酪氨酸和球蛋白，蛋黄中富含的卵磷脂，助消化的胆汁酸，以及几十万年前脊椎动物恐龙体内的乳化脂肪。西方人很早就学会了用生蛋黄调制油性药剂，及乳化精制油配制沙拉。

在古代，尽管没有现代的科学概念和术语来描述“表面活性剂”，但在多个文明中，包括中国，人们已经在日常生活和工艺中应用了表面活性剂的类似原理。例如，古埃及人使用某些天然植物作为洗涤剂；古代中国人民使用天然资源如植物碱、皂角树、草木灰等来制作清洁用品。这些天然资源中含有可降低水表面张力的物质，使油脂变得易于去除，达到清洁目的。这种清洁原理与现代表面活性剂非常相似。在纺织和染色领域，人们使用一些天然添加剂用于帮助染料在纺织品上均匀分布，这些添加剂在一定程度上起到了表面活性剂的作用。在古代农业中，一些天然的物质被用作增湿剂，帮助土壤保持湿润，这也是表面活性剂的一种应用。

最早被人类认识并利用的表面活性剂是肥皂。肥皂的最初起源可能已无法正确考证了。但是，人类早在史前就已学会利用碱性物质，用草木灰等进行油污的原位皂化方法洗涤衣物，即用碱性物质使衣物上油污直接皂化生成肥皂，从而洗涤衣物。肥皂作为洗涤剂具有许多优点，例如，易于制备、无毒无害、生物可降解、与人体亲和性好等。但肥皂存在碱性大，不溶于酸性介质以及耐硬水与耐电解质能力差等缺点。

人类寻求肥皂替代品的工作始于19世纪初，1830年通过蓖麻油酯硫酸化成功制备了最早的人工合成表面活性剂，部分弥补了肥皂的不足，并作为一种染色用润湿剂或渗透剂被广泛应用。1917年丁基萘磺酸钠问世，但丁基萘磺酸钠的碳氢链较短，润湿和发泡能力较强，而去污能力较差，所以不适用于洗涤。1928年脂肪醇硫酸酯盐以其去污力强、泡沫丰富而被开发，并成为首个合成洗涤剂。1930年以脂肪酸、脂肪醇及脂肪胺聚氧乙烯醚为代表的低泡、高活性非离子型表面活性剂在实验室研制成功。但由于原料成本及技术问题，当时这些合成洗涤剂并未得到商业应用。

第二次世界大战以后，以四聚丙烯为原料的十二烷基苯合成技术开发成功，而用十二烷基苯磺化制备的支链型十二烷基苯磺酸钠（ABS）以其良好的去污和起泡性能开始在家用洗涤剂领域逐步替代肥皂。到20世纪60年代，世界范围内对合成洗涤剂ABS的需求量已赶超洗衣皂。但ABS生物可降解性极差，使其在下水体中大量积聚，泡沫泛滥而造成严重的环境污染。直至直链型十二烷基苯磺酸钠（LAS）全面替代ABS才阻止了污染的进一步发生。20世纪70年代，高分子合成技术取得长足进步，聚氧乙烯醚非离子型表面活性剂生产成本大幅下降，使得此类产品有较大发展。

到20世纪末，全世界市场销售的表面活性剂品种已逾数千种。表面活性剂的应用也从原来的家用洗涤剂发展到包括纺织、皮革、造纸、化妆品、食品、药品、涂料、化肥、饲料、石油、建筑、冶金及机械等工业领域，包括增溶剂、润湿剂、乳化剂、分散剂、发泡剂及洗涤剂等工业用剂。并已开始超越原有单一的表面活性剂使用范畴，成为具有包括表面活性、抗皱性、平滑性、柔软性、抗静电性、抗菌性及匀染性等多种功能的"工业味精"。虽其用量不多，但能起到增加产量、降低消耗、节约能源、提高质量等关键作用，是人类生活与生产中重要的组成部分。

二、表面活性剂在纺织工业的发展趋势

表面活性剂所具有的独特表面活性，使其在多相分散系统中具有举足轻重的作用。事实表明：作为一种更广泛意义上的精细化学品，表面活性剂的许多其他特性也正使其成为各个工业领域不可缺少的"工业味精"。纺织工业是表面活性剂最早被应用，也是应用最广泛的工业之一。目前，用于纺织工业的表面活性剂品种超过3000多种，其中包括用于纺丝、纺纱工序的各种纺织和纺丝洗净剂等，用于织布、编织工序的织布和针织油剂等，用于精炼工序的精炼剂等，用于染色工序的匀染剂等，以及用于整理工序的各种功能整理剂等。随着21世纪世界工业的高速发展，表面活性剂在纺织工业中面临以下挑战。

1.新型高性能、多功能表面活性剂的研发

从应用需求看，不仅传统的纺织用表面活性剂，例如工业洗涤剂、乳化剂、润湿剂、渗透

剂、分散剂等，也包括柔软剂、抗静电剂以及抗菌剂等非传统的纺织用表面活性剂，日益广泛的应用要求表面活性剂不仅具有出色的表面活性，能充分满足各种工艺的技术要求，而且还要具有良好的功能性、配伍性以及对温度与化学品的稳定性。而从合成手段看，从以前的天然提取、改性与修饰，到目前通过分子设计进行化学合成，采用生物技术或绿色化学方法合成新型的高性能、多功能表面活性剂，以减少对有害化学物质的依赖，降低生产过程中的污染。此外，跨行业、跨学科的研发合作成为新趋势，纺织工业与化学、生物科技、新材料等领域的交叉合作将为表面活性剂的应用带来更多创新。

2.表面活性剂与其他化学用剂的复配性能研究

现有表面活性剂的复配是获得高性能产品的另一个有效途径，而且成本更低，周期更短，利用表面活性剂之间的协同效应进行复配，以更好地适应高速、高效的生产要求，如在低温、短时间内实现优异的去污、染色或整理效果，往往可以达到事半功倍的效果。

3.“绿色生态表面活性剂”的研究

随着全球对环境保护的日益关注，纺织工业中的表面活性剂也趋向于采用更加环保、生物可降解的原料。绿色和生物基的表面活性剂正在逐渐替代传统的石油基产品。“绿色生态表面活性剂”的研究应包括三个层面的内容：

（1）对人体无毒、无害、无刺激性；

（2）对环境无毒、无害、无鱼毒性；

（3）对环境友好，生物可降解性好，不积聚。

第二节　表面活性剂的结构与分类

一、表面活性剂的结构及表面活性

表面活性剂的分子结构有别于其他有机化合物，其结构是：任何一种表面活性剂分子都是由两种不同性质的基团所组成：一种是非极性易溶于油的疏水（亲油）基；另一种是极性易溶于水的亲水基，两种基团分别处于分子的两端形成不对称结构。因此，表面活性剂是一种两亲分子，具有既亲油又亲水的两亲性质。其结构示意图如图2-2所示。这一结构特征使其在溶液中能定向吸附在气/液界面上降低表面张力，并当达到某一临界浓度之后，本体相中的分子间相互缔合形成胶束。这种吸附和胶束化作用即所谓表面活性剂的表面活性作用。而这种表面活性是表面活性剂两亲性不对称结构的结果。

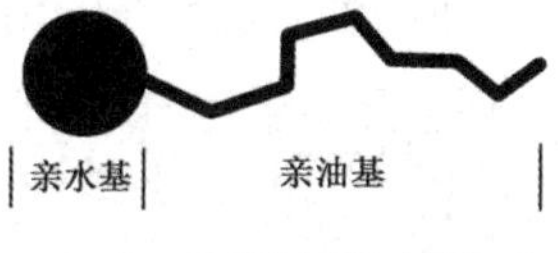

图2-2　表面活性剂的结构示意图

构成表面活性剂疏水基和亲水基的种类繁多。疏水基主要为烃类，来自油脂化学制品或石油化学制品。烃类有饱和烃和不饱和烃，饱和烃包括直链烷烃、支链烷烃和环烷烃，其碳原子数大都在8~20范围内；不饱和烃包括含有双键或三键的脂肪烃及芳香烃，有弱亲水基作用。其他疏水基还有脂肪醇、烷基酚、碳氟链、硅氧烷结构等。亲水基有离子型和非离子型两大类。离子型亲水基在水溶液中能离解为带电荷的表面活性离子和反离子；非离子型亲水基仅具有极性而不能在水中离解。

1.表面活性与疏水作用

由于水分子间存在强烈的氢键作用，所以，水具有很高的内聚能。若将亲油性的烷烃与水混合，由于烃的内聚能远小于水，烃分子会迅速逃逸水而发生相分离。且烃分子的链越长，其逃逸水的趋势就越强烈。那么，表面活性剂溶于水中将会发生什么情况呢？由于表面活性剂具有双亲结构，所以，在水中亲油基会使其逃逸水，而亲水基则又会阻止这种逃逸的趋势，避免相分离并迅速地在表面上富集。表面活性剂的亲油基在水中逃逸及其相互缔合的这种趋势被称为“疏水作用”，所以，具有这种疏水作用的亲油基又称为疏水基。表面活性剂疏水作用的两个直接结果是：表面活性剂在表(界)面上疏水基朝着水相的外侧定向排列，即所谓表面活性剂的表(界)面吸附；而一旦表(界)面被表面活性剂的吸附所充满，则在水溶液本体相中表面活性剂的疏水基会相互靠拢并缔合成聚集体，即所谓表面活性剂的胶束化作用(图2-3)。此种表(界)面吸附和胶束化作用的自发趋势反映了表面活性剂的一种“自组装”能力，即表面活性。

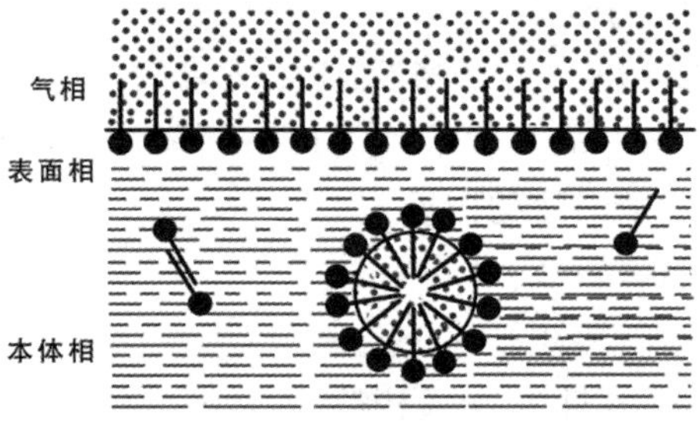

图2-3　表面活性剂在水中的表面吸附和胶束化作用示意图

2.表面活性与双亲结构

如上所述，物质的表面活性来自双亲结构，但是，具有双亲结构的物质不一定表现出表面活性。

如图2-4所示，化合物a是完全的亲水性物质，例如无机盐等，表现为表面负吸附；化合物b为表面正吸附物质，例如有机酸、醇以及胺等；而化合物f和g因其亲水性极弱，只能溶解在油相，也不具有表面活性。具有表面活性的物质唯有c、d、e三种，其中，化合物c亲水性相对较强，吸附在偏水相一侧的表(界)面，表面活性较弱；化合物e疏水性相对最强，吸附在偏油相一侧的表(界)面，表面活性较强。可以这样说：表面活性剂是一类具有亲水性和亲油性相对平衡的不对称化合物，亲水性越弱、亲油性越强，则其在水中的表面活性越大。但是，亲水性过弱、亲油性过强，反而会失去表面活性，从水中析出而分相。

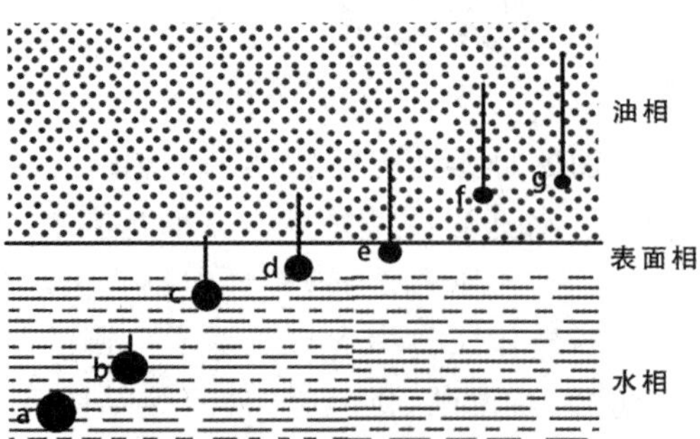

图2-4　各类物质在油/水界面上的吸附分配示意图

本教材中除特别指明体系外，表面活性剂的表面活性均指在水相中的性质。

二、表面活性剂的分类

如前所述，可用于构成表面活性剂的亲油基和亲水基的种类很多，由它们组合而成的表面活性剂种类繁多，用途广泛。如何合理地将表面活性剂进行分类是一个重要问题。目前普遍采用按结构分类。因此，表面活性剂的分类方法包括按疏水基分类及按亲水基分类。

1.按疏水基分类

除了新合成具有特殊结构的各种疏水基外，常见的表面活性剂分子疏水基一般可分为碳氢链、聚醚、硅氧烷和氟碳链四种类型。

(1)碳氢链疏水基

碳氢链是目前表面活性剂中用量最大，品种最多的一类疏水基，一般有以下几种结构。

①直链烷基：直链烷基是最常见的疏水基之一。增加表面活性剂中直链烷基的链长，则增加其在有机溶剂中的溶解度，降低其在水中的溶解度，在水中的表面活性会使其增加，界面吸附与胶束化趋势增强。

②支链或不饱和烷基：在疏水基中引入支链或不饱和烷基，则与相应的直链烷基同系物相比，表面活性剂在水或有机溶剂中的溶解度增加，胶束化能力削弱。另外，具有支链烷基的表面活性剂的生物可降解性一般较差。而不饱和烷基则比较容易被氧化、变色，其疏水性也因不饱和键的存在而有所减小。

③含芳香环或脂肪环的烷基：在疏水基中引入芳香环，表面活性剂的疏水性增加，但增加幅度不如直链烷基(六个碳的苯环的疏水性大约相当于3.5个亚甲基的直链烷基)。其生物可降解性降低，在界面上往往难以形成紧密的膜结构。相较而言，含脂肪环烷基的表面活性剂(例如松香衍生物)膜结构可能更疏松。

(2)聚氧丙烯醚链疏水基

聚氧丙烯醚链是由环氧丙烷聚合而成，相对分子质量可从数百到数万，相对分子质量越大，疏水性则越强。常见的聚氧丙烯醚链疏水基的相对分子质量为1000~2000。且相对分子质量也有一个分布。含有聚氧丙烯醚链的表面活性剂往往容易吸附在极性界面上，也有利于在一些极性有机溶剂中的溶解。

(3)聚硅氧烷链疏水基

聚硅氧烷链疏水基为非碳链疏水基。与碳氢链相比，耐热性好，化学稳定性高，由于柔软的硅氧链既不亲水，也不亲油，所以，在水相和非水系统中都有表面活性，降低水溶液表面张力可达20 mN/m。含硅氧链的表面活性剂常常作为润湿剂、消泡剂、柔软剂等被广泛用于纺织、涂料及化妆品等行业。缺点是生物可降解性较差，价格较高，且在胶束的形成及增溶等方面不遵循表面活性剂的一般规律。

2.按亲水基分类

表面活性剂按亲水基可分为单一型和复合型两类。单一型即只含一种亲水基的表面活性剂，根据其在水中的电离性能又分为阴离子型、阳离子型、两性离子型和非离子型四种。而复合型表面活性剂则是含两种以上亲水基的表面活性剂。

阴离子型表面活性剂的品种最多、价格最低、产量最高，是表面活性剂的第一大类。近二十年来以聚氧乙烯醚为代表的非离子型表面活性剂取得了飞速的发展，目前已成为仅次于阴离子型的第二大类表面活性剂。而阳离子型表面活性剂往往用作平滑、柔软和抗菌剂，用量相对较少、毒性较高，且价格也较贵，这十几年在非表面活性方面的应用发展迅速。当然，价格最贵的是两性离子型表面活性剂，但其毒性和刺激性都较低，在固/液界面上有极佳的吸附性能，是一类很有发展前途的表面活性剂。目前，复合型表面活性剂的开发研究受到广泛重视。除两性离子型表面活性剂作为特例外，多元醇与聚氧乙烯醚的复合型表面活性剂是最早的实例之一。例如，脂肪酸缩水山梨醇酯的聚氧乙烯醚非离子型表面活性剂（Tween 系列）。现在用得比较多的是离子型与非离子型的复合型表面活性剂，前者往往可以提高多元醇的亲水性，而后者则可以改善离子型的抗电解质能力。20世纪末，一类由两个亲水基和两个疏水基复合而成的偶联性表面活性剂被广泛关注，这类表面活性剂的表面活性远高于传统的表面活性剂。

第三节　阴离子表面活性剂

所谓阴离子型表面活性剂即该表面活性剂在水中电离后，具有表面活性的片段是阴离子（图2-5）。

图2-5　阴离子型表面活性剂分子结构示意图

常见的阴离子型表面活性剂有以下几类。

一、羧酸盐阴离子型表面活性剂

1.肥皂

这类表面活性剂主要通过天然油脂皂化制备而成，简单易得。

（1）常见产品：往往是一些同系物的混合物。

①牛脂皂：由动物性油脂皂化而成。其中，油酸40%~45%，棕榈酸25%~30%，硬脂酸15%~20%。

②椰皂：由椰子油皂化而成。其中，月桂酸48%，肉豆蔻酸17%~20%，棕榈酸8%~10%，油酸5%~6%。

③妥尔油皂：是一种由松树提取的脂肪酸和松香酸混合物的皂化产物。经蒸馏的妥尔油中一般含松香酸25%~30%，脂肪酸（其中，饱和酸5%，油酸25%，亚油酸等其他不饱和脂肪酸70%）70%~75%。

（2）性能特征：一般C_{10}以下的脂肪酸盐水溶性过强，表面活性较弱，而C_{20}以上的直链脂肪酸盐则水溶性极差，只能用于非水系统。常见的脂肪酸皂的碳链介于C_{10}~C_{20}之间，微溶于冷水，能迅速溶于热水，浓皂液冷却后不结晶，但会结成冻状物。肥皂的水溶液具有出色的洗涤性以及对人体的亲和性，但是，耐硬水及电解质的能力差，其水溶液呈弱碱性。

（3）应用领域：主要是家用洗涤剂，例如，香皂、洗发香波以及膏霜类化妆品等；其次还用于纺织工业的精炼剂，食品工业的乳化剂等。

2.N-羧乙基脂肪酰胺的盐

（1）结构式：$RCON(CH_3)CH_2COO^-M^+$：R：C_{11}~C_{17}等；M^+：Na^+，K^+

（2）制备方法：

$$RCOCl + CH_3NHCH_2COOH + 2NaOH \longrightarrow RCON(CH_3)CH_2COONa + NaCl$$

（3）性能特征：无毒、无刺激性，洗涤性、起泡性和抑酶性好，对硬水、酸的敏感性小于肥皂。

（4）应用领域：产品有 $C_{17}H_{33}CON(CH_3)CH_2COONa$（Medialan A）和 Lamepon A，主要是洗涤剂，例如，香皂、牙膏等，其油酰胺产品还用作涤纶纺丝的油剂等。

3. 全氟代烷基羧酸盐

（1）结构式：$CF_3(CF_2)_nCOO^-M^+$，n=5~10；M^+：H^+，Li^+，Na^+等。

（2）制备方法：

$$CH_3(CH_2)_nCOCl \xrightarrow[\text{电解氟化}]{+(2n+4)HF} CF_3(CF_2)_nCOF \xrightarrow{+MOH} CF_3(CF_2)_nCOOM$$

（3）性能特征：由于全氟代烷基羧酸与相应脂肪酸相比是强酸。因此，水溶液中酸与多价金属离子对其均无影响，可表现出较好的耐强酸、耐氧化还原剂及耐热性能（可达300℃以上）。而且，其表面活性比相应的脂肪酸盐强，降低表面张力能力强，甚至在有机溶剂中也有表面活性，不仅疏水，且疏油。全氟代烷基磺酸盐也同样具有极佳的化学与热稳定性。缺点是价格高，直链全氟代烷基羧酸盐的生物可降解性差。

（4）应用领域：含氟单体的乳化剂，织物、皮革、纸的防水、防油剂，有机溶剂的抑制蒸发剂。

二、磺酸盐阴离子型表面活性剂

1. 烷基苯磺酸盐

（1）结构式：$RC_6H_4SO_3Na$，R：C_{12}~C_{18}等。

（2）制备方法：

$$RC_6H_5 \xrightarrow{SO_3} RC_6H_4SO_3H \xrightarrow{NaOH} RC_6H_4SO_3Na$$

（3）性能特征：耐酸碱性，耐硬水性稍好于肥皂，其水溶液呈中性。支链十二烷基苯磺酸钠（ABS）的生物可降解性极差，20世纪50年代被禁止用于洗涤剂，其替代品直链十二烷基苯磺酸钠（LAS）的生物可降解性较之有较大改善。

（4）应用领域：十二烷基苯磺酸钠被广泛用于洗衣粉、洗洁精、乳化剂。其钙盐或 C_{13}~C_{15} 的钠盐可用于润滑油添加剂。

2. 烷基磺酸盐（AS）

（1）结构式：$R'(R'')CHSO_3Na$，R'，R''：H，C_1~C_{17}；R'+R''=C_{11}~C_{17}

（2）制备方法：

$$n\text{-烷烃} + SO_2 + O_2 \rightarrow AS$$

（3）性能特征：水溶液黏度较低，与皮肤亲和性好，生物可降解性比同链长的LAS好。

（4）应用领域：洗涤剂。

3. 脂肪酸羟乙基磺酸盐

（1）结构式：$RCOOCH_2CH_2SO_3Na$，R：C_9~C_{17}

（2）制备方法：

$$RCOCl + HOCH_2CH_2SO_3Na \xrightarrow{NaOH} RCOOCH_2CH_2SO_3Na + NaCl$$

(3)性能特征：C_{12}~C_{17}饱和酸的亚乙基磺酸钠在室温下的水溶性较差(0.01%,25℃)，不耐硬水，降低水溶液表面张力的能力较大(C_{14}饱和酸的亚乙基磺酸钠，0.1%的水溶液的表面张力为27mN/m)，具有出色的泡沫性、洗涤性和分散性能，但在热的酸碱中易水解(pH值<6，pH值>8)。

(4)应用领域：产品有$C_{17}H_{35}COOCH_2CH_2SO_3Na$(Igepon A)，一般用于洗涤剂、合成肥皂、去油污剂和硬水起泡剂。

4.烯烃磺酸盐(AOS)

(1)结构式：$R'CH=CH(CH_2)_xSO_3Na$(Ⅰ)与$R''CH(OH)(CH_2)_xSO_3Na$(Ⅱ)，R'，R''：C_9~C_{15}；x=2~3

(2)制备方法：直链α-烯烃与SO_3反应即得，其中结构式Ⅰ约占64%~72%，结构式Ⅱ占21%~26%，还有少量二磺酸盐。

(3)性能特征：水溶性好，即使在硬水中也具有出色的泡沫性，对皮肤无刺激，生物可降解性优于LAS。

(4)应用领域：一般用于洗涤剂和硬水起泡剂。

三、硫酸酯盐阴离子型表面活性剂

1.脂肪醇硫酸酯盐或者烷基硫酸酯盐

(1)结构式：$ROSO_3^- M^+$，R：C_8~C_{18}；M^+：Na^+，K^+，M^{2+}，有机铵。

(2)制备方法：

$$n\text{-}ROH + SO_3 \xrightarrow{+MOH} FAS$$

(3)性能特征：上述反应于室温下可完成。耐硬水、泡沫性强，混有少量未反应的脂肪醇，则泡沫性更强。无毒，但对皮肤有刺激，且在热的(70℃以上)酸、碱中易水解。

(4)应用领域：见表2-1。

表2-1 一些常见的脂肪醇硫酸酯盐的应用

表面活性剂	辛基硫酸钠	十二烷基硫酸钠	十二烷基硫酸钾	十二烷基硫酸镁	十二烷基硫酸铵	1-辛基十六烷基硫酸钠	1-辛基十八烷基硫酸钠
应用	润湿剂	洗涤剂、牙膏发泡剂、乳化剂等	合成皂	洗涤剂、发泡促进剂等	香波成分、发泡剂	纺织用精炼剂	平滑剂、柔软剂

2.脂肪醇醚硫酸盐(AES)

(1)结构式：$CH_3(CH_2)_nO(CH_2CH_2O)_nSO^-_3M^+$，$M^+$：$Na^+$，$K^+$等。

(2)制备方法：

$$CH_3(CH_2)_n(OC_2H_4)_mOH + SO_3 \xrightarrow{+MOH} AES$$

(3)性能特征：它是具有聚氧乙烯醚和硫酸酯盐两种亲水基的复合型表面活性剂，因此，耐硬水、电解质能力及起泡力均优于AS，m=2~3的AES洗涤能力也普遍优于AS。但聚氧乙烯醚(PEO)的引入使其溶液黏度增加，特别是加入盐时会大幅提升。

(4)应用领域：衣用洗涤剂、洗发香波、O/W型乳化剂及灭火用泡沫剂等。

四、磷酸酯盐阴离子型表面活性剂

1.脂肪醇磷酸酯盐或者烷基磷酸盐(MAP)

(1)结构式：$ROPO_3^{2-}(M^+)_2$，M^+：H^+，Na^+及其他碱金属离子，有机铵离子等。实际产品通

常是单酯和双酯的混合物。

（2）制备方法：

$$ROH + H_3PO_4 \longrightarrow ROPO_3H_3 \xrightarrow{NaOH} ROPO_3HNa$$

（3）性能特征：脂肪醇磷酸酯是二元酸，但工业上制备高纯MAP较困难，不可避免产生副产物脂肪醇磷酸二酯，故MAP纯度一般最高在80%左右。MAP的优点是低毒性、低刺激性、耐热碱、低泡，兼具抗静电作用。缺点是MAP属中等表面活性润湿剂、洗涤剂、泡沫剂，价格高，其游离酸可溶于水和有机溶剂，但钠盐不溶于非极性溶剂。

（4）应用领域：各种pH值领域的乳化剂、洗面乳、洗发香波及抗静电剂等。

2.脂肪醇醚磷酸酯盐

（1）结构式：$RO(C_2H_4O)_mPO_3^{2-}(M^+)_2$，$M^+$：$H^+$，$Na^+$及其他碱金属离子，有机铵离子等。

（2）制备方法：

$$RO(C_2H_4O)_mH+P_2O_3 \xrightarrow{+MOH} RO(C_2H_4O)_mPO_3M_2$$

（3）性能特征：与MAP相同。由于脂肪醇醚磷酸酯盐是聚氧乙烯醚与磷酸酯盐的复合表面活性剂，故水溶性和耐硬水性更好。

（4）应用领域：除与MAP相同外，更适合用于高盐、强碱介质。

第四节　阳离子表面活性剂

与阴离子型表面活性剂相反，阳离子型表面活性剂电离后的表面活性片段是阳离子。这类表面活性剂的亲水基大部分是铵盐，其中常见的有长链烷基胺和季铵盐。由于大部分固体在水中往往带负电荷，所以，阳离子型表面活性剂极易吸附到固/水界面上，常被用作平滑剂、柔软剂、抗静电剂、矿石浮选剂以及防水剂等。而且，由于吸附后正电荷常常会使得细胞质发生变异，所以阳离子型表面活性剂又是一种常用抗菌剂。阳离子型表面活性剂分子的结构如图2-6所示。

图2-6　阳离子型表面活性剂分子的结构示意图

一、胺及其盐

1.长链烷基胺及其盐

（1）结构式：$R'R''R'''N^+HX^-$，R'：C_{12}~C_{18}，$C_{17}H_{35}COOCH_2CH_2$；R''，R'''：H，CH_3，C_2H_5，$(C_2H_4O)_nH$，n≥1；X^-：Cl^-，I^-，Br^-等。

（2）制备方法：一般通过以脂肪醇为原料合成的脂肪胺与酸中和制得。

$$R'R''R'''N + HCl \longrightarrow R'R''R'''NHCl$$

（3）性能特征：长链烷基铵盐的水溶性较差，特别是在碱性介质中，易生成亲水性较差的胺而降低溶解度。由于这类阳离子型表面活性剂的活性离子在pH值>7水中为非离子，而在pH值<7的水中为阳离子，故是一类具有pH值敏感性的阳离子型表面活性剂，不仅容易在负电荷固体表面吸附，也易于去除。

(4)应用领域：织物柔软剂、抗静电剂等纺织助剂，特别是长链胺易在表面形成定向吸附的疏水膜，从而达到阻断来自水、盐、酸的腐蚀。其次，还可用于沥青铺路的黏合增强剂、矿石浮选剂以及低pH值介质中的原位乳化剂等。

2.聚氧乙烯醚化的长链胺及其盐

(1)结构式：$RN[(CH_2CH_2O)_xH]_2$

(2)制备方法

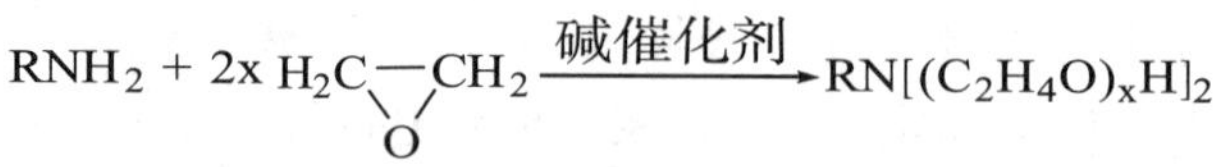

(3)性能特征：为长链胺与聚氧乙烯醚的复合型表面活性剂，具长链胺的pH值敏感性，且在碱性介质中水溶性更好。此类胺的无机酸或小分子有机酸盐都可溶于水，但与长链有机酸的盐则都是油溶性的。

(4)应用领域：在黏胶生产中改善再生纤维的强度，维护纺丝板不结痂，也是除草剂、杀虫剂和油漆等的乳化剂。

二、季铵盐

1.长链季铵盐

(1)结构式：$R'R''R'''R''''N^+X^-$，其中，R'为C_{12}~C_{18}烷基；R''，R'''，R''''为甲基(CH_3)、乙基(C_2H_5)或苄基(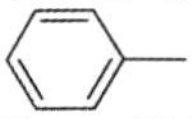$—CH_2^-$)等；X^-为Cl^-，I^-，Br^-等。

(2)制备方法：一般以长链脂肪叔胺为原料季铵化制得。

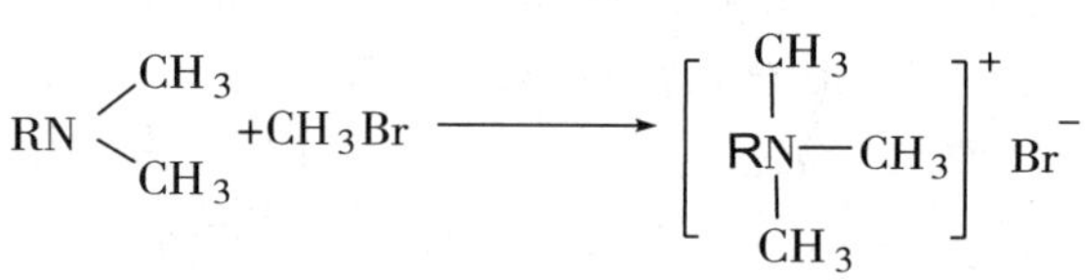

(3)性能特征：对pH值不敏感，其表面活性片段在不同pH值介质中都表现为阳离子，所以，一旦吸附于基质表面较难除去。

(4)应用领域：织物柔软剂、染色助剂和合成纤维平滑剂。

2.聚氧乙烯醚化的季铵盐

(1)结构式：$RN^+(CH_3)[(C_2H_4O)_xH]_2X^-$，$X^-$：$Cl^-$，$I^-$，$Br^-$等。

(2)制备方法：

$$RN\left[(C_2H_4O)_xH\right]_2 CH_3X \longrightarrow RN^+(CH_3)\left[(C_2H_4O)_xH\right]_2 X^-$$

(3)性能特征：为季铵盐与PEO的复合表面活性剂，具有长链季铵盐的特性，且耐硬水、耐电解质性能更强。

(4)应用领域：一般用作织物抗静电剂、匀染剂和柔软剂。另外，还用作金属防锈剂、肥料防结块剂、黏土在油脂中的分散剂、极性有机物(脂肪酸、胺)O/W型的乳化剂等。

第五节 两性离子表面活性剂

两性离子型表面活性剂的表面活性片段同时包含阳离子和阴离子，且大多两性离子具有等电点(IEP)并随介质pH值变化而变化，即具有pH值敏感性，见表2-2。

表2-2 两性离子型表面活性剂的pH值敏感性

阴离子	阳离子	等电点(IEP)	pH值<IEP	pH值>IEP	pH值敏感性
弱酸(如羧酸)	弱碱(如伯胺)	中性	阳离子	阴离子	有
弱酸(如羧酸)	强碱(如季铵)	碱性	阳离子	两性离子	部分有
强酸(如磺酸)	弱碱(如伯胺)	酸性	两性离子	阴离子	部分有
强酸(如磺酸)	强碱(如季铵)	—	两性离子	两性离子	无

两性离子型表面活性剂的优点是与所有类型的表面活性剂配伍性良好。它可以吸附在带正电荷或者带负电荷的固/液界面，而不形成疏水膜。这类表面活性剂的不足之处与离子型表面活性剂一样，在包括乙醇在内的许多有机溶剂中不能溶解。两性离子型表面活性剂分子的结构如图2-7所示。

反离子 表面活性离子

图2-7 两性离子型表面活性剂分子的结构示意图

从结构上分类，两性离子型表面活性剂一般可以分成三类。

一、氨基酸型两性离子型表面活性剂

1.N-烷基-β-氨基丙酸

(1)结构式：$R\overset{+}{N}H_2CH_2CH_2COO^-$

(2)制备方法：

$$RNH_2 + ClCH_2CH_2COONa \longrightarrow R\overset{+}{N}H_2CH_2COO^- + NaCl$$

(3)性能特征：IEP在pH值=4附近，在酸、碱性介质中，分别呈阳、阴离子性，能溶于强酸、强碱，能耐电解质，但在绝大多数有机溶剂中溶解度较低，一般在碱性介质中乳化和泡沫能力较酸性介质强。对皮肤刺激性小，毒性低。

(4)应用领域：织物柔软剂、抗静电剂、毛发调理剂及金属防腐剂。

2.N-烷基氨基二丙酸

(1)结构式：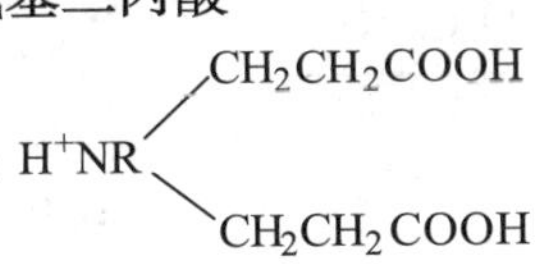

(2)制备方法：

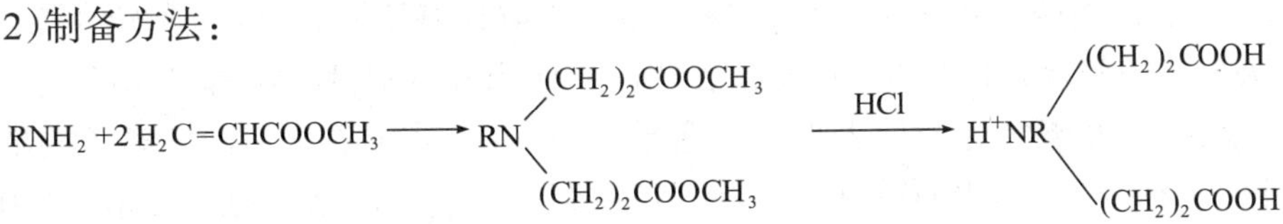

(3)性能特征：IEP在pH值=1.7~3.5，比相应的N-烷基氨基丙酸及其衍生物更易溶于水，刺激性更小，而且将pH值调至IEP以上，可较容易从基质表面除去被吸附的N-烷基氨基二丙酸表面活性剂。

(4)应用领域：织物柔软剂。

二、甜菜碱型两性离子型表面活性剂

1.N-烷基甜菜碱

(1)结构式:$RN^+(CH_3)_2CH_2COO^-$

(2)制备方法:

$$RN(CH_3)_2+ClCH_3COONa \longrightarrow RN^+(CH_3)_2CH_2COO^- + NaCl$$

(3)性能特征:由于其阳离子为季铵盐,故其等电点为中性偏碱性的区域,在酸性介质内是阳离子,在pH值=7时刺激性最小。像阳离子表面活性剂,易吸附于负电荷表面,且不受pH值影响。其在酸性介质中的润湿性和泡沫性优于碱性介质。

(4)应用领域:织物柔软剂。

2.磺基甜菜碱

(1)结构式:$RN^+(CH_3)_2(CH_2)_xSO_3^-$

(2)制备方法:

$$RN(CH_3)_2+Cl(CH_2)_xSO_3Na \longrightarrow RN^+(CH_3)_2(CH_2)_xSO_3^- + NaCl$$

(3)性能特性:为pH值不敏感的两性离子型表面活性剂,在任何pH值条件下都能吸附在带电表面而不形成疏水膜。磺基甜菜碱的水溶性不如羧基或硫酸基同系物,改进方法是在疏水链中引入极性基,例如,$RCONH(CH_2)_3N^+(CH_3)_2CH_2CH(OH)CH_2SO_3^-$,不仅在浓酸、碱及盐中的溶解度高,且刺激性更低,生物可降解性更好。

(4)应用领域:渗透剂、分散剂和洗涤剂。

三、咪唑啉型两性离子型表面活性剂

(1)结构式: 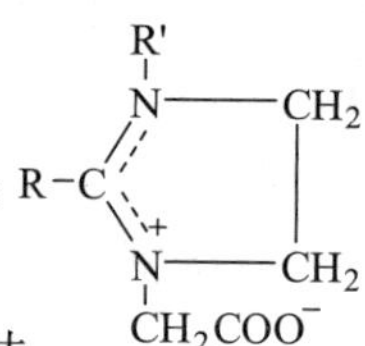 ,R':H, CH_3, CH_2COO^-。

(2)制备方法:

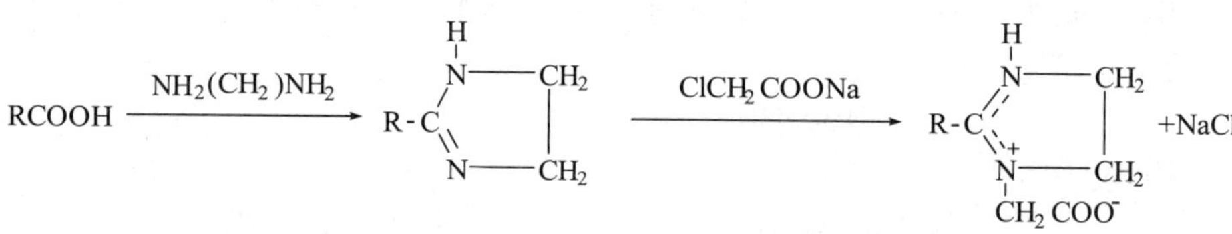

(3)性质特征:此类两性离子型表面活性剂随着R'取代基不同,其性质有较大变化。当R'=H时,表现为一种完全pH值敏感型表面活性剂。而当R'=CH_3时,则其pH值敏感性更接近N-烷基甜菜碱,即在酸性介质中表现为阳离子,在碱性介质中表现为两性离子的部分pH值敏感性。能与所有种类的表面活性剂复配,且能溶于高浓度盐、酸和碱水溶液。R'中含有羧基时,其产品对皮肤和眼的刺激性极小。

(4)应用领域:织物柔软剂、化妆品。

第六节 非离子型表面活性剂

非离子型表面活性剂在水中不电离,故与其他表面活性剂的配伍性好,耐电解质、硬水

以及金属离子的能力强。其特点是在水中的表面活性较高，且随温度升高而增高，与其他表面活性剂相比，其不仅能溶于水，还能溶于有机溶剂，甚至烃类。缺点是由于为非离子型，所以在带电界面无强的静电吸附作用。非离子型表面活性剂分子结构如图2-8所示。

图2-8　非离子型表面活性剂分子的结构示意图

非离子型表面活性剂一般分为两类（表2-3）：多元醇型和聚氧乙烯醚型。

表2-3　非离子型表面活性剂的分类及举例

多元醇型		聚氧乙烯醚型	
种　类	结构式	种　类	结构式
脂肪酸乙二醇酯	$RCOOCH_2CH_2OH$	脂肪醇聚氧乙烯醚	$RO(CH_2CH_2O)_nH$
脂肪酸甘油酯	$RCOOCH_2CH(OH)CH_2OH$	烷基酚聚氧乙烯醚	$R—C_6H_4—O(CH_2CH_2O)_nH$
脂肪酸季戊四醇酯	$RCOOC_5H_8(OH)_4$	脂肪酸聚氧乙烯醚酯	$RCOO(CH_2CH_2O)_nH$
脂肪酸失水山梨醇酯	$RCOOC_7OH_8O(OH)_3$	脂肪胺聚氧乙烯醚	$RNH(CH_2CH_2O)_nH$
脂肪酸蔗糖酯	$RCOOC_{12}O_3H_{14}O(OH)_7$	N-聚氧乙烯醚脂肪酰胺	$RCONH(CH_2CH_2O)_nH$
烷基糖苷	$ROC_{12}O_3H_{14}(OH)_7$	嵌段聚醚	$HO[CH_2CH(CH_3)O]_m(CH_2CH_2O)_nH$

一、多元醇非离子型表面活性剂

这类表面活性剂的亲水基为多元醇，所谓多元醇即除甘油、乙二醇等小分子醇之外，大多是些葡萄糖、蔗糖及山梨醇等糖类，并通过醇醚、酚醚、酯等化学键与疏水基连接而成。这些表面活性剂的水溶性较差，具较强的表面活性，是许多乳化剂中常用的组分之一。且毒性极低，对人体安全，对环境友好，可生物降解，是一类极具应用前景的表面活性剂。

一些典型的产品如下：

1.脂肪酸缩水山梨醇酯

不同脂肪酸的缩水山梨醇酯被称为斯盘（Span）系列。

（1）结构式：

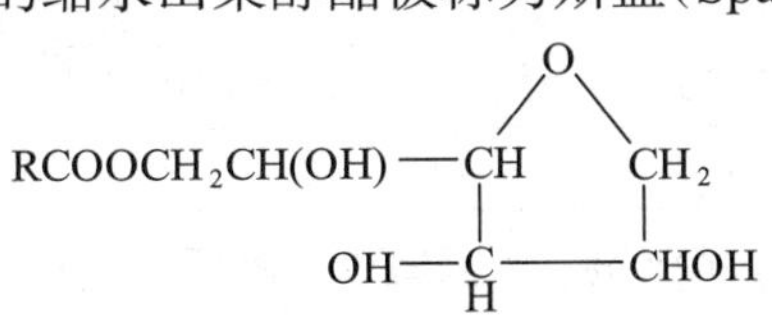

（2）制备方法：

$$RCOOH+C_6H_8(OH)_6 \xrightarrow[230\sim250℃]{NaOH,N_2} RCOOC_6H_8O(OH)_3+2H_2O$$

（3）性能特征：上述反应产物除单酯外，还有副产物双酯和三酯，故为混合物。缩水山梨醇酯一般为油溶性，难于水中单独使用。常用的斯盘系列产品见表2-4。

表2-4　斯盘（Span）和吐温（Tween）系列的组成及性状

Span系列	组成	熔点/℃及性状	*HLB*值	Tween系列	组成	熔点/℃及性状	*HLB*值
Span 20	缩水山梨醇单月桂酸酯	室温，油状	8.6	Tween 20	Span20+20molEO	室温，油状	16.7
Span 40	缩水山梨醇单棕榈酸酯	42~46	6.7	Tween 40	Span40+20molEO	室温，油状	15.6
Span 60	缩水山梨醇单硬脂酸酯	49~53	4.9	Tween 60	Span60+20molEO	室温，油状	14.9
Span 65	缩水山梨醇三硬脂酸酯	44~48	2.1	Tween 65	Span65+20molEO	27~31	10.5
Span 80	缩水山梨醇单油酸酯	室温，油状	4.3	Tween 80	Span80+20molEO	油状	15.0
Span 85	缩水山梨醇三油酸酯	室温，油状	1.8	Tween 85	Span85+20molEO	室温，油状	11.0

（4）应用领域：W/O型体系乳化剂，纺织工业的许多纤维用油剂和助剂及食品、化妆品和药品常含有此类产品。

2.蔗糖酯

（1）结构式：$RCOOC_{12}H_{21}O_{10}$

（2）制备方法：

$$RCOOCH_3+C_{12}O_3H_{14}(OH)_8 \xrightarrow[90\sim100\ ℃]{K_2CO_3\text{减压}} RCOOC_{12}O_3H_{14}(OH)_7+CH_3OH$$

（3）性能特征：除了具有非离子型表面活性剂一般的特征，即临界胶束浓度（cmc）较小，降低表面张力的能力大，泡沫性差之外，是一类安全、无毒、无臭、无异味、无刺激、无污染的环境友好型表面活性剂。一般为白色粉状、块状或蜡状固体，易溶于乙醇、丙酮等极性有机溶剂，水溶性好于相应的缩水山梨醇酯。其单酯的*HLB*值为10~16，双酯*HLB*值为7~10，三酯*HLB*值为1~7。一些蔗糖单酯的性状见表2-5：

表2-5　一些蔗糖单酯的性状

种类	软化点/℃	1 wt.%水溶液的表面张力/(mN/m)
月桂酸蔗糖酯	90~91	33.4
豆蔻酸蔗糖酯	67~69	33.1
硬脂酸蔗糖酯	52~53	33.5
油酸蔗糖酯	50~54	31.8

（4）应用领域：O/W体系或W/O体系的乳化剂，又因其无毒、无刺激、有营养，广泛用于轻纺、食品和医药领域。

3.烷基聚葡糖苷（APG）

APG是20世纪后叶开发的一类由淀粉及其水解糖与脂肪醇缩合而成的新一代多元醇非离子型表面活性剂。

（1）结构式：$RO\text{+}C_6O_2H_7(OH)_3\text{+}_nH$, n=1,2,3…

(2)制备方法：

$$ROH + HO\{C_6O_2H_7(OH)_3\}_nH \xrightarrow{\text{酸性催化剂}} RO\{C_6O_2H_7(OH)_3\}_nH + H_2O$$

目前，如上所示的直接糖苷化一步法在实际工业化生产中尚不多见，而迄今普遍采用的方法是二步法即转移醚化法。

(3)性能特征：这类表面活性剂除了具有与脂肪醇聚氧乙烯醚相近的降低表面张力能力外，也是一类乳化、增溶和分散性能极佳，泡沫、润湿和去污能力适中，安全、生态无毒、无刺激的表面活性剂。

(4)应用领域：洗涤剂、化妆品、药品、食品、涂料、农药及纺织加工、制革、石油开采等领域具有广泛的应用前景。

二、聚氧乙烯醚非离子型表面活性剂

这类表面活性剂的亲水基是聚氧乙烯醚（或聚乙二醇），故其亲水性与乙氧基的聚合度成正比。由于聚氧乙烯醚基与水形成的氢键随温度升高而易于脱氢键，这类表面活性剂在水中的溶解度随温度升高而降低，而表面活性增大。其中酚醚类以其化学性质稳定，耐酸碱、耐高温，并可通过调节其乙氧基的数目，调节其亲水亲油性，使其在各种领域具有广泛的应用。由于其生物可降解性差，毒性较大，目前正在被其他的聚氧乙烯醚非离子型表面活性剂所取代。

1.脂肪醇聚氧乙烯醚

(1)结构式：$RO(CH_2CH_2O)_nH$

(2)制备方法：

$$ROH + n\ \underset{\diagdown\ O\ \diagup}{CH_2\text{—}CH_2} \xrightarrow{NaOH} RO(CH_2CH_2O)_nH$$

(3)性能特征：与烷基酚聚氧乙烯醚相比，此类表面活性剂毒性低，刺激性小，生物可降解性较好。而与脂肪酸聚氧乙烯醚相比，则稳定性较高，水溶性较好。通常含1~5mol乙氧基(EO)的产品是油溶性的，完全溶解于烃类；含7~10mol乙氧基的产品能在水中分散或溶解；为了获得理想水溶性，十八醇需加成12~15mol环氧乙烷，而十八烯醇则需加成7~9mol环氧乙烷。以十二醇聚氧乙烯醚为例，各种性能与乙氧基加成数n的关系如图2-9。

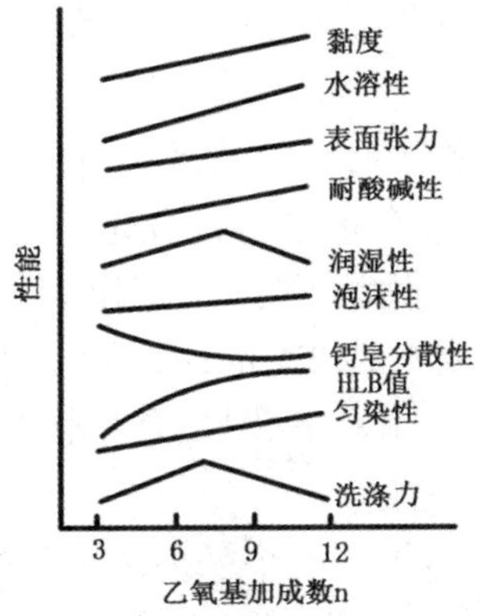

图2-9　十二醇聚氧乙烯醚的各种性能与其乙氧基加成数n的关系

(4)应用领域：由于乙氧基的加成数可调，所以它不仅可用作润湿剂、乳化剂、洗涤剂，甚至可用作钙皂分散剂和匀染剂。纺织业常用的有渗透剂JFC，具有良好的润湿力，广泛用于纤维加工。分子式为：

$C_{7\sim9}H_{15\sim19}O(CH_2CH_2O)_{5\sim6}H$

另外，还有平平加O，此为十八醇和十八烯醇与15~20 mol环氧乙烷加成的产物。在印染工业中用作匀染剂，还可用作抗静电剂和乳化剂。椰子油醇的低摩尔环氧乙烷加成物则用作W/O型乳化剂。

2.脂肪酸聚氧乙烯醚酯

(1)结构式：$RCOO(CH_2CH_2O)_nH$

(2)制备方法：两种。

①采用环氧乙烷加成：

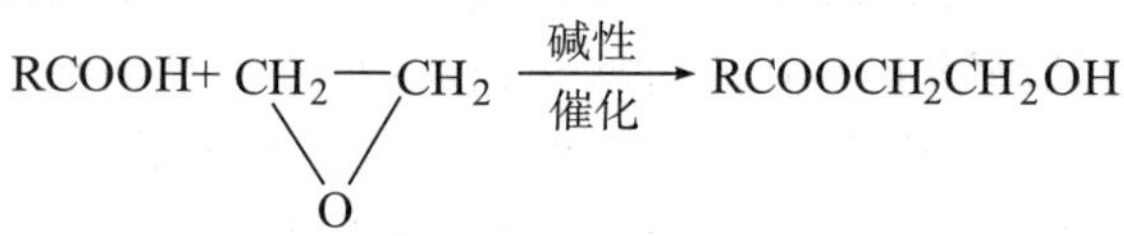

当脂肪酸与环氧乙烷完全加成后，

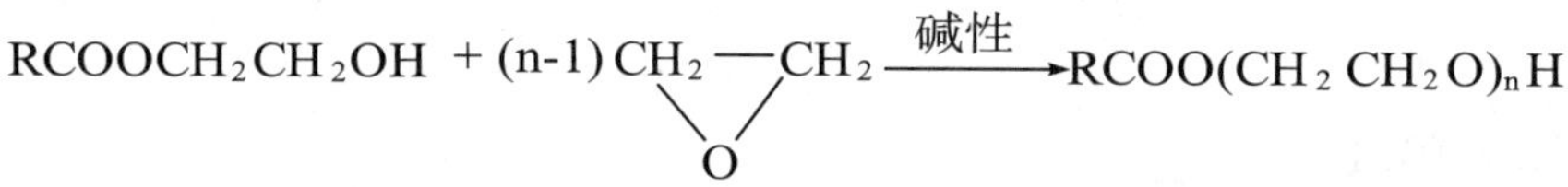

在碱性催化下，同时也形成双酯和聚乙二醇：

$2RCOO(CH_2CH_2O)_nH \xrightleftharpoons{碱性} RCOO(CH_2CH_2O)_nOCR + HO(CH_2CH_2O)_nH$

②采用聚乙二醇直接酯化：

$RCOOH + HO(CH_2CH_2O)_nH \rightleftharpoons RCOO(CH_2CH_2O)_nH + H_2O$

由于聚乙二醇有两个羟基，所以反应也可以生成二酯：

$2RCOOH + HO(CH_2CH_2O)_nH \rightleftharpoons RCOO(CH_2CH_2O)_nOCR + 2H_2O$

以上两种方法往往得到的都是混合物。

(3)性能特征：其水溶性正比于分子中EO的加成数。通常，加成1~8 molEO的产品为油溶性，可完全溶于烃类；当EO加成数增至12~15 mol时才能在水中分散、溶解。与脂肪醇聚氧乙烯醚相比，其润湿性、去污性、发泡力以及耐酸碱性均较差，但具有良好的乳化、润湿、分散、悬浮能力。

(4)应用领域：金属加工业的平滑添加剂，纺织工业的柔软剂和抗静电剂。一般，油酸的6mol聚氧乙烯醚酯是油脂、矿物油出色的油溶性乳化剂，特别适用于中性乳化；油酸的9 mol聚氧乙烯醚酯，可在水中分散，但分散性不好，可用作W/O型乳化剂；当EO的加成数达12~15 mol时，宜用作洗涤剂；EO加成数达22 mol时，则适用作O/W型乳化剂。而月桂酸与9 mol的EO加成物有良好的洗净、平滑和乳化性，常用作合成纤维油剂。

3.聚醚

聚醚是以聚氧丙烯醚为亲油基，聚氧乙烯醚为亲水基的非离子型表面活性剂。

(1)结构式：$HO[CH_2CH(CH_3)O]_n(CH_2CH_2O)_mH$

式中，n至少为15，$(CH_2CH_2O)_mH$则为聚醚总重量的10%~80%。上式为AB型聚醚，也有ABA型聚醚，为一类高分子表面活性剂。

（2）制备方法：环氧乙烷和环氧丙烷通过开环、嵌段、共聚制得。

（3）性能特征：聚醚的性质取决于亲油基和亲水基的比例及其相对分子质量。通常，随着聚醚的相对分子质量和聚氧乙烯醚段的增加，其润湿性、去污性和分散性增强，降低表面张力的能力降低。而当乙氧基数量相同时，亲油基聚氧丙烯醚基增长，去污能力提高。但聚醚的起泡性差，乙氧基含量少的品种几乎无泡，随着乙氧基增加或者温度升高，其起泡性增大，但稳泡性仍然不佳。

（4）应用领域：低泡洗涤剂的重要原料。此外，聚醚可用作润湿剂、抗静电剂、分散剂、乳化剂和平滑剂等。

4. 乙氧基化的脂肪酸缩水山梨醇酯（Tween系列）

此类表面活性剂以Span系列为原料，通过环氧乙烷开环加成而制得。

（1）结构式：

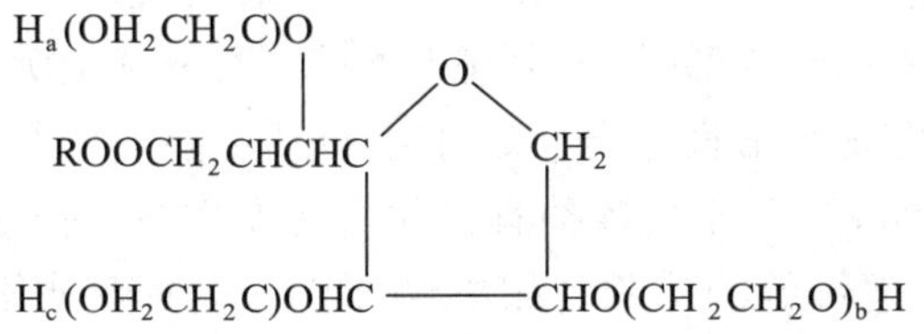

（2）制备方法：

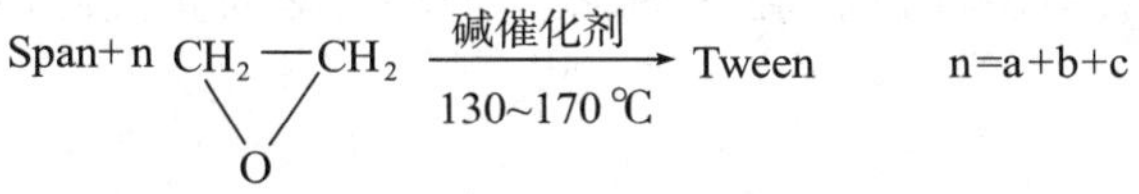

（3）性能特征：在Span基础上加成环氧乙烷，使其亲水性大大提高，常见的Tween产品见表2-4。

（4）应用领域：Tween系列常与Span系列复配制得不同HLB值体系产品。

第七节　特殊表面活性剂

一、高分子表面活性剂

高分子表面活性剂是一类由许多重复单元通过化学键连接而成，相对分子质量在数千以上并具有表面活性的高分子化合物。虽然，聚氧乙烯醚非离子型表面活性剂也是通过环氧乙烷的开环聚合而成，但其相对分子质量一般在1000以下。根据高分子表面活性剂的来源一般可分为天然高分子表面活性剂、半合成高分子表面活性剂和合成高分子表面活性剂三种。而根据其在水中电离性又可分为阴离子型、阳离子型、两性离子型和非离子型高分子表面活性剂（表2-6）。与传统低分子表面活性剂相比，高分子表面活性剂降低表（界）面张力的作用较差。由于其相对分子质量大，扩散渗透作用较弱。在水中一般存在两种状态的高分子表面活性剂，一种是分子分散的水溶性高分子，另一种则是能形成胶束结构的两亲性高分子。

表2-6 高分子表面活性剂的分类

来源	阴离子型	阳离子型	非离子型	两性离子型
天然	海藻酸钠、果胶酸钠、咕吨胶	壳聚糖	各种淀粉	明胶、多肽
半合成	羧甲基纤维素、淀粉(甲基)丙烯酸接枝淀粉、木质素磺酸盐	阳离子淀粉 改性壳聚糖	甲基纤维素(MC)、乙基纤维素(EC)、羟乙基纤维素(HEC)	改性蛋白质
合成	聚丙烯酸(AA)、聚马来酸(MA)、水解聚丙烯酰胺	聚乙烯基吡啶(VP)	聚醚、聚乙烯醇、聚丙烯酰胺、聚乙烯基吡咯烷酮、聚乙烯亚胺(VA)	AA与VP共聚物、两性丙烯酸酯共聚物、两性丙烯酰胺共聚物

1.水溶性高分子表面活性剂

包括天然水溶性高分子,例如明胶、淀粉和各种多糖以及树脂等;半合成水溶性高分子,例如阳离子淀粉、甲基纤维素、羧甲基纤维素等;以及通过水溶性单体均聚或共聚得到的合成水溶性高分子,例如(甲基)丙烯酸盐、乙烯基苯磺酸盐、乙烯基硫酸盐、乙烯基吡啶盐、丙烯酰胺及乙烯基吡咯烷酮等均聚物或共聚物。水溶性高分子在水中虽然不能形成胶束,但由于其相对分子质量大,根据其不同的分子结构,又能与各种有机化合物发生缔合作用。基于其分子内的排除体积效应,分子在水中呈现舒展的构象。聚电解质能显著提高水溶液的黏度,并易在固/液和液/液界面吸附,具有增溶、稳定泡沫、分散、凝聚和乳化等能力,广泛用于增溶剂、增稠剂、减阻剂、胶凝剂、分散剂、絮凝剂、乳化剂、破乳剂、保湿剂和抗静电剂等领域。

2.两亲性高分子表面活性剂

即分子链上既有亲水性链节,又有疏水性链节的高分子表面活性剂。与水溶性高分子相比,性质上更接近低分子表面活性剂,故也称为聚皂。其有两种制备方法:其一,亲水性高分子的疏水改性法,例如,通过长链烷烃或烷芳烃链接枝得到两亲性高分子;其次,直接通过亲水性和疏水性单体共聚的方法,例如,丙烯酸盐与丙烯酸酯、马来酸酐与烯烃、N-烷基丙烯酰胺与季铵化丙烯酰胺的共聚物等。共聚的方式有三种,即随机共聚、接枝共聚和嵌段共聚(图2-10)。由于具有两亲性,故比水溶性高分子更易进入界面,而且,一旦在界面吸附又比低分子表面活性剂更难脱附,是一类高效能的分散剂、乳化剂及泡沫稳定剂。

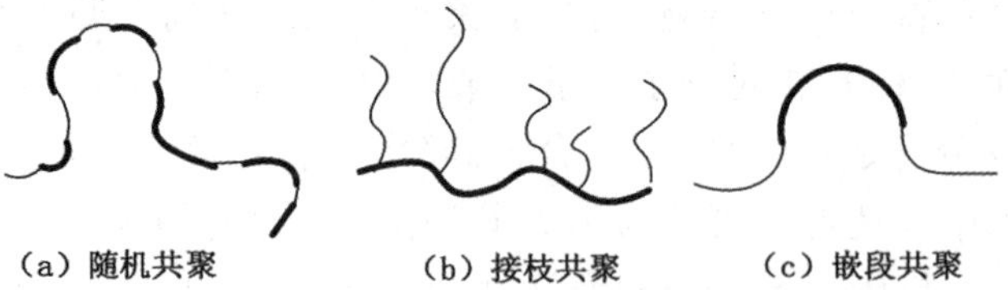

(a) 随机共聚　(b) 接枝共聚　(c) 嵌段共聚

图2-10 三种共聚方式的两亲性高分子表面活性剂

当两亲性高分子中的疏水链占分子链30%以上时,单个分子链在无限稀的水溶液中呈现线团状(图2-11),即单分子胶束可稳定存在于本体相中,这可能是两亲性高分子表面活性剂降低表(界)面张力的能力仍不佳的原因之一。

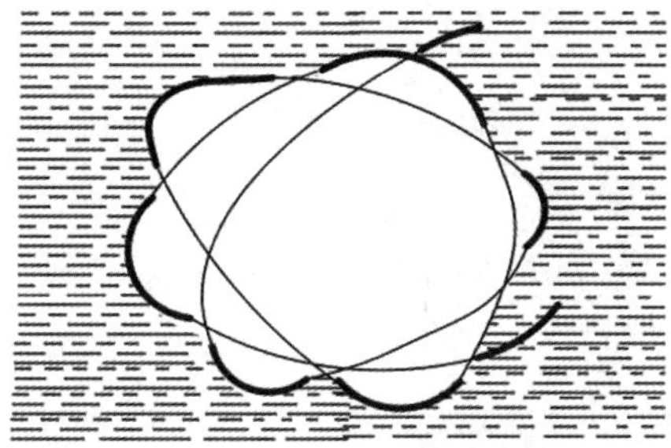

图2-11　两亲性高分子链在无限稀释水溶液中呈现的线团状

二、偶联型表面活性剂

偶联型表面活性剂是从20世纪末研究开发的一类新型表面活性剂。与普通表面活性剂不同的是偶联型表面活性剂相当于将两个表面活性剂分子通过偶联基连接而成，具有两亲水头与两疏水链的双体结构表面活性剂(图2-12)。

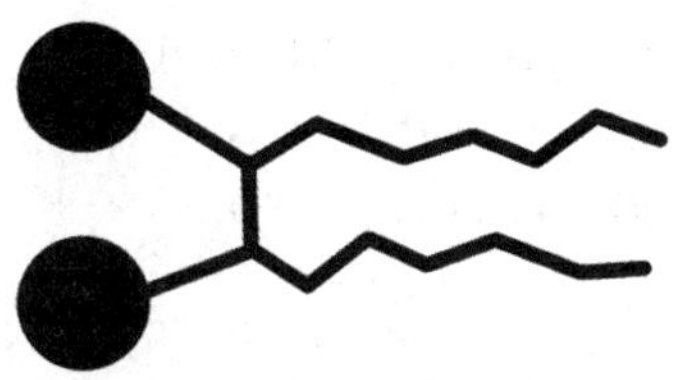

图2-12　偶联型表面活性剂的结构示意图

常见的亲水基有阳离子型季铵盐、吡啶盐等，阴离子型磷酸盐、硫酸盐、磺酸盐及羧酸盐等，非离子型聚氧乙烯醚和各种糖基。疏水链主要是饱和烃，也有氟代烃、不饱和烃及聚氧丙基等。连接的两个亲水基可以相同，如阳离子型、阴离子型偶联型表面活性剂，也可不同，如阳离子、阴离子和非离子等两性离子型偶联型表面活性剂。与偶联型表面活性剂单侧结构相比，偶联型表面活性剂的CMC要降低1~2个数量级，表面活性极大提高。不仅易于表(界)面吸附，而且能在表(界)面上紧密堆砌，有利于固体表面平滑及降低液体表面张力；更易于形成胶团、胶束，提高其增溶作用。此外，偶联型表面活性剂能在较宽的浓度范围内形成囊泡和液晶，这些特性正受到广泛关注。

三、反应性表面活性剂

所谓“反应性”是指含有反应性双键或三键的表面活性剂。常见的有阴离子型磺酸盐，例如，丙烯酰胺烷基磺酸盐[结构式(A)]，马来酸酯烷基磺酸盐[结构式(B)]，阳离子型的季铵盐[结构式(C)和(D)]，两性离子型磷酸酯[结构式(E)]，非离子型亚油酰单乙醇胺聚氧乙烯[结构式(F)]，甲基丙烯酸酯聚醚[结构式(G)]，复合型反应性表面活性剂非离子—阴离子型[结构式(H)]，及非离子—阳离子型[结构式(I)]。

(A) $H_2C{=}\overset{H}{C}{-}CONH{-}\underset{\substack{|\\ CH_2SO_3^-}}{\overset{H}{C}}{-}(CH_2)_nCH_3$

(B) $HCOCO_n(H_2C)H_3C{=}CHCOO(CH_2)_3SO_3^-$

(C) 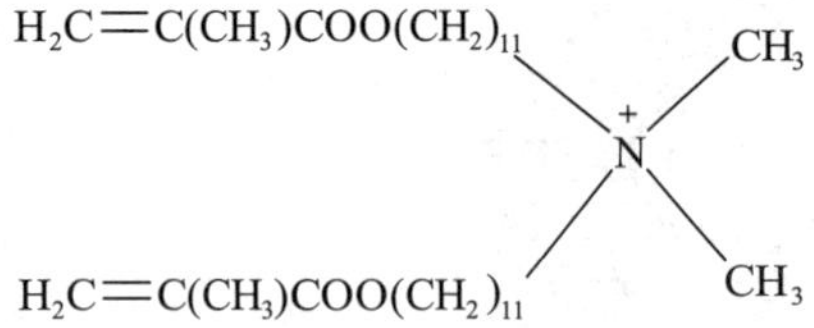

(D) 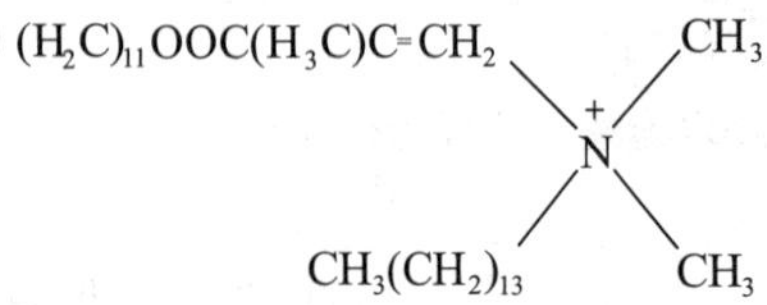

(E) 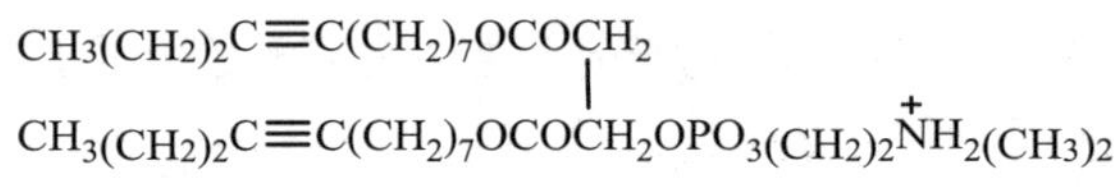

(F) $CH_3(CH_2)_4CH=CHCH_2CH=CH(CH_2)_7CONH(C_2H_4O)_nH$

(G) $H_2C=C(CH_3)COO[CH(C_2H_5)CH_2O]n(CH_2CH_2O)mH$

(H) $H_2C=CHCH_2O[CH(C_2H_5)CH_2O]n(CH_2CH_2O)mSO_3^-$

(I) 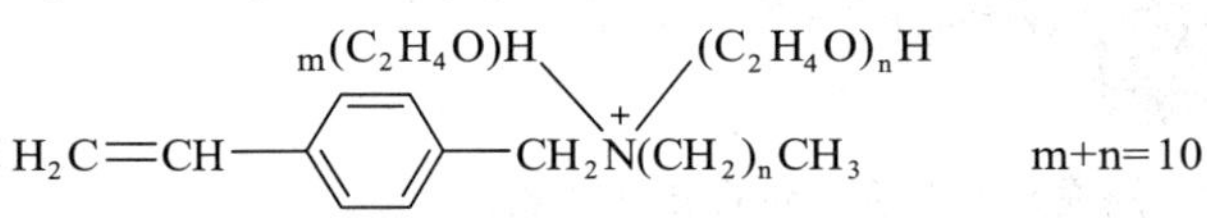

这些反应性表面活性剂不仅具有良好的表面活性，而且具有反应活性，一旦在UV光或引发剂作用下即可发生自聚或共聚合。使用引发剂时，应考虑反应基团在表面活性剂分子中的位置，当可聚合双键的位置在疏水基部分时，建议采用油溶性引发剂，反之则采用水溶性引发剂。目前，反应性表面活性剂主要有以下方面的应用。

1.乳液聚合

大多数反应性表面活性剂作为可聚合乳化剂用于乳液聚合。例如纺织用聚丙烯酸酯和聚醋酸乙烯酯涂料，通常都采用乳液聚合法合成，不仅可避免使用有机溶剂，且有望提高聚合物相对分子质量。但是，普通乳化剂的存在会严重影响涂料的成膜性能。由于可聚合乳化剂参与聚合，大大削弱因竞争吸附产生的问题，提高涂料成膜的黏接性、抗水和抗化学药品性能。

2.表面交联

反应性表面活性剂也可用作涂料交联剂。其在涂料干燥成膜过程中经引发而交联聚合，不仅大大提高胶膜机械性能，且加快了干燥速度和耐水性。

3.表面改性

固体表面通过吸附反应性表面活性剂，使其交联聚合从而改善其表面性能，使原来疏水性表面变为亲水性，反之亦然，从而赋予固体表面特殊的功能。实验证明：由两个具有反应性基团疏水链构成的表面活性剂，例如结构式C和E作为表面改性剂的效果最佳。这种结构在固体表面的覆盖效果最好，且大量可聚合基团的交联能够形成高分子量网络结构，使改性层更牢固吸附于表面（图2-13）。

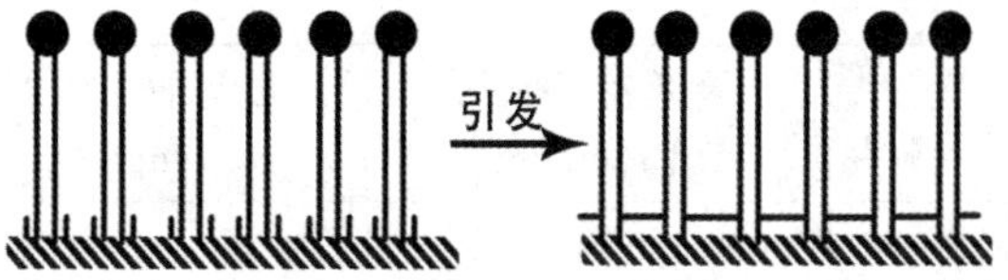

图2-13　反应性表面活性剂对固体表面的改性示意图

四、微生物表面活性剂

这是一类20世纪70年代后期利用微生物发酵法合成的表面活性剂。包括细菌、酵母菌及霉菌等在其代谢过程中分泌出具有表面活性的代谢产物，例如：糖脂、磷脂、脂肽、脂多糖及中性类脂等。微生物表面活性剂在结构上与普通表面活性剂相似，其疏水基一般为C_8~C_{18}的饱和或不饱和脂肪酸及其羧基脂肪酸，不少微生物表面活性剂内疏水基由多条羟基脂肪酸的缩合物或多条脂肪酸分别以酯键、酰胺键的形式连接于亲水基，可表现出较高的表面活性。其亲水基有羧基阴离子型、多糖或多元醇非离子型、氨基酸或多肽两性离子型及复合型多种类型（表2-7），阳离子型微生物表面活性剂至今尚未见报道。

表2-7　微生物表面活性剂的分类、常见产物及其亲水基结构类型

类型	常见产物	举例（亲水基类型）
糖脂	鼠李糖脂、海藻糖脂、槐糖脂等	鼠李糖脂I~IV（阴、非离子的复合型）
脂肪酸中性类脂	甘油单、双酯，脂肪醇，蜡以及脂肪酸	脂肪酸甘油单酯（非离子型）
磷脂	α-磷脂、β-磷脂、鞘磷脂等	α-磷脂酰胆碱（两性离子型）
含氨基酸类脂	脂蛋白、脂肽、脂氨基酸等	脂肽（两性离子型）
聚合物	脂多糖、脂多糖蛋白复合物	脂多糖Emulsan（非离子型）
全胞	微生物破乳剂	微生物破乳剂（复合型）

与合成表面活性剂相比，微生物表面活性剂除了其生产工艺安全、生态、环境友好以及无毒、无刺激和生物可降解外，最大特点是具有极高的表面活性（表2-8）。其中一部分相对分子质量较小的微生物表面活性剂具有极强降低表（界）面张力的能力；而另一部分相对分子质量较大的则虽然不能显著降低表（界）面张力，但与油水界面却有很强的亲和力。例如脂多糖Emulsan只能将水/十六烷的界面张力从47mN/m降至30mN/m，但由于它在水和油中的溶解度都很低，极易吸附至油水界面，从而大大提高乳液稳定性。鉴此，微生物表面活性剂在纺织、医药、化妆品和食品等工业领域均有广泛应用前景。但要大规模工业开发微生物表面活性剂，特别是应用于纺织工业中，降低微生物的发酵成本，提高产率，简化工艺，降低分离、纯化的成本是关键问题。

表2-8　一些常见微生物表面活性剂的表面活性

表面活性剂	最低表面张力 γ_{CMC}/（mN/m）	临界胶束浓度/（mg/L）	最低界面张力/（mN/m）
鼠李糖脂 I	27	10	<1
鼠李糖脂 II	26	20	4
鼠李糖脂 III	30	200	<1
鼠李糖脂 IV	25	200	<1

续表

表面活性剂	最低表面张力 γ_{CMC}/(mN/m)	临界胶束浓度/(mg/L)	最低界面张力/(mN/m)
海藻糖-6-棒杆霉菌酸酯	32	3	16
海藻糖-6,6'-棒杆霉菌酸酯	36	4	17
海藻糖-2,3,4,2'-四酶	26	15	<1
甘露糖-6-棒杆霉菌酸酯	40	5	19
葡萄糖-6-棒杆霉菌酸酯	40	10	9
麦芽糖-6-棒杆霉菌酸酯	33	1	1
麦芽糖-6,6'-棒杆霉菌酸酯	46	10	13
纤维二糖-6-棒杆霉菌酸酯	35	3	1

五、绿色表面活性剂

"绿色"是20世纪后期提出的一个新理念,所谓"绿色"应包含无毒、无害、无刺激、可生物降解、生态、可循环利用和环境友好,而"绿色表面活性剂"则应包含其生产原料绿色、生产过程绿色以及产物绿色。前述微生物表面活性剂除了其在发酵和分离、纯化过程中可能会造成一定的环境问题外,是表面活性剂生产的一个"绿色化"范例。故绿色表面活性剂是今后很长一段时期的努力目标。目前,在合成表面活性剂的研发中,不仅关注原料和过程绿色,例如利用生物酶对底物进行化学修饰合成表面活性剂,同时,对合成表面活性剂的"绿色"性能也给予高度重视。提高合成表面活性剂的"绿色"性能至少存在以下三方面的工作。

1.降低表面活性剂的刺激性

表面活性剂与皮肤黏膜接触时,对其表皮的保湿因子、皮脂,甚至细胞及其细胞间脂质等存在溶解作用;同时会渗入表皮,甚至吸附于蛋白质表面使之变性,从而使皮肤致敏、发炎。通常,影响表面活性剂的刺激性大小的因素如下。

(1)表面活性剂的亲水基。不同类型亲水基的刺激性排序一般如下:阳离子型>阴离子型>两性离子型>非离子型。在一些常用的含阴离子活性基的表面活性剂中,其刺激性排序如下:烷基苯磺酸盐(LAS)>烷基磺酸盐(AS)>烯烃磺酸盐(AOS)>脂肪醇醚硫酸酯盐(AES)>N-脂肪酰基-N-甲基牛磺酸钠>脂肪酸多肽缩合物>N-脂肪酰肌氨酸盐>十二烷基氨基丙酸衍生物>两性甜菜碱>咪唑啉两性离子型表面活性剂>磺基琥珀酸单酯二钠盐。而在聚氧乙烯醚非离子型表面活性剂中,随乙氧基增加,刺激性减小。若在其他离子型表面活性剂中引入乙氧基也能降低其刺激性。

(2)表面活性剂的疏水基。一般认为疏水基链越长,支化度越小,表面活性剂对皮肤的刺激性越小。不过有人考察了不同链长的AS、LAS和AOS对皮肤的刺激大小发现:C_{10}~C_{14}的阴离子型表面活性剂对皮肤的刺激作用相对比较强。

(3)表面活性剂的相对分子质量。表面活性剂的相对分子质量越大,其渗透性则越弱,对皮肤的刺激性则越小。

2.减小表面活性剂的毒性

表面活性剂对人体的毒性一般分为急性、亚急性和慢性三种。在急性试验中阳离子型表面活性剂表现出较高的毒性,与之相比阴离子型明显较低,而两性离子型和非离子型的急性毒性更低，较为安全。亚急性和慢性试验表明现代生产、生活中使用的表面活性剂对人体来说具有足够的安全性。即使是阳离子型表面活性剂，例如烷基二甲基苄基氯化铵在做动物试验时几乎无亚急性和慢性影响。但浓度高时，可抑制发育，甚至刺激消化道，妨碍正常的营养摄取而呈现其亚急性和慢性毒性。

3.改善表面活性剂的生物可降解性

生物可降解性通常指在自然环境下，表面活性剂受微生物作用所引起结构变化而被破坏瓦解的性能。表面活性剂的生物可降解性是环境友好与否的基本条件。二十世纪五六十年代造成泡沫涌塞下水道并积浮江河，严重污染世界自然水体的支链烷基苯磺酸钠就是因其不良生物可降解性所致。实际上，表面活性剂的生物降解是由微生物活动所导致的氧化过程而引起，这种氧化过程一般分为三个步骤，即表面活性剂因氧化而失去表面活性的初级降解，不污染环境的次级降解以及最终生成CO_2、H_2O和NH_3等无机物的最终降解。其中，次级降解是表面活性剂可接受生物降解的最低环境标准。

有关影响表面活性剂生物降解的因素尚有待进一步研究，一般存在以下规律：

（1）不同类型表面活性剂中，阳离子型表面活性剂具有抗菌性，生物可降解性最差，其次是阴离子型，两性离子型表面活性剂的生物可降解性相对较好；

（2）相同类型表面活性剂中疏水基的链越长，生物可降解性越差；带支链相较直链表面活性剂更难生物降解；分子中含酚基时更难降解。例如在一些阴离子型的硫酸盐和磺酸盐表面活性剂中，直链烷基醇硫酸酯盐的生物可降解性最佳；而在各种十二烷基酚磺酸盐中，直链者[LAS，$CH_3(CH_2)_{11}C_6H_4SO_3Na$]最易生物降解，其次为支链的四聚丙烯苯磺酸钠{ABS，$(CH_3)_2CH[CH_2CH(CH_3)]_3C_6H_4SO_3Na$}，生物可降解性最差的是支化度最高的同分异构体[$(CH_3)_3CCH_2C(CH_3)_2(CH_2)_4C_6H_4SO_3Na$]；

（3）聚氧乙烯醚非离子型表面活性剂中的PO（环氧丙烯）、EO（环氧乙烯）链节越长，生物可降解性越差，相同链长的PO链比EO链更难生物降解。

参考文献

[1]陆大年.表面活性剂化学及纺织助剂[M].北京：中国纺织出版社，2009.

[2]王世荣、李祥高、刘东志.《表面活性剂化学》[M].北京：化学工业出版社，2005.

[3]张祥瑞.纺织助剂[M].北京：中国纺织出版社，2005.

[4]李娟.《表面活性剂的绿色制备与应用》[M].北京：化学工业出版社，2013.

[5]张宝祥.《表面活性剂合成与应用》[M].上海：上海科学技术出版社，2010.

[6]陈平.《表面活性剂与界面化学》[M].武汉：武汉理工大学出版社，2007.

[7]刘建华.《现代表面活性剂学》[M].南京：南京大学出版社，2006.

[8]赵光灿.《表面活性剂化学与技术》[M].西安：西北工业大学出版社，2011.

[9]高松.《表面活性剂制备技术》[M].北京：化学工业出版社，2015.

[10]吴之铎.《表面活性剂应用技术手册》[M].北京：化学工业出版社，2008.

[11]孟庆梧.《表面活性剂物理化学》[M].成都：四川大学出版社，2010.

[12]Myers,D.Surfactant Science and Technology[M].New Jersey,John Wiley & Sons,2005.

[13]Mittal,K.L.Handbook of Surfactants[M].New York,Marcel Dekker,1991.

第三章　表面活性剂溶液的性质和作用

第一节　表面活性剂在溶液中的吸附及表面张力测试

一、表面活性剂在固/液界面的吸附机理

表面活性剂是一类能在固/液界面发生特性吸附，有效改变其表面电位的吸附质。在表面活性剂浓度不太高时，其在固/液界面上的吸附方式有以下几种。

1.离子对位吸附

表面活性剂离子在具有相反电荷、未曾被反离子所占据的固体表面位置上的吸附，如图3-1(a)。

2.离子交换吸附

表面活性剂离子取代已吸附在固/液界面上同种电荷反离子的吸附过程，见图3-1(b)。

以上两种吸附方式是亲水基定向吸附，由于是正负电荷相吸，所以这类吸附更易进行，吸附量大，吸附后固体表面的亲水性下降，疏水性提高，表面润湿性受到直接影响。

3.化学吸附

即通过氢键、酸碱作用或其他化学键的吸附。以氢键为例[图3-1(c)]，表面活性剂分子或离子与固体表面的极性基团形成氢键结合的吸附。由于形成氢键的基因往往是含氧、氮等原子的极性基，所以这类吸附也是亲水基定向吸附，并发生表面活性剂分子的多点吸附，故分子不完全是直立形式，吸附层比较疏松。

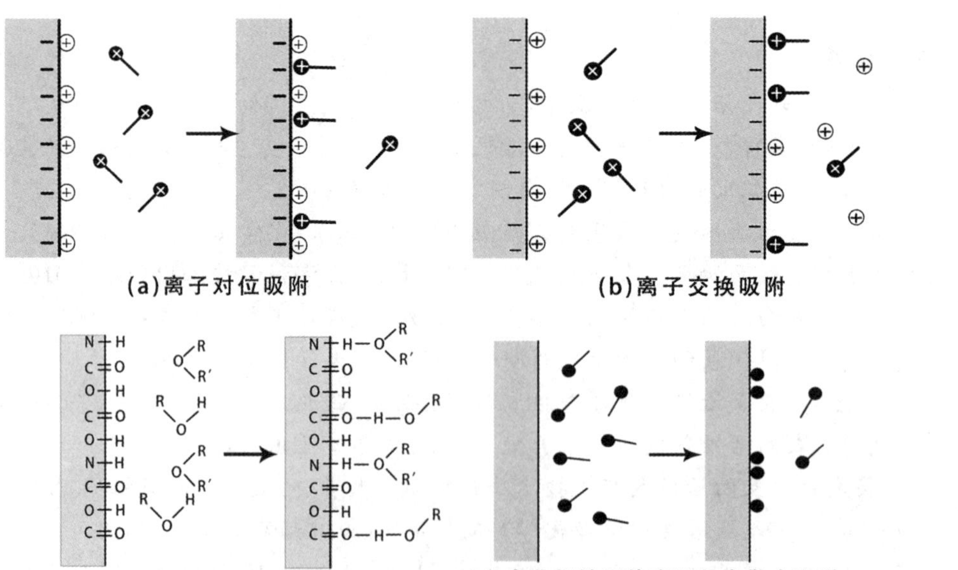

(a)离子对位吸附　(b)离子交换吸附

(c)氢键吸附　(d)在非极性固体表面的色散力吸附

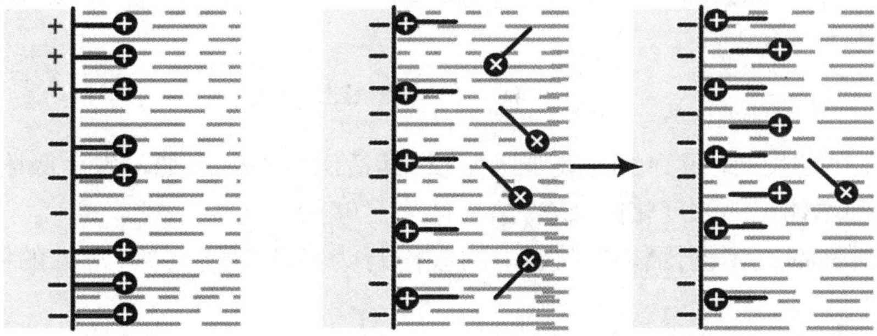

（e1）在带相同电荷表面的疏水相互作用吸附 （e2）在带相反电荷表面的疏水相互作用吸附

图3-1 表面活性剂在固/液界面的各种吸附方式

4.π电子极化吸附

这类吸附方式主要存在于含π键或芳香环的表面活性剂中。当其与固体表面强的正电荷吸附位点接近时，以π键平躺的构型吸附于固/液界面上，致使表面活性剂分子在固/液界面往往也以平躺方式被吸附，占据较大表面积，阻碍其他表面活性剂分子进一步吸附。

5.色散力吸附

色散力存在于所有表面活性剂分子与固体表面的相互作用中，相对分子质量越大，色散力相互作用越强烈。对于仅仅依靠色散力相互作用吸附于固/液界面的表面活性剂离子或分子，在吸附量较小时，可能以平躺的方式吸附在固/液界面。随着吸附量增加，则逐渐向疏水基定向排列的方式进行吸附[图3-1(d)]。色散力吸附往往同时存在其他类型的吸附。

6.疏水作用吸附

表面活性剂在水中逃逸，并通过疏水基相互吸引缔合而在固/液界面上的吸附。一般有两种情况：

(1)表面活性剂分子在不带电荷或表面活性离子在带相同电荷的固/液界面上的吸附，见图3-1(e1)；

(2)表面活性离子在带相反电荷固/液界面上的吸附，当亲水基定向吸附的表面活性剂达到一定浓度后，后续吸附的表面活性剂亲水基受静电排斥而指向水相，而疏水基相互吸引缔合，在固/液界面上形成具有半胶束结构的双分子吸附层，见图3-1(e2)，使得原来因亲水基定向吸附而疏水化固体表面变得润湿，吸附量上升，固体表面的电荷可能因吸附过量相反电荷表面活性剂离子而呈现反号。

上述四种除色散力和疏水作用两种吸附方式为疏水基定向吸附，其余吸附方式还须视具体情况而定。

二、固/液界面吸附量及三类固体吸附剂

评价固/液界面吸附性能的重要参数是吸附量n^s，即单位质量(或体积)吸附剂吸附物质的量。

$$n^s = \frac{x}{m} = \frac{C_0 - C}{m}V \qquad (3-1)$$

式中：C_0，C分别为吸附质吸附平衡前后的摩尔体积浓度，mol/m^3；V为溶液体积，m^3；x为吸附质的物质的量；m为吸附剂质量，kg；或体积，m^3。

若引入吸附剂的比表面积a^s(m^2/kg)，那么吸附量Γ(mol/m^2)又可表示为单位表面积吸附剂吸附物质的量。

$$\Gamma = \frac{n^s}{a^s} = \frac{C_0 - C}{ma^s}V \tag{3-2}$$

实际上，上述公式得到的为表观吸附量，其适用前提是溶剂不发生吸附作用，即溶剂在固/液界面和本体相的浓度相同，或者溶液浓度足够稀。

表面活性剂在不同固体吸附剂中的吸附行为是非常复杂的，常见的固体吸附剂有三大类。

1.表面带强电荷的固体吸附剂

这类吸附剂包括处于非等电点的羊毛或者非零电点的金属氧化物，碱性条件下的纤维素以及离子交换树脂等。

其最典型的吸附等温线应是表面活性剂离子，在相反电荷表面的S型吸附等温线(图3-2)，例如烷基磺酸钠在带正电荷的Al_2O_3表面的吸附行为。从图3-2可知，吸附等温线可分为四个区域。在区域1中，表面活性剂主要通过离子交换吸附，固体表面Stern层的电位和电荷密度几乎保持恒定。此时，固体表面的疏水性增加。进入区域2的吸附量显著增加，这时由于溶液中表面活性剂的亲水基与已被定向吸附的表面活性剂亲水基发生静电排斥，亲水基指向水相，疏水基相互缔合，即发生疏水相互作用吸附，形成双分子层聚集体，一般称该转折点为“半胶束形成”或者“合作吸附”。从此点开始，固体表面亲水性逐渐恢复。当转入区域3时，固体表面电荷开始反号，区域3因同性电荷相斥，吸附趋缓。当进人区域4时，吸附达到饱和，固体表面亲水性达到极限。

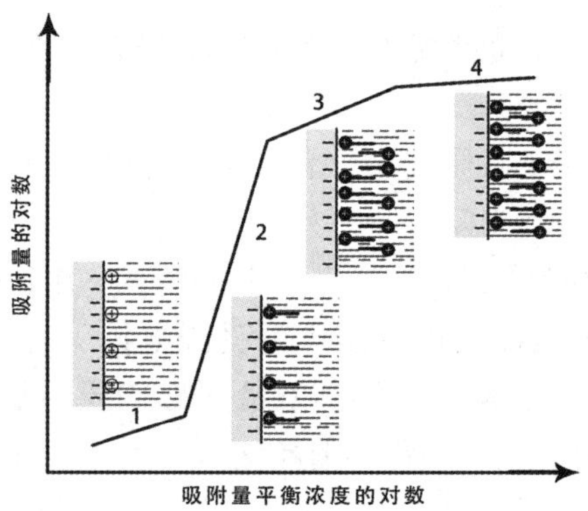

图3-2　离子型表面活性剂在相反电荷表面的S型吸附等温线

影响表面带强电荷的固体吸附剂吸附等温线的因素很多，一般可以归纳为以下几方面。

(1)若反电荷表面活性剂离子的疏水基太短，不足以克服同性电荷的斥力而疏水相互作用缔合，或者是同电荷的表面活性剂离子在此类吸附剂的吸附则往往可能为单分子层的L型吸附等温线。

(2)非离子型表面活性剂与离子型表面活性剂则不同，往往会在此类吸附剂表面发生氢键吸附，例如聚氧乙烯醚非离子型表面活性剂在纤维素表面，醚键与羟基会发生氢键结合，吸附等温线往往也是呈L型的，且随着乙氧基的增加，吸附量降低，吸附类型转变成多分子层吸附。

（3）水溶液pH值的变化对此类吸附剂吸附性能的影响主要反映在对吸附剂和吸附质电荷的影响上。例如羊毛在低pH值时表面带正电荷，而在高pH值时表面带负电荷。许多表面活性剂对pH值敏感，一旦吸附剂和吸附质的电荷确定，则其吸附性能与前述相似。不同的是两性离子型表面活性剂在任何带电固体表面的吸附都不会形成疏水膜。

（4）增加水溶液的离子强度，例如加入中性电解质NaCl，则会压缩表面活性剂的离子氛半径，直接减少其在相反电荷表面的吸附作用，同时增加其在相同电荷表面的吸附作用。此外，多价金属离子，如Ca^{2+}的存在将使阴离子表面活性剂在吸附剂上的吸附增加，这可能是因为Ca^{2+}的吸附会增加固体表面正电荷，有利于阴离子表面活性剂的吸附。

（5）温度增加一般使离子型表面活性剂的吸附降低，但可使聚氧乙烯醚非离子型表面活性剂的吸附增加。

2.非极性的疏水固体吸附剂

此类吸附剂有炭黑、聚乙烯或聚丙烯等，其吸附等温线一般为L型吸附（图3-3），这种吸附主要依靠色散力，例如十二烷基硫酸钠在石墨/水界面的吸附。从图3-3可知，不加盐时，吸附等温线呈二台阶型。这主要因为阴离子表面活性剂在离子强度（Ⅰ）较小时，离子氛半径较大，极性头的静电斥力较大。在浓度较低时，表面活性剂分子以平躺方式吸附于固/液界面。随着离子型表面活性剂浓度增加，溶液离子强度也随之增加，离子氛半径减小，极性头的静电排斥有所降低，而表面活性剂的表面活性增大，定向吸附由平躺转为垂直，溶液中开始出现胶束。若在溶液中加入大量中性盐，其结果是离子强度极度增加，大大削弱极性头的静电排斥作用，使表面活性剂表面活性大增，表现为稀溶液区的表面活性剂以垂直方式定向排列，吸附量急剧增加。此时，由于离子氛半径被压缩，饱和吸附量比未加盐时增大，CMC大大升高。此类吸附表现为固体表面的润湿性随表面活性剂浓度的增加而增大。

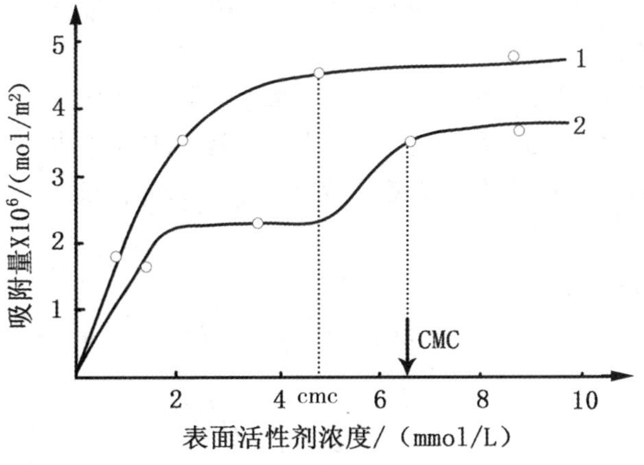

图3-3　25℃十二烷基硫酸钠在石墨/水界面吸附等温线（1-0.1mol/L NaCl水溶液；2-纯水）

3.表面强电荷的极性固体吸附剂

此类吸附剂包括中性介质的棉、聚酯、聚酰胺等，往往通过氢键和色散力吸附表面活性剂。例如聚氧乙烯醚非离子型表面活性剂通过氢键吸附于棉纤维表面，亲水基定向吸附，最初可能降低棉的亲水性。若表面活性剂与吸附剂之间不能形成氢键，例如聚酯、聚酰胺，则一般与非极性吸附剂类似。

三、气/液界面和液/液界面吸附

如前所述，因固/液界面带电，使得固体的吸附性能非常复杂，所幸固体吸附量ns可实测。相较而言，气/液表面和液/液界面的吸附性能虽然比较简单，一般以单分子层的疏水基定向吸附，但相应的吸附量却无法直接测定。Gibbs（吉布斯）方程从热力学出发给出了溶液表面张力与吸附量的关系，解决了间接测定其气/液表面和液/液界面的吸附量问题。

1.Gibbs方程的基本假设

根据热力学推导，当溶液由n个表面活性剂组分组成时，其Gibbs方程可表示如下：

$$-d\gamma = \sum_{i=1}^{n} \Gamma_i d\mu_i \qquad i = 1,2,3,\cdots,n \tag{3-3}$$

式中，Γi为单位面积上所含i组分物质的量相对于本体相中相同量溶剂所含i组分物质的量之超量，称为表（界）面吸附超量，单位为mol/m²。而表（界）面张力γ的降低与各组分的表（界）面吸附超量Γi与化学位μi增量之积的总和有关。方程设定溶剂的表面吸附量为零，即溶剂在界面和本体相中的浓度相等。

对于表面活性剂的单组分溶液系统，Gibbs方程可表示为：

$$-d\gamma = \Gamma_1 d\mu_1 \tag{3-4}$$

根据

$$\mu_1 = \mu_1^{\ominus} + RT\ln a_1 \tag{3-5}$$

式中：μ_1与$\mu_1^{\ominus}$分别为组分1的化学位及其标准化学位，a_1为组分1在本体相的活度，将式（3－4）代入式（3－5）得：

$$\Gamma_1 = -\frac{1}{RT}\frac{d\gamma}{d\ln a_1} = -\frac{a_1}{RT}\frac{d\gamma}{da_1} \tag{3-6}$$

对稀溶液来讲，浓度可以代替活度，可得：

$$\Gamma_1 = -\frac{1}{RT}\frac{d\gamma}{d\ln C_1} = -\frac{C_1}{RT}\frac{d\gamma}{dC_1} \tag{3-7}$$

从式（3－7）可知：

当$d\gamma/dC_1 < 0$时，随C_1增加，溶液表（界）面张力γ降低，$\Gamma_1 > 0$，即正吸附；

当$d\gamma/dC_1 > 0$时，随C_1增加，溶液表（界）面张力γ上升，$\Gamma 1 < 0$，即负吸附；

当$d\gamma/dC_1=0$时，则无论C_1变化，溶液表（界）面张力γ均不变，$\Gamma_1=0$，无吸附，即表（界）面吸附超量为零。

对于多组分稀溶液系统，

$$-d\gamma = RT\sum_{i=1}^{n} \Gamma_i d\ln a_i \tag{3-8}$$

溶液足够稀时，

$$-d\gamma = RT\sum_{i=1}^{n} \Gamma_i d\ln C_i \tag{3-9}$$

应指出，运用活度计算，Gibbs方程一般只适用于浓度低于CMC的范围。

2.表面活性剂在气/液界面上的吸附

下面以单组分表面活性剂溶液系统为例。

（1）非离子型表面活性剂

Gibbs方程：

$$\Gamma_1 = -\frac{1}{RT}\frac{d\gamma}{d\ln a_1} \tag{3-10}$$

由于是非离子，所以当浓度足够稀时（一般 $C_1 \leqslant 10^{-2}$mol/L），可将活度用浓度替代，即

$$\Gamma_1 = -\frac{1}{RT}\frac{d\gamma}{d\ln C_1} = -\frac{C_1}{RT}\frac{d\gamma}{dC_1} \tag{3-11}$$

而溶液浓度为 C_1 时的吸附超量 Γ_1 可以通过测定该浓度时溶液的表面张力随浓度的变化率（$\frac{d\gamma}{dC_1}$）来求算。

（2）离子型表面活性剂

由于离子间存在库仑引力，所以偏离理想状态较远，相对于非离子型表面活性剂更复杂。下面以1-1型的阴离子表面活性剂钠盐为例，即

$$RNa \rightarrow R^- + Na^+$$

若忽略水的电离，则：

$$-\frac{d\gamma}{RT} = \Gamma_{R^-} d\ln a_{R^-} + \Gamma_{Na^+} d\ln a_{Na^+}$$

因 $\Gamma_{R^-}=\Gamma_{Na^+}$，故，$-\frac{d\gamma}{RT} = \Gamma_{R^-}\left(d\ln a_{R^-} + d\ln a_{Na^+}\right) = \Gamma_{R^-} d\ln\left(a_{R^-}\cdot a_{Na^+}\right)$

$$= \Gamma_{R^-} d\ln a_{\pm}^2 = 2\Gamma_{R^-} d\ln a_{\pm} = 2\Gamma_{R^-} d\ln\left(C_{\pm} + f_{\pm}\right)$$

$$= 2\Gamma_{R^-} d\left(\ln C_{\pm} + \ln f_{\pm}\right) \tag{3-12}$$

对于1-1型阳离子表面活性剂，$\Gamma_{R^-}=\Gamma_{Na^+}=\Gamma_1$，$C_{\pm}2=C_{R^-}C_{Na^+}=C_12$，故　$C_{\pm}=C_1$，代入式（3-12）得：

$$-\frac{d\gamma}{RT} = 2\Gamma_1 d\left(\ln C_1 + \ln f_{\pm}\right) \tag{3-13}$$

式中：C_1 为1-1型离子表面活性剂的浓度；$f_{\pm}$ 为1-1型离子表面活性剂的平均活度系数，根据Debye-Huckel方程：

$$\lg f_{\pm} = \frac{-0.509\left|Z_+Z_-\right|\sqrt{I}}{1 + 0.33\alpha\sqrt{I}} \tag{3-14}$$

式中：I 为溶液的离子强度；Z_+，Z_- 分别表示正负离子的电荷；α 为离子的平均间距（Å，1 Å=10^{-10}m），对小的反离子而言（例如 Na^+，K^+，Br^-，Cl^- 等），α=0.3；对于表面活性离子，α=0.6，而

$$\lg f_{\pm} = \frac{1}{2}\left(\lg f_+ + \lg f_-\right) \tag{3-15}$$

若 C_1 足够稀，则 $f_{\pm} \rightarrow 1$，$\lg f_{\pm} \rightarrow 0$，由式（3-13）得：

$$-\frac{d\gamma}{RT} \approx 2\Gamma_1 d\ln C_1 \approx 2\Gamma_1 d\ln m_1 \tag{3-16}$$

式中：m_1 为质量摩尔浓度，稀溶液 $m_1 \approx C_1$。

若在1-1型表面活性剂溶液中加入中性盐，则表面活性剂的反离子（如本例的 Na^+）吸附量减少，其原因可从两方面分析：

①若反离子是中性盐中同离子（例如NaCl），则由于本体相中大量 Na^+ 向表面层扩散而使得 Na^+ 的吸附超量下降；

②若反离子并非中性盐的同离子（例如KCI），则表面层中的 Na^+ 与本体相中的 K^+ 发生交换，其吸附量仍会降低。故，加盐会降低表面活性剂的吸附量。即：

$$-\frac{d\gamma}{RT}=x\Gamma_1 d\ln C_1=x\Gamma_1 d\ln m_1 \qquad (3-17)$$

其中

$$x=1+\frac{C_{R^-}}{C_{R^-}+C_s} \qquad (3-18)$$

C_s为中性盐的浓度，当$C_s=0$时，$x=2$；当$C_s=\infty$时，则$x=1$。

故在离子型表面活性剂溶液中大量加盐，其Gibbs方程转变为：

$$-\frac{d\gamma}{RT}=\Gamma_1 d\ln C_1 \qquad (3-19)$$

与非离子型表面活性剂的Gibbs方程有相同形式。

对$n-m$型离子表面活性剂来讲，1 mol分子可电离出n mol的正离子和m mol的负离子，总的摩尔数为$x=m+n$，其Gibbs方程仍具有以下形式：

$$\frac{d\gamma}{RT}=x\Gamma_1 d\ln\alpha_1 \qquad (3-20)$$

3.表面活性剂在溶液表面的饱和吸附量及吸附截面

因为表面活性剂在气/液表面和液/液界面属单分子层的疏水基定向吸附，所以其吸附等温线服从Langmuir吸附类型。通常表面活性剂溶液的表面张力与其本体相浓度之间存在以下经验关系：

$$\gamma=\gamma_0-\gamma_0\ln(1+KC_1) \qquad (3-21)$$

其中，γ_0和K为两个经验参数，γ_0表示溶剂的表面张力，而K为表面活性剂的吸附平衡常数。将式(3-21)代入Gibbs方程式(3-7)可得：

$$\Gamma_1=\frac{\gamma_0}{RT}\frac{KC_1}{1+KC_1}=\Gamma_\infty\frac{KC_1}{1+KC_1} \qquad (3-22)$$

上式即为Gibbs方程的Langmuir形式。根据Langmuir单分子层吸附理论，我们注意到式(3-22)中的吸附超量Γ_1实际包含了第二重含义：即表(界)面平衡吸附量。

(1)表面活性剂表(界)面的平衡吸附量Γ1和表(界)面饱和吸附量Γ_∞

对于表面活性剂而言，Gibbs方程中的Γ_1可表示为表面活性剂达吸附平衡时，对应于本体相浓度为C_1的表(界)面平衡吸附量，即达吸附平衡时，单位表面积上吸附表面活性剂的物质的量；而Γ_∞表示吸附达饱和时的表(界)面平衡吸附量，即吸附饱和时单位表(界)面积上吸附表面活性剂的物质的量。此时完全忽略了吸附超量中本体相的浓度，无疑这样的概念转换对于表面活性剂的稀溶液而言是合理的。

(2)吸附截面积A和分子截面积A_∞

既然Γ_1表示吸附平衡时，单位表(界)面积上吸附的表面活性剂的物质的量，那么表面活性剂分子吸附截面积A可由下式求得：

$$A=\frac{10^{20}}{N_A\Gamma_1} \qquad (3-23)$$

A表示吸附平衡的本体相浓度为C_1时，单位表面活性剂分子在吸附表面所占据的平均面积，吸附截面积单位为Å^2。A_∞则表示饱和吸附时，单个表面活性剂分子在吸附表面所占据的平均面积，此参数可用来表示被吸附分子的分子截面积。

以下用十二烷基硫酸钠为例，从不同吸附平衡浓度C_1的吸附截面积数值，来探讨吸附分子的表面状态。

十二烷基硫酸钠在0.1 mol/L NaCl溶液中的表面吸附量如图3-4所示。由图3-4可见，稀溶液时吸附量小，但随浓度增加而急剧增加，浓度大到一定程度后，吸附量趋于恒定，即达饱和吸附量。

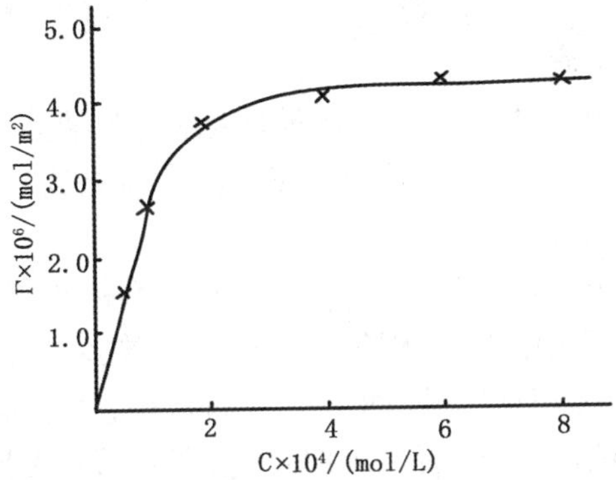

图3-4　十二烷基硫酸钠在0.1mol/L NaCl水溶液中的吸附等温线

不同浓度十二烷基硫酸钠的表面吸附分子面积值见下表3-1。

表3-1　不同浓度十二烷基硫酸钠的表面吸附分子面积值(25℃)

浓度/(mol/L)	5.0×10^{-6}	1.26×10^{-5}	3.2×10^{-5}	5.0×10^{-5}	8.0×10^{-5}
分子面积/Å²	475	175	100	72	58
浓度/(mol/L)	2.0×10^{-4}	4.0×10^{-4}	6.0×10^{-4}	8.0×10^{-4}	—
分子面积/Å²	45	39	36.5	36	—

十二烷基硫酸钠表面活性离子$C_{12}H_{25}SO_4^-$的结构为棒状，根据计算结果，该分子“平躺”在表面上所占面积为100Å²，若把此结果与表3-1所列不同浓度的表面吸附分子面积相对照可见：仅在浓度很稀（如3.2×10^{-5} mol/L），即吸附分子很少时，分子才有可能采取表面“平躺”的方式，如图3-5(a)所示。在表面活性剂浓度较大时（$>3.2\times10^{-5}$ mol/L），表面活性离子$C_{12}H_{25}SO_4^-$已不可能在溶液表面随意“平躺”了，图3-5(b)为中等浓度时的状态。而在浓度接近8.0×10^{-4} mol/L附近时，表面上的吸附分子已处于直立状态而形成较为紧密的定向排列，即为吸附近于饱和时的状态[图3-5(c)]。此时，由于水的极性表面在很大程度上已被两亲分子所覆盖，非极性亲油基朝外，形成一层由碳氢链构成的表面层，极大改变了表面性质。这时，溶液具有最低的表面张力，有较好的润湿性及起泡性等。

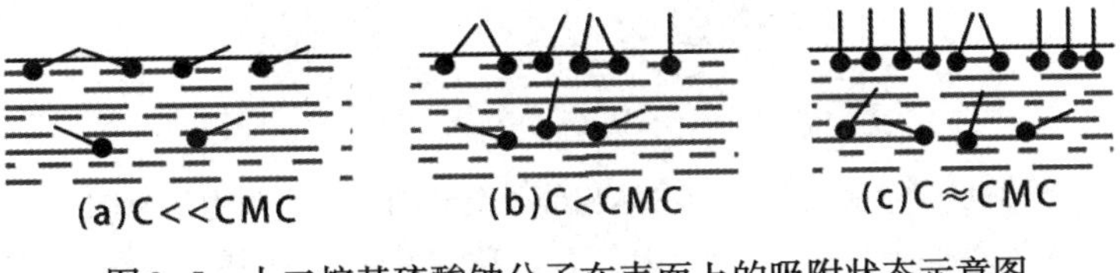

图3-5　十二烷基硫酸钠分子在表面上的吸附状态示意图

此种吸附分子在表面上的状态模型，对于直链极性有机物（如有机醇、胺及酸等）亦可适用。对于表面活性剂在非极性油/水界面上的吸附态，也与此大同小异。但应注意，由于密度较大非极性油相的存在，在溶液浓度较稀时，表面活性剂亲油性的碳氢链较易进入油相中，因而较易吸附，即界面浓度较大；在溶液浓度较大接近饱和吸附时，油相的非极性碳氢链易插入表面活性剂吸附层中定向排列的碳氢链间，饱和吸附量有所降低。

从上述溶液表面吸附的情形可以看出，一个具较高表面活性的表面活性剂，在其浓度较稀时即能达到吸附饱和状态，亦即在浓度较稀时即有最低的表面张力。换言之，可以用达到最低表面张力时的浓度大小作为衡量表面活性剂表面活性的一种量度（即可用表面活性剂临界胶团浓度CMC作为此量度）。

基于有关实验数据，表面活性剂在溶液表面的吸附可归纳为以下几点。

①溶液浓度从小到大时，表面活性剂分子在溶液表面上从基本非定向、平躺状态，逐步过渡到基本定向排列、直立状态；

②表面活性剂的亲水基团相同或相似时，亲油基团直链碳氢基的碳原子数越大则越易于在表面吸附；即在相同的溶液浓度时，碳氢链中碳原子数多者表面吸附量大；

③亲油部分为直链碳氢基的离子表面活性剂同系物，在饱和吸附时，分子面积基本接近。这表示分子在表面有比较紧密的直立定向排列，即表面吸附层一般是单分子层，分子截面积主要取决于亲水基团；

④亲油部分相同而聚氧乙烯链长不同的非离子型表面活性剂，其聚氧乙烯链越长则表面吸附量越小，同时在最大吸附时的表面分子面积越大。这表示氧乙烯链不是完全伸直或完全卷曲的定向排列。而可能是杂乱的、各种不同定向分布的卷曲构象。

四、表面活性剂对表（界）面张力的降低作用

1.溶液的表（界）面张力

分子在本体层与表（界）面层所处环境不同，受到的作用力也不同（图3-6）。表（界）面张力的大小和表（界）面层分子与周围分子的相互作用有关。由于分子间的排斥力是近程力，仅当非常靠近时才起作用，故溶液的表（界）面层分子主要受相邻分子的吸引力。如图3-6所示，本体层分子B所受到周围分子对它的吸引力是对称的（如图中箭头所示），故分子在本体层内移动无需做功。

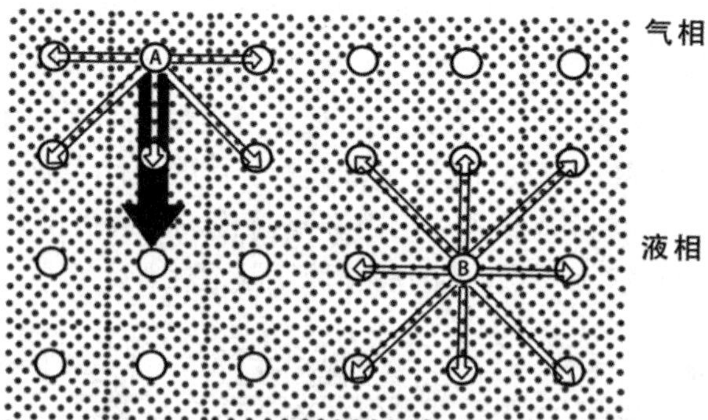

图3-6 气/液表面层和本体相分子受到的相互作用力示意图

但表面层分子A所受周围分子的吸引力不对称，这是因为表面上气相密度远小于液相。故来自本体层分子对它的吸引力比气相大得多，结果产生了表面层分子受到指向本体层内部的不对称合力。所以，表面层分子比本体层分子相对不稳定，它存在向本体层内移的趋

势，即存在一种使表面积减小的收缩力。以线圈实验为例，若将一个封闭的细软线圈置于肥皂水膜内，则最初线圈呈现随机形状[图3-7(a)]，这说明线圈内外膜的收缩力是相等的。一旦刺破线圈内的皂膜，则线圈被圈外皂膜收缩力所作用，绷紧成圆形[图3-7(b)]。皂液膜有两个表面，故有两个收缩力，任何一个作用于表面，垂直于线圈并指向皂膜缩小方向单位长度上的收缩力即常说的表面张力(单位N/m或mN/m)。若换个角度从能量分析，正因为表面层分子受到内向合力，所以，欲将本体层分子移至表面层需消耗能量，而将一定量分子从本体层移至表面并形成单位表面积所做的最小功称为比表面自由能(单位J/m^2或mJ/m^2)。比表面自由能与表面张力是数值和量纲相同，但单位和意义不同的两个物理量。

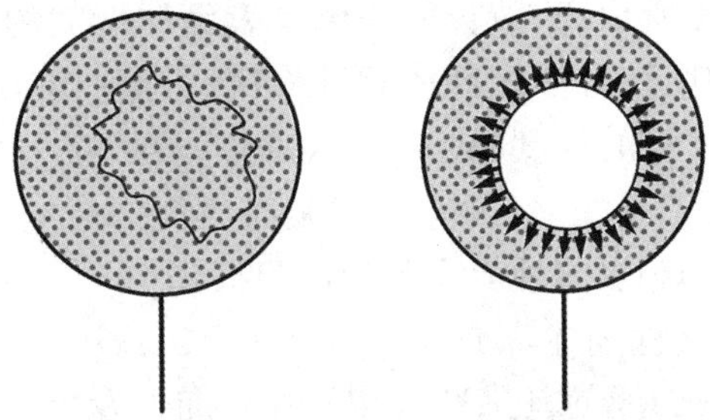

(a) 线圈内皂膜未被刺破时的线圈状态　(b) 刺破后线圈受到圈外皂膜的收缩力作用呈圆形状态

图3-7　肥皂水膜中的线圈实验示意图

在两个凝聚相接界面上，界面两侧两种界面层分子的位能不同于它们各自的本体层分子，界面上每个分子的位能要高于本体层分子。假如考虑两纯液体间的界面a和b(图3-8)，则a相的界面层分子a比其本体层分子所增加的位能应等于$A_{aa}-A_{ab}$，其中A_{aa}表示a相中本体层分子对其界面层分子a的吸引能，A_{ab}则表示界面层分子a受b相分子的吸引能。同理，b相的界面层分子b比其本体层分子增加的位能则等于$A_{bb}-A_{ab}$。

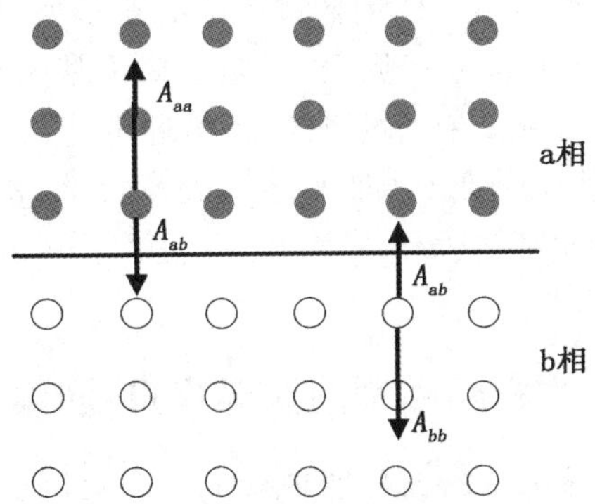

图3-8　互不相溶的两凝聚相a和b之间界面分子的相互作用力示意图

所有界面层分子较其本体层分子所增加的位能，即界面自由能，其值为$(A_{aa}-A_{ab})+(A_{bb}-A_{ab})$或$A_{aa}+A_{bb}-2A_{ab}$，也是生成新界面所需的最小功。单位面积的界面自由能即比表面自由能，称为表面张力γ，可用下式表示：

$$\gamma = \gamma_a + \gamma_b - 2\gamma_{ab}$$

式中：γ_a和γ_b分别为纯液体a和b的比表面自由能(表面张力)，而γ_{ab}为单位面积界面上a和b分子间的吸引能。当两相中有一相为气相(如a相为气相)，由于气相中的分子密度远比凝聚相低，所以，由分子相互吸引产生的张力可以忽略，即$\gamma=\gamma_b$为凝聚相b的表面张力。当两相是互不相溶的液体时，其表面张力γ_a和γ_b甚至包括γ_{ab}一般都可以通过实验测定。若有一相是固体，则实验测定γ_{ab}是非常困难的。通常，若a和b两相的分子结构及其相互作用的性质越相似，则它们间的作用也越强，γ_{ab}的数值越大，界面张力γ也越小。当$\gamma_{ab}=\gamma_a=\gamma_b$时，两相消失成为一相。

2.表面活性剂降低表(界)面张力的原理

若将表面活性剂加入互不相溶的液/液两相系统(例如庚烷和水)，表面活性剂则以亲水基指向水相，疏水基指向庚烷相，疏水基定向吸附在油/水界面上。由于原有界面上的水和庚烷分子被表面活性剂分子所取代，故界面一侧是表面活性剂的亲水基和水分子之间相互作用；另一侧是其疏水基和庚烷分子之间的相互作用。这种相互吸引作用的强度远大于原有庚烷和水分子之间相互吸引的程度，故γ_{ab}大大增加，界面张力大大降低。而在空气/水溶液表面上，由于空气中的分子是非极性的，所以表面活性剂对空气/水溶液界面张力的降低作用在许多方面类似于对庚烷/水溶液界面张力的降低作用。

从以上实例可见，表面活性剂在降低表(界)面张力时，具有两个作用。

(1)表(界)面吸附作用，即驱使其逃逸水相并在界面上发生富集。为了使表面活性剂具有显著的表(界)面吸附作用，保持其分子的亲水-亲油平衡是关键。以水溶液为例，如果表面活性剂的亲水性太强，则其表面活性偏弱；而亲油性太强，则可能直接从水相中游离出来。除了表面活性剂的分子结构外，温度、pH值及电解质、有机化合物等添加剂浓度都会对其亲水-亲油平衡有影响。一般而言，只有当表面活性剂在溶液中具有显著且有限的溶解度时，才能表现出良好的表(界)面吸附作用。例如一些表现出良好降低水溶液表面张力的表面活性剂在极性有机溶剂如乙醇、丙二醇等中无明显作用，这是因为它们在这些有机溶剂中具有较大的溶解度。

(2)表(界)面取向作用，我们不能期望含有烃链的离子型表面活性剂能降低烃类溶剂的表面张力，因为这些分子吸附在空气/烃界面上，是以离子基团定向指向非极性的空气，结果降低了界面两边的相互吸引作用。在水溶液中有两种可能，若表面活性剂在界面上发生的是疏水基定向吸附，则界面张力降低(例如水溶液表面及油/水界面)；反之是亲水基定向吸附，则界面张力反而增高(例如某些固/水界面)。故表面活性剂的表面活性是降低表(界)面张力的必要条件，但非充分条件。

第二节　表面活性剂的润湿作用、润湿剂及测试

润湿是界面上一种流体被另一种流体所取代的过程。因此，润湿过程涉及三相，其中至少两相是流体。一种气体和两种不能混溶的液体，一种固体和两种不能混溶的液体，一种气体、一种液体和一种固体或甚至三种都是互不相溶的液体。通常润湿是指固体表面气体被液体所取代(有时是一种液体被另一种液体所取代)。水或水溶液是常见取代气体的液体，而润湿剂是指能促进水或水溶液将空气从液体或固体表面取而代之的物质。润湿过程与各相关相的表面和界面性质有密切关系，故表面活性剂必然在此过程中显示出它的作用。

润湿不仅与人类的生命活动密切相关，而且是许多生产过程的基础，例如对纺织工业而言，染色、纤维上油剂、洗涤等工艺都与润湿有密切关系。当然，有的生产过程或产品要求不

被润湿，例如，防雨、拒水及抗黏涂层等。

那么，液体在什么情况下可润湿固体？怎样改变液体和固体的润湿性以适应人们的需求？表面活性剂在此扮演了重要角色，它虽用量不大，但却起到画龙点睛的作用。

一、接触角与润湿过程

1.接触角与杨氏方程

将少量液体滴落在固体表面，根据固体的种类、表面的粗糙度及液体的表面张力、黏度等性质，液滴会呈现不同状态（图3–9）。

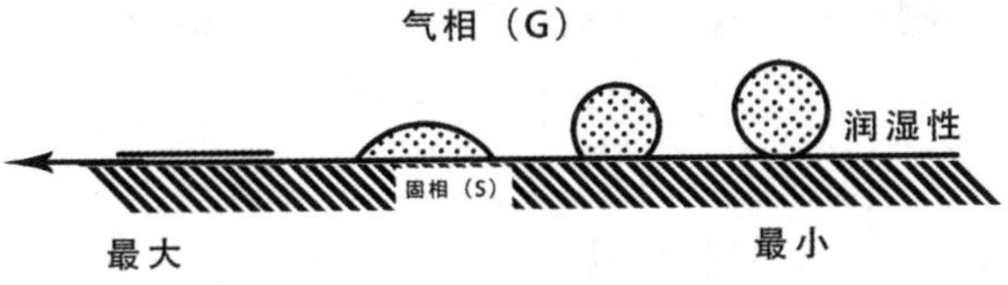

图3–9　液滴在固体表面铺展状态

如图3–9所示，液体在固体表面越舒展，则对固体越润湿；若液体在固体表面越收缩呈珠状，则越不润湿。当液滴在固体表面展开或收缩达到平衡时，从气、液、固三相剖面的交界处O点画气/液表面切线，其与固/液界面所形成的夹角（包含液体部分）称为该液体在该固体表面的平衡接触角（Contact angle），如图3–10所示。平衡接触角与固/气、固/液、液/气界面张力之间有如下关系：

$$\gamma_{SG} = \gamma_{LG} \cdot \cos\theta + \gamma_{SL}$$

$$\cos\theta = \frac{\gamma_{SG} - \gamma_{SL}}{\gamma_{LG}} \tag{3-24}$$

上述公式最早由T.Young于1805年提出，习惯上称为杨氏方程，为润湿的基本公式，亦称为润湿方程，可看作三相交界处三个界面张力的平衡结果

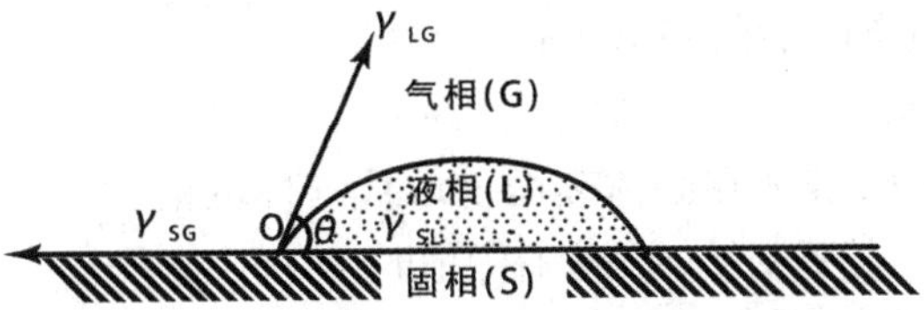

图3–10　接触角θ与各界面张力关系示意图

2.各种润湿过程及其与接触角的关系

（1）黏附润湿（或称为沾湿）

黏附润湿是指液体与基质固体接触，变液/气界面和固/气界面为固/液界面的过程。例如，黏合及涂层整理等。这些过程均涉及黏附润湿能否自发进行，即ΔG是否小于零。

黏附过程可用图3–11表示。

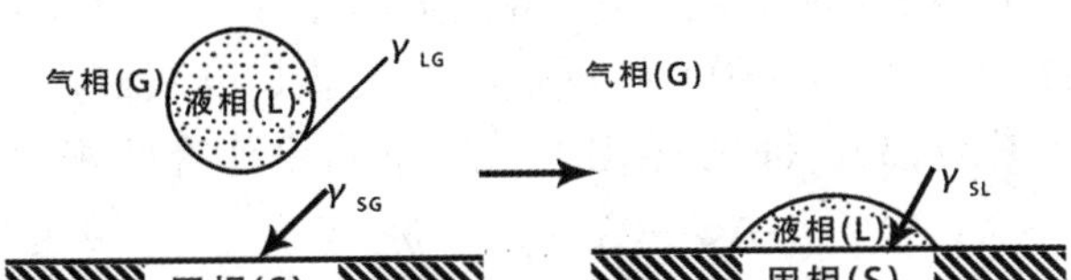

图3–11　黏附润湿过程的示意图

黏附润湿的比表面自由能的降低如式(3-25)所示：

$$-\Delta G = \gamma_{SG} + \gamma_{LG} - \gamma_{SL} = W_a \tag{3-25}$$

黏附润湿过程的“驱动力”是$\gamma_{SG} + \gamma_{LG} - \gamma_{SL}$，此量为黏附功$W_a$，即将单位表面的液体从基质上分离开所需的最小(可逆)功。在此过程中，W_a越大，则液/固界面的黏附越牢固。任何使基质和润湿液体间界面张力γ_{SL}降低的作用都会增大发生黏附的趋势并增加黏附的牢度，但任何使液体或基质的表面张力γ_{LG}和γ_{SG}降低的因素，都将减弱发生黏附的趋势及降低黏附的牢度。

根据杨氏方程，若黏附作用发生后液体、基质和空气间的接触角是有限值，则：

$$\gamma_{LG}\cos\theta = \gamma_{SG} - \gamma_{SL} \tag{3-26}$$

将式(3-26)代入式(3-25)，有：

$$W_a = \gamma_{LG}(\cos\theta + 1) \tag{3-27}$$

由上式可见在恒温恒压条件下，当$\theta<180°$时，$W_a>0$，$\Delta G<0$，则发生黏附润湿；当$\theta=180°$时，$W_a=0$，$\Delta G=0$，即黏附润湿达到极限。W_a是固/液界面结合能力及两相分子间相互作用力大小的表征。

(2)浸湿润湿

浸湿润湿指固体浸入液体的过程。洗衣时把衣服泡在水中即为此种过程。该过程的实质是固/气界面为固/液界面所替代，而液体表面在过程中无变化，如图3-12所示。

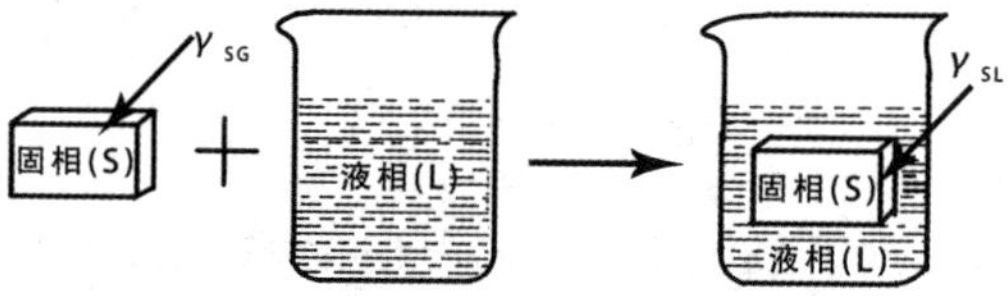

图3-12　浸湿润湿过程示意图

浸湿润湿时，比表面自由能的降低为：

$$-\Delta G = \gamma_{SG} - \gamma_{SL} = W_i \tag{3-28}$$

W_i称为浸湿功，它反映液体在固体表面上取代气体的能力。

若固体浸入润湿液中，其平衡接触角为有限值时，将杨氏方程(3-26)代入式(3-28)中，可得：

$$W_i = \gamma_{LG}\cos\theta \tag{3-29}$$

同样，在恒温恒压条件下，当$\theta<90°$时，$W_i>0$，$\Delta G<0$，液体可自动取代固体表面上的气体，浸湿润湿可自发进行；当$\theta=90°$时，$W_i=0$，$\Delta G=0$，浸湿润湿达极限；当$\theta>90°$时，$W_i<0$，$\Delta G>0$，为非浸湿。这时密度小于液体的固体将浮于液面，密度大于液体的固体虽沉入液体，但取出发现未被润湿。

(3)铺展润湿

在化学纤维生产和毛纺梳理工艺之前，将油剂附着于纤维表面时，不仅要求油剂不脱落，且希望能自行铺展，成为均匀油膜。铺展过程的实质是以固/液界面替代固/气界面同时，液体表面也同时铺展(图3-13)。铺展润湿时，比表面自由能降低表示如下：

$$-\Delta G = \gamma_{SG} - \gamma_{SL} - \gamma_{LG} = S \tag{3-30}$$

S称为铺展系数，它是铺展过程的驱动力量度。在恒温恒压条件下，若$S>0$，则$\Delta G<0$，铺展可自发进行；$S=0$，$\Delta G=0$，则铺展达极限，液体只能在基质上平衡铺展；若$S<0$，$\Delta G>0$，则铺展不能自发进行，液滴呈透镜状。

图3-13　铺展润湿过程示意图

S又表示单位面积所需做的铺展功，将式(6-26)代入式(6-30)，得：

$$S = W_S = \gamma_{LG}(\cos\theta - 1) \tag{3-31}$$

当θ=0时，W_S=0，体系可进行铺展润湿。

综上所述，不论何种润湿过程，其实质都是界面性质及界面能共同影响的结果。三种润湿过程发生的条件分别为：

	自由能判据	接触角判据
黏附	$-\Delta G = W_a = \gamma_{SG} + \gamma_{LG} - \gamma_{SL} = \gamma_{LG}(\cos\theta + 1) \geq 0$	$\theta \leqslant 180°$
浸湿	$-\Delta G = W_i = \gamma_{SG} - \gamma_{SL} = \gamma_{LG}\cos\theta \geq 0$	$\theta \leqslant 90°$
铺展	$-\Delta G = W_S = \gamma_{SG} - \gamma_{LG} - \gamma_{SL} = \gamma_{LG}(\cos\theta - 1) \geq 0$	$\theta=0°$或不存在

在以接触角表示润湿性时，习惯以$\theta=90°$为界，$\theta>90°$为不润湿；$\theta<90°$则为润湿，θ越小润湿性能越好。对于同一系统，三种润湿功可依次表示为$W_a>W_i>W_S$。换言之，若$W_S \geqslant 0$，必然存在$W_a>W_i>0$，即凡能铺展的液体必定能黏附和浸湿润湿，反之则未必。因此，铺展是润湿程度最高的一种润湿，平衡接触角$\theta=0$或不存在，则为完全润湿。

二、固体表面的润湿性质

通常，液体的表面张力均在100 mN/m以下，以此为界，有机固体与无机固体也大致分属两个区域。后者如常见的金属及其氧化物、硫化物、无机盐等，其表面被称为高能表面。通常，硬度大、熔点高的固体表面能也较高。它们与一般液体接触后，体系表面能将在很大程度上降低，可被一般液体所润湿。而固体有机物及高聚物的表面能则与一般液体不相上下，被称为低能表面。其润湿性质随固、液两相成分与性质的不同有很大变化。

1.低能表面及其润湿临界表面张力

Zisman等人发现：同系物液体在同一低能表面固体上的接触角随液体表面张力降低而变小。以$\cos\theta$对液体表面张力作图，可得一直线。若用非同系物液体，通常也呈一直线或一窄带(图3-14)。将此窄带延至$\cos\theta$=1处，相应液体的下限γ_{LG}值叫做该低能固体表面的润湿临界表面张力，以γ_C表示(图3-14)，γ_C为低能固体表面润湿性质的经验参数。

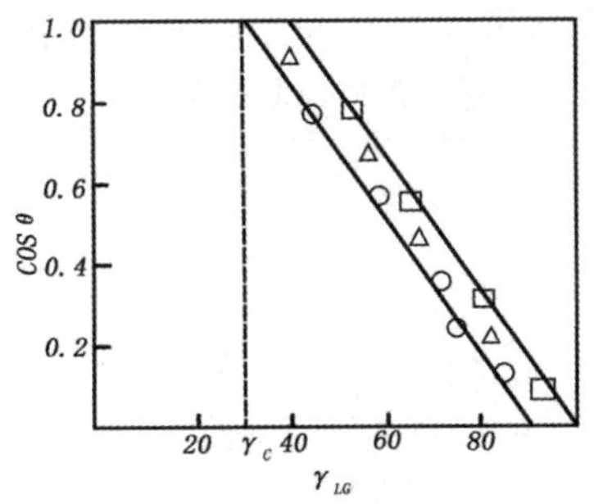

图3-14　利用各种不同表面张力的测试液测定的聚乙烯表面的Zisman图

(图中不同数据图标表示非同系物)

γ_C的物理意义：在经验范围内，凡液体的表面张力$\gamma_{LG}>\gamma_C$者，皆不能在该固体表面上自发铺展，仅当$\gamma_{LG}<\gamma_C$才能铺展。且γ_C值越低，能在此固体表面上铺展的液体越少，其润湿性能越差。列于表3-2中的数据是一些常见高聚物、有机物固体和一些表面活性物质在金属（如铂）或玻璃表面形成的单分子膜上的临界表面张力值。从表中数据可看出以下规律：

（1）高分子固体的润湿性能与其分子元素组成有关。在碳氢链中加入其他杂原子，明显改变高聚物润湿性能。氟原子的加入使润湿性能降低，γ_C变小；而其他原子的加入则使之升高，其增进润湿性的能力有如下次序：

$$F<H<Cl<Br<I<O<N$$

同一元素的原子取代越多，则效果也越明显。

（2）决定固体润湿性能的关键是表面层原子或原子团的性质及其排列状况，而与内部结构无关。表3–2列举了几种吸附在不同单分子层铂表面的γ_C数据。从这些数据可以看出，一定的表面基团结构对应于一定的γ_C值。

表3–2　一些高分子固体、有机固体及单分子的γ_C

固体	润湿临界表面张力γ_C（mN/m）		固体	固体表面γ_C（mN/m）	
高分子固体	聚四氟乙烯	18	高分子固体	聚氯乙烯	39
	聚三氟乙烯	22		聚酯	43
	聚二（偏）氟乙烯	25		锦纶66	46
	聚氟乙烯	28		锦纶6	42
	聚丙烯	32	有机固体	石蜡	26
	聚三氟氯乙烯	31		正三十六烷	22
	聚乙烯	31		季戊四醇四硝酸酯	40
	聚苯乙烯	33	铂表面单分子层	全氟月桂酸	6
	聚乙烯醇	37		全氟丁酸	9.2
	聚醋酸乙烯酯	33		十八胺	22
	聚甲基丙烯酸甲酯	39		α-戊基十四酸	26
	聚甲基丙烯酸十二烷基酯	21.3		苯甲酸	53
	聚丙烯酸甲酯	35		α-萘甲酸	58
	聚丙烯酸丁酯	31		硬脂酸	24

表3–3给出了不同表面层化学组成与其润湿临界表面张力的关系。

表3–3　不同表面层化学组成与其润湿临界表面张力γ_C的关系

表面	表面结构γ_C（mN/m）		表面	表面结构γ_C（mN/m）	
碳氟表面	—CF_3	6	碳氢表面	—CH_3（晶体）	22
	—CF_2H	15		—CH_3（单层）	24
	—CF_3和—CF_2—	17		—ch_2—	31
	—CF_2—	18		—ch_2—和—CH—	33
	—CH_2—CF_3	20		—CH—（苯环边）	35

续表

表面	表面结构γ_C(mN/m)		表面	表面结构γ_C(mN/m)	
	$—CF_2—CHF—$	22	硝化碳氢表面	$—CH_2ONO_2$(110面)	40
	$—cf_2—ch_2—$	25		$—C(NO_2)_3$(单层)	42
	$—CFH—CH_2—$	28		$—CH_2NHNO_2$(晶)	44
碳氯表面	$—CClH—CH_2—$	39		$—CH_2ONO_2$(101面)	45
	$=CCl_2$	43		—	—

2.高能表面及其自憎现象

高能表面一般可被液体所铺展，例如将水、煤油等液体滴在干净的玻璃、金属表面上时情况即如此。但也有一些有机液体，其表面张力并不高，在金属及玻璃等高能表面上却不能展开，表3-4中给出一些例子。

出现此情况的原因是这些有机液体分子在高能表面上发生了定向吸附，形成碳氢基朝向空气的定向排列吸附膜。从而使原有高能表面成为实际上的低能表面，导致其临界表面张力比液体表面张力低，故此液体不能在其自身吸附膜上铺展，此现象为自憎。

表3-4　20℃时一些自憎液体在高能表面上的接触角

液体	γ_{LG}(mN/m)	接触角(°)			
		钢	白金	石英	α-氧化铝
1-辛醇	27.8	35	42	42	43
2-辛醇	26.7	14	29	30	26
2-乙基-1-己醇	26.7	<5	20	26	19
2-丁基-1-戊醇	26.1	—	7	20	7
正辛酸	29.2	34	42	32	43
2-乙基己酸	27.8	<5	11	7	12
磷酸三邻甲酚酯	40.9	—	7	14	18
磷酸三邻氯苯酯	45.8	—	7	19	21

综上所述，固体的润湿性能取决于构成表面最外层原子团的性质和排列情况。各种固体表面的组成可以分为几大类，它们的可润湿性按以下次序增强：碳氟化合物<碳氢化合物<含其他杂原子的有机物<金属等无机物。

三、表面活性剂的润湿作用

应用表面活性剂改变液体在固体表面的润湿性能是实际生产中经常采用的重要手段。根据杨氏方程$\cos\theta=\dfrac{\gamma_{SG}-\gamma_{SL}}{\gamma_{LG}}$，表面活性剂可吸附在各种界面上并通过改变界面张力来影响固体的润湿性。通常表面活性剂在溶液表面疏水基定向吸附，γ_{LG}降低，$|\cos\theta|$增大，从而加剧润湿性能的变化。而影响润湿与否的关键是$(\gamma_{SG}-\gamma_{SL})$的值，$(\gamma_{SG}-\gamma_{SL})$的值越正则越易润湿，越负则越不易润湿。所以，表面活性剂在固体表(界)面的吸附取向是影响液体在固体表面润湿的关键因素。表面活性剂的这种定向吸附作用除了与其本身性能有关外，同时也受到固体表面性质及其他环境因素的影响。

1.硬表面固体的润湿

所谓硬表面固体是无孔、非颗粒状的固体，如玻璃金属及聚酯、聚丙烯、聚乙烯等有机材料，大致可分为非极性固体表面和极性固体表面两类。

(1)非极性固体表面

非极性固体表面常见于聚乙烯、聚丙烯等有机材料，属低能表面。通常表面活性剂在低能表面上的吸附作用较弱，即在其固/气表面的吸附量$\Gamma_{SG}\approx0$，所以，γ_{SG}几乎不变。表面活性剂在其固/液界面的吸附取向是影响液体在非极性固体表面润湿的关键。在固/水界面上表面活性剂往往疏水基定向吸附，亲水基朝向水相，γ_{SL}降低，接触角减小，有利于水在非极性固体表面的润湿[图3-15(a)]。

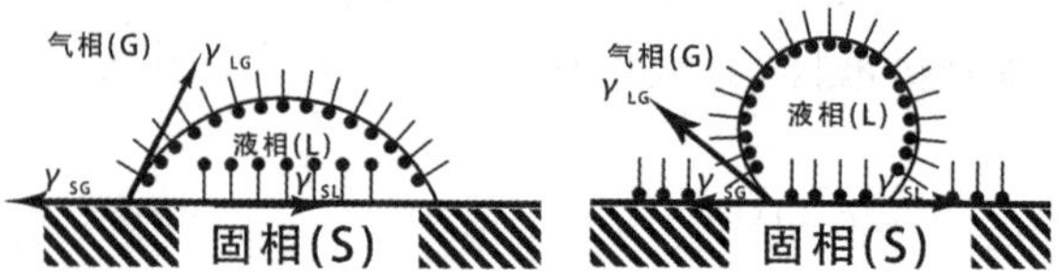

图3-15 表面活性剂在固/液界面的吸附取向对润湿性的影响

当水溶液的γ_{LG}小于非极性固体表面的γ_C，则水溶液可使其表面完全润湿实现铺展。例如，聚乙烯(PE)和聚四氟乙烯(PTFE)的γ_C分别为31 mN/m和18 mN/m，水的表面张力为72 mN/m，所以水不能在表面铺展。若在水中加入表面活性剂使其表面张力降至26 mN/m，则水溶液可在PE表面铺展，但不能在PTFE表面铺展。然而一些表面张力更低的全氟表面活性剂水溶液($\gamma_{LG}<22$ mN/m)却不能在PE和PTFE表面铺展，是由于全氟表面活性剂定向吸附在气/固表面，进一步降低了PE表面的γ_C，致使水溶液的γ_{LG}大于PE表面的γ_C而不能铺展。

(2)极性固体表面

极性固体表面一般还可分为聚酯、聚酰胺等有机高分子低能表面和包括离子交换树脂、玻璃、金属及氧化物等的高能表面两种。极性固体通常具有较高的表面能，所以能被各类液体所润湿。但水的极性大，表面张力高，在许多情况下只有表面分子能与水生成较多的氢键以克服水的内聚作用，才有可能被水完全润湿。而用表面活性剂溶液润湿极性固体，情况则更复杂。因为表面活性剂的吸附取向及其可逆性受固体表面极性、电荷及离子和溶液pH值、离子类型与强度等因素的影响，尤其带电表面存在两种典型情况。

①固体表面与表面活性离子具有相同电荷。由于同性电荷相斥，因此，它在固体表面的吸附相对较少，γ_{SL}与γ_{SG}的变化也影响不大。θ值的减小主要来自气/液表面的吸附和γ_{LG}的下降。

②固体表面与表面活性离子具有相反电荷。例如在pH值>3.7范围内的十二烷基三甲基氯化铵与石英，pH值<9范围内的十二烷基硫酸钠与α-Al_2O_3，均具相反电荷。由于异性电荷相吸，在低浓度时，表面活性离子通过离子对位或交换方式吸附于固体表面。此吸附削弱了水与固体的相互作用，致使γ_{SL}与θ值增大，三相线后缩。被吸附的表面活性剂仍留于新生的气/固表面，固体的表面张力γ_{SG}变小，润湿性降低[图3-15(b)]。当表面活性剂水溶液浓

度大于CMC时，表面活性离子的疏水链可通过疏水相互作用与吸附于固/液界面的第一层单分子层表面活性离子的疏水链相互吸引，即通过疏水吸附形成双分子吸附膜，表面活性剂离子头指向溶液，因而增加了与水的相互作用并使γ_{SL}减小，θ值再次变小。应指出，只有长链的表面活性剂才能发生这种情况。在某些体系中，例如十二烷基三甲基氯化铵吸附在铂上，接触角θ可再次降为零并发生铺展。通常，表面活性离子在第二层的吸附较弱，易被水淋洗下来。

2.纺织品的润湿

纺织品是由纤维交织的结构物，具有较大比表面积。液体在纺织品外部纤维表面润湿时，即会在纤维与纤维间形成大量毛细管，两端产生附加压力$\Delta P=2(\gamma_{SG}-\gamma_{SL})/R$，使液体向纺织品内部渗透。故纺织品被液体润湿的过程也是液体向其内部的渗透过程。

（1）纺织品润湿（渗透）性能的评价

纺织品由于比表面积大，因而在实际润湿中很少能达到平衡状态。所以，一般采用渗透润湿速率评价表面活性剂的润湿作用，有以下三种表征方法。

①润湿效率：即在指定温度、时间内润湿一定表面积所需表面活性剂的最低浓度。

②润湿效能：即不考虑所用表面活性剂浓度的前提下，完成润湿所需的最短时间。

③润湿时间：即在指定温度和表面活性剂浓度下，完成润湿所需的时间。

其中，最常用第三种方法评价润湿性能。通常温度为25℃，溶液浓度为0.1 wt.%。测定表面活性剂溶液对纺织品润湿能力最常用的试验方法是Draves法。它是用一束质量为5 g天然带有蜡质的棉纱［每卷54英寸（1.37 m），每绞120根］，系在一个质量为3 g的钩子上，再用一根细线将钩子与重物连接，然后将上述整个装置放入盛有表面活性剂溶液的柱形圆桶中，使其全部被溶液浸没。由于铺展润湿的进行，纱线中的空气逐渐被表面活性剂溶液所取代，当足够量的空气被取代时，纱线在桶中就突然下沉，润湿性能越优良的表面活性剂，开始至下沉所需时间越短。表3-5列出了一些常用表面活性剂水溶液的润湿时间。由于该法接近纺织工业使用润湿剂的情况，故现已被普遍应用。

表3-5　表面活性剂水溶液的润湿时间（25℃）

表面活性剂	润湿时间/s	表面活性剂	润湿时间/s
$n\text{-}C_{12}H_{25}SO_4^-Na^+$	7.5	$n\text{-}C_{18}H_{37}SO_4^-Na^+$	280
$n\text{-}C_{14}H_{29}SO_4^-Na^+$	12	$C_{12}H_{25}OC_2H_4SO_4^-Na^+$	6
$n\text{-}C_{16}H_{33}SO_4^-Na^+$	59	$C_{12}H_{25}(OC_2H_4)_2SO_4^-Na^+$	11
$C_8H_{17}CH=CHC_8H_{16}SO_4^-Na^+$	19	$C_9H_{19}C_6H_4(OC_2H_4)_{10\sim11}OH$	15
$n\text{-}C_{10}H_{21}CH(CH_3)C_6H_4SO_3^-Na^+$	10.3	$C_8H_{17}(OC_2H_4)_2OH$	5
$n\text{-}C_{12}H_{25}CH(CH_3)C_6H_4SO_3^-Na^+$	30	$C_8H_{17}(OC_2H_4)_3OH$	22
$n\text{-}C_{14}H_{29}CH(CH_3)C_6H_4SO_3^-Na^+$	155	$C_{10}H_{21}(OC_2H_4)_2OH$	10
$C_7H_{15}CH(SO_3^-Na^+)COOC_5H_{11}$	12.1	$C_{10}H_{21}(OC_2H_4)_3OH$	4
$C_7H_{15}CH(SO_3^-Na^+)COOC_6H_{13}$	2.2	$C_{10}H_{21}(OC_2H_4)_4OH$	5

续表

表面活性剂	润湿时间/s	表面活性剂	润湿时间/s
$C_7H_{15}CH(SO_3^-Na^+)COOC_7H_{15}$	0.0	$C_{12}H_{25}(OC_2H_4)_4OH$	19
$C_7H_{15}CH(SO_3^-Na^+)COOC_8H_{17}$	1.5	$C_{12}H_{25}(OC_2H_4)_{8\sim9}OH$	11
$C_7H_{15}CH(SO_3^-Na^+)COOC_9H_{19}$	3.8	$C_8H_{17}CO(OC_2H_4)_2OH$	72
$C_7H_{15}CH(SO_3^-Na^+)COOCH_2CH(C_2H_5)C_4H_9$	0.0	$C_8H_{17}CO(OC_2H_4)_3OH$	6
$C_9H_{19}C_6H_4(OC_2H_4)_5OH$	12	$C_8H_{17}CO(OC_2H_4)_4OH$	42

(2)影响表面活性剂润湿(渗透)作用的因素

表面活性剂对纺织品的润湿作用除了与硬表面固体受到其在纤维表面吸附性能的影响外,还与表面活性剂在毛细管内的渗透速率密切相关。通常渗透速率随附加压力ΔP和表面活性剂浓度的增大而增大,还与其扩散系数有关。表面活性剂扩散时分子尺寸越大,介质黏度越大,则润湿性能越差。

大致可归纳如下:

①亲水基的位置及支化度:若亲水基在分子链的中心位置,特别是有支链疏水基的表面活性剂,由于其在水中的尺寸相对比直链异构体小,能迅速渗透到内部纤维表面定向排列,所以常用作纺织品优良的润湿(渗透)剂。如早期广泛使用的润湿剂硫酸化蓖麻油,其良好的渗透能力基于蓖麻油分子中间位置的硫酸基。也许是类似尺寸的原因,烷基邻苯磺酸盐的渗透能力优于烷基对苯磺酸盐。目前,一些高效润湿(渗透)剂的结构如图3-16所示。其中AOT0.025wt.%的润湿时间为20.ls,0.10wt.%的润湿时间仅为1.9s。

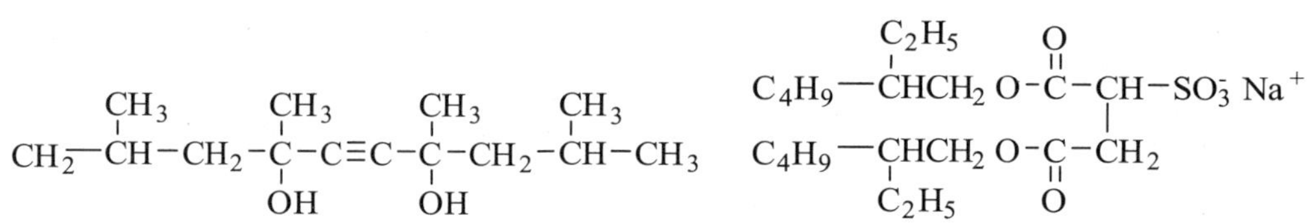

二羟基四甲基葵炔(Surfynol 104)　　琥珀酸二异辛酯磺酸钠(AOT)

图3-16　润湿(渗透)剂的结构图

②直链型表面活性剂的长度:无论直链型表面活性剂的疏水基还是亲水基,短链比长链分子尺寸小,扩散系数大,润湿时间更短。例如十二烷基硫酸钠的润湿时间远比十八烷基硫酸钠短。这也说明聚氧乙烯醚非离子型表面活性剂的润湿时间比相同疏水基阴离子型表面活性剂润湿时间更长的原因。在计量疏水链的有效长度时,通常支链上的一个碳原子相当于主链约2/3个碳原子;亲水的离子基团与极性基团间的一个碳原子相当于主链约1/2个碳原子;一个苯环则相当于约3.5个直链亚甲基;酯键的存在对疏水链有效长度无影响。

③表面活性剂的浓度:通常表面活性剂的浓度过低会影响分子的扩散速率,润湿时间延长。此时,疏水链较长的表面活性剂比疏水链较短的同系物表现出更好的润湿性能。但是,随着浓度升高,表面活性剂分子的扩散速率增大,当浓度足够高时,表面活性剂的润湿时间降至最短。其中短链的表面活性剂润湿时间降低幅度最大,具有比长链更低的最低润湿时间。

例如,烷基硫酸盐水溶液的浓度为0.1wt.%时,其各种同系物润湿时间的排序为:$C_{14}<C_{12}<C_{16}<C_{18}$,而当浓度为0.15wt.%时,其排序变为$C_{12}<C_{14}<C_{16}<C_{18}$。此次序也是这些表面活性剂

所能达到最低润湿时间的次序。不过当温度升高时,短链的离子型表面活性剂润湿能力会变得不如长链同系物,这可能是长链离子型表面活性剂的溶解度增加,表面活性得以充分发挥所致。

④聚氧乙烯醚非离子型表面活性剂:当分子中的乙氧基数目增加时,表面活性剂的润湿时间经过一个最小值后增加。当表面活性剂的浊点正好高于润湿试验的温度时,该表面活性剂在此温度时的润湿时间最短。在25℃时,脂肪醇聚氧乙烯醚$C_{10\sim11}H_{21\sim23}(OC_2H_4)_{6\sim8}OH$的润湿性能最好。通常脂肪醇或硫醇的聚氧乙烯醚非离子型表面活性剂润湿性能要优于相应的脂肪酸酯。

⑤聚醚[即聚氧乙烯(PEO)和聚氧丙烯(PPO)嵌段共聚物]的润湿时间随PPO的链增加,PEO链的减少而降低,其前提是在该温度下聚醚在水中完全溶解。

⑥添加剂的影响:

a. 中性电解质:通常离子型表面活性剂的润湿时间会因水中存在电解质而显著降低。如Na_2SO_4、NaCl、KCl等的加入会减少表面活性剂溶液表面张力,增加其润湿能力,而且相对短链的增幅更大。所以,在高电解质浓度下,往往$C_{7\sim8}$烃链的离子型表面活性剂润湿时间最短。

b. 水结构调节剂:在水溶液中加入水结构破坏剂(例如尿素、N–甲基甲酰胺等),则表面活性剂水溶液的γ_{LG}上升,不利于润湿;加入水结构促进剂(例如果糖、木糖等),则γ_{LG}下降,润湿性提高。

c. 长链极性有机化合物:在阴离子和非离子型表面活性剂溶液中加入长链醇会增加它们的润湿能力;将聚氧乙烯醚非离子型表面活性剂加入阴离子型表面活性剂溶液中也会提高其润湿能力,但会降低阳离子型表面活性剂的润湿能力。这是因为聚氧乙烯醚非离子型表面活性剂会使阴离子型表面活性剂的扩散速率增大,但会使阳离子型表面活性剂的扩散速率减小。

3.动态润湿过程

动态润湿过程大致可分为两大类:一类是在无外力作用(重力除外)下,液体在固体表面上自行铺展的过程,称为内铺展;另一类是利用外力使液体在固体表面上以一定速度移动而铺展,称为强制铺展,织物、胶片和磁带涂布就是这类过程。

动态润湿过程的主要特点是固、液、气三相界面线(即润湿线)是移动的,在三相线移动过程中的接触角称为动态接触角(有时把随时间变化的接触角也称为动态接触角),为非平衡态接触角。动态接触角的大小通常取决于三相线位移的速率与方向。例如在一水平放置的玻璃管内有一段液体,静置时液体与管壁间形成的平衡接触角为θ[图3–17(a)]。若在图的左方施加压力。

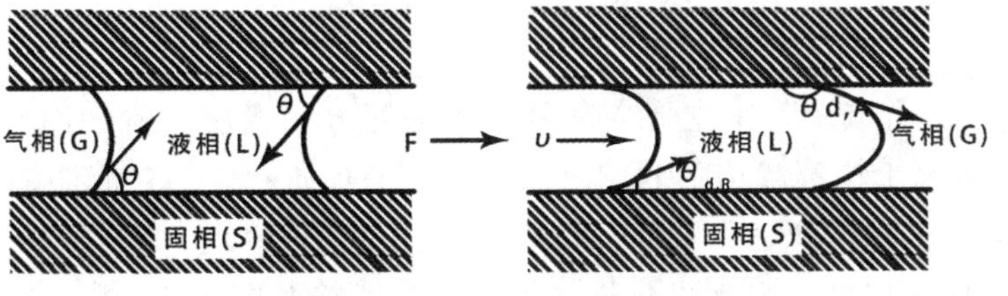

(a)静态(平衡)接触角θ　　(b)液体被迫流动时的动态接触角

图3–17　静、动态接触角示意图

迫使液体向右流动，则液面前沿将向前凸出，形成的动态前进接触角 $\theta_{d,A}>\theta$。同时，液面后沿（左边）则内向凹进，形成动态后退接触角 $\theta_{d,R}<\theta$［图3-17（b）］。向前流动的速度v越大，$\theta_{d,A}-\theta_{d,R}$ 的值越大，$\theta_{d,A}$ 也越大。当 $\theta_{d,A}$ 接近180°时，液体在涂布过程中排出的空气将会导致涂布层的不均匀缺陷，故达到 $\theta_{d,A}=180°$ 时的速度为润湿可以进行的最高速度。通常动态前进接触角 $\theta_{d,A}$ 与涂布速度v、液体黏度η及其表面张力 γ_{LG} 有如下关系：

$$\tan\theta_{d,A}=\alpha\left(\frac{v\eta}{\gamma_{LG}}\right)^{\beta} \tag{3-31}$$

式中α，β为经验常数。由式（3-31）可见，若利用表面活性剂降低涂布液的 γ_{LG}，则可降低动态前进接触角，从而提高涂布速度，改善液体在固体表面的动态润湿性能。

四、表面活性剂润湿作用在纺织加工中的应用

通常在纺织染整加工中应用表面活性剂改善纺织物润湿性能有两种方式：

（1）将表面活性剂加入各种加工溶液，降低其 γ_{LG} 和 γ_{SL}，使之迅速渗透润湿纺织物，以提高加工性能。例如上浆、煮练、印染等工艺，一般称这类表面活性剂为渗透剂；

（2）以表面活性剂为整理剂对织物进行加工整理，改变织物表面的 γ_{SG}，从而赋予其所需的润湿性能。根据所赋予的性能又分为两类：其一为提高 γ_{SG}，使织物易于润湿，即亲水整理剂；其次为降低 γ_{SG} 使织物不润湿，拒水甚至拒油，即拒水、拒油整理剂。

1.渗透剂

由于固/液界面常带负电荷，所以，渗透剂一般为阴离子型、非离子型表面活性剂。常用的渗透剂JFC为脂肪醇聚氧乙烯醚，而拉开粉BX即丁基萘磺酸钠属阴离子型表面活性剂，高效渗透剂AOT和Surfynol 104则分别是阴离子型和非离子型表面活性剂。如上节所述，渗透剂并非要求高表面活性，鉴于许多纺织染整加工是在高离子强度、强酸、强碱溶液中进行，故渗透剂在各种溶液中的溶解度和稳定性直接影响润湿效果（表3-6）。

表3-6　溶液的酸、碱性对渗透剂的影响

溶液的酸碱性	阴离子型表面活性剂	非离子型表面活性剂	用途
强碱性	短链、可溶解的能用，带易水解酯基的不能用	不容易溶解，不能用	棉织物丝光、碱减量、退煮漂三合一等工艺
弱碱性	能使用	多数能使用	退浆、煮练、漂白工艺
接近中性	能使用	能使用	后整理加工工艺
弱酸性	除硫酸酯盐易水解外，一般能使用	能使用	次氯酸钠漂白
强酸性	除横酸盐类能使用外，一般不能使用	多数能使用	羊毛炭化，涤/棉织物酸减量

目前，渗透剂的合成及复配主要向高效和耐强碱方向发展。例如用异辛醇+3mol EO+1mol PO合成的非离子快速渗透剂润湿时间是传统JFC的1/3左右，脂肪醇聚氧乙烯磷酸酯盐，例如 $C_{8\sim18}H_{17\sim37}O(C_2H_4O)_nPO(OH)_2$ 及 $[C_{8\sim18}H_{17\sim37}O(C_2H_4O)_n]_2PO(OH)$ 等，可耐NaOH达250 g/L，渗透时间仅为18 s。复配也是提高渗透剂性能的有效方法，例如将α-乙基己烯磺酸钠与乙二醇单丁醚复配可大大降低碱液的表面张力，提高渗透效果。

2.亲水整理剂

亲水整理主要是针对如涤纶、丙纶等疏水性织物而言。旨在提高疏水性织物的透气透湿性，改善其服用性能。由于此类织物存在表面电阻高，静电效应显著特点，而水是导体，可泄漏电荷，消除静电作用。所以，亲水整理剂同时也是抗静电整理剂，将在后面一并讨论。

3.拒水、拒油整理剂

拒水、拒油整理正好与亲水整理相反，由于拒水、拒油整理不同于涂层整理，仅是表面疏水性改性，所以仍能保留织物透气、透湿性等服用性能。其目的是使水甚至油在织物表面的接触角大于90°，不被润湿，甚至接近180°，达到拒水、拒油的目的。如前所述，要使液体不能润湿织物表面，织物的润湿临界表面张力必须小于液体的表面张力（表6-3），而若要真正达到拒水、拒油整理，拒水整理剂在织物表面的单分子层润湿临界表面张力γ_C须小于30 mN/m，而拒水、拒油整理剂的γ_C则须小于10 mN/m。

（1）拒水整理剂

拒水整理剂通常选用的疏水基是烷烃和硅氧烷等，常用的拒水整理剂有石蜡的水乳胶、它简单价廉，但效果不佳且不耐水洗；三聚氰胺、脲醛等的树脂衍生物，不仅拒水效果尚可，且整理后织物较柔软、透气、透湿性好，兼具良好耐水洗性。但树脂会释放甲醛，例如拒水整理剂HPC；利用脂肪酸与铬或铝的络合物也能在织物表面形成耐久性拒水膜，例如拒水剂CR和AC，但有时会使织物着色且重金属超标；阳离子表面活性剂一般能使织物疏水，但由于其与织物仅为静电吸引，耐久性差。有一类吡啶季铵盐，例如拒水剂PF（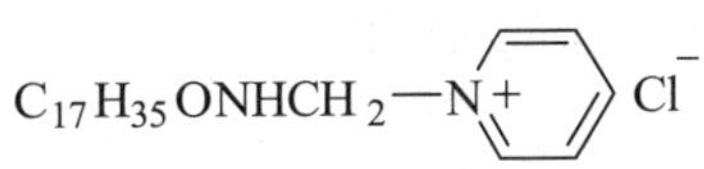），在高温整理时能与纤维素发生反应，不仅具有较耐久的拒水性，且具有柔软效果。缺点是加工焙烘时会释放吡啶，污染生产环境。与之相比，N–羟甲基十八酰胺（$C_{17}H_{35}OHNCH_2OH$）和N–十八烷基–N',N'–亚乙基脲（$C_{18}H_{37}NHCON<(CH_2)_2$）不仅不会污染环境，而且柔软性、拒水性和耐水洗性都甚佳。

目前较为理想的拒水整理剂是硅氧烷，例如羟基硅油、甲基含氢硅油及其混合物在$Zn(Ac)_2$的催化下，经150~160℃氧化、交联于织物表面形成三维网状的拒水薄膜。整理后的织物拒水性好，不仅耐皂洗，而且耐干洗，还能提高织物的耐磨性和可缝纫性，整理工艺简单，织物强力损失较小，无色变，适用于天丝、合成纤维及其混纺织物的拒水整理。

（2）拒水、拒油整理剂

由于氟代烃降低固体表面张力的能力非常大，所以，有机氟化物是最理想的拒水、拒油整理剂，常用的是各种全氟烷基及其衍生物的丙烯酸酯，或其聚合物。整理至织物后，由于汗液、油污的表面张力比整理剂单分子层的润湿临界表面张力γ_C要大，所以拒水、拒油整理后的织物具有防水、防污的功能。

（3）防污和易去污整理剂

对于防水、防污织物来讲，通常是不易沾水被沾污，而一旦沾污之后，由于其表面不润湿，很难通过水洗祛除所沾的污垢。所以，最理想的拒油整理剂应是既防污又易去污。

防污和易去污整理剂是由两亲性高分子作为主体的一类拒油整理剂，一般由亲水性和拒油性单体共聚而成。由于这类整理剂在织物表面具有两亲作用，所以，在干燥状态时其亲水基指向织物内部，拒油基指向空气，织物的γ_{SG}大大降低，表现出拒水、拒油及防污的特性。一旦将织物浸入水中则相反，其拒水基指向织物内部，而亲水基指向水相，织物与水相的界面张力γ_{SL}降低，从而改善了织物的水润湿性，有利于污垢的祛除。洗涤干燥后又可恢复原状，周而复始。例如全氟烷基（甲基）丙烯酸酯与（甲基）丙烯酸盐为主体的共聚物，当然，这种反复定向的结果易导致表面膜松动，影响耐久性。

第三节　表面活性剂的乳化作用、乳化剂及测试

乳化作用是将一种液体以液滴形式分散于另一种不相溶液体中形成乳液的过程。其中，被分散的液体称为分散相（又称不连续相或内相），而另一种液体则称为分散介质（又称连续相或外相）。许多纺织油剂、涂料、农药、金属切削油剂、化妆品以及蛋黄酱都是乳液。乳液是一种多相的液/液分散系统。

乳液的粒径大小直接影响乳液的外观色泽（表3–7），这是由于分散相与分散介质的折射率不同，入射光在乳滴界面会发生反射、折射和散射现象的缘故。由于可见光的波长为0.4–0.8 μm，粒径在1 μm以上的乳液主要发生光的全反射而呈乳白色；粒径在0.1–1.0 μm间的乳液则会因短波长的散射光增强，而呈现带有蓝光的乳白色；粒径进一步减小，则乳液中主要发生散射和透射现象，系统变为半透明和透明状。

表3–7　粒径对乳液外观色泽的影响

粒径/ μm	小于0.05	0.05~0.1	0.1~1.0	1.0~50
外观色泽	全透明	半透明灰色	蓝乳白色	乳白色

由于乳化的直接结果是增加两液相接界面的比表面积，而互不相溶的两种液体之间的界面张力都为正值。例如仅将1 mol正辛烷以0.2 μm粒径分散于水中，则系统界面积增量$\Delta A=800\ m^2$，正辛烷/水的界面张力为$\gamma=50.8\ mN/m$，则在恒温恒压下相应系统的表面自由能增量$\Delta G=\gamma\Delta A=40J>0$，这还仅为上述乳化所需的最小能量，实际所消耗的表面功可能是它的上百倍。从热力学的角度分析，恒温恒压下$\Delta G>0$，所以，两种互不相溶的纯液体形成的乳液是热力学不稳定的多相分散系统。一旦停止做功，分相即可发生。制备相对稳定乳液的必要条件是加入第三组分乳化剂。表面活性剂能自动吸附于液/液界面，并降低界面张力，是一类重要的乳化剂。

实际上，即使有表面活性剂存在的乳液仍然可能是热力学不稳定的。例如在上述系统中加入少量的油酸钾，系统趋于分散稳定，尽管界面张力降至7 mN/m以下，但$\Delta G>0$。所以，一般意义上的乳液仅仅是一种具有在动力学上相对稳定的多相分散系统，这类乳液的粒径一般在0.1 μm以上，呈现特有的纯白或带蓝光的乳白色。它所谓的“稳定性”只是在一个有限的时间内，比如数分钟，也可以是数年。

若在上述系统中加入更多油酸钾，并配有一定量脂肪醇，则系统会发生质变，一方面随着粒径小于0.1 μm，外观从乳白变为半透明或透明，更主要是此时界面张力已下降到无实际意义的程度，成为具有热力学稳定的微乳液。

一、乳液的类型及稳定性机理

1.乳液的类型及鉴定方法

(1)乳液类型

根据分散相与分散介质的性质,乳液一般可分为两种类型:水包油(O/W)型,即油相或者有机相分散在水或水溶液中的乳液;油包水(W/O)型,即水相或水溶液分散在油相中的乳液。此外,还有一类多重乳液,包括水包油包水(W/O/W)型和油包水包油(O/W/O)型(图3-18)。

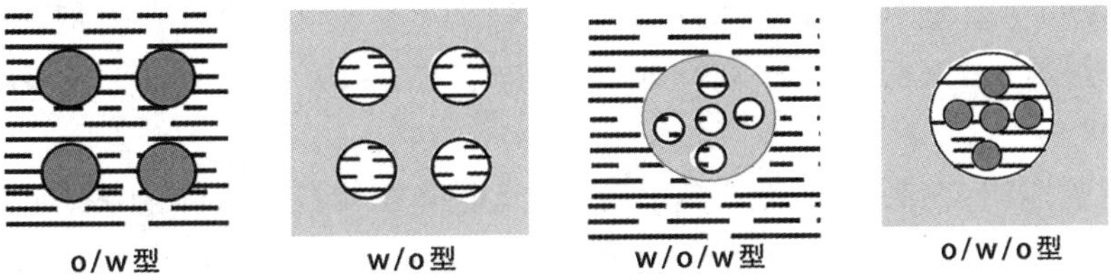

图3-18 各种类型的乳液

(2)O/W和W/O型乳液的鉴定方法

①稀释法:用水稀释乳液,易于被水稀释的为O/W型,反之则为W/O型。

②电导率法:一般O/W型乳液的电导率与水相近,若乳液的电导率远小于水,可认定为W/O型。

③染色法:通常油溶性染料易于使W/O型乳液着色,而对O/W型则不明显,甚至完全不着色,水溶性染料则相反。

④折射率法:粒径在0.25 μm以上的乳液,可以用光学显微镜直接观察。向上聚焦后乳滴液比周围介质更亮,则说明分散相的折射率大于分散介质;而乳滴液比周围介质暗,则相反。故只需预知两相的折射率,即可鉴别乳液类型。

⑤滤纸法:一般滤纸都是亲水的,将少量乳液滴于滤纸表面,若能展开为O/W型,反之则为W/O型。由于每种方法都存在一定局限性,故建议采用几种方法并用,避免出错。

2.乳液的稳定性及其机理

乳液的稳定性一般包含两方面含义:一是乳液类型的稳定性。乳液类型会发生转变,即O/W型变为W/O型或W/O型变为O/W型,但这种转型尚未破乳,并不一定构成严重后果;二是乳液颗粒抵御聚结的分散稳定性,一旦乳液液滴发生聚结,则乳液失去稳定性而破乳。

(1)乳液类型的稳定性

①影响乳液类型的因素:在乳液的制备过程中,其乳液类型首先与所用乳化剂的性能及其影响因素有关;其次,也受到两相相对体积及制备过程影响。

a.乳化剂的性质:如前所述,要制得较稳定的乳液,须加入乳化剂。根据Bancroft规则,油溶性乳化剂倾向于生成W/O型乳液,面水溶性乳化剂则有利于生成O/W型乳液。

b.相的加入次序:将水加至含乳化剂的油中,可能得到W/O型乳液,把油加入含乳化剂的水中可生成O/W型乳液。

c.电解质和其他添加剂:在采用离子型表面活性剂为乳化剂的O/W型乳液中加入电解质,特别是高价反离子,通过中和及交联表面活性离子,会压缩其离子半径,降低亲水性,促使其转型为W/O乳液。对于阴离子型乳化剂,阳性反离子的转型效能大小次序如下:

$$Al^{3+}>Cr^{3+}>Ni^{2+}>Pb^{2+}>Sr^{2+}\approx Ca^{2+}\approx Fe^{2+}\approx Mg^{2+}$$

d. 系统温度：对于聚氧乙烯醚非离子型表面活性剂O/W型乳液，升高温度有利于W/O型乳液的生成。而离子型表面活性剂乳液，在冷却时可能变型为W/O型。

e. 相体积比：根据Ostwald从纯几何学角度提出的观点，假设分散相液滴是大小均匀的刚性圆球，则密堆积时，分散相最大的体积百分数只能为74.02%［图3-19(a)］。若乳液中水相的体积百分数超过74.02%，则只能是O/W型乳液；若水相的体积百分数低于25.98%，则只能是W/O型乳液；若水相的体积百分数介于25.98%~74.02%时，则既可能形成形成O/W型，也可能形成W/O型乳液。Ostwald的该理论符合某些乳液的实际情况，但由于分散相液滴往往大小不匀［图3-19(b)］，且非刚性而易于变形［图3-19(c)］，故还是有许多乳液不符合Ostwald理论。

f. 乳化器壁性质：在制备乳液过程中，器壁或搅拌浆材料对液体的润湿也会影响乳液的类型。通常亲水性器壁有利于形成o/w型乳液，疏水性器壁则易形成W/O型乳液。例如以浓度为0.1wt.%的环烷酸作水相，变压器油作油相，乳化器材质为玻璃时，形成O/W型乳液；乳化器材质为塑料时，则形成W/O型乳液，符合上述规律。但若把环烷酸的浓度由0.1wt.%增至0.2wt.%时，在玻璃和塑料材质上均形成O/W型乳液，这说明乳化剂的浓度对形成乳液类型起了重要作用。

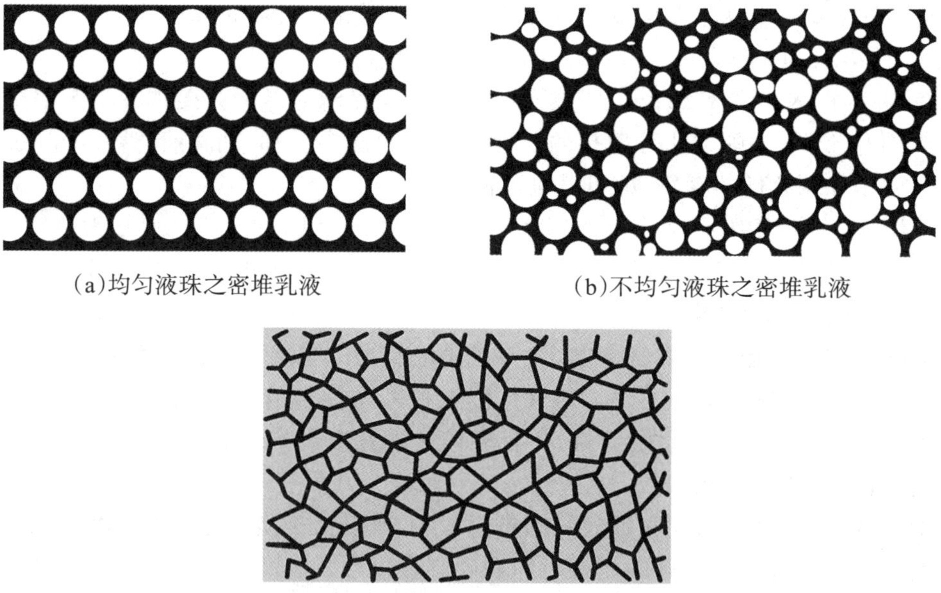

(a)均匀液珠之密堆乳液

(b)不均匀液珠之密堆乳液

(c)非球形液珠之密堆乳液(很不稳定)

图3-19　乳状液液珠的堆积方式

②乳液类型定性理论：

a. 定向楔理论：该理论认为在乳液中，乳化剂分子定向吸附于油/水界面，阻止了液滴的聚结。由于界面弯曲，故亲水端截面积大于疏水端截面积的乳化剂分子将有利于o/w型乳液。此时，乳化剂分子就像木楔一样插入分散相油滴的界面层，使定向吸附分子排列更为紧密，如图3-20(a)中的一价碱金属即为此类乳化剂。反之，疏水端较大的乳化剂分子则有利于形成w/o型乳液，如图3-20(b)中的二价金属皂。此理论也不完全合乎事实，例如银皂是一价金属皂，但却是w/o型乳化剂。且碱金属皂的亲水端截面积未必比碳氢链大。

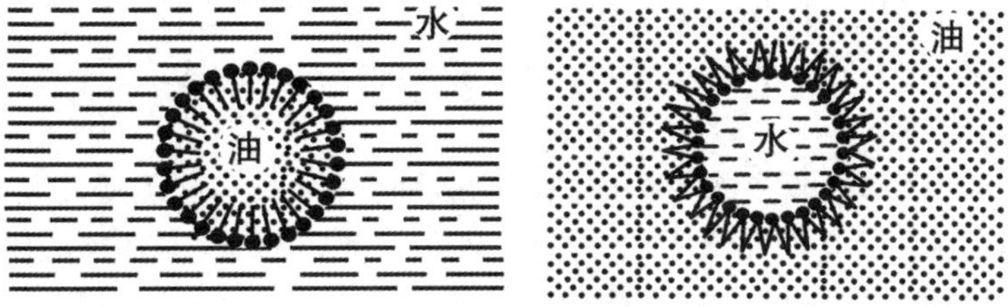

（a）（b）

图3-20 皂类稳定乳液

b.聚结速度理论：从动力学观点来看，油水混合后如果油滴的聚结速度远小于水滴，则水滴将聚结成连续相而形成O/W型乳液。反之，若油滴聚结更快，则形成W/O型乳液。由于油／水界面上乳化剂分子的亲水基一方面阻碍油滴的靠近，另一方面促进水滴的聚结。所以，亲水性乳化剂有利于产生O/W型乳液，反之，亲油性乳化剂则有利于产生W/O型乳液。

c.优先润湿理论：许多固体粉末也可用作乳化剂，它们通过在油／水界面形成固态膜乳化。若固体粉末易被水润湿，则大头朝向水相，小头留在油相，可起到定向楔的作用[图3-21(a)]，形成O/W型乳液。反之，易被油相所润湿的固体则有利于生成W/O型。根据油、水和固体乳化剂界面的Young's方程：

$$\gamma_{SO}-\gamma_{SW}=\gamma_{OW}\cos\theta_W \qquad (3-32)$$

式中：下标S、O、W分别表示固体乳化剂，油相和水相；θ_W是经过水相测量的接触角[图3-21(b)]。由此可见，除了$\gamma_{SO}\geqslant\gamma_{OW}+\gamma_{SW}$即$\theta_W=0°$或不存在，固体粉末完全被水润湿而处于水相；或$\gamma_{SW}\geqslant\gamma_{SO}+\gamma_{OW}$即$\theta_W=180°$或不存在，固体粉末完全被油润湿而处于油相两种情况外，固体粉末一定处于界面上。当$\gamma_{SO}>\gamma_{SW}$时，$\theta_W<90°$，所以，固体粉末更偏向于水相，易产生O/W型乳液。例如，黏土、二氧化硅等亲水性固体粉末往往是o/w型乳化剂；同理，当$\gamma_{SO}<\gamma_{SW}$时，$\theta_W>90°$，固体粉末更偏向于油相，易产生W/O型乳液。不易被水润湿的固体粉末如松香、炭黑等往往是W/O型乳化剂。将此理论推广至表面活性剂，则可以得出水溶性占优势的表面活性剂易形成O/W型乳液，而油溶性占优势的表面活性剂易形成W/O型乳液的结论。

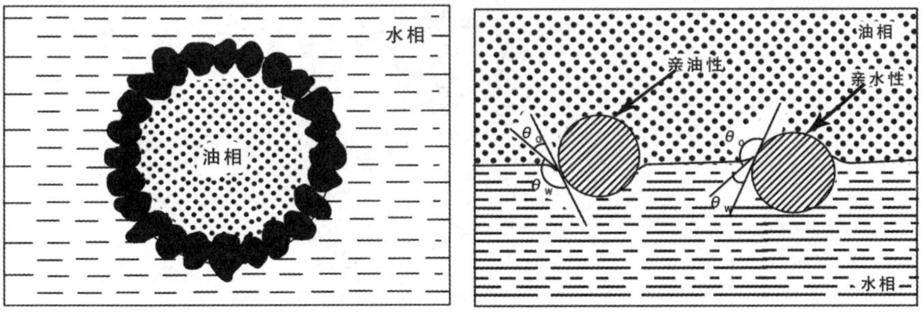

（a）（b）

图3-21 固体粉末的乳化作用

（2）乳液液滴抵御聚结的分数稳定性

如前所述，表面活性剂作为乳化剂是乳液稳定不可缺的部分，它吸附于液／液界面，降低界面张力，从而降低系统的ΔG值，即降低了系统的热力学不稳定性。通常影响乳液稳定的主要因素是定向吸附于界面上的表面活性剂分子膜性能。

①界面吸附膜的机械强度：由于乳滴在热运动时频繁碰撞造成界面破裂，表面活性剂的定向吸附膜则起到保护作用，其本身的机械强度决定了乳液稳定性。一般认为，定向吸附膜内分子间的相互吸引力越大，排斥力越小，分子排列越整齐，膜越致密，越具凝聚性，其膜的机械强度也越强。

研究表明应用脂肪酸、醇或胺等构成的混合表面活性剂，有利于提高膜内分子间横向吸引力，从而大大增加所形成界面吸附膜的机械强度。例如，十六烷基硫酸钠和胆甾醇，十二烷基硫酸钠和十二醇等混合乳化剂都能得到稳定的乳液，而单独使用其中一种物质只能形成不稳定的乳液，甚至根本无乳化作用。常用的复合乳化剂（表3-8）是既含有水溶性表面活性剂，又含有油溶性的脂肪酸、醇或胺的极性有机物。它们在界面上可通过氢键等形成“配合物”，使界面张力大大降低。根据Gibbs方程，其界面吸附量也随之增加，膜的致密性及其机械强度增大。

表3-8 常见复合乳化剂配方

水溶性表面活性剂	油溶性表面活性剂	总用量/wt.%
硬脂酸三乙醇胺	单硬脂酸甘油酯	3~5
十六烷基硫酸钠	十六醇	3~6
十六醇聚氧乙烯醚（30EO）	羟基化羊毛脂	3~6
聚氧乙烯醚脂肪酸缩水山梨醇（Tween）	脂肪酸缩水山梨醇（Span）	4~6
羊毛醇聚氧乙烯醚（16～24EO）	羊毛醇聚氧乙烯酸（5EO）	3~5
聚氧乙烯醚（20EO）甲基葡萄糖苷倍半硬脂酸酯	甲基葡萄糖苷倍半硬脂酸酯	2~3

例如常用的Span系列与Tween系列所构成的混合乳化剂，由于Tween的聚氧乙烯醚链段比Span亲水性强，在界面上更偏向水相，结果两者的亲水基相互错开，碳氢链则靠得更近，相互吸引力比两种物质单独存在时更为强烈（图3-22）。

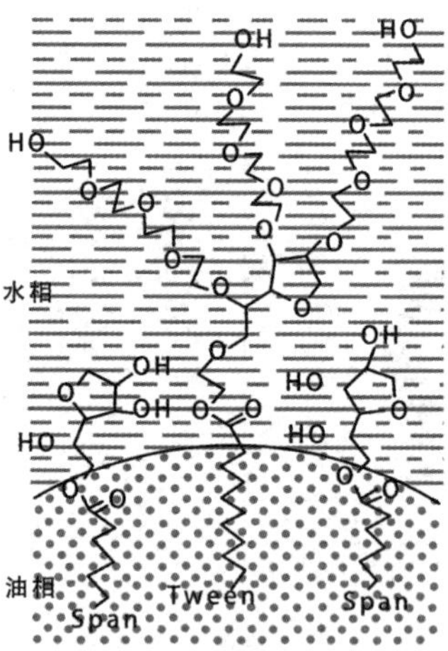

图3-22 Span与Tween在油/水界面上形成的配合物

在混合吸附膜中分子排列的致密性还与两种分子的结构有关，例如用十六烷基硫酸钠与胆甾醇混合可得到排列紧密的混合膜[图3-23（a）]，因而能产生稳定的乳液。而用十六烷基硫酸钠与油醇或油酸钠混合，混合吸附膜排列就不那么紧密，甚至是松散的，特别是与分子表面活性极强的油醇的混合物，更易吸附于界面，且其碳氢链中的双键会产生空间构型阻碍，分子定向排列难以致密，如图 3-23(b)所示，形成的乳液很不稳定。通常能影响膜内分子间相互作用的因素，都会影响膜的机械强度，从而影响乳液稳定性，例如添加中性电解质，压缩极性头的离子氛半径，降低离子基间的静电斥力，使膜内表面活性剂分子更紧密地相互靠拢，从而提高乳液稳定性。

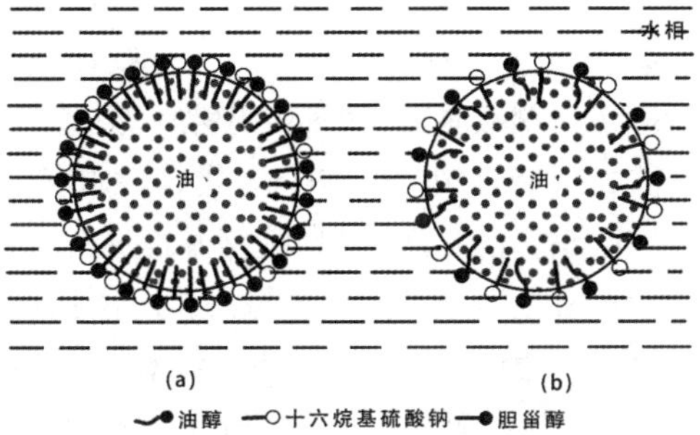

3-23　油/水界面上混合膜对乳液稳定的影响

②膜外存在的电能垒和立体能垒：由于界面上定向吸附膜的存在产生膜外的电能垒和立体能垒，即对抗乳液分散相聚集作用的电性和空间保护层。一般认为电能垒是影响 O/W 型乳液稳定的一个重要因素。在 O/W 型乳液中，分散相界面上的电荷来自表面活性剂的定向吸附层及其亲水基指向的水相。对于离子型表面活性剂乳液，分散相表面电荷的符号常常与表面活性离子相同。而非离子型表面活性剂稳定的乳液，其表面电位可能由于从水相中吸附离子或两相接界面摩擦导致(参见固／液界面的带电)。若乳滴带电，反离子则分布在其周围，构成阻碍乳滴相互靠近的电能垒扩散双电层。一般表面电位越大，扩散双电层越厚，这种阻碍作用则越显著[图 3-24(a)]。电解质存在时，由于其正、负离子在油/水两相分配不同，负离子的油溶性比正离子大，致使表面电位随电解质浓度增大而增大，而扩散双电层则因电解质浓度增大被压缩，因此，电解质对膜外电能垒的影响往往存在最佳浓度。有人研究了戊醇/水组成的乳液稳定性发现，当 1-1 型电解质浓度为 2×10^{-3} mol/L 时稳定性最好。对于 W/O 型乳液，分散相水滴因其介电常数大而带正电荷，在油相中电离度极小，离子浓度极低，故其双电层厚度可达数微米级。再者，在非极性介质中双电层电容量小，少量电荷存在就能产生较大的表面电位，故电能垒对 W/O 型乳液起到一定稳定作用。

此外，分散相吸附不带电的表面活性剂还会形成具有空间基团结构的界面膜，产生立体能垒。当分散相相互靠近时，深入外相中表面活性剂分子的亲水链(例如聚氧乙烯醚)或疏水链(例如碳氢链)会相互混合重叠，产生局部的浓差而反向扩散，阻碍分散相乳滴相互靠拢，这种立体能垒在 O/W 型和 W/O 型乳液中均会出现[图 3-24(b)、(c)]。

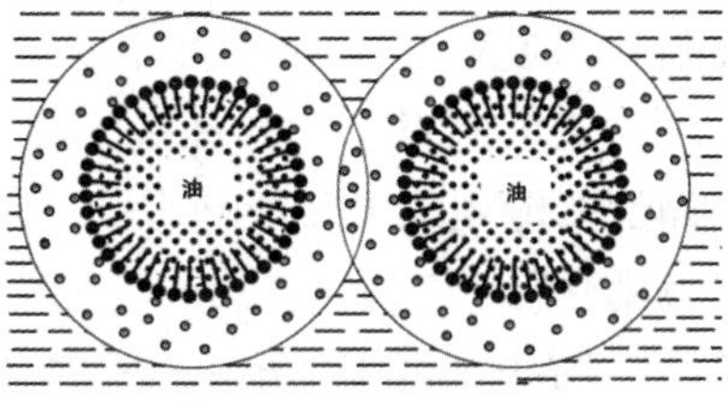

(a)离子型表面活性剂电能垒扩散双电层

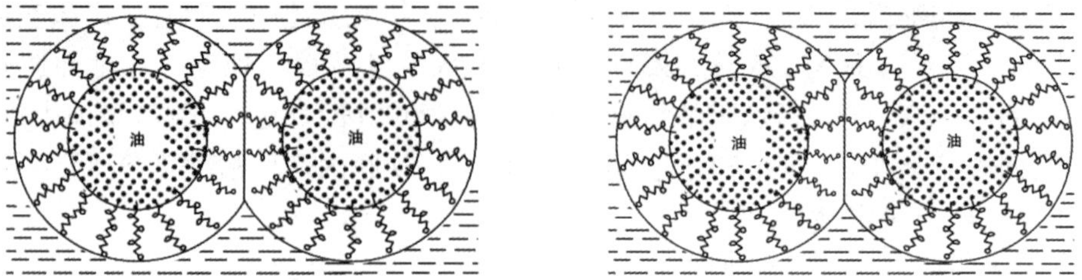

(b)非离子型表面活性剂的电能垒　　　　(c)油包水型乳状液的立体能垒

图3-24　表面活性剂在油／水界面吸附层的电能垒和立体能垒

在O/W型乳液中，由于亲水基伸向外相，发生水化，在膜外形成一层水化层。当两乳滴的水化层相遇发生形变时，形成立体能垒，可提高乳液稳定性。

③连续相黏度：若乳液连续相黏度变大，对分散相乳滴的热运动起阻滞作用，使其速度变慢，乳滴难以凝聚，从而提高乳液稳定性。故常在连续相中加入增稠剂。当表面活性剂加入油/水系统浓度达到一定值时会出现液晶相，黏度骤增2-3个数量级。且液晶相吸附在油/水界面上(图3-25)，既可减小分散相间的吸引力，又可形成阻碍其靠近的保护层，从而提高乳液稳定性。

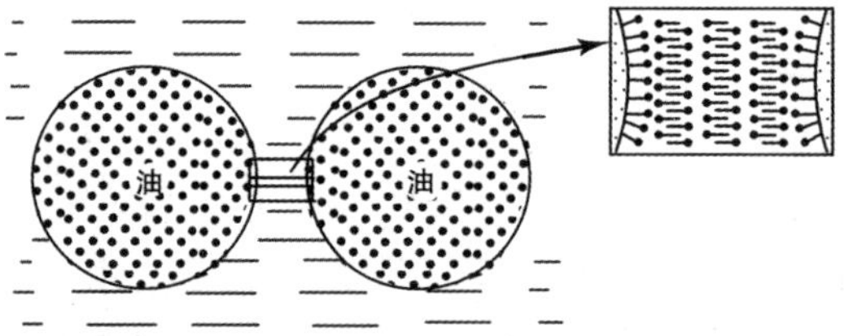

图3-25　表面活性剂在油／水界面上的层状液晶对乳液的稳定作用

④乳滴尺寸分布：乳滴尺寸分布是影响聚集速度因素之一。较大尺寸的乳滴比较小尺寸乳滴有更小的比表面积，故较小尺寸乳滴的热力学更不稳定，亦即系统中存在减少小乳滴增加大乳滴之趋势。若该过程持续，最终导致破乳。在平均粒径相等的乳液中，尺寸分布越窄的乳液越稳定。

⑤温度：温度的影响较为复杂。温度可引起两相间界面张力、界面膜机械强度、黏度、表面活性剂在两相中相对溶解度、液相蒸汽压、黏度，及分散相热运动等的改变。因此，温度的改变常使表面活性剂的稳定性发生很大变化，从而使界面受到扰动，降低乳液稳定性，甚至发生型变或破乳。周期性改变温度是评价乳液稳定性的重要方法。通常，当表面活性剂在其溶解的溶剂中接近最低溶解度时的温度，是其表面活性最强、乳化效果最好的温度。

二、乳化剂的筛选及常用乳化剂

如上所述，并非所有表面活性剂都可用作乳化剂，选择乳化剂应考虑以下几点：

(1)具有较高的表面活性，能迅速吸附于油/水界面上；

(2)具有分子间的侧向吸引力，能形成紧密的界面吸附膜；

(3)具有膜外电能垒和立体能垒，能阻碍分散相聚集。

表面活性剂的分子结构与其乳化能力有较为复杂的关系。通常影响乳化能力的因素除了与乳化剂中疏水基与亲水基的结构和相对强弱有关外，乳化剂浓度，水相和油相组成也皆为不可忽略因素。

1.乳化剂的筛选方法

筛选乳化剂的常用方法主要有*HLB*法和*PIT*法。

(1)*HLB*法

①*HLB*值:是1949年Griffin为筛选乳化剂而提出的定量参数。从分子结构与表面活性的关系加以分析。仅当乳化剂的亲水基和疏水基强弱相当时,表面活性才最大,才能迅速吸附于油-水界面进行乳化。即乳化剂分子的亲水和疏水部分应有一定比例。Griffin在大量实验基础上用数值表示了该比例。*HLB*(Hydrophile-Lipophile-Balance)意为亲水亲油平衡。每个乳化剂都有*HLB*值,*HLB*值越高,表示该乳化剂的亲水性越强,例如十二烷基硫酸钠的*HLB*值为40;*HLB*值越低则亲油性越强,例如石蜡的*HLB*值为0。一般以10为界,*HLB*>10为亲水性乳化剂,*HLB*<10则为亲油性乳化剂。

a.非离子型表面活性剂*HLB*值的计算:Griffin归纳出以下计算公式:

多元醇脂肪酸酯类:

$$HLB = 20(1 - \frac{S}{A}) \tag{3-33}$$

式中:S为酯的皂化值,即皂化1g脂肪酸酯所消耗KOH的毫克数;A为酸值.即中和1g相应的脂肪酸所消耗KOH的毫克数。

例如,硬脂酸单甘油酯的皂化值为161,其相应硬脂酸的酸值为198,故得*HLB*=3.7。

皂化值不易测得物质(如羊毛脂、蜂蜡等)或其他非离子型表面活性剂:

$$HLB = 20(E+P) \tag{3-34}$$

式中:E为分子乙氧基的质量分数;P为多元醇的质量分数。

例如,十六醇聚氧乙烯醚(10),十个乙氧基为亲水基,故E=0.67,P=0,得*HLB*=13.4。又如Tween 40[聚氧乙烯醚(20)缩水山梨醇单十六烷基酸酯],E=0.11,P=0.69,得*HLB*=16.0。

b.离子型表面活性剂*HLB*值的估算:以上公式对结构复杂的含其他元素(N、S、P等)的非离子型和离子型表面活性剂都不适用。Davies于1957年引入了基团贡献法估算*HLB*值,每一个基团对*HLB*值都有确定的贡献,如表3-9所示。

表3-9　各种基团的*HLB*值

基团	HLB_{Gi}	基团	HLB_G
$—SO_4^-Na^+$	38.7	—OH(缩水山梨醇环)	0.5
$—COO^- K^+$	21.1	$—(C_2H_4O)-$	0.33
$—COO^- Na^+$	19.1	$—CH_3$	-0.475
$—SO_3^-Na^+$	11.0	$—CH_{2-}$	-0.475
—N(叔胺)	9.4	—CH—	-0.475
酯(缩水山梨醇环)	6.8	==CH—	-0.475
酯(自由基)	2.4	$—CF_3$	-0.870
—COOH	2.1	$—CF_2—$	-0.870
—OH(自由基)	1.9	$—(C_3H_6O)—$	-0.15
—O—	1.3	苯环	1.662

表面活性剂的*HLB*值可由基团*HLB*值按下式计算：

$$HLB=7+\Sigma HLB_{Gi} \qquad (3-35)$$

但用式(3-35)算出的聚氧乙烯醚类表面活性剂*HLB*值往往偏低，故此式一般用于估算离子型表面活性剂的*HLB*值。

c.混合表面活性剂*HLB*值的计算：一般认为*HLB*值具有加和性，所以混合表面活性剂的*HLB*值可用加权平均法求算：

$$HLB=\Sigma(\omega_i * HLB_i) \qquad (3-36)$$

式中：HLB_i为i表面活性剂的*HLB*值；ω_i为i组分质量分数。

例如将Span80(*HLB*=4.3)与Tween80(*HLB*=15)以质量比3∶7混合，其混合表面活性剂的*HLB*值为：

$$HLB=0.30\times4.3+0.70\times15.0=11.79$$

这样的混合表面活性剂不仅*HLB*值可调，且乳化效率往往远高于单组分。

②*HLB*值在乳化剂筛选中的应用：

a.确定乳化系统最适宜的*HLB*值：乳化剂的乳化效率与油相的性质密切相关，不同油相乳化的最适宜*HLB*值不尽相同（表3-10）。同一种油相在制备O/W型乳液时所需的*HLB*值比W/O型的更高，符合Bancroft规则。在乳化时可根据油相所需的*HLB*值选用相应的单组分或混合表面活性剂。对于混合油相最适宜的*HLB*值与求算混合表面活性剂的*HLB*值相同[见式(3-36)]，也具有加和性。例如将质量分数20wt.%羊毛脂和80wt.%烷烃矿物油制成O/W型乳液，查表3-10后即可算出混合油最适宜的$HLB=12\times0.2+10\times0.8=10.4$。但并非所有油相最适宜的*HLB*值都能查到，且由于为经验参数，即使有文献值，还受经验范围限制。因此，有必要对给定油相最适宜的*HLB*值进行测定和验证。

表3-10　不同油相乳化的最适宜*HLB*值

油相	O/W型(W/O型)	油相	O/W型(W/O型)
苯甲酮、苯乙酮	14	苯、甲苯、苯乙烯	15
苯二甲酸乙二酯	15	二甲苯	14
十二(月桂)酸	16	芳烃矿物油	12(4)
亚油酸	16	烷烃矿物油	10(4)
油酸	17	煤油	12~14(6)
蓖麻油酸	16	汽油	(7)
硬脂酸	17	石蜡	10(4)
异硬脂酸	15~16	凡士林	7~8(4)
鲸蜡醇	13~16	氯化石蜡	8
十六醇	11~12	四氯化碳	16
十～十三醇	14	环己烷	15
油醇	14	乙酸癸酯	11
蜂蜡	9(5)	邻二氯苯、硝基苯	13
羊毛脂(无水)	12(8)	苯基氰	14
棉籽油	7.5	氯苯、溴苯	13

续表

油相	O/W型(W/O型)	油相	O/W型(W/O型)
椰子油	6	邻苯二甲酸二异辛酯	13
松油	16	苯甲酸乙酯	13
棕榈油	7	二甲基硅烷	9
蓖麻油	14	硅油	10.5

通常方法是选用一对 *HLB* 值相差较大的表面活性剂，例如 Span80（*HLB*=4.3）和 Tween80（*HLB*=15），利用其 *HLB* 值的加和性配制一系列不同 *HLB* 值的混合乳化剂，并根据要求（O/W 型还是 W/O 型）将指定油-水系统制备成一系列相应的 O/W 型乳液，分别测定其乳化效率。如上述混合油相，即可得到如图 3-26 所示的钟形曲线，乳化效率可用乳液的稳定时间或其他稳定性质表征。由图 3-26 可知，乳化效率在 *HLB* 值为 10.5 处有极值，10.5 即上述混合油相制备 O/W 型乳液最适宜 *HLB* 值的测定值。即使 *HLB* 值是最适宜值，不同的混合乳化剂效率仍然不同，有必要找寻效率更佳的乳化剂。

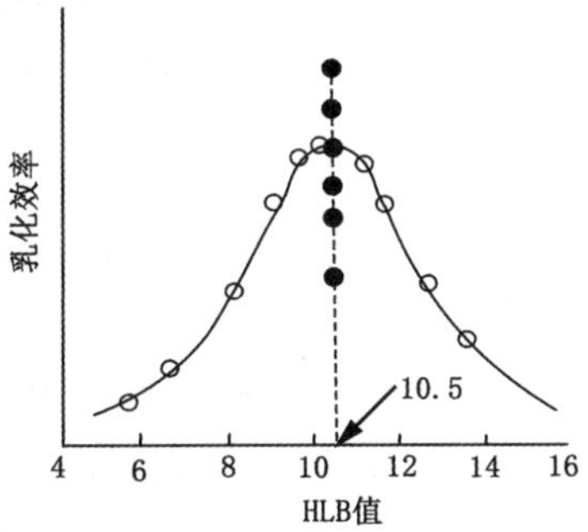

图 3-26 最佳乳化剂的筛选

b.效率最佳乳化剂的确定：显然，效率最佳的乳化剂应为混合表面活性剂。在选择混合乳化剂系统时，除了要考虑最适宜 *HLB* 值及前条件外。从 *HLB* 值角度分析，尽量选择 *HLB* 值小与 *HLB* 值大的表面活性剂混合使用。特别是尽量使表面活性剂亲油基的化学结构与油相结构相似，从而形成不仅与油相的亲和力强，而且与水相的亲和力也强的混合膜。通过测定乳化效率确定相对效率最佳的乳化剂。

HLB 作为评价表面活性剂表面活性的参数已被证实，在实际应用中对表面活性剂的筛选具有指导意义。表 3-11 显示了表面活性剂的水分散液状态和典型应用与 *HLB* 值的密切关系。

表 3-11 表面活性剂水分散液状态与其 *HLB* 值、应用的对应关系

HLB 值范围	水溶液外观	HLB 值范围	应用
1~4	不分散	1~3	消泡剂
3~6	部分分散	3~6	W/O 型乳化剂
6~8	搅拌后呈乳状分散	7~9	润湿剂
8~10	稳定的乳液	8~18	O/W 型乳化剂
10~13	半透明到透明分散	13~15	洗涤剂
>13	透明溶液	15~18	增溶剂

一些常用表面活性剂商品的*HLB*值见表3-12。

表3-12 一些常用表面活性剂商品的*HLB*值

表面活性剂	商品名称	类型	HLB值
聚醚L31	Pluronic L31	N	3.5
聚醚L61	Pluronic L61	N	3
聚醚L81	Pluronic L81	N	2
聚醚L42	Pluronic LA2	N	8
聚醚L62	Pluronic L62	N	7
聚醚L72	Pluronic L72	N	6.2
聚醚L63	Pluronic L63	N	11
聚醚L64	Pluronie L64	N	15
聚醚L68	Pluronic L68	N	29
聚醚L88	Pluronic L88	N	24
聚醚L108	Pluronie L108	N	27
聚醚L135	Pluronic L135	N	18.5
缩水山梨醇三油酸酯	Span 85	N	1.8
缩水山梨醇三硬脂酸酯	Span 65	N	2.1
乙二醇酯脂酸酯	Emcol E0)-50	N	2.7
丙二醇单硬脂酸酯	Emcol PO-50	N	3.4
丙二醇单硬脂酸酯	（纯化合物）	N	3.4
缩水山梨醇倍半油酸酯	Arlacel 83	N	3.7
甘油单硬脂酸酯	（纯化合物）	N	3.8
缩水山梨醇单油酸酯	Span 80	N	4.3
缩水山梨醇单硬脂酸酯	Span 60	N	4.7
二乙二醇脂肪酸合酶	Emcol DP-50	N	5.1
二乙二醇单月桂酸酯	Atlas G-2124	N	6.1
缩水山梨醇单棕榈酸酯	Span 40	N	6.7
四乙二醇单硬脂酸酯	Atlas G-2147	N	7.7
聚氧丙烯硬脂酸酯	Attas G-3608	N	8
缩水山梨醇单月桂酸酯	Span 20	N	8.6
聚氧乙烯脂肪酸酯	Emulphor VN-430	N	9
聚氧乙烯月桂醇醚	Brij 30	N	9.5
聚氧乙烯醚(4)缩水山梨醇单硬脂酸酯	Tween 61	N	9.6
聚氧乙烯醚(5)缩水山梨醇单油酸酯	Tween 81	N	10
聚氧乙烯醚(20)缩水山梨醇三硬脂酸酯	Tween 65	N	10.5

续表

表面活性剂	商品名称	类型	HLB值
聚氧乙烯醚(20)缩水山梨醇三油酸酯	Tween 85	N	11
聚氧乙烯醚单油酸酯	PEG 400单油酸酯	N	11.4
烷基芳基磺酸盐	Atlas G-3300	A	11.7
三乙醇酸油酸盐	—	A	12
烷基酚聚氧乙烯醚	Igepal CA-630	N	12.8
聚氧乙烯醚单月桂酸酯	PEG 400单月桂酸酯	N	13.1
聚氧乙烯醚蓖麻油	Atlas G-1794	N	13.3
聚氧乙烯醚(4)缩水山梨醇单月桂酸酯	Tween 21	N	13.3
聚氧乙烯醚(20)缩水山梨醇单硬脂酸酶	Tween 60	N	14.9
聚氧乙烯醚(20)缩水山梨醇单油酸酶	Tween 8O	N	15
聚氧乙烯醚(20)缩水山梨醇单棕榈酸酯	Tween 40	N	15.6
聚氧乙烯醚(20)缩水山梨醇单月桂酸酯	Tween 20	N	16.7
油酸钠	—	A	18
N-十六烷基-N-乙基吗啉基乙基硫酸盐	Atlas G-263(纯化合物)	A	25-30
月桂基硫酸钠(十二烷基硫酸钠)	—	A	40

注:N—非离子型表面活性剂,A—阴离子表面活性剂

虽然*HLB*值在筛选乳化剂方面简单、有用,但它没有合理考虑分散相、分散介质的组成、性质及温度对表面活性剂亲水亲油平衡的影响,从而限制了其应用范围。

(2)*PIT*法

温度变化对表面活性剂的亲水亲油平衡有影响。特别是非离子型表面活性剂,随着温度升高,其亲水基的水化程度减少,亲水性降低,亲油性升高,最终会从O/W型转变为W/O型乳液。这个引起乳液类型转变的温度即相转变温度(Phase Inversion Temperature,缩写为*PIT*)。*PIT*可以看作非离子型表面活性剂在乳化系统中的亲水亲油平衡温度(*HLB*温度)。不仅与表面活性剂有关,而且与油-水系统的组成和性质密切相关。

①*PIT*的测定方法及其应用:取等量的油相和水相,用3wt.% ~ 5wt.%表面活性剂边振荡边升温,期间可采用电导率法或染色法测定*PIT*。

利用*PIT*法配制乳液一般遵循三个基本原则:

a.适合O/W型乳液的乳化剂,其*PIT*应比乳液的使用或保存温度高20 ~ 60℃。

b.适合W/O型乳液的乳化剂,其*PIT*比乳液使用或保存温度低10 ~ 40℃。

c.根据*PIT*附近油/水界面张力最小,制得的乳液尺寸相对细小,但不稳定,易于聚结的特点。制备O/W型乳液时,一般在低于*PIT* 2 ~ 4℃的温度下乳化,再冷却到保存温度;制备W/O型乳液时,则在高于*PIT* 2 ~ 4℃的温度下乳化,然后再升温至保存温度;制备高黏度油相的O/W型乳液时,可先在稍高于*PIT*温度下乳化形成W/O型乳液,随后直接加入冷水使其相转变为O/W型乳液冷却到保存温度。

故*PIT*筛选乳化剂的方法实际上变成了如何调节指定乳液的*PIT*到合适温度的问题。

②影响乳液 *PIT* 的各种因素：与 *HLB* 值不同，*PIT* 是表面活性剂在指定油-水系统中的亲水亲油平衡温度。所以影响 *PIT* 的因素除了表面活性剂的结构外，还与分散相、分散介质及其他添加剂有关。

a.表面活性剂的亲水性：由于 *PIT* 与 *HLB* 间几乎呈线性关系。故 *HLB* 值高的非离子型表面活性剂相应 *PIT* 也高。例如以聚氧乙烯醚非离子型表面活性剂为乳化剂其乳液 *PIT* 随其聚氧乙烯醚链增长而升高，且分子中聚氧乙烯醚链的分布越宽，其 *PIT* 亦越高，乳液稳定性越好。

b.油相的性质：一般乳液 *PIT* 随油相的极性减小而升高。例如，壬基酚聚氧乙烯醚（10）在苯/水（质量比1:1）乳液中的 *PIT* 约为20℃。以环已烷替代苯的 *PIT* 则上升至70℃，若用十六烷的 *PIT* 可达100℃以上。混合油相乳液 PIT_{mix} 可表达为：

$$PIT_{mix}=\Sigma\Phi_i PIT_i \quad (3-37)$$

式中：PIT_i 为同一乳化系统中i组分油单独存在时的 *PIT*；Φ_i 则为i组分油的体积分数。

c.添加剂：添加剂分为两类，一类是油相添加剂，*PIT* 随加入非极性有机物（例如石蜡、饱和烃等）油相极性降低而升高，随加入芳烃或极性有机物（例如脂肪酸、醇等）油相极性升高而降低。另一类是水相添加剂，在水相中加入电解质往往使 *PIT* 降低。例如5wt.%NaCl水溶液与纯水相比，乳液 *PIT* 降低约10℃左右，有关电解质对 *PIT* 的影响可参考浊点。

2.常用乳化剂

乳化剂的品种众多，通常分为四类：合成表面活性剂、合成高分子表面活性剂、天然产物乳化剂和固体粉末。

（1）合成表面活性剂

合成表面活性剂是用得最多、最重要的一类乳化剂。也可以分为阴离子型、阳离子型、非离子型和两性离子型四种。其中阴离子型和非离子型是最常用的乳化剂。

①阴离子型乳化剂：亲水性强，*HLB* 值8～18，可作为o/w型乳化剂。

a.脂肪酸盐型：不宜在硬水中使用。最常用的钠盐其溶液pH值≈10，适用于耐碱性乳状液。胺溶液的pH值较低，例如三乙醇胺（pH值≈8）。

b.硫酸盐型：最常见是十二烷基硫酸酯钠，但最常用聚氧乙烯醚硫酸酯盐。其中烷基酚聚氧乙烯硫酸酯盐［$RC_6H_4(OC_2H_4)_nOSO_3M$］的R为 C_8～C_9 烷基，n=10～16，M为 Na^+，K^+ 盐时，可作O/W型乳化剂；M为 Ca^+，Mg^{2+} 盐时可作W/O型乳化剂。而脂肪醇聚氧乙烯醚硫酸酯盐［$RO(C_2H_4O)_nSO_3M$］的R为 C_{12}～C_{14} 烷基，n=1～10，M为 Na^+，NH_4^+ 盐时可作O/W型乳化剂。

c.磺酸盐型：最常用烷基磺酸盐、烷基苯磺酸盐、烷基萘磺酸盐。如十二烷基磺酸钠、十二烷基苯磺酸钠等都可形成O/W型乳状液。此外，脂肪酰胺牛磺酸盐也是良好的乳化剂，如油酰胺-N-甲基牛磺酸盐［$RCON(CH_3)CH_2CH_2SO_3M$］，其商品名为Igepon TC-42。乳液聚合时用十二烷基苯磺酸钠可得到细粒子的树脂乳胶。

d.磷酸酯盐型：常用聚氧乙烯醚化的各种醇或酚磷酸单酯、酚磷酸双酯及其混合物或如蓖麻油酸等脂肪酸聚氧乙烯醚酯的磷酸单酯或双酯。

②非离子型乳化剂：这类乳化剂具有抗硬水、电解质以及对pH值不敏感的特征，根据其亲水亲油性的不同，可作为O/W型和W/O型乳化剂。

a.聚氧乙烯醚型：最常用的是烷基酚聚氧乙烯醚［$RC_6H_4O(C_2H_4)_nOH$］，一般R为 C_8～C_9 碳链，n=3～10，乳化剂从亲油性变为亲水性，广泛用作O/W型和W/O型乳化剂。近年来由于这类表面活性剂，例如壬基酚聚氧乙烯醚的生物可降解性差及水生毒性问题，应用受到限制。其替代品为脂肪醇聚氧乙烯醚[$RO(C_2H_4O)_nH$]，R为C_{12}~C_{14}碳链，n同样从数个到数十个，也可作为O/W型和W/O型乳化剂，乳化性能稍逊于烷基酚聚氧乙烯醚。此外，还有脂肪胺和脂肪酰胺的聚氧乙烯醚非离子型表面活性剂。

b.脂肪酸缩水山梨醇酯型：即常见的脂肪酸缩水山梨醇酯Span和脂肪酸缩水山梨醇聚氧乙烯醚酯Tween系列表面活性剂（表3-6）。如前所述，由于Span型亲油性，而Tween型亲水性，其混合物的*HLB*值为2~18，故广泛用作O/W型和W/O型乳化剂。

（2）合成高分子表面活性剂

①聚氧乙烯-聚氧丙烯醚嵌段共聚物，属于非离子型表面活性剂。可根据亲水亲油基含量或相对比例来调节*HLB*值，以获得适合实际需要的乳化剂。

②聚氧乙烯苯乙烯基苯基醚：也称为农乳600号，属非离子型表面活性剂，结构式如下：

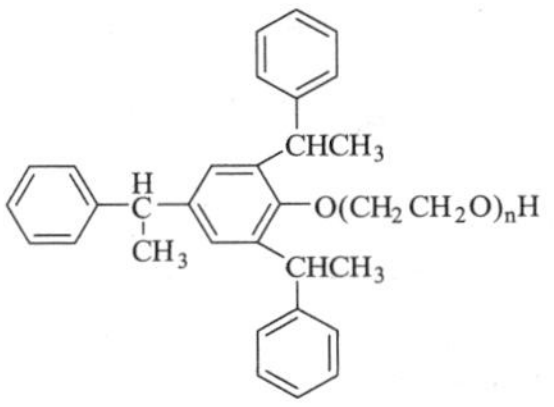

易溶于水和各种有机溶剂，在酸碱溶液中稳定性好，具有良好的乳化性能，但高温时易被氧化剂氧化分解.

（3）天然产物乳化剂

天然产物乳化剂，除了瓜尔胶、田菁胶和魔芋胶等天然高分子表面活性剂外，还有磷脂，皂素、明胶、藻朊酸盐、果胶酸盐、酪素等。

（4）固体粉末

黏土、二氧化硅、金属氢氧化物等粉末是O/W型乳化剂；石墨、炭黑等是W/O型乳化剂。通常用固体粉末稳定的乳状液液滴较大，但相对稳定。

三、破乳

许多场合需要破坏乳状液，使油水两相分离。例如原油含水会腐蚀石油设备，在加工前须破坏其W/O型乳状液除去水分。生产乳油时，须使O/W型的水乳破乳分离。在许多废水处理中，须破乳以防污染。

1.乳液的不稳定表现

乳液是热力学不稳定系统，所以破乳是自发过程。乳液一般从失稳定到破乳分相可分为三个阶段。

（1）分层

分层是由于油水两相的密度差引起的乳滴沉降或上浮，使乳液分成两层的现象。分层后的两个液层仍是乳状液，只是失去了外观的均匀性。一般两相密度差越大。外相黏度越低、乳滴的粒径越大则分层速率越快，反之亦然。

（2）絮凝

絮凝是乳液乳滴通过范德华力相互吸引，聚集形成松散絮团的过程。一般絮凝是可逆的，但也可以说是破乳分相的前奏。

(3)聚结

处于絮团中的乳滴,当其界面膜受破坏时,乳滴会发生合并,由小液珠变成大液珠,界面积减小,直至乳液完全破坏。

在实际生产中,一般采用恰当方法使乳液型变或加速乳滴聚结,从而达到破乳目的。

2.破乳的方法

(1)物理法

乳液稳定的最主要原因是由乳化剂形成有一定机械强度和电能垒或立体能垒的界面膜。所以破乳的关键是破坏乳滴界面膜。

①超离心法:利用两相密度差,使乳状液中的油、水在超离心场作用下分离。

②超声波法:利用超声波产生的体积波破坏界面膜,加速乳滴的聚结。

③过滤法:加压使乳液通过多孔材料,例如多孔玻璃板、压实的硅藻土和白土及纤维材料等。利用其对乳化剂的吸附或对乳液分散相液滴的优先润湿使界面膜破坏而实现破乳。

④加热法:提高温度使分子热运动加剧,介质黏度下降,甚至发生乳液的相转变,使乳液稳定性降低,导致聚结而破乳。

⑤高压静电法:用高压静电(约 10^4 V)使带电液滴放电聚结成为大液滴,并在重力作用下沉降分相。此法一般适用于W/O型乳液。

(2)破乳剂

破乳剂破乳的机理是设法改变乳液的界面性质,使乳化剂失去乳化能力并削弱界面膜等。选择破乳剂一般有以下几种方法。

①选择表面活性高但又不能形成坚固界面膜的破乳剂,把原来的乳化剂从界面上替代出去,使界面膜破裂而破乳。例如水溶性的甲醇、乙醇、丙醇、丁醇和油溶性的异戊醇、己醇、庚醇等,这些短链醇在水(或油)中的溶解度较大,用量较大。

②选择相对分子质量大、多支链分子结构、能以平躺方式吸附于油水界面的破乳剂,使所形成的界面膜结构疏松,强度低,起到降低稳定性、破乳的作用。例如各种聚氧乙烯醚的嵌段共聚物,主要用于W/O型乳状液的破乳。

③选择与乳液离子型乳化剂带相反电荷的离子型破乳剂,乳滴表面电荷中和而失稳破乳。常用十二烷基二甲基苄基氯化铵等阳离子型表面活性剂。

④选择能溶解于连续相的高分子破乳剂,利用其对乳滴的架桥作用,使之聚集、聚结而破乳。例如一些阳离子型和非离子型的水溶性高分子。

⑤选择能破坏界面膜的其他试剂破乳。例如用脂肪酸盐作乳化剂时,加入无机酸使脂肪酸游离而破乳。或用作O/W型阴离子型乳化剂时,加入高价金属盐,使其相转变破乳。对于粉末乳化剂,加入能使固体粉末被水相或油相完全润湿而脱离界面破乳。

有时几种破乳方法并用,可获得更好的破乳效果。

第四节　表面活性剂的分散作用、分散剂及测试

一、表面活性剂的分散作用

固体微粒在介质中的分散过程中,表面活性剂存在三种作用,即固体表面的润湿作用、微粒团的劈裂解聚结作用以及阻止被分散的微粒再聚集作用。

1.固体表面的润湿作用

若要使固体微粒在介质中均匀分散，其先决条件是所有固体表面能被介质充分润湿，即实现介质在固体表面的铺展。此过程的推动力是铺展系数S。

当S>0时，接触角θ=0°，固体表面的空气可完全被介质所取代。如前所述，介质在高能表面的铺展润湿一般都能进行，而对于低能表面，特别是当分散介质是表面张力较大的水时，固体微粒的分散则须借助表面活性剂。在此过程中，表面活性剂至少具有两方面作用。以水介质为例，作用一是表面活性剂在介质表面发生疏水基定向吸附，降低介质表面张力γ_{LG}，并使得$\gamma_{LG}<\gamma_C$（固体的临界表面张力）；作用二是表面活性剂在固／液界面也发生疏水基定向吸附（即亲水基朝向水相，疏水基朝向固体表面），使γ_{SL}降低，S增大，θ变小，最终自发铺展，实现固体表面的完全润湿。

2.微粒团的劈裂解聚集作用

在固体微粒团中往往存在"微隙"，这些微隙是晶体在应力作用下产生的。当应力去除时它们会自愈并消失。表面活性剂在微粒团的解聚结过程中具有两方面作用：一是通过扩散渗透进入微隙；二是通过"劈裂"微粒完成解聚结。若将微隙看作毛细管，则介质能通过微隙渗入微粒团，而渗透过程的驱动力为毛细管内弯曲液面上的附加压力ΔP，根据Laplace公式：

$$\Delta P=(2\gamma_{LG}\cos\theta)/r \tag{3-38}$$

式中：r为微隙的有效半径。

若固体微粒表面是润湿的，则介质在毛细管壁的接触角θ<90°，ΔP>0。介质受到一个指向微隙内部的附加压力，渗入微粒团。加入表面活性剂会使接触角θ进一步减小，有利于渗透过程的进行。

若固体表面是不润湿的，则θ>90°，ΔP<0。那么介质会受到一个反向的附加压力而被阻止渗入微粒团。根据杨氏方程$\cos\theta=(\gamma_{SG}-\gamma_{SL})/\gamma_{LG}$，要使接触角θ降低，加入表面活性剂的主要目标应是降低固／液界面张力γ_{SL}，使接触角由θ>90°变为θ<90°，附加压力由ΔP<0变为ΔP>0，从而使介质渗入微隙。表面活性剂一旦被吸附于这些微隙表面上，会使微隙两边产生静电排斥、立体排斥等劈裂作用，借助机械功（例如砂磨、球磨等），达到降低微隙的自愈能力，加深微隙的裂度，最终相互解聚结而分散于介质之中。

3.阻止固体微粒再聚集作用

固体微粒在介质中解聚结分散后，系统的界面能增量（$\gamma_{LS}*\Delta A$，其中ΔA为因分散而引起的表面积增量）会随微粒分散而增加，系统会处于热力学不稳定状态而易于再聚集。表面活性剂则可以在分散微粒固／液界面发生疏水基定向吸附，不仅能减小固／液界面张力γ_{SL}，降低分散系统的热力学不稳定性，还能在分散微粒表面产生电能垒和立体能垒，防止再聚集，而且，朝向水相的亲水基的溶剂化层也能起重要的分散稳定作用。

二、各种表面活性剂的分散性能

表面活性剂的分散性能是指其吸附于固体微粒表面，使之润湿和解聚集，并能产生足够能垒，保证微粒在介质中可分散稳定的性能。虽然固体微粒在分散过程中润湿是必要条件，但还不是充分条件。若表面活性剂仅仅使微粒表面润湿，而不能将能垒升至足够的高度使其稳定分散，则不能认为它对于该系统具有分散性能，只能作为润湿剂。反之，若表面活性剂并不能使微粒表面润湿，但能产生足够高的能垒使其分散，则认为其具有分散性能。

通常在水相中，固体表面往往带负电荷，所以不同类型的表面活性剂，其分散性能也不同。

1.阴离子型表面活性剂的分散性能

由于其亲水基也带负电荷，使之在微隙的固／液界面上发生疏水基定向吸附，这种带同种负电荷的亲水基朝着水相定向排列产生隙壁间静电排斥力，加上附加压力产生的介质渗透力都会对微隙产生劈裂作用。微隙的间隙越小，这种劈裂作用越大，可以减少固体微粒因解聚结所需的机械功。但是，一旦微粒团被解聚结分散，特别是一些带强表面电荷的固体微粒，由于具有相同电荷而存在静电排斥力，不利于阴离子表面活性剂的进一步吸附。因此需要表面活性相对较强的阴离子型表面活性剂，能克服静电排斥力而吸附于微粒表面，不仅降低γ_{SL}，而且增加表面电位绝对值，使微粒在水中分散更稳定。

2.聚氧乙烯醚型非离子型表面活性剂的分散性能

尽管其亲水基不带电荷，但它同样会在微隙的固／液界面上发生疏水基定向吸附，而朝着水相的聚氧乙烯醚链发生的立体排斥作用以及介质的渗透力，不仅有利于固体微粒团的劈裂解聚结，而且也有利于防止微粒的再聚集。

3.阳离子型表面活性剂的分散性能

由于亲水基带正电荷，其在微隙固／液界面上的吸附状态与前两种相反，为亲水基定向吸附，即阳离子基与固体表面的负电荷中心发生静电吸引作用，使表面电荷被中和，不仅大大减少隙壁间静电排斥力，而且朝向水相定向排列的疏水基又降低了隙壁的亲水性。接触角θ增大，甚至$\theta>90°$，阻止介质渗入微粒团，一般不宜作分散剂。但对于一些阴离子表面活性剂不易被吸附的带强表面负电荷的固体微粒而言，也可通过适当提高阳离子表面活性剂的用量，改善其对微粒在水介质中的分散性能。其机理如下：在具有负表面电位的微粒分散系统中，少量加入阳离子表面活性剂，因亲水基定向吸附而使表面电位降低趋零，表面疏水性提高，发生微粒间疏水链疏水作用吸附、架桥絮凝，分散稳定性降低。但进一步加入阳离子型表面活性剂，则后续吸附于微粒固／液界面的活性阳离子会发生疏水相互作用吸附，不仅固体微粒重新带电（正电荷），而且亲水性也提高，微粒分散稳定性提高（图3-27）。

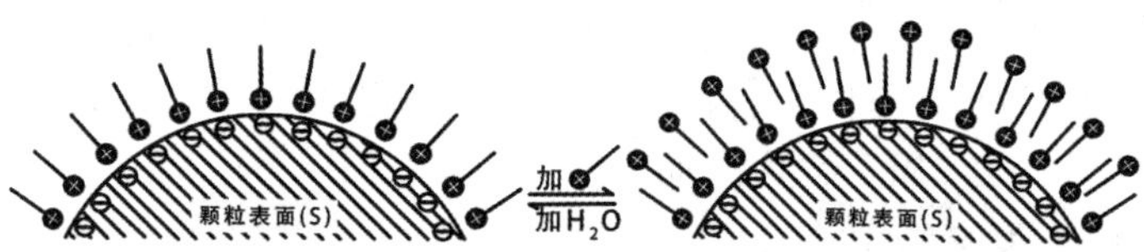

图3-27　阳离子型表面活性剂分散表面带负电荷微粒

当然，这种分散方式中阴离子及非离子型表面活性剂仍可以是分散剂的首选。以AgI溶胶为例，可通过同离子效应使溶胶表面带正电荷，然后加入一定量阴离子表面活性剂，或少量阴离子表面活性剂加一定量非离子型表面活性剂，使其进一步分散稳定（图3-28）。

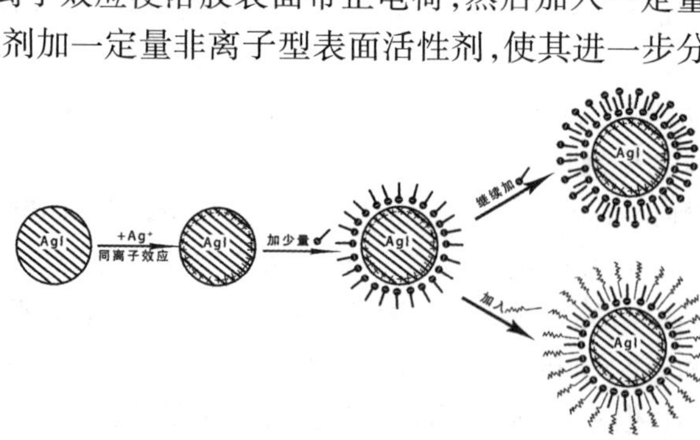

图3-28　阴离子与非离子型表面活性剂分散表面带正电荷的AgI溶胶

4.高分子表面活性剂的分散性能

虽然高分子表面活性剂的渗透润湿作用不如小分子表面活性剂，其一旦附于固/液界面，则分子链中的一部分亲固体的基团或链节会在固/液界面平铺(Trains)吸附使大分子链锚固在固体表面；而另一部分亲液链则指向液相形成环状(Loops)和尾状(Tails)液层(图3-29)，使固液间的滞留层变厚，滑移界面外移，从而产生比小分子表面活性剂更高的立体能垒和电能垒，产生更有效的分散作用。图3-29列出了各种高分子表面活性剂在颗粒的固液界面上主要的吸附形态。

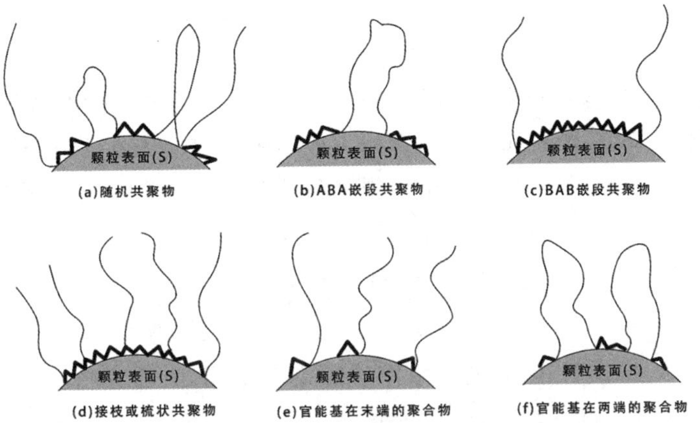

图3-29 各种高分子表面活性剂在颗粒固/液界面上主要的吸附形态

常见的高分子分散剂都是均聚物，由亲水性单体聚合而成。其中，与亲水基相对应的疏水基则是聚合而成的整个碳链。为了改善高分子分散剂的界面活性，一些高性能高分子分散剂一般采用亲水性和疏水性单体共聚的方法，主要分为随机共聚、嵌段共聚和接枝共聚三种方式。高分子分散剂可以是阴离子型、阳离子型、两性离子型和非离子型，其最适宜相对分子量一般与其在分散介质的溶解性有关，溶解性大者，可选择较小的相对分子量，反之则大些，通常为1000~10000。

三、常用分散剂

1.水介质使用的分散剂

这类分散剂一般都是亲水性较强的表面活性剂。且其疏水基多为较长的碳链或带苯或萘环等的平面结构。平面结构易作为吸附基，吸附于低能表面的有机固体颗粒表面而亲水基伸入水相，使原来亲油低能表面变为亲水表面。由于大多数固体颗粒在水介质中表面带负电荷，所以，阴离子型和非离子型表面活性剂是最常用的水介质分散剂。

(1)阴离子型分散剂：

①萘系分散剂：

a.亚甲基二萘磺酸钠(扩散剂NNO)，结构式如下：

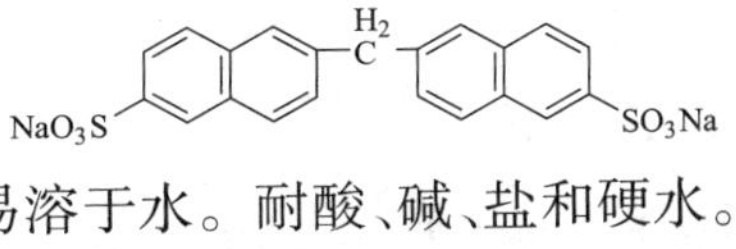

本品为米黄色固体粉末，易溶于水。耐酸、碱、盐和硬水。扩散性能好，对蛋白质及聚酰胺纤维有亲和力，对棉、麻等纤维素无亲和力。主要用作还原染料染色、酸性染色或悬浮体轧染的分散剂。

b. 甲基萘磺酸钠甲醛缩合物（扩散剂MF），结构式如下：

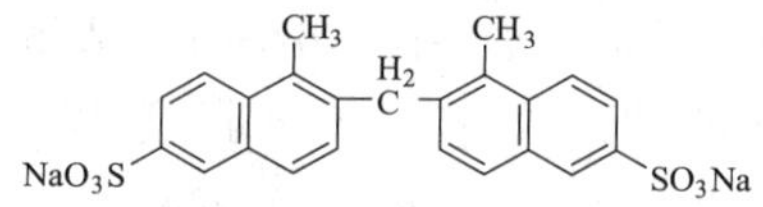

本品为棕色至深棕色粉末，易溶于水，易吸潮，耐酸、碱及硬水。具有良好的扩散性能，用作分散染料、活性染料、还原染料的分散剂和匀染剂。

c. 萘磺酸甲醛缩聚物钠盐，结构式：

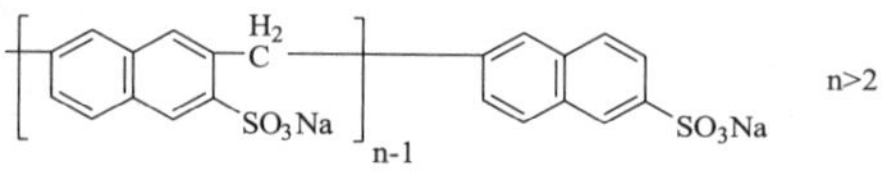

本品为棕色粉末，对炭黑有独特的分散力和润湿性。用作水性涂料颜料色浆的高效分散剂。在丙烯酸系列、醋丙系列和氯偏系列的乳胶漆中用作色浆的分散剂。

d. 甲基萘磺酸钠甲醛缩合物与席夫酸甲醛缩合物（扩散剂CI），结构式如下：

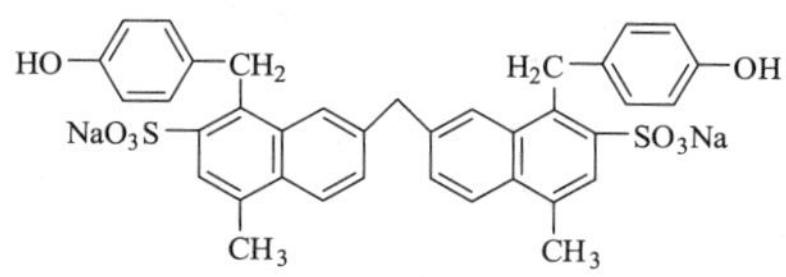

本品为棕色液体，扩散性能≥4级。用作分散染料中间体，也用作分散、还原等不溶性染料的扩散剂。

e. 苄基萘磺酸甲醛缩合物（扩散剂CNF），结构式如下：

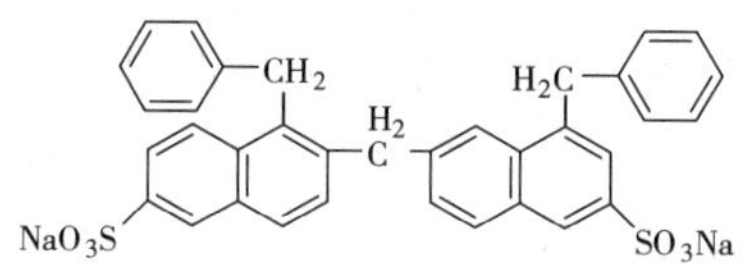

本品为米黄色粉末，可溶于水，在染料工业中用作匀染剂。

②木质素类分散剂：

a. 木质素磺酸盐，基本结构式如下：

本品为深褐色黏稠液体，用分散、还原染料的分散剂。

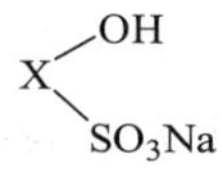
X：木质素

b. 脱糖缩合木质素磺酸钠，结构式如下：

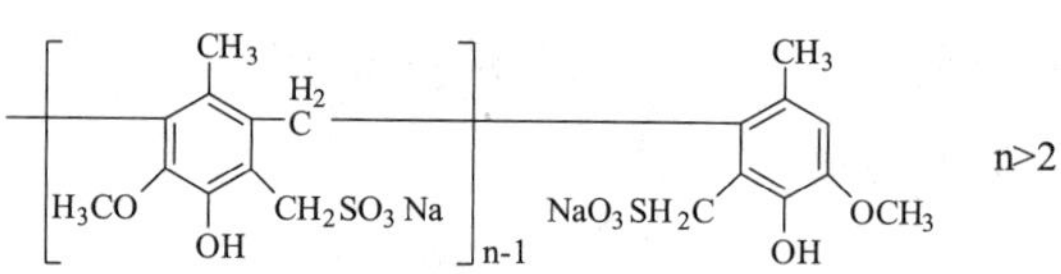

本品为棕色粉状物，为阴离子型高温分散剂，扩散性好，用于染料分散剂。

③聚合物类：

a. 低分子量聚丙烯酸钠，结构式如下：

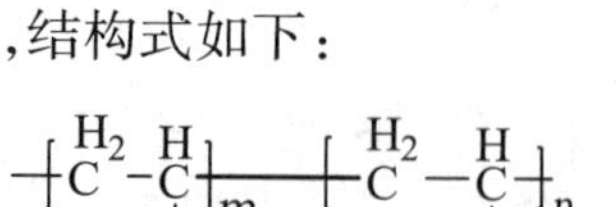
R：烷基

本品为浅黄色透明黏稠液体。贮存稳定性好，无混浊或分层现象，易溶于水，无毒，无腐蚀性。用于造纸、涂料等行业，是一种优良的颜料分散剂。

b.聚丙烯酸钠和聚丙烯酸异丙酯，结构式如下：

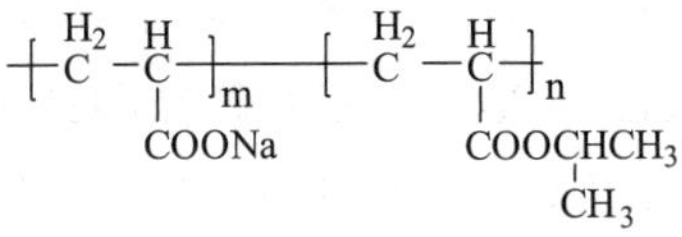

本品为淡黄色透明黏稠液体。用于造纸、涂料等行业，是一种优良的颜料分散剂，具有高效、稳定、无毒、无腐蚀、应用范围广等优点，与涂料中各种化工原料的相容性好。

c.聚丙烯酸钠盐水溶液。本品为浅黄色或棕黄色透明水溶液，具有良好的分散性和稳定性。用作乳胶涂料的分散剂。用于水性油墨，水性涂料和印花色浆中的阴离子型聚合物分散剂。

d.苯乙烯—(甲基)丙烯酸共聚物、苯乙烯—马来酸酐共聚物、苯乙烯—马来酸酐部分酯化物以及丙烯酸—(甲基)丙烯酸酯共聚物等。可用于油田水基钻井液中的分散剂(又称降黏剂)，如：磺化苯乙烯—马来酸酐共聚物钠盐，乙酸乙烯酯—马来酸酐共聚物钠盐以及20世纪90年代初期出现的两性离子降黏剂AMTH(二烯丙基二甲基氯化铵—丙烯酸钠—丙烯磺酸钠—丙烯酰胺的四元共聚物)和XY-27等。

(2)非离子型分散剂：以聚氧乙烯醚作为亲水基的非离子型表面活性剂，如吐温型、烷基醚型和烷基酚型均为较好的水介质分散剂。

采用上述类型添加剂处理时，可使亲油性有机颜料表面吸附疏水性基团(如长碳链烷基)，聚氧乙烯链伸入水相，聚氧乙烯醚随其n值的增加，具有不同程度的亲水性，有效改进在水性介质中的润湿及分散性质，同时还可增加分散体系的贮存稳定性。

(3)两性离子型分散剂：由于两性离子型表面活性剂吸附在固／水界面，吸附层为亲水膜。故有利于颗粒在水相中的分散，例如硫化甜菜碱。这类分散剂的工业应用的最大障碍是价格。研究人员曾合成过一种低电荷密度随机共聚的丙烯酰胺类两性离子型高分子分散剂，结构式如下：

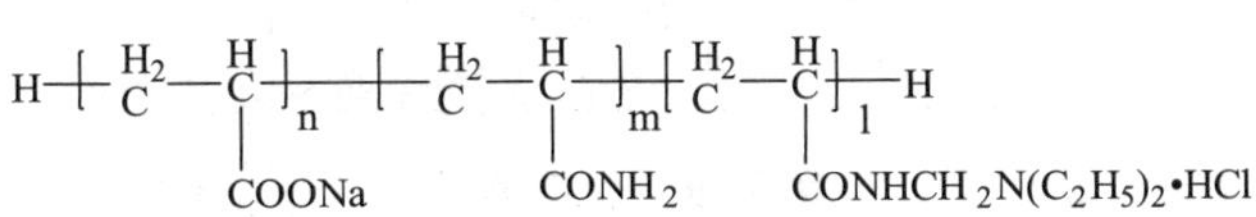

其特点是分散剂中少量的阳离子链节通过静电作用吸附于固体表面，阴离子链节则受到固液界面负电荷的静电排斥，指向水溶液，与非离子链节一起构成水化层，提高电能垒和立体能垒对颗粒分散的稳定作用。

2.有机介质中使用的分散剂

(1)用于无机粒子的分散剂：包括各类脂肪酸钠类，常用的有月桂酸钠、硬脂酸钠和烷基酸盐。长碳链的胺类化合物如伯胺类、仲胺类、季铵盐以及醇胺类。除此之外还有长碳链醇和有机硅类。

(2)用于有机粒子的分散剂：主要包括各种非离子型表面活性剂，各种长碳链胺，如十八胺，各类以聚氧乙烯醚为亲水基团的烷基胺、Tween类，亲油性强的Span类非离子型表面活性剂。

第五节 表面活性剂的起泡和消泡作用、起泡剂和消泡剂及测试

用细管蘸上皂液可吹出气泡，而将细管插入皂液吹气，由于气液两相密度差，不断产生的气泡会迅速上升聚集至液面形成泡沫。实际上，除了鼓泡之外，只要环境对系统做表面功（例如搅拌、振荡等）或加热沸腾，使得气液两相充分接触都可能形成泡沫。通常意义上的泡体往往是由大量呈多面体状的气泡密集堆砌而成的集合体（图3-30）。气泡之间所隔的液膜很薄，一般约为数百纳米左右。泡沫可以看作相互交联的立体液膜网络，属于气体分散在液体介质中的多相粗分散系统。其中，气体为分散相（不连续相），液膜为分散介质（连续相）。由于随着泡沫的形成，系统的比表面积及其表面能大大增加，所以泡沫是一个热力学不稳定分散系统。

在生产、生活中泡沫的用途很广。如染整工艺中的泡沫整理及日常生活中的洗发香波、剃须膏等都需要产生大量稳定的泡沫。

通常纯液体是不能形成泡沫的。例如我们无法通过鼓泡、搅拌等方式得到纯水的泡沫，因为纯水生成的气泡寿命不到0.5 s，也就是说还未等到泡沫形成，气泡就已破裂。所以泡沫的形成不仅要提高起泡速率，还要降低破泡速率，研究泡沫稳定性首先需要了解泡沫破裂机理。

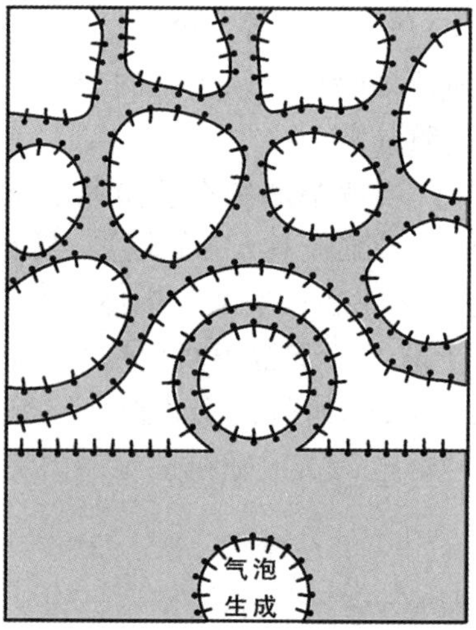

图3-30 泡沫形成

一、泡沫的破裂机理

泡沫破裂的机理主要有泡沫液膜的排液和泡沫中气体的扩散两种情况。

1.泡沫液膜的排液

泡沫中液膜强度直接与其膜的厚度有关，而液膜的排液是造成液膜变薄的主要原因。排液一般分为两类。

（1）重力排液：由于液体密度比气体大得多，在重力作用下，液体沿液膜自上而下流动，造成上层液膜变薄而破裂。由于液膜的黏度，特别是吸附了表面活性剂的液膜黏度随膜厚变薄而增大，所以，重力排液一般在液膜较厚时较为明显。

（2）表面张力排液：如上所述，在密集的泡沫中气泡一般呈多面体状。所以，泡沫中多个气泡交汇处会形成Plateau交界（见图3-31中P处）。若液膜的表面张力为γ，P处液膜表面曲

率半径为R，忽略液膜内的静压力，根据Laplace公式，液膜P处与泡内的压力差等于附加压力，即$P_P-P_{泡内}=\Delta P_P=-\frac{2\gamma}{R}$（$\Delta P_P$方向由液膜指向泡内）。而液膜A处的曲率半径趋于无穷，$\Delta P_A=0$。平衡时泡内压力$P_{泡内}=P_A=P_P-\Delta P$，所以，液膜中A、P处的压差即$P_A-P_P=-\Delta P=\frac{2\gamma}{R}$，即P处的压力小于A处，液体存在由A流向P的趋势，而且，这种趋势随R减小而加剧。若液体不断由泡壁向Plateau边界流动，则会导致泡壁变薄而破裂。液膜的排液作用，特别是表面张力排液是泡沫破裂的重要因素。

2.泡沫中气体的扩散

泡沫中气泡的大小往往是不均匀的。根据Laplace公式，气泡内外的压力差等于液膜的附加压力，即$P_{泡内}-P_{泡外}=\Delta P=\frac{4\gamma}{R}$，R越小，ΔP越大。所以，小气泡内的压力比大气泡大。气体存在由小气泡透过液膜向大气泡扩散的趋势（图3-32）。一旦扩散发生，则小泡更小，大泡更大，最终导致气泡兼并，乃至泡沫破坏。液膜的致密性是防止气泡间气体扩散、泡沫稳定的充分条件。

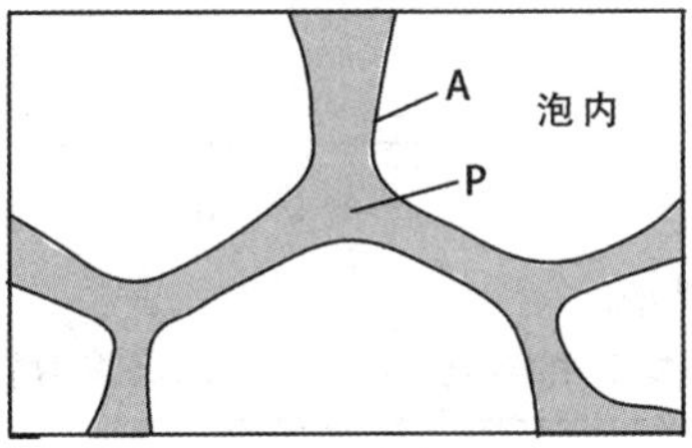

图3-31　气泡交界处的Plateau边界

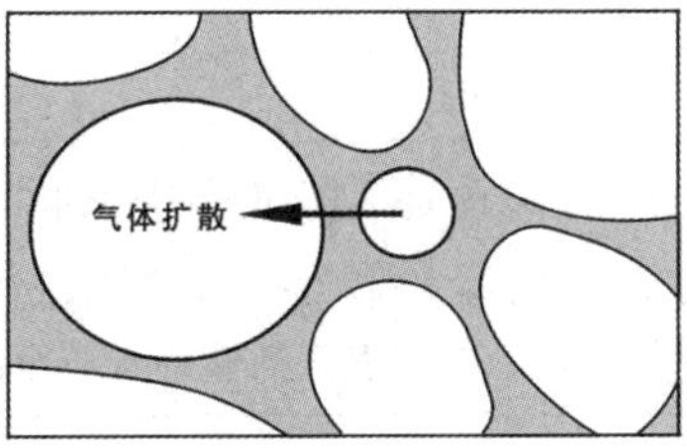

图3-32　小气泡向大气泡的扩散趋势

二、表面活性剂泡沫性能的评价及其对泡沫稳定性的影响

1.表面活性剂的泡沫性能评价

如果在水中加一定量表面活性剂，表面活性分子会在泡沫液膜的两边定向吸附排列（图3-33），从而延缓膜自身的排液作用，降低膜两边气体的扩散、渗透作用，提高泡沫的寿命。评价泡沫性能有两个指标，即起泡性和稳泡性。其实，起泡性好的表面活性剂，不一定能产生稳定的泡沫；反之能形成稳定泡沫的表面活性剂，也不一定易于起泡。例如，丁醇极易起泡，也容易破泡；而明胶则往往难以起泡，但一旦形成泡沫其寿命很长。表面活性剂的起泡性和稳泡性通常用Ross-Miles法测定的泡沫高度加以表征。

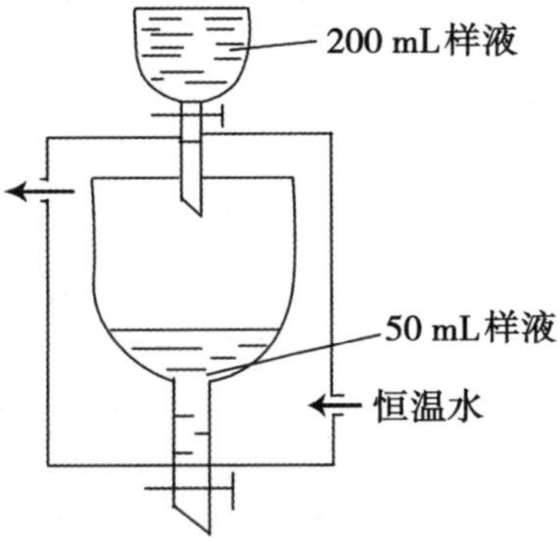

图3-33　Ross-Miles法测定表面活性剂的起泡性和稳定性

(1)Ross-Miles法

装置示意图见图3-33。测定方法：将200 mL试液从90 cm高度通过直径为2.9 mm的漏管按一定速率滴入加有50 mL同浓度、同温度试液的刻度量筒中，测定滴完后泡沫的即时高度和静置5 min后的剩余高度(表3-13)。

表3-13 60℃表面活性剂水溶液泡沫的最高即时高度H_{max}及其浓度C_{max}

表面活性剂	C_{max}/(10^3 mol/L)	CMC/(10^3 mol/L)	H_{max}/mm
p-$C_8H_{17}C_6H_4SO_3^-Na^+$	13	16	165
p-$C_{10}H_{21}C_6H_4SO_3^-Na^+$	4.5	3	185
p-$C_{12}H_{25}C_6H_4SO_3^-Na^+$	4.0	1.2	200
o-$C_{12}H_{25}C_6H_4SO_3^-Na^+$	4.0	3	205
p-$C_7H_{15}CH(C_4H_9)C_6H_4SO_3^-Na^+$	7.0	4	230
$C_{12}H_{25}SO_3^-Na^+$	11	13	210
$C_{14}H_{25}SO_3^-K^+$	3	3	217
$C_{16}H_{33}SO_3^-K^+$	0.8	0.9	233
$C_{16}H_{33}SO_4^-Na^+$	0.8	0.7	220

泡沫的即时高度越高，试样中表面活性剂的起泡性越强；静置5 min后泡沫的剩余高度较相应即时高度的降幅越小，则稳泡性越强(表3-14)。

表3-14 60℃表面活性剂水溶液泡沫的即时高度H和静置5 min后剩余高度H_{5min}

表面活性剂	浓度/%	H/mm		H_{5min}/mm
		纯水	$CaCO_3$①	纯水
$C_{12}H_{25}SO_3^-Na^+$	0.32	190	–	125
$C_{12}H_{25}SO_4^-Na^+$	0.25	220	240	200
$C_{14}H_{25}SO_4^-Na^+$	0.25	231	246	184
$C_{16}H_{33}SO_4^-Na^+$	0.25	245	178	240
$C_{18}H_{37}SO_4^-Na^+$	0.25	227	151	227
$C_{15}H_{31}COO^-Na^+$	0.25(pH值=10.7)	236	–	232
$C_{12}H_{25}OC_2H_4SO_4^-Na^+$	0.14	246	–	241
$C_{12}H_{25}(OC_2H_4)_2SO_4^-Na^+$	0.11	180	–	131
o-$C_{12}H_{25}C_6H_4SO_3^-Na^+$	0.15	206	–	–
o-$C_{12}H_{25}C_6H_4SO_3^-Na^+$	0.25	208	–	–
p-$C_{12}H_{25}C_6H_4SO_3^-Na^+$	0.15	201	–	–
p-$C_7H_{15}CH(C_4H_9)C_6H_4SO_3^-Na^+$	0.15	219	–	–
$C_{14}H_{29}CH(SO_3Na)COOCH_3$	0.25	210	225	200
$C_{12}H_{25}N^+(CH_3)_2CH_2COO^-$	0.25(pH值=5.8)	199	–	29
$C_{12}H_{25}(OC_2H_4)_{10}OH$	0.25	168	–	26

①浓度为300mg/kg的碳酸钙水溶液，仅作为与纯水的一个比较。

(2)表面活性剂起泡性的评价

从表3-13中泡沫的即时高度数据可知,在做相同表面功的前提下,表面活性剂同系物的起泡性随其疏水基增长而增大。且表面活性剂浓度越接近CMC,起泡性越高。换言之,当可逆表面功W恒定时,$W=\gamma \cdot \Delta A$,即表面活性剂降低溶液的表面张力效率越大,或CMC越小者,其起泡性越大。

(3)表面活性剂稳泡性的评价

能起泡不一定能形成泡沫,得到较稳定泡沫的充分条件是起泡速率必须大于破泡速率。例如肥皂与烷基苯磺酸钠虽然都具有良好的起泡性,它们泡沫的即时高度H都达200 mm以上,但肥皂的H_{5min}较之更高,泡沫的耐久性更好。一般认为,表面活性剂的稳泡性除了与其降低表面张力效能有关外,主要还与在液膜表面上吸附分子间的内聚力及其膜黏度、膜弹性等因素有关。所以,表面活性剂对泡沫稳定性的影响比较复杂,后续作简要分析。

2.表面活性剂对泡沫稳定性的影响

(1)表面活性作用对泡沫稳定性的影响

①表面张力降低:泡沫是一种热力学不稳定系统。泡沫生成时,伴随着液体表面积增加,系统的表面能也相应增加。加入表面活性剂后,溶液的表面张力大为降低,不仅容易起泡,而且,系统表面能的增幅大大降低,从而降低了泡沫的热力学不稳定性,有利于泡沫的稳定。

但是,单纯的表面张力降低,并不能充分保证泡沫的稳定性。例如,一些纯有机溶剂:乙醇、已烷等,它们的表面张力在20 mN/m左右,比肥皂水溶液还低,但完全不能形成泡沫;丁醇等醇类水溶液的表面张力可达25 mN/m,其起泡、稳泡性都不如最小表面张力只能达38 mN/m的十二烷基硫酸钠水溶液。而一些蛋白质水溶液的表面张力往往比表面活性剂水溶液高,却有较好的泡沫稳定性。所以,从能量现象分析,低表面张力对于泡沫的形成较为有利,但不能保证泡沫有较好的稳定性。只有当表面膜有一定强度,能形成多面体的泡沫时,有效降低液膜的表面张力才能降低排液的压差,防止液膜变薄,有利泡沫稳定。

②提高液膜黏度:液膜黏度又分为本体黏度和表面黏度。液膜的本体层黏度大,有助于膜的耐冲击和减缓排液作用,但没有表面吸附层的形成,本体黏度再大也不能形成稳定的泡沫。

所谓表面黏度是指气泡液膜的表面吸附层黏度,是表征泡沫液膜强度的一种度量。表3-15列出了几种表面活性剂水溶液的表面性质与泡沫寿命的关系。由表3-15可见,表面黏度越大,液膜强度越高,生成的泡沫寿命也越长。在十二烷基硫酸钠中加入少量十二醇,其水溶液具有较高的表面黏度和泡沫寿命。从表3-15中数据也说明溶液的表面张力与泡沫的稳定性并无确定关系。

表3-15　几种表面活性剂水溶液(0.1wt.%)表面膜性质与泡沫寿命的关系

表面活性剂	表面张力/(mN/m)	表面黏度/(10^{-4} Pa·s)	相对透过性	泡沫寿命/s
十二烷基酸钾	35.0	39	0.15	2200
十二烷基苯磺酸钠	32.5	3	–	400
十二烷基硫酸钠	38.5	2	1	69
十二烷基硫酸钠 (加80 mg/L十二醇)	22.0	32	0.38	1590

从表3-16可见，在十二烷基酸钠溶液中加入十二醇后，随着十二醇浓度增加，表面膜内的表面黏度增加，泡沫寿命显著延长。说明在十二烷基酸钠与十二醇的混合膜内吸附分子间的相互吸引力增强，吸附膜密度增大，从而增加液膜的表面黏度和强度，提高了泡沫的稳定性。

这种情况在正、负离子型表面活性剂的混合膜中表现得尤为突出。例如0.0075 mol/L辛基硫酸钠和辛基三甲基溴化铵的单组分水溶液的泡沫寿命分别为19 s和18 s，而相同浓度的两种表面活性剂(用量1:1)混合水溶液的泡沫寿命则长达26100 s以上。由此可见，表面吸附分子之间强烈的相互吸引作用即高内聚力可以导致高泡沫寿命。

表3-16　十二醇对十二烷基酸钠(0.1wt.%，pH值=10)水溶液表面黏度及泡沫寿命的影响

十二醇浓度/(mg/L)	表面黏度/(10^{-4} Pa·s)	泡沫寿命/s
0	2	69
10	2	825
30	31	1260
50	32	1380
80	32	1590

③吸附膜的气体密闭：根据Laplace关系，泡沫中大小气泡之间及气泡与环境间存在压差。在此种压差的驱动下，气体具有从小泡通过液膜向大泡扩散或从外层气泡通过液膜向环境扩散的趋势，致使泡沫最终消失。一般表面吸附的表面活性剂疏水基链越长，亲水基相对分子量越小，则其吸附膜越致密，气体分子越难扩散渗透。例如在十二烷基硫酸钠吸附膜中加入十二醇，则吸附膜的致密性增加，相对透过性明显减少，泡沫稳定性增大(表3-15)。

④表面张力修复：泡沫的液膜具有自修复作用，又称为Gibbs-Marangoni效应。在生活和生产中常常可以发现一些稳定的泡沫很难破裂。液膜的这种能力来源于吸附表面活性剂分子的自修复能力。Marangoni认为当泡沫受到外界扰动(如振荡、蒸发、抽吸等)时局部液膜会变薄，如图3-34所示。

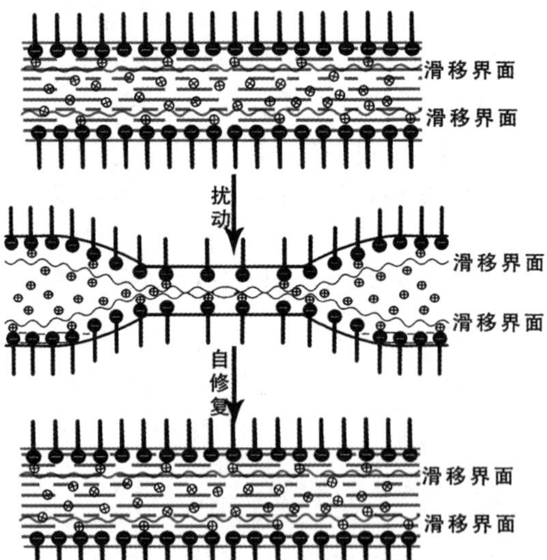

图3-34　表面活性剂的液膜自修复作用

B处的液膜变薄，引起此处膜表面积增大，结果使吸附的表面活性剂分子密度减少，表面张力增大，$\gamma_B>\gamma_A$。所以A处表面吸附的表面活性剂分子就有自动向B处表面迁移的趋势，使B处表面的分子密度增大，表面张力又降至平衡值。同时，A处表面分子的表面迁移会带动其原有的溶剂水一起移向B处，结果使变薄的液膜复原，从而液膜强度恢复，重新趋于稳定。泡沫的这种自修复能力表明，吸附了表面活性剂分子的液膜具有弹性，液膜的弹性越好，泡沫的稳定性越高。Gibbs定义液膜的弹性系数为E，其计算公式如式(3-39)：

$$E=\frac{2d\gamma}{d\ln A}=2A\frac{d\gamma}{dA} \tag{3-39}$$

由上式可知，液膜的稳定性决定于表面张力随表面积A的变化率$\frac{d\gamma}{dA}$。对纯溶剂来说，表面张力不随表面积变化而变化，即$\frac{d\gamma}{dA}=0$，液膜没有弹性，不能形成稳定的泡沫。

此外，局部变薄的B处本体相中的表面活性剂分子（图3-34）也会吸附到B处的表面上，使B处的表面张力和吸附表面活性剂分子的密度复原。但是，这种吸附过程不能使局部变薄的B处恢复液膜厚度而维持泡沫稳定。事实上溶液本体相中分子迁移到表面的吸附速率过快，则会影响泡沫稳定性。从这个观点分析，一些醇类水溶液的泡沫稳定性不佳与其表面吸附速率较快有一定关系。而对于通常的表面活性剂而言，当其在液膜中的浓度过低时，由于$\frac{d\gamma}{dA}$过小，即A、B处表面吸附分子的差太小，$\gamma_B-\gamma_A$的值太小，表面迁移速率太小，泡沫稳定性差。随着膜内表面活性剂浓度增加，膜表面的吸附分子迁移速率加快，泡沫稳定性迅速提高。当表面活性剂的浓度超过CMC时，液膜本体相中开始产生胶束，表面活性剂的活度也随之增加，从而使得来自本体相的表面吸附速率加快，泡沫稳定性反而下降，因此，液膜的自修复作用往往存在一最佳浓度。需注意，提高液膜的表面黏度有利于泡沫的稳定性，但黏度过高则会影响吸附分子的表面迁移速率，削弱膜的自修复作用即膜的弹性，也会降低泡沫的稳定性。

⑤表面电荷：当使用离子型表面活性剂时，表面活性离子吸附于液膜的两侧，其反离子分布于液膜和溶液中分别构成双电层（图3-35）。当液膜较厚时，双电层的影响很小。而当液膜变薄至一定程度时，两双电层开始重叠而产生静电排斥作用，且该排斥作用随双电层的靠近而加剧，以阻止液膜的进一步变薄。这也是膜的一种弹性作用，它往往在液膜很薄时才起作用。溶液中加入电解质会压缩双电层，所以，这种弹性作用也会随液膜离子强度的增加而削弱，泡沫稳定性下降。

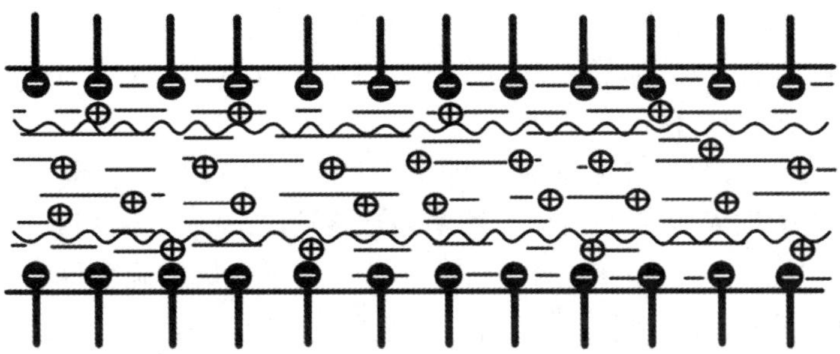

图3-35　离子型表面活性剂在液膜溶液中形成的双电层

（2）表面活性剂的结构对泡沫稳定性的影响

表面活性剂的结构对泡沫稳定性的影响直接与其在液膜表面吸附层的性能密切相关。表面活性剂的表面活性越大，吸附层分子的内聚力越大，越致密，则液膜的表面黏性越高，弹性越好，自修复能力越强，泡沫越稳定。而内聚力太强则往往会形成固态膜，弹性降低，脆性增大，泡沫稳定性反而降低。因此，一般存在以下规律。

①疏水基：一般直链型表面活性剂的稳泡性优于支链同系物。虽然，支链表面活性剂往往是表面张力降低剂（见第三章），在CMC附近具有较高的起泡效率，但由于支链分子不能形成致密的吸附层，所以，起泡效能及稳定性低于直链同系物。对于直链表面活性剂而言，随着碳链的增长，链间的内聚力增大，稳泡性提高。但碳链过长，则表面活性剂的水溶性下降，趋向形成固态膜，从而造成膜弹性降低，反而易于破泡。所以，通常表面活性剂都存在一最佳稳泡链长。而且，温度升高，分子热运动加剧，最佳稳泡链长还会随之增长。例如，常温下脂肪酸盐的最佳稳泡链长为C_{12}~C_{14}，而60℃烷基硫酸盐的最佳稳泡链长为C_{16}，100℃时则升至C_{18}。

②亲水基：一般离子型表面活性剂的稳泡性优于非离子型。这主要是因为吸附于液膜表面的离子基不仅能产生表面电位，提高液膜的弹性，而且具有很强的水化能力，降低膜内溶剂水的流动性，提高液膜黏度，减少排液，从而增加泡沫的稳定性。而非离子型表面活性剂不仅无表面电位，水化能力低，且聚氧乙烯醚非离子型表面活性剂由于其在水中的曲折型构象不能形成致密的吸附膜而很难形成稳定泡沫。另外，离子型表面活性剂的起泡效能还与反离子性质有关。反离子尺寸越小，泡沫稳定性越高。以十二烷基硫酸盐为例，其起泡效能随反离子尺寸增大而依次减小：

$NH_4^+ > (CH_3)_4N^+ > (C_2H_5)_4N^+ > (C_4H_9)_4N^+$

常用泡沫剂一般采用阴离子型表面活性剂，例如C_{12} ~ C_{14}的脂肪酸盐、脂肪醇硫酸酯盐、烷基磺酸盐及其烷基苯磺酸盐都具有良好的起泡性，但生成泡沫的稳定性还受电解质、温度、pH值及水硬度的影响。与之相比，含乙氧基的阴离子表面活性剂的泡沫稳定性更好些，例如脂肪醇聚氧乙烯醚羧酸钠［AEC，$RO(CH_2CH_2O)_3CH_2COONa$］、烷基醇聚氧乙烯醚硫酸钠［AES，$RO(CH_2CH_2O)_{1\sim2}SO_3Na$］生成的泡沫丰富而稳定。此外，一些磺化琥珀酸盐也具有较强的泡沫稳定性，例如，脂肪酸单乙二醇酰胺磺化琥珀酸单酯二钠{$RCONH(CH_2CH_2O)CO[CH_2CH(SO_3Na)COONa]$}、脂肪酰胺磺化琥珀酸单酯二钠（$C_{12\sim14}H_{25\sim29}-\overset{O}{\overset{\|}{C}}-NH-CH_2-\underset{COONa}{\underset{|}{C}H}SO_3Na$）以及脂肪醇聚氧乙烯醚磺化琥珀酸单酯铵钠［$C_{12}H_{25}(CH_2CH_2O)_{1\sim3}COCH_2CH(SO_3Na)CH_2COONH_4$］等。当然，使泡沫稳定的一个有效办法是加入泡沫稳定剂。

（3）添加剂对泡沫稳定性的影响

为了提高泡沫的稳定性，常在表面活性剂中加入一些添加剂。例如十二烷基苯磺酸钠或十二烷基硫酸钠中加入少量十二酰二乙醇胺或者十二烷基二甲基氧化胺等，则可得到稳定性更好的泡沫。有一个熟悉的实例是经精制提纯的十二烷基硫酸钠起泡性和稳泡性都远低于其粗制品，原因即在于粗制品中含有一定量的杂质十二醇。分析此类添加剂的共同特征不难发现，稳泡添加剂的加入对表面活性剂溶液泡沫稳定性的影响机理涉及如下：

①可以降低混合表面活性剂溶液的CMC，从而使液膜本体相中的表面活性剂的活度降低，有利于表面吸附分子的横向迁移、修复作用，提高液膜的弹性，参见表3-17：

表3-17　稳泡添加剂对十二烷基苯磺酸钠水溶液的CMC和泡沫稳定性的影响

稳泡添加剂	CMC/(g/L)	ΔCMC/(g/L)	20 min后的泡沫体积/mL
无	0.59	0	18
十四醇	0.60	+0.01	12
辛酰胺	0.50	−0.09	17
正癸醇	0.41	−0.18	26
正辛基甘油醚	0.36	−0.23	32
十二烷基甘油醚	0.29	−0.30	32
正癸基甘油醚	0.33	−0.26	34
十二烷基硫酰胺	0.35	−0.24	40
十二烷基乙醇胺	0.31	−0.28	50

②可提高液膜表面混合吸附层的内聚力，提高液膜的表面黏度及机械强度，增加泡沫稳定性。此类稳泡添加剂通常为具有与表面活性剂相近碳数的直链烃基，水溶性差的极性有机物，例如一些$C_{12}\sim C_{16}$醇、胺以及酰胺类。其稳泡作用可能是由于它们与表面活性剂会形成分子间氢键作用而增加内聚的缘故，一般按以下顺序排列：

N-极性基取代的烷基酰胺＞烷基酰胺＞烷基硫酰醚＞烷基甘油醚＞烷基伯醇

常用的有脂肪酰胺乙醇（$C_{11\sim17}H_{23\sim35}CONHCH_2CH_2OH$）、脂肪酰二乙醇胺［$C_{11\sim17}H_{23\sim35}CON(CH_2CH_2OH)_2$］、聚氧乙烯脂肪酰醇胺［$C_{11\sim17}H_{25\sim35}CONH(CH_2CH_2O)_{5\sim25}H$］以及烷基二甲基氧化胺（$C_{12\sim18}H_{25\sim37}-\underset{CH_3}{\overset{CH_3}{N}}\rightarrow O$）等。

此外，高分子表面活性剂能提高泡沫液膜的黏度和弹性，也有很好的稳泡作用，例如天然高分子明胶、多糖及合成和半合成高分子的聚乙烯醇（PVA）、甲基纤维素及改性淀粉等。

此外，一些疏水性固体粉末，如石墨、煤粉等不易被水所润湿，在液膜表面形成固态膜，也能形成较稳定的泡沫。

3.泡沫在纺织中的应用

在纺织工业中，纤维、纱线及织物一般都采用浸渍或浸轧方法进行加工处理，许多水分散处理剂均有起泡性。近年来，人们越来越认为传统工艺耗水量大，生产效率低，带液率高，能耗成本大，而且还会造成严重的环境污染，是制约生产发展的一个瓶颈问题，因此，各种节水方案应运而生。有人利用各种处理剂的起泡性，获得半稳定性泡沫，并将含有处理剂的泡沫均匀地在织物表面溃液，达到处理之功效。由于泡沫处理剂的带液率仅为浸轧工艺的15%～30%，所以不仅节水减排，而且降能增速，是替代传统工艺的一种极具发展潜力的新工艺。除了发泡装置、施泡设备外，起泡剂的选取也极为关键。

（1）纺织泡沫加工

①泡沫上浆：即以泡沫为介质对经纱进行上浆的新工艺。黏附于经纱的泡沫浆经过压

浆辊使泡沫破裂，浆料均匀分布于纱线上。泡沫上浆由于浆料更多地留在纱线表面，所以毛羽少，织造率更高，易退浆，有利于提高车速。大多数浆料都具有起泡作用，因此，可以降低泡沫剂用量。有些化学浆料，如部分酰化的PVA浆料本身就具有相当好的泡沫作用，无需加任何助剂。

②泡沫处理：包括丝光、增白等泡沫处理工艺，通过在处理液中加入泡沫剂和增稠剂以提高泡沫处理液的稳定性。通常棉或涤/棉处理液往往偏碱性，所以必须选择耐碱性泡沫剂和增稠剂。

③泡沫染色：与常规染色相比其最大特点是可显著降低各种助剂（如盐、碱和染料）的用量，减少染料泳移。由于作为泡沫剂的表面活性剂同时具有分散作用，所以，利用泡沫染色法进行还原染料悬浮体染色，可使悬浮体均匀分布，提高悬浮体染色的匀染性。而且，对织物的染色摩擦牢度、汗渍牢度、水洗牢度以及日晒牢度基本无影响。但泡沫染色存在匀染问题，主要因素如下。

a. 与染料本身的特性有关，染料的直接性越高，匀染性越差；反之亦然。

b. 与泡沫施加的稳定性有关，是主要因素之一。

c. 与泡沫稳定性有关，稳定性太差，泡沫在通过轧辊前已破裂，不仅会增加带液量，而且也会引起带液不匀；反之，稳定性太好则经过轧辊仍有部分泡沫未破裂，再经蒸箱后会产生泡沫圈，影响品质。

④泡沫印花：泡沫印花是20世纪80年代发展起来的印染新技术，最早用于地毯印花。利用携载染料或涂料及各种助剂的泡沫均匀覆盖于织物表面，可通过较低给湿量完成印花过程，达到节省能源、染化料，甚至改善织物手感之目的。影响泡沫印花的因素除了要求泡沫尺寸均匀，稳定性适中外，还要求泡沫直径在8μm左右，泡沫润湿性较好，溃液后能均匀渗透到纤维内部。泡沫的润湿性主要与泡沫剂的性能及用量有关。

⑤泡沫整理：例如棉织物的抗皱、拒水拒油、抗菌、抗紫外线、抗静电等功能性整理都可利用其自身起泡性，添加少量表面活性剂以提高其泡沫稳定性，从而达到泡沫整理的目的。使用泡沫整理方法比常规浸轧法可节省树脂及助剂用量约10%～30%，而且，也可改善织物手感。由于泡沫在织物表面可单面施加，所以，泡沫整理可单独单面进行，从而避免整理剂之间的相互干扰、影响，得到正反面不同功能，甚至多功能织物。

（2）常用泡沫剂和泡沫稳定剂

①泡沫剂：用于纺织泡沫加工泡沫剂的种类很多，主要有阴离子型和非离子型两类。阴离子型包括十二烷基硫酸钠和十六烷基磺酸钠等，非离子型包括C_{11}～C_{15}直链仲醇、C_{11}～C_{16}直链伯醇和C_8～C_{12}烷基酚等聚氧乙烯醚。非离子型泡沫剂与阴离子型泡沫剂相比，起泡性好，润湿性也好，泡沫稳定性则差些。但考虑到非离子型泡沫剂与各种助剂的配伍性及其对金属盐的稳定性，有些场合选用非离子型泡沫剂。特别是有阳离子型整理剂时，阴离子型泡沫剂可能失效，此时，只能采用非离子型，或阳离子型表面活性剂，例如烷基叔胺、季铵盐及其衍生物。

②泡沫稳定剂：较常用的是羟乙基纤维素、甲基纤维素和多糖酸。特别是羟乙基纤维素，由于是非离子型，故能与大多数阴、阳离子整理剂配伍，金属盐催化剂不会干扰其作用。实际应用时，将羟乙基纤维素与十二醇复配，可大大提高泡沫稳定性。

三、消泡作用

在许多生产过程中需要形成稳定泡沫，但泡沫存在会造成极大困难甚至危害。例如染整、发酵、蒸馏、污水处理、造纸及其他一些有泡沫产生的生产过程，若不及时消泡，有时生产无法进行。如许多印染整理液在高速搅拌时都极易产生大量泡沫，妨碍生产进行，且泡沫给操作带来诸多麻烦降低产品质量。

消泡方法一般除了采用机械搅拌、高速离心及超声波等方法击碎泡沫，也可利用温度或压力变化破坏泡沫。例如提高温度可使液体黏度降低，表面弹性减小，同时液体蒸发加快，导致泡沫破裂。或反复加压、减压或减压、常压操作使液膜破裂，泡沫消失。但最常用的消泡方法是采用消泡剂。

1.消泡剂

（1）消泡剂的作用

①与泡沫剂发生化学反应或使之溶解，例如用脂肪酸皂类为泡沫剂的泡沫，加入无机酸或钙、镁盐可因产生不溶于水的脂肪酸或难溶盐使泡沫破裂。

②在泡沫中加入表面活性大，易被吸附，但本身不能形成坚固吸附膜的消泡剂。消泡剂顶替液膜内原有的泡沫剂分子，造成泡沫破坏。或在液面上迅速铺展，带走表面下的薄层液体，使液膜减薄至破裂。例如一些短碳链醇或醚，表面活性高，能起顶替作用，但不能形成坚固的膜。$n-C_3F_7CH_2OH$ 能在十二烷基硫酸钠溶液膜表面迅速铺展，带走次表面层液体使液膜变薄，直至破裂。

③降低液膜表面黏度，使排液加快，导致泡沫破裂。例如磷酸三丁酯分子截面积大，渗入液膜后介入原有泡沫剂分子间，使其相互作用力减弱，使液膜表面黏度大幅下降，泡沫变得不稳定而易破裂。

④使液膜失去表面弹性或表面自修复能力。例如聚醚非离子型表面活性剂本身不能形成坚固吸附膜，其扩散及吸附到界面速度很快，使液膜变薄处难以实现表面张力修复，泡沫稳定性降低。又如长链脂肪酸的钙盐可形成脆性的固态膜，当其部分或全部取代液膜内泡沫剂分子时，使膜失去弹性。当然，若少量钙皂可与泡沫剂形成紧密混合膜则没有消泡作用。

⑤降低液膜表面双电层的斥力。对于离子型表面活性剂作为泡沫剂产生的泡沫，增加电解质浓度压缩扩散双电层有利于消泡。

（2）消泡剂的类型

根据经验，消泡剂往往是一些在溶液中不溶或微溶的物质，常用水溶液消泡剂为 $HLB<3$ 的油溶性表面活性剂。

①按结构分为：

a.油脂类：即高级脂肪酸及其甘油酯和高级脂肪醇酯。主要包括天然动植物油脂，例如玉米油、豆油、棉籽油、蓖麻油、猪油、牛羊油等；各种天然动植物蜡，例如棕榈蜡、蜂蜡和鲸蜡等；及改性天然油脂，例如油酸、硬脂酸、改性羊毛脂等。

b.低级醇类：即低级或中级醇，特别是带支链的醇，例如乙醇、α-乙基乙醇、异辛醇、二异丁基甲醇等。

c.非离子型表面活性剂类：即多元醇脂肪酸酯，例如硬脂酸乙二醇酯、硬脂酸丙三醇酯等;聚醚,例如,聚氧乙烯醚、聚氧丙基甘油醚、聚氧丙烯聚氧乙烯嵌段共聚物等。

d.酰胺类:聚酰胺、二硬脂酸乙二胺等。

e.有机硅化合物类:聚硅氧烷类,其结构如下:

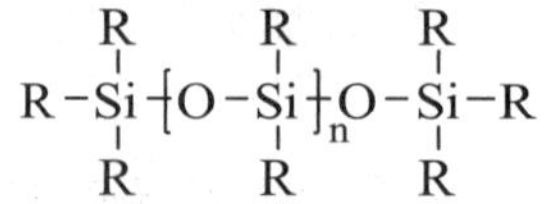

其中n值为数十至数百,R多为甲基,即聚二甲基硅氧烷为最常用的消泡剂,有时R也可部分为乙基、羟基、氰基或三氟丙基等的聚硅氧烷。聚硅氧烷的作用是在液面上铺展而不形成坚固表面膜。它既可用于水溶液,也可用于非水系统,如油剂的消泡作用。

f.其他:例如全氟化合物常用于油剂等非水系统的消泡。长链脂肪钙(或镁、铝)皂也是有效的消泡剂。表面疏水性的微粒,例如经过表面疏水性处理的SiO_2、TiO_2、膨润土、硅藻土、滑石粉、活性白土、脂肪酰胺及重金属皂等微粒,其作用是吸附泡沫剂脱离液膜而破泡。

②按消泡作用分:可分为破泡剂和抑泡剂两类。

a.破泡剂:是加到已形成的泡沫中使泡沫破裂的添加剂,如天然油类、低级醇类、非离子型表面活性剂中的脂肪酸多元醇酯和聚氧乙烯醚酯等。

b.抑泡剂:是起泡前预先加入阻止起泡的添加剂,如聚醚及有机硅类。在有些场合,这两类消泡剂有叠加作用,其混合物显示良好消泡性能。

使用几种消泡剂混合物常会产生协同效应,可使消泡效率大增。有些不溶于水或亲水性差的消泡剂可加润湿剂或乳化剂,或先溶于有机溶剂再加入水中,使其很好地在水中分散,以提高其消泡效率。

2.影响消泡剂效果的因素

(1)消泡剂性质的影响

根据Ross假设,在溶液中溶解状态的溶质往往是稳泡剂,而不溶解状态的溶质,且当其铺展系数S和浸入系数E都为正值时,则为消泡剂。铺展系数和浸入系数的计算式分别为(3-40)与(3-41):

$$S=\gamma_{LG}-\gamma_{AL}-\gamma_{AG} \tag{3-40}$$

$$E=\gamma_{LG}+\gamma_{AL}+\gamma_{AG} \tag{3-41}$$

式中:γ_{LG}、γ_{AL}和γ_{AG}分别为液膜溶液的表面张力、消泡剂与液膜溶液的界面张力及消泡剂的表面张力。Ross认为不溶性消泡剂才能形成分子团以小滴的形式浸入液膜中,然后在泡沫液膜上铺展,使液膜局部变薄而断裂,导致气泡合并或破灭。虽然研究发现消泡剂并非绝对不溶,但该理论仍具重要性。

(2)泡沫剂性质的影响

在不同泡沫液中,同一种消泡剂的消泡效果有时差异很大。例如聚二甲基硅氧烷是一种高效消泡剂,但在烷基苯磺酸盐的水溶液中并无消泡作用。这除了与泡沫溶液的组成、黏度、湿度及pH值有关外,一般还与以下因素有关。

①泡沫剂CMC的影响:当泡沫剂浓度超过CMC时,溶液产生胶束,亲油的消泡剂可能被增溶至胶束,其增溶容量随泡沫剂浓度增加而增加,因此削弱消泡作用。泡沫剂的增溶作

用与消泡剂本身的分子结构有关，通常疏水基化学结构越相似，增溶容量越大，消泡效果则越差。反之则对消泡作用影响较小。研究发现，增溶了消泡剂的泡沫溶液，其动态表面张力随时间变化很快，故一旦液膜受环境扰动而表面张力变大时，会迅速恢复至平衡值，不利于表面张力修复作用，泡沫稳定性继续降低。

②表面电荷的影响：若泡沫剂为离子型表面活性剂，则不仅吸附于液膜表面，也能吸附于消泡剂微滴表面，使消泡剂微滴与气泡液膜带同种电荷。从而在相互靠近时产生电斥力阻止微滴与气泡接触，降低消泡剂的消泡效果。研究表明，在十二烷基硫酸钠（AS）水溶液中加入160 mg/kg有机硅消泡剂，则消泡剂微滴的ζ电位绝对值随AS浓度增加而增加，当$|\zeta|<50$ mV时，消泡效果明显较好。浓度继续增加时，消泡剂微滴的$|\zeta|$剧增，消泡效果则剧减。这主要是表面电荷阻止消泡剂微滴与泡沫液膜接触致使效果降低。

3.消泡剂在纺织中的应用

消泡是传统纺织工艺的重要工艺手段，例如合成纤维上油工艺、经纱上浆工艺及许多印染整理工艺都需要消泡。纺织工业中常用的消泡剂，有聚硅氧烷和有机类及其复配物。

（1）聚硅氧烷消泡剂

聚硅氧烷消泡剂为高效消泡剂，在纺织加工中主要有硅油、改性硅油、相对分子质量不同的混合硅油的O/W型乳状液。通常在合成纤维油剂中添加0.02 wt.%～0.04wt.%的二甲基硅油消泡乳液即可。为了提高硅油的消泡效果，常常采用硅油和无机填料（如SiO_2、Al_2O_3等）复配物。最近，一些二甲基硅氧烷与烯烃环氧化合物共聚物、聚氧乙烯醚聚硅氧烷共聚物及聚硅氧烷聚醚嵌段共聚物等新型聚硅氧烷消泡剂被陆续开发，这类产品在pH值=2～14范围内及高温、高电解质浓度下都能稳定有效，拓宽了聚硅氧烷消泡剂的适用范围。

（2）有机消泡剂

有机消泡剂即不含硅的有机醇、醚、酸及其酯、油脂、磷酸酯，聚醚类消泡剂及其复配的混合消泡剂。这类消泡剂的最大特点是不会像常规硅氧烷那样，使用后造成织物表面硅斑，而且对织物还具有渗透、缓染、匀染和洗涤等多种作用，可作为多功能助剂使用。

第六节　表面活性剂的洗涤作用及测试

洗涤作用是表面活性剂的基本特征。这一特征使其应用最早，涉及范围最广，在工农业生产及人类日常生活中具有重大实用意义。实际上，洗涤作用除了表面活性剂的表面活性作用外，还包括助剂的化学作用、酶制剂的生化作用、设备的机械作用与其他作用的综合效果，所以洗涤是一个复杂过程。

一、洗涤过程与表面活性剂的洗涤机理

1.洗涤过程

（1）洗涤的基本要素

撇开机械作用的影响，每一个洗涤过程包括三个基本要素。

①基质：即洗涤对象，一般分为硬表面基质（如具有致密、坚硬质地的玻璃、金属等物质）和软表面基质（如柔软、具有多孔结构的纤维和织物等）。

②污垢：即清除对象，包括液体（油性）污垢（如油脂、脂肪酸、醇和胺等）和固体污垢（如尘埃、金属氧化物及难溶盐和炭黑等微粒）及其混合物。此外，还有一些如淀粉、多糖、蛋白

质、无机盐等能渗透并吸附于织物上的其他污垢。

③洗浴:包括洗涤剂和各种洗涤助剂的溶液。洗浴的溶剂一般指水,干洗的溶剂往往是烃类。

(2)污垢与基质表面的四种结合力

①机械结合力:指固体污垢微粒黏附于基质凹陷处或织物的网结构内产生的结合力,随污垢粒径减小,结合力增大,当粒径小于0.1μm时,难以去除。

②静电结合力:基质与固体污垢在固/水界面上都可能带电,例如羊毛、棉在中性水溶液中带负电荷,而无定形炭黑或氧化铁则带正电荷,会产生静电结合力。即使基质与污垢带同种负电荷,往往也可通过多价金属离子作为阳离子桥相互吸引(图3-36)。

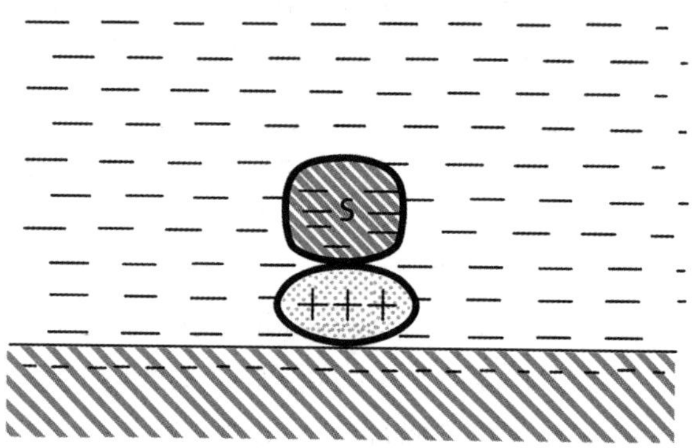

图3-36　多价金属离子的阳离子架桥作用

③化学结合力:存在于极性污垢、黏土、脂肪酸、蛋白质等与基质上的羟基、羧基、氨基等极性基形成的氢键或离子键。一旦该化学键形成,就很难用通常的洗涤方法去除。

④范德华作用力:存在于一切基质和污垢之间,表现在极性与极性,极性与非极性,以及非极性与非极性之间的相互作用。符合相似相吸原理,例如疏水性基质(如聚酯、聚丙烯等)与非极性污垢的结合力往往比极性污垢更大;而在亲水性基质(如羊毛、棉布等)上,则极性污垢比非极性污垢更难去除。由于此洗涤系统的多样性,不可避免地造成了洗涤机理的复杂性。

(3)表面活性剂在洗涤过程中的作用

表面活性剂在洗涤过程中具有如下作用:

①界面吸附作用,降低界面张力,增加固体表面的润湿性。

②借助机械力及其他作用,将污垢从基质表面去除。

③利用其增溶、乳化、分散等作用,防止再沾污。

润湿是洗涤的第一步,而评价基质在洗浴中的润湿性应看洗浴能否在其表面自动铺展,故铺展系数可作为基质润湿性的一个指标。由于液体污垢和固体污垢的物理化学性质不完全一样,所以其洗涤机理也不相同。洗涤介质不同,其洗涤机理也不同。

2.水介质中的洗涤机理

(1)液体(油性)污垢的洗涤

①润湿作用:评价沾有油污的基质在洗浴中的润湿性,可以采用洗浴取代油污在基质表面的铺展系数(图3-37):

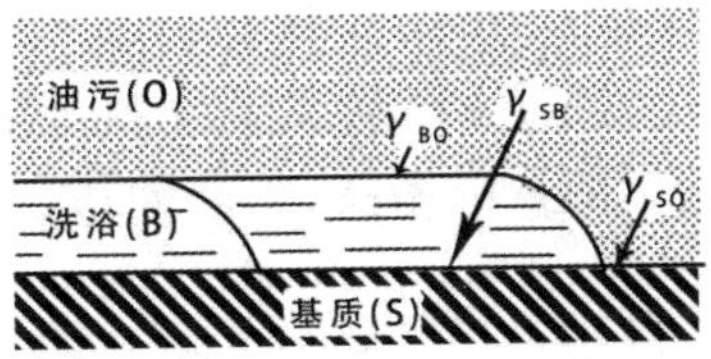

图3-37　洗浴在油污/基质界面上的铺展过程

此时，铺展系数如下式(3-42)计算

$$S_{BOS}=\gamma_{SO}-\gamma_{SB}-\gamma_{BO}>0 \quad (3-42)$$

式中：下标O表示液体污垢(油污)；γ_{SO}和γ_{BO}分别为基质/油污和洗浴/油污的界面张力。

只要表面活性剂在洗浴/油污和基质/洗浴界面上发生疏水基定向吸附，则γ_{BO}和γ_{SB}都会降低，达一定值时，$S_{BOS}>0$，即洗浴在基质表面取代油污的铺展可自发进行。

②液体污垢的卷落作用：一旦铺展自动发生，原来界面张力之间的平衡被打破，油污开始卷缩，并达到新的平衡(图3-38)。

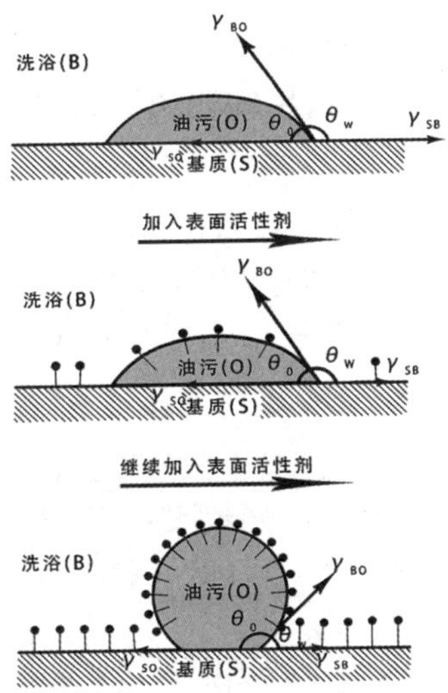

图3-38　液体油污的卷落过程

根据Young方程，各种界面张力与油污在基质/洗浴界面的接触角θ_0存在如下关系：

$$\cos\theta_0=(\gamma_{SO}-\gamma_{SB})/\gamma_{BO} \quad (3-43)$$

随着表面活性剂在界面上的疏水基定向吸附，降低了γ_{SB}，增大了θ_0值，油污在基质表面由润湿变为不润湿而卷缩。在极端情况下，θ_0达180°，油污卷缩为油珠而自动从基质表面完全脱落。若90°<θ_0<180°，则油污需要借助机械力才能完全清除。仅当θ_0<90°，则即使做机械功，仍会有少量油污残留于基质表面(图3-39)。

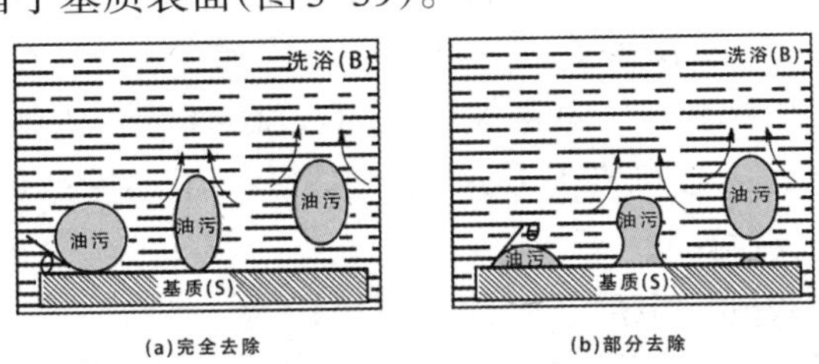

图3-39　在机械作用下油性污垢的去除机理

③防止再沾污作用：油珠在洗浴中的稳定分散方法有两种。

a.乳化：即借助表面功，利用表面活性剂在油污/洗浴之间的界面吸附，将油污分散在油浴中。乳液是一种热力学不稳定的分散系统，提高油污在洗浴中的分散稳定性与乳化剂的选择密切相关(参见第七章)。

b.溶解：首先是将油污增溶在胶束中，随着增溶量增加，可形成微乳液。微乳液与胶束增溶溶液不同在于，仅当油/水界面张力足够小，系统处于亲水亲油平衡时才能形成。微乳液溶解油污显然比乳化更有效，微乳液不仅热力学稳定，而且能在沾污原位直接自发溶解，对一些疏水性基质的去污更有利。

(2)固体污垢的洗涤

①固体污垢的润湿：与液体污垢一样，洗浴在固体污垢表面的铺展系数为：

$$S_{BP}=\gamma_{PG}-\gamma_{PB}-\gamma_{BG} \tag{3-44}$$

式中：下标P表示固体污垢；γ_{PG}为固体污垢的表面张力；γ_{PB}为固体污垢/洗浴的界面张力。同样，随着表面活性剂在界面上发生疏水基定向吸附，γ_{SB}、γ_{PB}和γ_{BG}都降低，S_{BS}和S_{BP}大于零。基质与固体污垢在洗浴中自动润湿。

假如将固体污垢当作液体污垢，并借用铺展的概念，那么洗浴取代固体污垢在基质表面的铺展系数也可以表示为：

$$S_{BPS}=\gamma_{SP}-\gamma_{SB}-\gamma_{PB}>0 \tag{3-45}$$

若表面活性剂在基质/洗浴和固体污垢/洗浴界面疏水基定向吸附，则γ_{SB}和γ_{SP}都降低，$S_{BPS}>0$，洗浴在基质表面取代固体污垢的铺展也能自动发生，即基质与固体污垢之间被洗浴渗入而润湿(图3-40)。

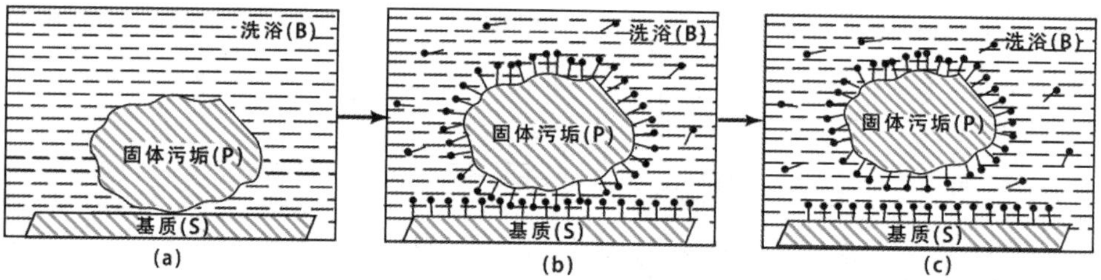

图3-40 固体污垢的去除机理

上述过程也可看作洗浴在固体污垢和基质界面间微隙的毛细管渗透，根据Laplace公式，驱动渗透的附加压力为：

$$\Delta P=\frac{\gamma_{BG}\cos\theta}{R}=\frac{\gamma_{SB}-\gamma_{SG}}{R} \tag{3-46}$$

式中：R为毛细管的有效半径。随着γ_{BG}和γ_{SB}的降低，洗浴在基质和固体污垢表面的接触角θ减小至90°以下，$\Delta P>0$，洗浴渗透进入微隙。

②固体污垢的撬离：由于基质与固体污垢之间被洗浴润湿，固体污垢对基质的结合力会因此降低。而且，导致表面活性剂在基质/洗浴和固体污垢/洗浴界面发生疏水基定向吸附[见图3-40(b)]，从而产生两种排斥力：

a.离子型表面活性剂吸附双电层产生的静电排斥力；

b.非离子型表面活性剂亲水链及其水化层产生的立体排斥力。

这些排斥力会使固体污垢进一步从基质表面脱离，借助机械力或直接与基质分离。

③防止再沾污：固体污垢被撬离基质表面后，还可能再沾污。它在洗浴中的稳定分散与固体污垢及基质间的位能曲线有关（图3-41）。图中A态为吸附态，B态为过渡态，而C态为分散状态。$E_{去污}$表示去污活化能，是固体污垢由吸附态到分散状态必须逾越的能垒，表面活性剂定向吸附后的静电和立体排斥能大于$E_{去污}$时，固体污垢被撬离。$E_{再沾}$表示再沾污活化能，而吸附在基质/洗浴和固体污垢/洗浴界面上表面活性剂的电能垒和立体能垒越大，$E_{再沾}$则越大，固体污垢从洗浴再沾污于基质表面则越难，污垢的热动能远小于$E_{再沾}$时，固体污垢在洗浴中的分散处于稳定状态。

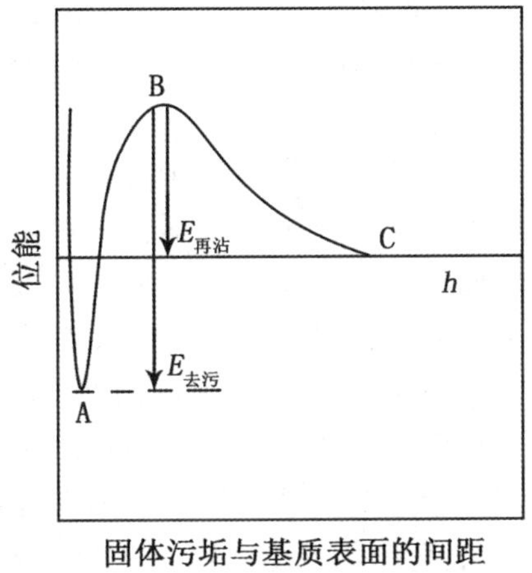

图3-41　固体污垢的去除和再沾污的位能曲线

3.非水介质中的洗涤（干洗）机理

所谓非水介质主要是轻质烃类及其衍生物，例如正癸烷、1，3-二乙基环已烷、1，2，4-三甲基苯以及四氯化碳、三氯乙烯和四氯乙烯等。最近，由于环境问题，氯化烃的应用受到质疑，已有人采用绿色环保的二氧化碳超临界流体作为洗涤介质。干洗主要用于织物洗涤，例如羊毛和真丝织物干洗后，可避免水洗造成的衣物毡缩、变形及手感变差等问题。

衣物上的污垢分为油溶、水溶和油水均不溶三种。油溶性污垢一般经烃类介质分散、溶解即可去除。而亲水性污垢的去除还需借助表面活性剂和少量水。在有机介质中，一些亲水性的液体污垢往往被表面活性剂的反胶束增溶。而极性固体污垢，例如金属氧化物、尘土等，通过氢键、离子键及极性相互作用与表面活性剂的亲水基结合在一起，疏水基指向连续相形成立体能垒，使固体污垢稳定分散，避免在织物表面再沾污。少量水的存在，可促使织物和极性固体污垢表面水化，有利于上述吸附的发生。当然，干洗用表面活性剂的先决条件是能溶于有机溶剂。

二、洗涤作用的影响因素及洗涤剂

1.影响表面活性剂洗涤作用的因素

如前所述，表面活性剂的洗涤作用实际上是其在洗涤过程中发生的润湿、增溶、乳化及分散等作用的综合效果，润湿作用是洗涤过程的前提。所以，影响表面活性剂洗涤作用的因素较复杂，它不仅和表面活性剂浓度、类型、结构有关，还与基质和污垢的性质密切相关。

（1）表面活性剂对洗涤作用的影响

①浓度：若表面活性剂水溶液能够润湿基质和污垢，随着洗浴中表面活性剂浓度的增加，洗涤效果增大。当$C_{表面活性剂}$>CMC后，洗涤效果最佳。此时表面活性剂在基质和污垢表面吸附已达饱和，在本体相形成了大量胶束，有利于洗涤过程中的润湿、增溶、乳化和分散作用，从而提高洗涤性能。并非所有表面活性剂的界面吸附都能提高基质和污垢表面的润湿性，表面活性剂在界面上的吸附取向最为关键，与其分子结构密切相关。

②亲水基：在水介质中，基质和污垢表面一般带负电荷，阴离子型表面活性剂在固/液界面发生疏水基定向吸附，从而改善基质和污垢的润湿性，提高洗涤效果。聚氧乙烯醚非离子型表面活性剂由于其CMC小，表面活性大，防止再沾污的能力强，所以在较低浓度下的洗涤性能优于离子型表面活性剂，特别是对疏水性基质和污垢尤为有效。但是，在含有烃基、氨基等易发生氢键吸附的基质和污垢表面则相反，由于降低其润湿性，洗涤性能反而不如阴离子型表面活性剂。

阳离子型表面活性剂易与负电荷表面发生离子对位和交换吸附，大大提高固体表面的疏水性不利洗涤。虽然大量加入了阳离子型表面活性剂可通过第二层疏水相互作用吸附，重新润湿、分散，但水介质中表面活性剂浓度一旦降低，第二层的阳离子型表面活性剂极易脱附引起再沉积。通常阳离子型表面活性剂不适合用作洗涤剂。当然，固体表面在水介质中也可能带正电荷(例如酸性条件下的羊毛)，则表面活性剂的润湿作用正好相反。应注意，无论界面带何种电荷，两性离子型表面活性剂都能发生疏水基定向吸附，提高固体表面润湿性，但是两性离子型表面活性剂的CMC比非离子型表面活性剂的大，且价格比阳离子型表面活性剂还要高，一般用于附加值高的化妆品。由于其毒性和刺激性极小，特别适合用作小孩和老人的洗发剂。

③疏水基：亲水基会影响表面活性剂在界面上的定向吸附方向，而疏水基则影响其在界面上的吸附量。因此，疏水基的疏水性会影响洗涤效果。在水介质中，同为疏水基定向吸附表面活性剂的碳链越长者，洗涤效果越佳。但对离子型表面活性剂而言，碳链越长，其T_k越高。当洗涤温度低于T_k时，其在水中的溶解度大大降低，界面吸附性能反而削弱，洗涤效果降低。例如，图3-42是55℃下C_{10}增加到C_{18}各种烷基硫酸钠的洗涤曲线。由图可知，C_{18}和C_{16}在低浓度时就有洗涤作用了，而洗涤效果C_{18}最佳，C_{16}次之，C_{10}为最差。

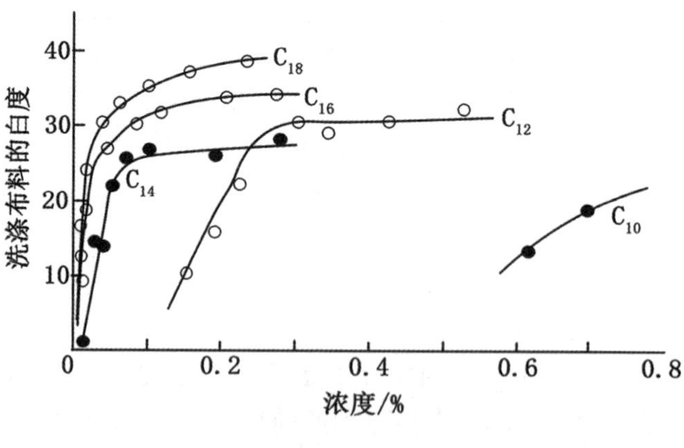

图3-42　55℃烷基硫酸钠的洗涤曲线

而脂肪酸钠则略有不同，在55℃下的洗涤曲线[图3-43(a)]中，洗涤浓度随碳链增长而减小，而洗涤效果则C_{16}最佳，C_{18}的洗涤效果低于C_{16}与C_{14}，这可能是十八烷基酸钠在55℃时溶解度较小，从而制约其界面吸附作用，洗涤效果下降。当温度降至38℃时[图3-43(b)]，长链脂肪酸钠的洗涤效果均降低，唯C_{12}在较高浓度时表现出较好的洗涤效果。这说明在表面活性剂同系物中，只要洗涤温度足够高(T_k之上)，其洗涤效果随表面活性剂的疏水基链长度增加而提高。由于洗涤作用是一种综合作用，所以，一些带支链的高效润湿剂的洗涤效果往往不如直链的同分异构体。

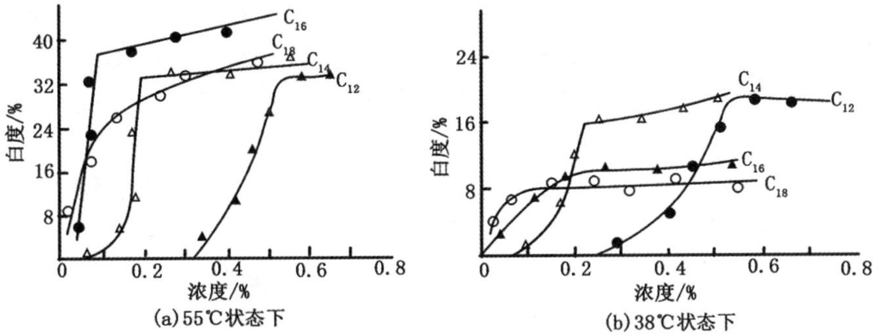

图3-43 不同温度下烷基羧酸钠的洗涤曲线

(2)基质和污垢的性质对洗涤作用的影响

一般表面活性剂在液体(油性)污垢/洗浴界面的吸附都是疏水基定向吸附，相比与基质/洗浴和固体污垢/洗浴界面的吸附要复杂，需要具体问题具体分析。如前，表面活性剂在固/液界面的吸附方式中，凡是有利于固体表面润湿且有利于分散稳定的吸附，同样有利于洗涤作用。故基质和污垢的组成，了解表面活性剂对基质和污垢的润湿、增溶、乳化及分散作用，对洗涤有指导意义。

①基质：基质可粗略分为两类，一类为疏水性基质，包括极性基质(例如聚酯、聚酰胺等)和非极性基质(例如聚乙烯、聚丙烯等)；另一类为亲水性基质(例如羊毛、棉等)。对于疏水性基质，由于聚氧乙烯醚非离子型表面活性剂的表面活性强，所以其去污能力比阴离子型表面活性剂好。但对于亲水性基质则不然，聚氧乙烯分子中大量的醚键会部分与基质表面的羟基、氨基形成氢键，使得基质表面润湿性下降，洗涤效果不如阴离子型表面活性剂。此现象可能在混合基质(例如聚酯/棉织物)也会发生，尽管聚氧乙烯醚非离子型表面活性剂的防再沾污能力优于阴离子型表面活性剂，但对于聚酯/棉织物的洗涤效果还是不如阴离子型表面活性剂。

②污垢：污垢一般分为油性和固体污垢两种。由于非离子型表面活性剂在油相的溶解度比阴离子型的高，降低油污/洗浴界面张力的能力越大，越有利于油污卷落。所以，聚氧乙烯醚非离子型表面活性剂去除油污和防止再沾污能力比阴离子型更佳。而对于固体污垢，由于阴离子型表面活性剂能在固/液界面形成电能垒，更有利于固体污垢的脱落和分散。

实际情况一般是油污和固体污垢的混合，经验表明阴离子型表面活性剂对疏水性基质(例如聚酯)上混合污垢的去除及防止再沾污能力优于聚氧乙烯醚非离子型表面活性剂；而对于亲水性基质(例如棉)则相反。

(3)添加剂对洗涤作用的影响

添加剂一般除了为提高某种作用而人为配置加入外，洗涤过程中的一些杂质，例如衣物汗渍中的NaCl、尿素、乳酸等，或直接采用自然界的硬水配制洗浴中的Ca^{2+}和Mg^{2+}等，不可避免也会影响洗涤效果。电解质提高离子型表面活性剂的吸附作用，但浓度过高则会压缩双电层，影响分散稳定性。而且，某些离子在难溶盐表面会因同离子吸附而使之带电，高价的金属离子则直接降低阴离子型的水溶性，从而影响洗涤剂的洗涤效果。尿素的存在则会削弱表面活性剂的表面活性，而一些有机酸会降低洗浴的pH值，影响洗涤效果。

（4）环境对洗涤作用的影响

①pH值：首先是基质和固体污垢的表面电荷及其电位。一般中性偏碱条件下的固/液界面带负电荷，有利于去污。此外，水介质的pH值一旦小于7，脂肪酸皂的水溶性下降，洗涤效果减弱。许多有机污垢为酸性，例如乳酸、脂肪酸等。故洗涤剂有必要将洗浴pH值调整在微碱性。

②温度：温度主要影响表面活性剂。对于离子型表面活性剂，一般希望洗涤温度足够高（例如$T_{洗涤}>T_k$），表面活性剂在水介质中能充分溶解，从而充分发挥其表面活性作用。非离子型表面活性剂在去除液体油污时，在其*PIT*附近洗涤效果最佳。当然，测定油污在洗浴中的*PIT*并不容易，但有经验规则。若油污分子比非离子型表面活性剂疏水链长，则洗浴*PIT*高于非离子型表面活性剂的浊点T_p15～30℃，反之亦然。例如织物上沾有机油，采用非离子型表面活性剂去污时的最佳温度应取其浊点以上20℃。若比非离子型表面活性剂疏水链短的油污，则应选择洗涤温度比T_p低15～30℃。若为混合油污，则洗涤温度须对应油污*PIT*的最高值，先去除高*PIT*油污，然后再降低温度去除低*PIT*油污。

2.洗涤剂的组成及配制

洗涤剂主要由表面活性剂和各种助剂配制而成。

（1）表面活性剂

由于基质和污垢在水中一般带负电荷，故在洗涤剂中用得最多的表面活性剂为阴离子型和非离子型表面活性剂，而阳离子型和两性离子型表面活性剂只在生产某些特殊类型或功能的洗涤剂时才应用。

①阴离子型表面活性剂：阴离子型表面活性剂在洗涤剂中的份额几乎占总量的一半，其中肥皂、烷基苯磺酸钠、烷基硫酸钠等尤多。

a.肥皂：常用于洗涤的肥皂一般为C_{12}～C_{18}饱和脂肪酸及油酸钠皂。钠皂为硬质肥皂，而钾皂为软质肥皂。其他有机碱皂，例如乙醇胺皂、环已胺皂等则可作为洗涤剂。由于碳链越长的脂肪酸皂T_k更高，其适宜的洗涤温度也更高。例如椰枣适宜在常温下使用，硬脂皂则适宜在70～80℃使用。温度对油酸皂降低表面张力的影响较小，因此可在较宽的温度范围内使用。肥皂的最大缺点是不耐硬水，且在酸性介质中会游离出脂肪酸，大大降低洗涤效果。

b.烷基苯磺酸盐：是产量最大、应用最广的阴离子表面活性剂，其中，十二烷基苯磺酸钠（LAS）是最常用的洗涤剂，不仅去污力高，起泡能力强，而且耐硬水性也较好。但当Ca^{2+}浓度超过300mg/kg时，洗净力会明显下降。

c.烷基磺酸钠：又称石油磺酸钠，国外商品名称为Mersolate（I.G.），国内称为601洗涤剂，化学结构式为RSO_3Na（R=C_{14}～C_{18}）。纺织印染行业中，常用烷基磺酸钠代替肥皂和太古油（土耳其红油）与碱剂合用，用作棉和维纶织物的煮练助剂，染色或印花后清洗浮色的冲洗剂。

其他用于洗涤的阴离子表面活性剂见表3-18。

表3-18　一些洗涤用阴离子表面活性剂

表面活性剂	特性	商品名	应用
N,N-油酰甲基牛磺酸钠 $C_{17}H_{33}CON(CH_3)CH_2CH_2SO_3Na$	生物可降解,在酸、碱性、硬水及氧化剂溶液中较稳定	209洗涤剂 Igepon T(I.G.)	羊毛、丝绸煮练
油酸乙酯磺酸钠 $C_{17}H_{33}COOCH_2CH_2SO_3Na$	耐硬水,分散力强,碱性中易分散	Igepon A	羊毛、涤纶
脂肪酸甲酯-α-磺酸钠 $C_{10\sim18}H_{21\sim37}CH(SO_3Na)-COOCH_3$	耐硬水,生物可降解,无毒,去污力强	MES	洗涤剂、洗衣粉
油酰氨基酸钠 $C_{17}H_{33}CONHR'(CONHR'')_nCOONa$	耐碱性,耐硬水,强酸中易分解,去污力中等	雷米邦A Lamepon A	羊毛、丝绸煮练、净洗
仲烷基硫酸钠	去污力一般,润湿渗透、起泡力强	梯波 Teepol	洗涤剂

②非离子型表面活性剂:非离子型表面活性剂有较好的洗净力,对油性污垢去污性良好,对合成纤维防止再沾污的能力强。耐硬水、耐高强度电解质的能力都较强。聚氧乙烯醚非离子型表面活性剂最大的优点是疏水基与亲水基可调,可通过调节EO数来适应各类基质,达到最佳洗净力。

a.聚氧乙烯烷基醇醚,通式:

$$RO(C_2H_4O)_nH \qquad R:C_{12}\sim C_{18};n\text{可调}$$

这类化合物具有高洗涤活性,表现在:较低的临界胶束浓度,这意味着在低浓度下仍有着高洗净力、强洗涤力和洗涤合成纤维时的抗污垢再沉积特性;此外,还具有良好的低温洗涤性,在常温下呈白色或淡黄色膏状物;溶于水具有乳化、净洗和润湿性。主要用于家电及工业洗涤剂和金属清洗剂。

b.聚氧乙烯烷基酚醚,通式:

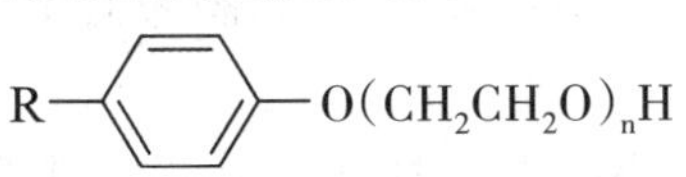

R:辛基、壬基和十二烷基;n可调

它们的特点是去除油污和脂肪的能力强。代表产品为OP系列、OPE系列和SOPE系列。耐酸碱及抗硬水能力强,具有去污、润湿、乳化、分散和抗静电性能。常用作金属加工和工业净洗剂。

c.烷基糖苷(APG):烷基糖苷是一种新型非离子型表面活性剂。烷基糖苷是由糖的半缩醛羟基与醇羟基,在酸等催化下脱去一分子水生成的产物。一般称为烷基多聚糖苷(Alkyl Polyglycoside,APG)或烷基糖苷。烷基糖苷是α和β异构体的混合物。结构式:

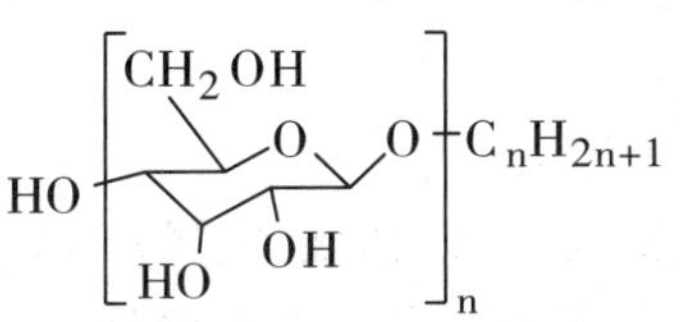

n=10~12

R为$C_6 \sim C_{12}$时适于作洗涤剂。

APG有较高的界面活性，无浊点，具有高温稳定性。有优良的洗涤性，强的起泡性、润湿乳化性及分散稳定性。APG的突出优点是其毒性、对皮肤刺激性、生物可降解性均优于现存表面活性剂。因此，它正受到洗涤业、化妆业、食品加工业及制药业等众多领域的特殊青睐。鉴于其不漂洗、无斑痕的特性，特别适宜做餐具洗涤剂、瓶洗剂等。

（2）助洗剂

助洗剂可协助表面活性剂提高洗涤作用，分为有机型和无机型两类。

①有机型助洗剂：一般有三种作用。

a. 碱性缓冲作用，维持洗浴的pH值≥7。

b. 高价金属离子的螯合作用，软化水。

c. 固体污垢的分散作用，防止再沉积。

常用的有机型助洗剂有三聚磷酸钠（STPP）、丙烯酸和马来酸的低聚物等。前者虽助洗效果佳，由于其含磷，造成江河湖泊的富营养化，导致蓝藻泛滥造成环境污染，自20世纪70年代已被逐渐禁用。聚合物助洗剂的各项指标稍逊于STPP，虽不会造成富营养化，但其生物可降解性不佳。

②无机型助洗剂：

a. 常用的无机盐有碳酸钠、硅酸钠等：它们的首要作用是增加洗浴的pH值，使基质和污垢尽可能带负电荷，有利洗涤。其次是与洗浴中钙、镁离子反应生成难溶盐，从而软化水。硅酸钠具有良好的润湿和乳化性能，缺点是碱性过强，适用于硬表面的碱性洗涤剂。

b. 合成沸石[$Na_2O \cdot Al_2O_3) \cdot mSiO_2 \cdot nH_2O$]：又称为4Å型分子筛，是一种绿色助洗剂。其助洗机理是通过离子交换将沸石中的Na^+取代洗浴中的Ca^{2+}和Mg^{2+}，实现软化水之目的，通过与污垢共沉淀来防止再沾污的。虽然，其离子交换速率偏小，但依然是目前STPP最佳替代品。由于沸石没有碱缓冲作用，所以，最好与其他助洗剂配合使用。

（3）酶制剂

酶是一种生物催化剂。洗涤剂中添加酶旨在去除表面活性剂难以去除的污垢。

①蛋白质酶：将基质上如牛奶渍、蛋液、肉汤等蛋白质污垢水解为低聚肽后，再经水洗去除。

②脂肪酶：将基质上如人的皮脂、食物油渍等脂肪酸三甘油酯分解为甘油和脂肪酸。甘油易溶于水，而脂肪酸易被洗浴卷离去除。

③淀粉酶：将淀粉分解为易溶于水的糖类而去除。

④碱性纤维素酶：纤维素酶的作用机理不同，例如碱性纤维素酶能作用于棉纤维的非晶区，使纤维素分子与水组成的胶状结构软化，使得一些封闭在纤维素内的污垢溶出。可去除一般洗涤剂不能去除的、残留在织物上，使织物泛黄的污垢，可提高洗涤效果。

⑤其他酶制剂：棉织物精炼时，还需去除一定的果胶、木质素等，可借助相应的果胶酶、漆酶来水解去除。

（4）其他助剂

①漂白剂：织物表面一旦被含色素的汗渍，如咖啡、果汁、茶等污染，用通常的洗涤剂无法彻底去除，须借助化学漂白完成。所谓漂白实际上仅仅是通过漂白剂的氧化还原作用破

坏色素的发色或助色基团，使之褪色，得到表观去除的效果。常用的漂白剂有过硼酸钠、过碳酸钠等。

②荧光增白剂：采用荧光增白剂的目的应与漂白剂一样是为了提高织物的表观白度，但增白的机理不同。从光学角度讲，白光是七色光的复合光，而泛黄的污渍往往缺乏蓝光。荧光增白剂是一类吸收紫外光，发射出青蓝光的荧光染料，能在洗涤时直接吸附于织物表面。而织物表面荧光增白剂所发射的青蓝光正好与污渍的黄光互补，使织物泛白。荧光增白剂的种类很多，常用的是二苯乙烯三嗪型化合物，在国内洗衣粉中的用量仅为0.1%。

③其他：除此之外，还有柔软调理剂、泡沫以及填充剂等。

第七节　表面活性剂的增溶作用及测试

不溶解于水的物质，在不使用醇及其他溶剂的情况下，由于添加少量表面活性剂而透明溶解于水的现象称为增溶（Solubilization）。例如，苯虽然通常不溶于水，但在100mL 0.3mol/L十六烷基羧酸钾水溶液中，可溶解约5g苯成为澄清溶液。这种溶解现象与存在有机溶剂而溶于水的情况不同。以苯为例，大量乙醇（或醋酸）的加入会使苯在水中的溶解度大大增加，这一般称为水溶助长作用。其原因在于，大量乙醇（或醋酸）的加入大大改变了溶剂性质。而在增溶作用中，表面活性剂的用量相当少，溶剂性质也无明显变化。增溶作用与乳化作用不同，后者是不溶液体分散于水中或另一液体中，形成热力学不稳定多相分散体系，而前者所形成的体系则是热力学稳定均相体系。在该体系中，起增溶作用的物质为增溶剂，即表面活性剂，被增溶的物质为增溶质。

增溶作用与溶液中胶束的形成有密切关系。在CMC之前并无增溶作用，只有在CMC以后增溶作用才明显表现出来。增溶质溶解量与表面活性剂溶液浓度关系如图3-44所示。该图表示一微溶物增溶于一表面活性剂水溶液中的情况。当其浓度小于CMC时，溶解度很小，且不随表面活性剂浓度而改变。在CMC以上则溶解度大为增加。这说明增溶作用为胶束现象，与表面活性剂在溶液中形成胶束有密切关系。

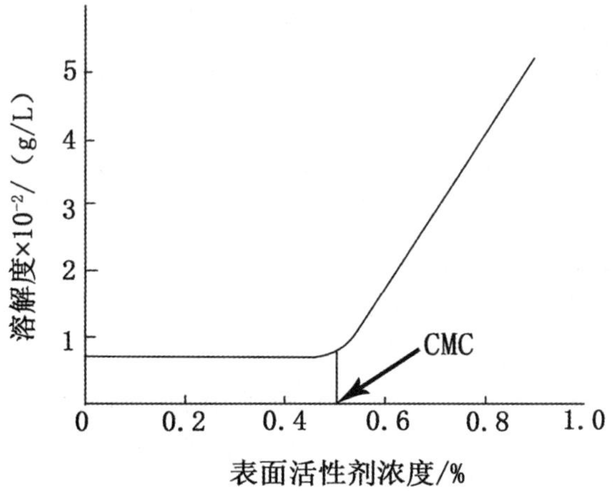

图3-44　α-硝基二苯胺在$C_{11}H_{23}COOK$水溶液中的溶解度曲线

一、增溶作用的机理及增溶容量

根据近代仪器分析法的研究，对于增溶作用中增溶质被增溶在胶束中的位置大致有如下四种：

（1）胶束内核；

（2）胶束中靠近极性基亚甲基定向排列而成的“栅栏”（Palisade）区；

（3）胶束的表面，即胶束与溶剂交界处；

（4）聚氧乙烯醚亲水基链之间。如图3-45所示为胶束增溶的四种方式。

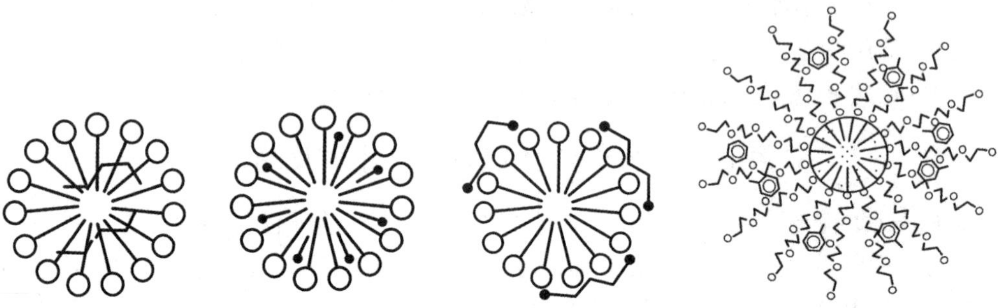

图3-45　胶束增溶的四种方式

1.增溶机理

（1）夹芯型增溶：增溶质的被增溶位置在胶束内核，研究表明胶束内核为液态烃。所以，饱和脂肪烃、环烷烃及其他不易极化的化合物，一般是被增溶于胶束内核中，就像溶于非极性碳氢化合物液体中一样[图3-45(a)]。这些物质增溶后的紫外光谱或核磁共振谱表明，它们完全处于一个非极性环境中。

（2）栅栏型增溶：即增溶质被增溶的位置在胶束内核的外部，与极性基相连的α-亚甲基之间，形成“栅栏”结构区。较长的极性分子，如长链醇、胺等，则增溶于胶束“栅栏”之间[图3-45(b)]，非极性碳氢链插入胶束内部，而极性头则混合于表面活性剂极性基之间，通过氢键或偶极子相互作用。当极性有机物的碳氢键较大（碳原子数较多）时，极性分子插入胶束的程度将增加，甚至极性头也将被带入胶束中。常见的增溶质为醇、胺等。

（3）吸附型增溶：即增溶质被吸附于胶束表面。此类增溶质往往是高分子或者多官能基的甘油、蔗糖以及一些染料。另外，一些油、水相都不溶的小分子，例如邻苯二甲酸二甲酯也属于此类[3-45(c)]。

（4）链间增溶：聚氧乙烯醚链间增溶是增溶质增溶于PEO链之间[3-45(d)]。此类增溶方式只存在于聚氧乙烯醚非离子型表面活性剂的胶束溶液，相应的增溶质有苯酚、苯胺等。

对于易极化的碳氢化合物，如短链芳香烃类（苯、乙苯等）在离子型表面活性剂胶束溶液中，开始增溶时可能被吸附增溶于胶束／水界面处，取代水分子并渗入胶束芯（内核）的外层。增溶量增多后则可能插入表面活性剂分子“栅栏”区，甚至可能更深地进入胶束内核。在季铵盐类表面活性剂胶束表面，易于发生此种情况，因为芳香烃的π电子易与阳离子胶束表面发生相互作用。在聚氧乙烯醚非离子型表面活性剂胶束溶液中，此类物质则增溶于聚氧乙烯醚链间亲水层中。

2.增溶容量

以上四类增溶方式都遵循“相似相溶”原则。对于指定表面活性剂的胶束溶液，各种增溶机理的增溶容量除与增溶质在各区域的溶解度有关，还与其区域的溶剂有关。一般聚氧乙烯醚非离子型表面活性剂的胶束溶液增溶容量存在以下顺序：聚氧乙烯醚链间增溶＞栅栏型增溶＞夹芯型增溶。而其他表面活性剂的胶束溶液则为栅栏型增溶＞夹芯型增溶＞吸附型增溶。

二、影响增溶作用的一些因素

因增溶作用在洗涤剂去除油污，与制备药物、化妆品及杀虫剂的配方中极为关键。人们曾进行了大量研究阐明增溶作用的大小除了与增溶质有关外，还与增溶剂（表面活性剂）的结构及胶束聚集数和数目大小有关（与表面活性剂CMC有关）。故前述影响CMC的各种因素，必然也影响增溶作用。

1.表面活性剂结构

对于增溶在胶束内部或栅状层深处的烃类及长链极性化合物，随胶束聚集数n的增加，增溶质的量通常也增加。因此，任何引起胶束直径或聚集数增加的因素，使这一类型增溶剂的增溶量也增加。由于聚集数随溶剂与表面活性剂间“不相似性”程度的增加而增加，表面活性剂憎水部分链长的增加，常使烃类在水介质中胶束内部的增溶量增加。

非离子型表面活性剂的增溶能力较强。具有相同亲油基的表面活性剂一般对烃类及极性有机物的增溶作用大小顺序为：非离子型表面活性剂＞阳离子表面活性剂＞阴离子表面活性剂。其原因是非离子型表面活性剂有较小的CMC，而阳离子表面活性剂则可能比阴离子表面活性剂有较疏松的胶束。

染料OB黄在$C_{12}H_{25}(OC_2H_4)_xOH(x=6\sim20)$水溶液中的增溶几乎不随聚氧乙烯链长而变化。其原因可能是尽管聚氧乙烯链增长有利于OB黄的增溶，但与此同时CMC增加，胶束聚集数降低，两种作用相互抵消。其他一些油溶性偶氮染料在非离子型表面活性剂水溶液中的增溶亦有相同情况。由于OB黄主要是增溶于胶束外壳的聚氧乙烯醚链中，因而无论是在$C_{12}H_{25}(OC_2H_4)_xSO_4^-Na^+$溶液或是在$C_{12}H_{25}(OC_2H_4)_xOH$溶液中，OB黄的增溶量皆大大超过烷基硫酸钠($C_8\sim C_{14}$)溶液中的增溶量。

2.增溶质的结构

增溶质脂肪烃与烷基芳烃被增溶的容量一般随其链长增加而减小。如烷烃的一个氢原子被极性基（如$-OH$或$-NH_2$等）所取代而变成极性有机物后，则被表面活性剂胶束溶液所增溶的容量大大增加。例如，正庚烷的一个氢原子被一个羟基取代成为正庚醇后，在十四酸钾水溶液中的增溶量有较大增加。在溶液浓度不大时，胶束是球状的，碳氢链深入胶束内部并不容易。所以靠近胶束/水界面的极性化合物比深入胶束内部非极性物的增溶程度要大。通常，增溶质的极性越小，碳氢链越长，增溶容量越低。

3.电解质的影响

离子型表面活性剂溶液中，加入少量中性电解质，可增加烃类的增溶量，但却降低增溶在栅状层外部极性化合物的数量。中性电解质的加入使离子型表面活性剂的CMC大为降低，并且使胶束聚集数增加，胶束变大；其结果增加了碳氢化合物的增溶量。另外，加入的中性电解质使胶束“栅栏”分子间的电斥力减弱，于是“栅栏”排列得更加紧密，从而减少了极性化合物增溶的可能位置，使极性有机物增溶量降低。

添加中性电解质至聚氧乙烯醚非离子型表面活性剂溶液中，在一定温度下，能增加烃类的增溶程度，其原因是添加电解质导致胶束聚集数增加。

4.不同类型有机物的影响

(1)异种类型增溶质相互促进:若在表面活性剂胶束中增溶非极性烃后,通常使极性化合物在这些胶束中的增溶容量增加。这是由于增溶烃引起胶束溶胀,使胶束在栅栏层中结合更多极性物质成为可能。另一方面,极性物质,例如长链醇、胺、硫醇及脂肪酸,增溶至表面活性剂胶束中,会使它们增加对烃类的增溶作用。极性化合物的链越长及形成氢键能力越低,那么增溶烃能力的增加就越大,表现为$RSH > RNH_2 > ROH$。

(2)同种类型的增溶质相互抵消:即在表面活性剂胶束中增溶某种烃后,会限制胶束增溶另一烃的能力。同样,两种极性有机物亦然。

5.温度的影响

温度对增溶作用的影响,因表面活性剂及增溶物的不同而各异。

对于离子型表面活性剂,温度升高会引起极性与非极性物的增溶量增加,其原因可能是热运动使胶束中能增溶的空间加大。

对于聚氧乙烯醚非离子型表面活性剂,温度增高时,聚氧乙烯醚链基的水化作用减小(与水结合的氢键发生破坏),较易形成胶束。聚集数变大,特别是当温度升至接近表面活性剂的浊点时,胶束聚集数剧增,这就使非极性碳氢化合物及卤代烷烃类的增溶程度有很大提高。

三、表面活性剂增溶作用的应用

表面活性剂胶束的增溶作用已在乳液聚合、石油生产、洗涤过程、染料分散、制药等各部门得到广泛应用。

有一种表面张力最低值现象曾经无法解释(第二章中图2-1曲线3的虚线部分)。即随着表面活性剂的加入,其水溶液的表面张力急剧降至某最低值,继续加入则表面张力略有回升,并趋于某值。因为存在$\frac{d\gamma}{dC}>0$的区域,所以此现象与Gibbs方程相违背。

研究证明,最低值现象归因于杂质。最典型的例子是十二烷基硫酸钠中往往存在极少量未反应的原料十二醇,由于十二醇使得混合膜的表面张力降至更低,但当表面活性剂溶液浓度大于其CMC时,本体相中开始形成胶束,此时十二醇会逐渐增溶于胶束之中而撤离表面,表面张力随之回升至十二烷基硫酸钠的γ值。一般经纯化后的十二烷基硫酸钠水溶液的表面张力曲线呈L型。

参考文献

[1]陆大年.表面活性剂化学及纺织助剂[M].北京:中国纺织出版社,2009.
[2]罗宗邦.《表面活性剂化学》[M].北京:化学工业出版社,2005.
[3]张祥瑞.纺织助剂[M].北京:中国纺织出版社,2005.
[4]李娟.《表面活性剂的绿色制备与应用》[M].北京:化学工业出版社,2013.
[5]张宝祥.《表面活性剂合成与应用》[M].上海:上海科学技术出版社,2010.
[6]陈平.《表面活性剂与界面化学》[M].武汉:武汉理工大学出版社,2007.
[7]刘建华.《现代表面活性剂学》[M].南京:南京大学出版社,2006.
[8]赵光灿.《表面活性剂化学与技术》[M].西安:西北工业大学出版社,2011.

[9]高松.《表面活性剂制备技术》[M].北京:化学工业出版社,2015.

[10]吴之铎.《表面活性剂应用技术手册》[M].北京:化学工业出版社,2008.

[11]黄焰.《表面活性剂原理及应用》[M].北京:中国轻工业出版社,2004.

[12]孟庆梧.《表面活性剂物理化学》[M].成都:四川大学出版社,2010.

[13] Broadbent, A. D. Basic Principles of Textile Coloration[M]. Bradford, Society of Dyers and Colourists,2001.

[14]Rosen,M.J.,& Kunjappu,J.T.Surfactants and Interfacial Phenomena[M].New Jersey,John Wiley & Sons,2012.

[15] Tadros, T. Applied Surfactants: Principles and Applications[M]. Weinheim, Wiley-VCH,2005.

[16] Holmberg, K., Jönsson, B., Kronberg, B., & Lindman, B. Surfactants and Polymers in Aqueous Solution[M].Chichester,John Wiley & Sons,2002.

第四章　纺丝用化学品

纺丝(spinning)又称化学纤维成型,是将高分子聚合物制成胶体溶液或熔化成熔体后经喷丝头细孔挤压成化学纤维的过程。纺丝是一种重要的化学纤维加工工艺,其成型方式主要有熔体纺丝、溶液纺丝和冻胶纺丝等。除常规熔体纺丝、溶液纺丝和冻胶纺丝方法外,为了使化学纤维具有特殊功效和织染性能,还有一些特殊纺丝方法,如:复合纤维纺丝法、异形纤维纺丝和着色纤维纺丝法等。在纺丝过程中,常需使用各种化学品来调整纤维性能,以达到理想纺丝效果。鉴此,纺丝化学品在化学纤维生产与制备过程中必不可少,它能调节化学纤维性能,赋予化学纤维平滑、集束、柔软等功能以得到性能优良的纱线、织物等纺织品。

第一节　纺丝用化学品的作用及机理

用于化学纤维的高分子聚合物在纺丝和后续加工过程中,丝条易滑落、散乱,造成毛丝、废丝。因此,在纺丝和卷绕筒管中一般需加入纺丝助剂,称为纺丝油剂或纺丝用化学品。上油旨在其表面形成一层油膜,提高纤维的平滑性、柔软性和抱合力,减少丝束的摩擦和静电产生,提高纺丝效率和质量,改善化学纤维自身成型和纺织加工性能。纺丝用化学品主要是高分子化合物,可直接取自于自然界,也可由低分子化合物经聚合而成。纺丝用化学品发展的驱动力是纺丝工艺、纺丝速度和纤维功能发展。其主组分包括抗静电剂、表面活性剂、润滑剂和乳化剂,副组分包括柔软剂、集束剂、抗菌剂、渗透剂、消泡剂、抗氧剂和pH值控制剂。

本节将分别围绕平滑剂、抗静电剂、抗氧化剂、消泡剂和润湿剂,并介绍其作用机理。

一、抗静电剂的作用及机理

各种化学纤维已成为人们服饰及装饰的主要基材。由于静电效应往往造成穿着不适或更为严重的静电放电问题。一般而言,吸湿性大的纤维带静电量少,而吸湿性小的纤维易带静电。纤维的吸湿性取决于纤维分子结构中是否含羟基(—OH)、羧基(—COOH)、酰胺基(—$CONH_2$)、胺基(—NH_2)等亲水基团,及这些基团含量,纤维本身的形态结构等因素。植物纤维和动物纤维分别含有大量的羟基(—OH)和酰胺基(—$CONH_2$),吸湿性比化学纤维好。化学纤维,特别是非极性化学纤维有严重的带电倾向。

根据抗静电剂使用方法的不同,可将其分为外涂覆、内添加和高分子永久型抗静电剂。外涂覆型抗静电剂是将抗静电剂溶于适当溶剂中,通过喷涂、浸渍等方法处理高分子材料制品,待溶剂挥发后在制品表面形成抗静电剂分子层。此类抗静电剂多系离子型表面活性剂,尤以阳离子型效果最佳。内添加型抗静电剂是将抗静电剂混配到树脂中并均匀分布,加工成型后,抗静电剂分子借助聚合物分子的链段运动向表面迁移,吸收空气中的水分,形成均匀导电层消除静电。当表面的抗静电层缺失或损坏时,内部的抗静电剂分子可继续向外迁移补充,故具有较持续的抗静电效果。高分子永久型抗静电剂属亲水性聚合物,当其和高分子基体共混后,一方面由于其分子链的运动能力较强,质子在分子间移动更加方便,通过离子的导电传导和释放产生静电荷；此外，由于其在制品表层形成层状或筋状的导电性表层，而在中心部分形成球状结构，即所谓的芯壳结构，以此为通路释放静电荷。

虽然添加各种抗静电剂后，高分子材料的表面性能均发生一定变化，如表面润滑性提高，表面摩擦系数降低，表面静电荷得到抑制和减少等，但不同类型的抗静电剂具有不同的作用机理。

1.外涂覆型抗静电剂的作用机理

采用抗静电剂溶液浸渍高分子材料时，其分子的亲油性基团植于树脂内部，使抗静电剂和塑料保持一定的相容性，而亲水性基团则在空气一侧取向排列，通过吸附空气中的水分子在材料表面形成一层均匀分布的导电溶液，或自身离子化传导表面电荷达到抗静电效果，如图4-1所示。

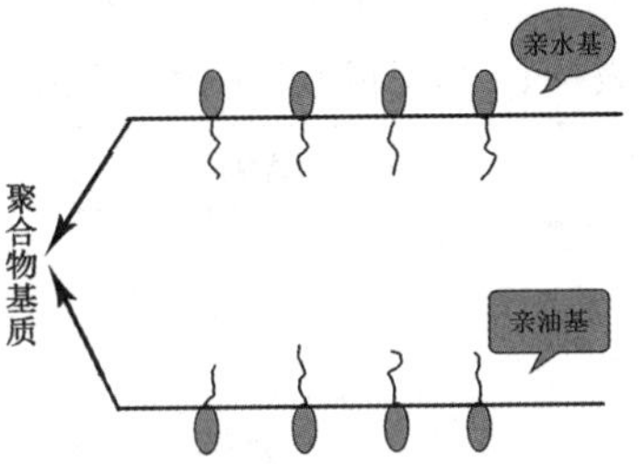

图4-1　外涂覆型抗静电剂的作用机理

2.内添加型抗静电剂的作用机理

对于添加外涂覆型抗静电剂的高分子材料，在加工和使用过程中，经过拉伸、摩擦和洗涤等会导致材料表面抗静电剂分子层缺损，抗静电性能也随之下降。而对于内添加抗静电剂的高分子材料，经过一段时间后，材料内部的抗静电剂分子又不断向表面迁移，使缺损部位得以恢复，重新显示出抗静电效果，如图4-2所示。

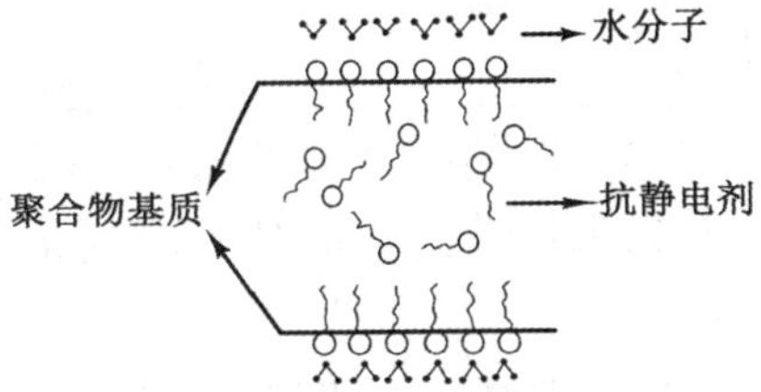

图4-2　内添加型抗静电剂的作用机理

3.高分子永久型抗静电剂的作用机理

类似于内添加型抗静电剂，高分子永久型抗静电剂采用与高分子基体共混方式改善高分子材料的表面抗静电性能。但不同的是，高分子永久型抗静电剂与高分子基体具有更好的相容性。在制品表面形成层状或筋状的导电性表层，而在中心部分形成了球状结构，即所谓的芯壳结构，有助于释放静电荷，提高表面抗静电性能。另外，高分子永久型抗静电剂以降低材料体积电阻率来达到抗静电效果，并非完全依赖表面吸水，因而受环境的湿度影响较小。

目前，纺织工业普遍采用的抗静电剂处理方法依然是以外涂覆法为主。所用抗静电剂一般分为织造用和后处理用两种，所用的抗静电剂，一般均属外部抗静电剂。

二、抗氧化剂的作用机理

抗氧化剂在聚合物体系中仅少量存在时，就可延缓或抑制聚合物氧化过程进行，从而阻止聚合物的老化并延长其使用寿命。一类为主抗氧化剂，阻止链的传递，如氢供体，自由基捕获剂，电子给予体等；另一类则是辅助抗氧化剂，防止游离基的产生，如变价金属离子钝化剂，过氧化氢分解剂。

抗氧化剂按作用不同分为3类，即主抗氧化剂、辅助抗氧化剂、碳自由基捕捉剂；按抗氧化剂化学结构可分为胺类、酚类、含硫、含磷化合物等。

1.胺类抗氧化剂的作用机理

胺类抗氧化剂是历史最悠久，用量最大，价格低廉，抗氧效能优异的抗氧化剂。主要对O_2、O_3、热、光、曲挠、铜害等防护突出。不过它具有一定的毒性、变色性、污染性，因此逐渐被淘汰。如表4-1所示，其代表产品有二芳基仲胺类、对苯二胺类、醛胺类缩合物等抗氧化剂。

表4-1 常见的几种胺类抗氧化剂

胺类	分子结构	产品
二芳基仲胺类	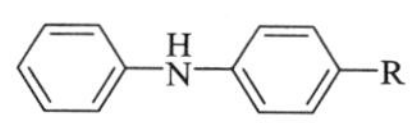	防老剂A、防老剂B
对苯二胺类	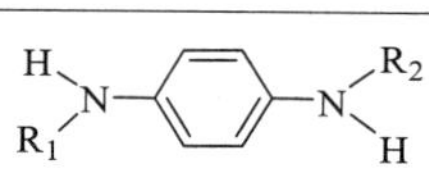	防老剂H、防老剂DNP
醛胺类	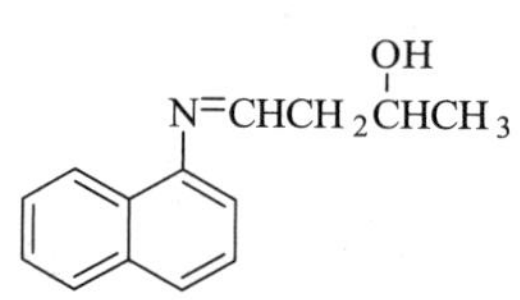	防老剂AP、防老剂AH
酮胺类	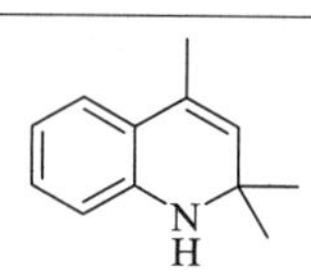	防老剂AW、防老剂BLE

胺类抗氧化剂反应机理(图4-3)：对伯胺和仲胺而言，在氨基上有活性H原子，自由基可夺取胺类化合物上的H，而自身失去活性。该情况下，H越活泼，反应越容易，脱H后的胺类化合物稳定性好。

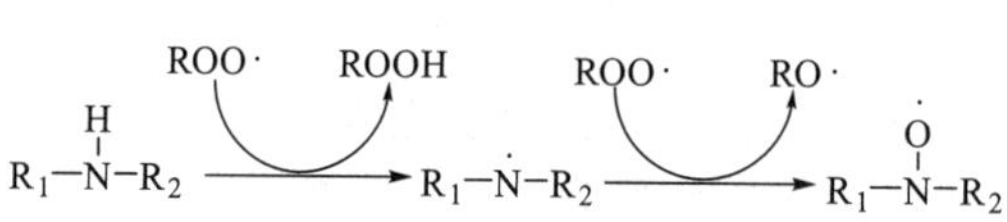

图4-3 胺类抗氧化剂反应机理

对于芳香胺而言，抗氧化机理如图4-4所示：

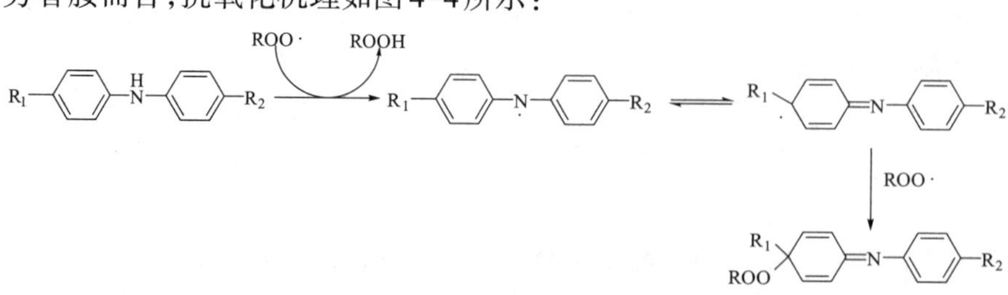

图4-4 芳香胺抗氧化反应机理(式中R、R_1、R_2均为烷烃)

2.酚类抗氧化剂的作用机理

抗氧化反应第一步（图4-5）：在一定条件下，过氧自由基从苯酚上夺取氢生成氢过氧化物和苯氧自由基，以阻断氧化反应的连锁反应，体现酚羟基的自由基捕获能力。

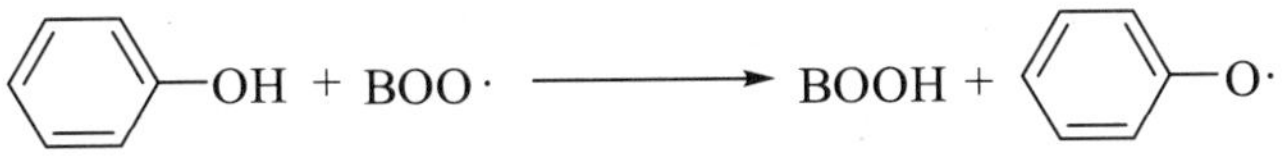

图4-5　酚类抗氧化剂作用机理第一步反应

抗氧化反应第二步（图4-6）：苯氧自由基与其余过氧自由基进行反应生成稳定产物，以消除自由基，该过程可有效抑制氧化反应进行。

图4-6　酚类抗氧化剂作用机理第二步反应

3.含有机硫、亚磷酸酯等辅助类抗氧化剂的作用机理

该类抗氧化剂受到人们的普遍重视。因其与硫酯类辅助抗氧化剂相比具有优良的耐变色性和无气味；与受阻胺光稳定剂、酚类主抗氧化剂复配具有协同效应。但硫酯却因与受阻胺光稳定剂并用有拮抗效应而在使用上受到限制。目前，国外已开发出具有高分子量的亚磷酸酯类产品，典型产品有Phosphite A等，其挥发性低、耐析出性高、耐久性高。研究人员将亚磷酸酯与酚类抗氧化剂复合使用，充分发挥协同作用。

抗氧化剂的作用是防止高分子材料老化，延长其使用寿命。作用机理包括：电子给予体机理、自由基捕获机理和氢过氧化物吸收机理等。目前广泛使用的抗氧化剂主要是受阻酚类抗氧剂（又有单酚类、双酚类和多酚类之分）。在聚丙烯材料中加入受阻酚类抗氧化剂，它易于提供质子，即：提供了更有利的反应形成酚氧自由基，使得聚合物相对稳定，不会进一步发生氧化。此外，受阻酚类抗氧化剂在给出氢原子后生成寿命较长的酚氧自由基ArO·。由于酚氧自由基与苯环处于共轭体系中，因而比较稳定，活性较低。同时它又具有再捕获自由基的能力，因此，再一次中止链反应。

三、润湿剂（渗透剂）的作用机理

润湿作用是液体在固体表面上的铺展。能使液体迅速均匀在固体表面上扩散展开或透入到固体内部的物质称为润湿剂，又称渗透剂。润湿和渗透作用往往同时产生。润湿、渗透作用的大小与表面活性剂的离子类型及其结构，如碳链长度、支链等因素有关。常用的阴离子型表面活性剂，有：磺基琥珀酸辛酯钠盐、十二烷基苯磺酸钠、月桂醇硫酸酯钠盐、烷基萘磺酸钠、油酸丁酯硫酸化物等；非离子型表面活性剂，有：壬基苯酚、辛基苯酚与环氧乙烷的缩合物以及碳链较短的脂肪醇与环氧乙烷的缩合物。

化学纤维的表面张力较低，不易被水润湿，须加入表面活性剂降低水的表面张力，以促进水对纤维的润湿，并向纤维内部渗透。用作润湿剂和渗透剂的主要有琥珀酸二辛酯磺酸钠和脂肪醇聚氧乙烯醚等阴离子和非离子型表面活性剂，具体使用情况见表4-2。纺织工业中用作润湿剂的表面活性剂主要为阴离子和非离子型表面活性剂，阳离子表面活性剂不太适合用作润湿剂。

表4-2　阴离子和非离子型表面活性剂作为润湿剂和渗透剂的应用

酸碱性	阴离子型	非离子型	应用工序
强碱性	分子量较小、在强碱性溶液中可溶解使用,含酯的不能使用	不能使用	丝光、聚酯纤维碱减量
碱性	可使用	多数可使用	一般煮练
近中性	可使用	可使用	退浆、树脂整理等
酸性	多数可使用,硫酸酯易分解	可使用	亚氯漂
强酸性	几乎不能使用,少数磺酸盐除外	多数可使用	毛织物碳化

四、平滑剂的作用机理

在纺织设备加工纱线的过程中,纱线应尽可能受到较小应力,避免各种操作问题和坯布疵点,诸如断头、牵伸疵点、擦损疵等,并能在成品中充分发挥纱线性能。在经编机和织机上,过度的应力和摩擦将损害纱线,从而影响成品质量。多数情况下,纱线应预先被润滑,以减小摩擦使加工过程中受较小应力;减少对化学纤维产生静电;增加纱线紧密度,使纤维间和长丝间紧密抱合;减少加工短纤纱产生的飞花;防止纱线过分干燥。纺织平滑剂是喷水织机浆料的配套产品,在纤维与金属表面起调整作用,调整摩擦系数,使其具有良好的平滑性、集束性、抱合性、耐摩耗性和耐热性,从而使纤维具有良好可纺性,毛纺、腈纶、涤纶、锦纶等均可使用。作为化纤油剂中的平滑剂,不仅要赋予纤维与金属间良好平滑性,而且还要赋予纤维与纤维间良好的平滑性。此外,根据纤维的特性还应考虑平滑剂的耐热性能,如烟点、最大分解速率的温度、热残留等性能。

纺织平滑剂的主要作用机理是通过在纤维表面形成一层薄膜,从而减小纤维间的摩擦力。平滑剂还可通过吸附于纤维表面形成一层亲水性表面,增加纤维的亲水性。

五、消泡剂的作用机理

消泡剂能够降低水、溶液、悬浮液等的表面张力,防止泡沫产生,或减少消灭原有泡沫的物质。气泡和泡沫由表面作用产生,可看成气体在液体中的分散。气液两相密度相差较大,当气泡密度小于液体密度时,液相中的气泡会迁移至表面。若液面存在一层比较稳定的液膜,气泡无法向外界逸出,就会在液层表面形成泡沫。理论上讲,只要破坏或者清除液面上稳定的液膜就可达到消泡目的,因此,只要往液相中加入某种能够降低泡沫液膜强度的物质,使泡沫液膜变薄变弱,即可完成消泡作用。

消泡剂因其具有较低表面张力,能够快速吸附于起泡体系表面,降低溶液表面局部表面张力并铺展。分散均匀的消泡剂分子渗透进入泡沫液膜并在膜中分布,顶替原液膜中的表面活性剂分子,降低接触处表面张力,液膜内产生收缩力使液膜往四周牵引延展,从而使液膜慢慢变薄导致破裂(图4-7)。

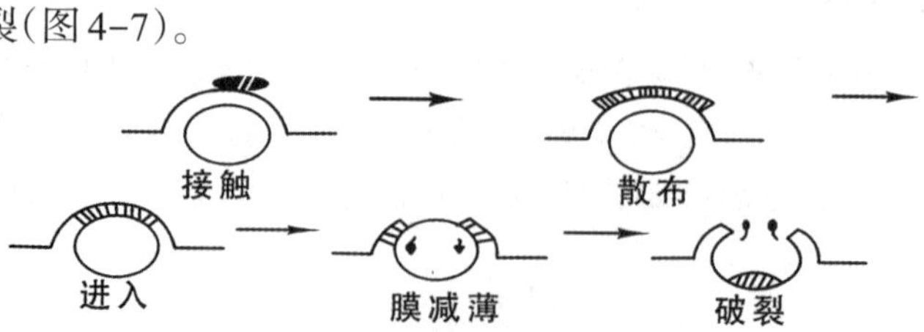

图4-7　泡沫的破裂过程

在纺织行业中，硅氧烷类消泡剂是公认的通用型消泡剂，因此具有这些特性：表面张力低、挥发性低、化学惰性低；不溶于水和许多有机溶剂；低毒或无毒。传统的硅氧烷系消泡剂为o/w乳剂，用于水基泡沫体系，通常是聚二甲基硅氧烷与硅胶的复配物。若不含硅胶则消泡剂的抗泡能力非常低，尤其是对水基泡沫体系的效能更差。

第二节　纺丝用化学品的种类

本节根据上一节的分类，主要介绍五种纺丝用化学品（平滑剂、抗静电剂、抗氧化剂、消泡剂和润湿剂）种类。

一、平滑剂

平滑剂在纺丝油剂中份额占比在40%~60%之间，其主要作用是减少摩擦，增加油膜强度，保护纤维表面，防止对设备的磨损和锈蚀等。常用的平滑柔性剂一般分为三类：矿物油、脂肪酸酯、聚醚等。

1.矿物油类平滑剂

主要包含流动石蜡、锭子油、机油等，其特点是分子量增大平滑性变差；在高温时平滑性较好，但油膜强度较低；黏度特性对分子量的依赖性大；挥发性较小，发烟量较大，易在热板上形成结焦，在130℃使用较理想。

2.脂肪酸酯类平滑剂

可分为单酯类、双酯类、多元醇酯类（表4-3）。

表4-3　常见脂肪酸酯类平滑剂及特点

类别	名称	特点
单酯类	油酸丁酯、油酸辛酯、硬脂酸辛酯等	黏度低、耐磨损性差、沸点低、熔点高、抗氧化性及黏温性差
双酯类	癸二酸二辛酯等	低挥发性和低凝固点、优良的黏温性、热稳定性和耐磨性，且溶解性好易与其他合成油剂混合
多元醇酯类	油酸三甘酯、季戊四醇酯、山梨糖醇酯、三羟甲基丙烷脂肪酸酯等	耐高温、对纤维的平滑性以及与其他组分的相溶性、乳化性均好，常作为帘子线油剂的平滑剂

单酯类：结构式如图4-8所示，为一元酸一元醇酯。有油酸丁酯、油酸辛酯、硬脂酸辛酯等。特点是黏度低；有些单酯能使纤维具有良好的平滑性，但只适用一般条件。单酯耐磨损性差、沸点低、熔点高、氧化稳定性和黏温性差，因此很少使用。

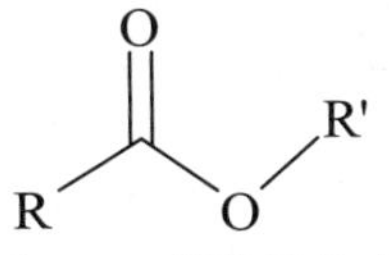

图4-8　单酯结构式

双酯类：双官能团脂肪酸合成酯，结构式如图4-9所示。最常用的是癸二酸二辛酯（D.O.S），特点是低挥发性和低凝固点；优良的黏温性、热稳定性和耐磨性。双酯溶解性好，对添加剂相溶性好，易与其他合成油剂混合。并且它水解稳定，无毒，对金属无腐蚀。

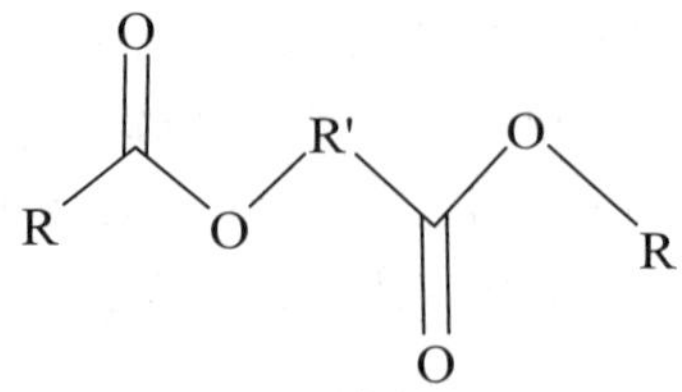

图4-9　双酯结构式

多元醇酯类：多元醇与一元酸酯类，有油酸三甘酯、季戊四醇酯、山梨糖醇酯、三羟甲基丙烷脂肪酸酯等。特点是耐高温、对纤维的平滑性及与其他组分的相溶性、乳化性好，常作为帘子线油剂的平滑剂。

3.聚醚类平滑剂

主要包括丁醇聚醚、C_8–C_{18}醇聚醚、C_{11}–C_{13}异构聚醚。特点是耐热性好，使纤维平滑性亦好，较好集束性。低分子量聚醚稍有挥发性，但不冒烟，不凝聚。高分子量聚醚耐热性较好，油剂中加10wt.%，即可明显提高油剂耐热性。

二、抗静电剂的种类

在纺丝过程中，纤维摩擦会产生大量静电荷且电荷不易逸散，造成丝条滑落、散乱，导致毛丝、废丝，阻碍纺丝过程顺利进行。在高速纺丝过程中，由于纤维丝的比表面积更大，纺丝速度更快，静电的危险性更大，严重时可引起停车事故甚至引发火灾。为了确保化纤生产的顺利进行，须在化纤表面施加抗静电剂增强其逸散电荷能力，防止静电荷在纤维集聚。抗静电剂按离子型可分为阴离子型、阳离子型、两性型和非离子型，其具体信息如表4-4所示。

表4-4　抗静电剂的分类

类型	名称	化学式
阴离子	烷基硫酸酯盐	$R-O-SO_3Na$
	烷基苯磺酸盐	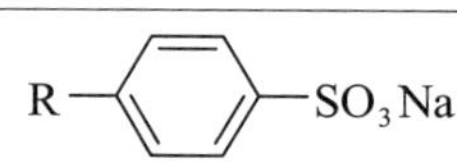
	烷基磷酸酯盐	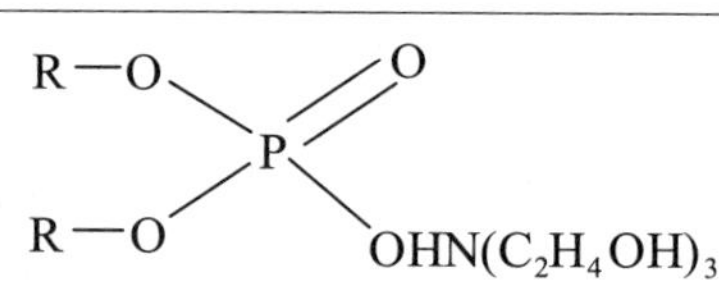
阳离子	季铵盐型	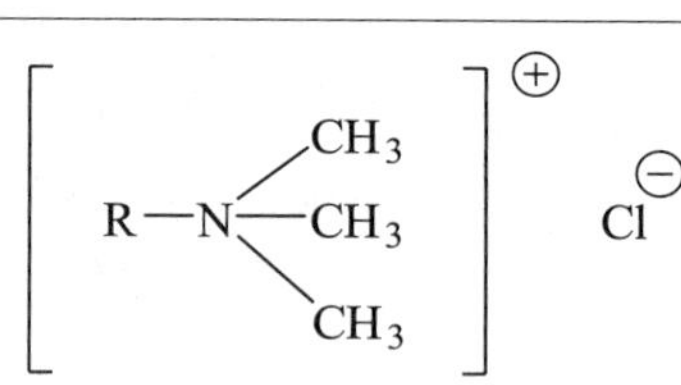
	咪唑啉型	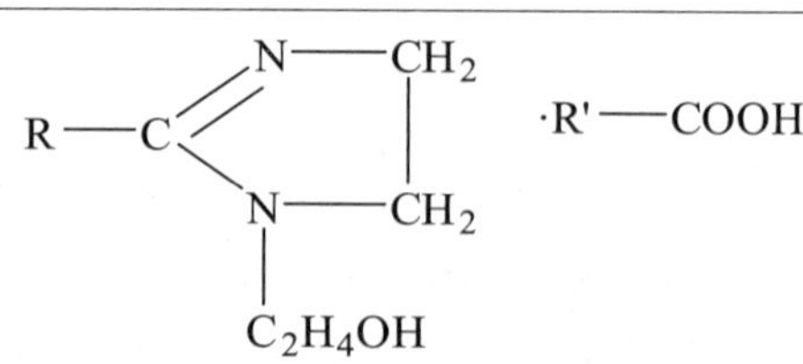

类型	名称	化学式
两性离子	甜菜碱型	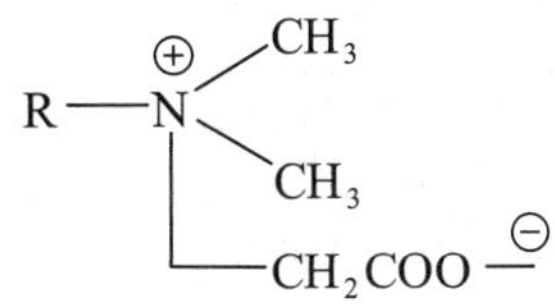
非离子	聚氧乙烯失水山梨醇酯型	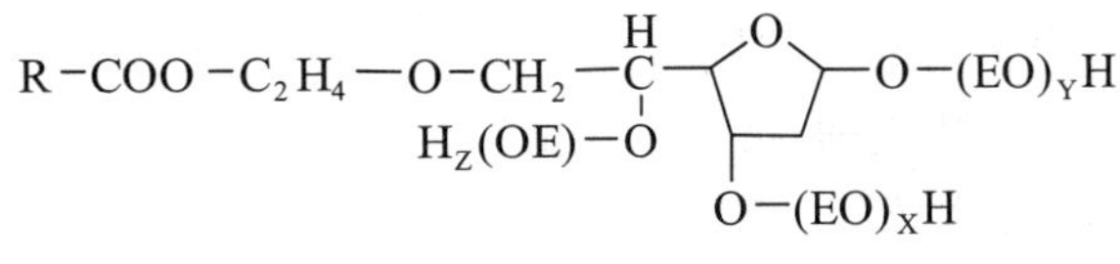
	醚型	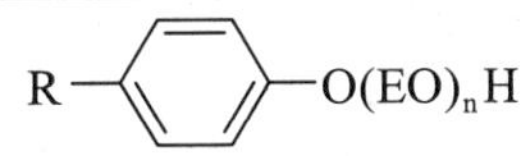
	酯型	$R-COO(C_2H_4O)_nH$
	胺型	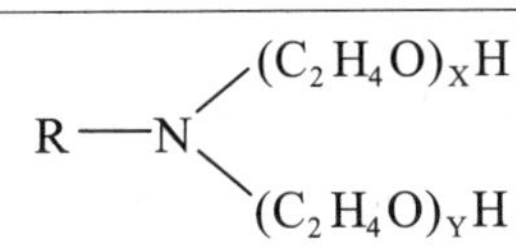
	酰胺型	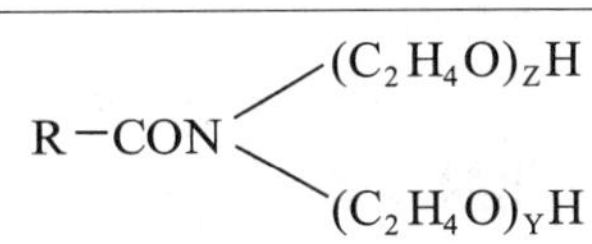

1.阴离子型抗静电剂

主要包括烷基磺酸盐、硫酸盐、磷酸衍生物、高级脂肪酸盐、羧酸盐及聚合型阴离子抗静电剂。抗静电性能最好的是烷基磷酸酯盐和聚氧乙烯烷基磷酸酯盐等。其吸附于纤维后，疏水基朝向纤维一侧，亲水基朝向空气一侧并与大气中水分子形成氢键缔合，保持极性基-水在纤维上的极性中心。氢键缔合的水膜是连续的，可使纤维表面电阻下降。该抗静电剂使用最为广泛，一般单酯和双酯混合使用。但针对不同纤维确定单、双酯的比例和中和剂是一个难题。

2.阳离子型抗静电剂

主要包括胺盐、季铵盐、烷基咪唑啉盐，阳离子抗静电效果对纤维吸附力强，抗静电效果最好。它既可以中和纤维表面的负电荷，也会被带负电荷的纤维所吸附而增加纤维的吸湿能力。但其抗静电效果受空气中相对湿度影响，在湿度很低时不具有抗静电性，对金属材质有腐蚀性，与带负电荷的染料易产生染斑。

3.两性离子型抗静电剂

主要包括甜菜碱型：能和阴、阳离子型抗静电剂配合使用，其抗静电性机理与阴、阳离子相似。两性离子型抗静电剂耐热性好、抗静电效果好且持久、不会和其他组分反应。但价格与阳离子型一样较为昂贵，易使纤维着色，影响纤维染色。

4.非离子型抗静电剂

主要包括醚型、酯型、胺型、酰胺型，它可在纤维表面形成吸附层，减少材料表面摩擦。相比离子型，非离子型毒性低，但自身对纤维吸附性差，且本身不能电离，抗静电效果较差，需与离子型抗静电剂配合使用。

三、抗氧化剂的种类

纺丝油剂中的平滑剂大多使用脂肪酸皂，而脂肪酸皂的金属离子是油剂氧化反应的催化剂。在高温、长时间工作条件下会促进油剂氧化，导致油剂结构破坏，造成皂油分离，生成腐蚀性产物，滴点和稠度下降，使用寿命缩短。然而加入抗氧化剂可阻碍基础油氧化钝化金属的催化，延长油剂使用寿命。

抗氧化剂按作用机理分为主抗氧化剂（链终止剂）、辅助抗氧化剂（过氧化物分解剂）和金属离子钝化剂；按起作用的官能团不同可分为酚类、胺类、亚磷酸酯类和其他类。

1. 酚类抗氧化剂

该类抗氧化剂带有受阻酚结构，其结构式以图4-10单酚为例。受阻酚是一种优良氢供体，可破坏高分子老化过程中自由基自氧化产生的链反应。有烷基单酚、烷基化多酚、硫代双酚等类型，如2，6-二叔丁基对甲酚、酯类酚。

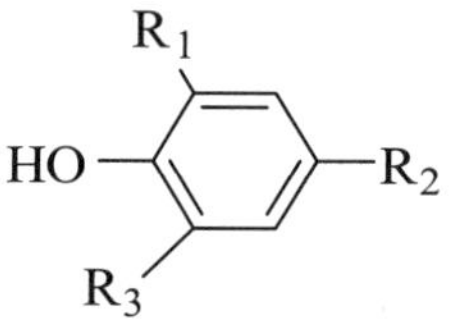

图4-10　单酚结构通式（式中R_1、R_2、R_3为烷烃）

2. 胺类抗氧化剂

包括芳香胺和受阻胺两类，芳香胺可在抑制聚合物老化过程中通过提供氢质子，抑制链反应。这类抗氧化剂价格低廉、效果优异，但极易导致制品变色、产生色污，因此多用于对颜色要求不高的材料。受阻胺是一类优异的烷基自由基捕捉剂，具有猝灭单线态氧的功能，使单线态氧从激发态转变为基态，在链引发前阻止聚合物的老化，具有一定抗氧化性，一般作为光稳定剂使用。如二苯胺（图4-11）就属于受阻胺一类，可用于制造润滑油抗氧剂。

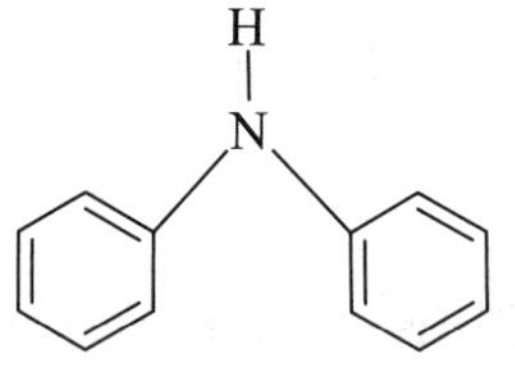

图4-11　二苯胺结构式

3. 亚磷酸酯类抗氧化剂

通常作为辅助抗氧化剂与其他主抗氧化剂（酚类抗氧化剂）协同作用，是当量型氢化过氧化物分解剂。一分子亚磷酸酯分解一分子氢过氧化物，具有终止自由基链的功能。可改善制品的色泽稳定性、耐候性、提高耐热稳定性。如2，2'-亚乙基双（4，6-二叔丁基苯基）氟代亚磷酸酯（图4-12），水解稳定性高、不吸湿，用于聚酰胺纤维。

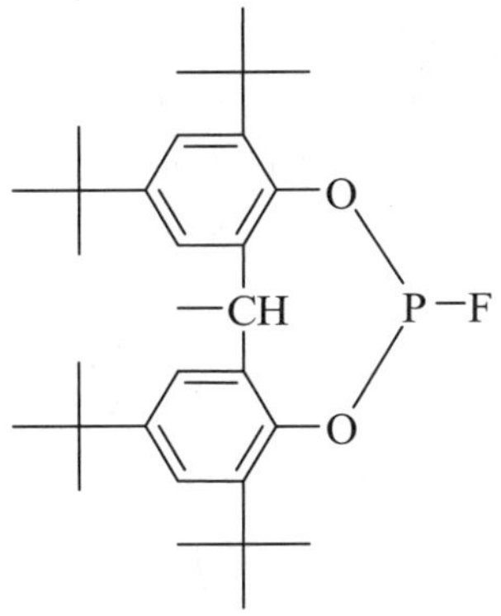

图4-12 2,2'-亚乙基双(4,6-二叔丁基苯基)氟代亚磷酸酯结构式

四、消泡剂的种类

纺丝时为了避免纤维损伤,需添加纺丝油剂。加入消泡剂可避免该过程产生泡沫而影响纺丝。消泡剂易在溶液表面扩展并使泡沫液壁变薄。最早使用的消泡剂有低级醇、矿物油和食用油。但由于其在水中分散性差而被聚醚类非离子型表面活性剂、有机硅、乳油、酯醚等消泡剂取代。一般消泡剂分为有机消泡剂和聚硅氧烷消泡剂(有机硅消泡剂)。

1.有机消泡剂

通常是不溶于水等低表面张力的液体,如脂肪酸及脂肪酸盐、带支链结构的高级脂肪醇、磷酸酯类(磷酸三丁酯)、聚醚类表面活性剂。在水中加入后,会破坏液膜强度,使液膜变薄并破裂,达到消泡目的。一般使用浓度较大(0.1~0.4 wt.%),效果不持久。

2.聚硅氧烷消泡剂

为一些不同分子量的聚二甲基硅氧烷(图4-13),具有消泡性能是由于它的主链是Si-O-Si,使其比一般表面活性剂表现出更低的表面张力、表面黏度和更好的铺展性。当聚甲基硅氧烷作为消泡剂时,吸附于气/液界面,使界面膜强度减弱,泡沫稳定性下降。由于其不溶于水,大多分子富集在气/液表面上。所用浓度虽然较低(1-60 ppm),但消泡效果持久。分子量较低的聚甲基硅氧烷,常温消泡效果好且速度快;分子量较高的聚甲基硅氧烷,高温消泡效果好且持久。为了赋予消泡剂在低、高温下良好的消泡效果,商品消泡剂由数种不同分子量的聚二甲基硅氧烷复配使用。由于聚二甲基硅氧烷不溶于水,需制成乳液使用。

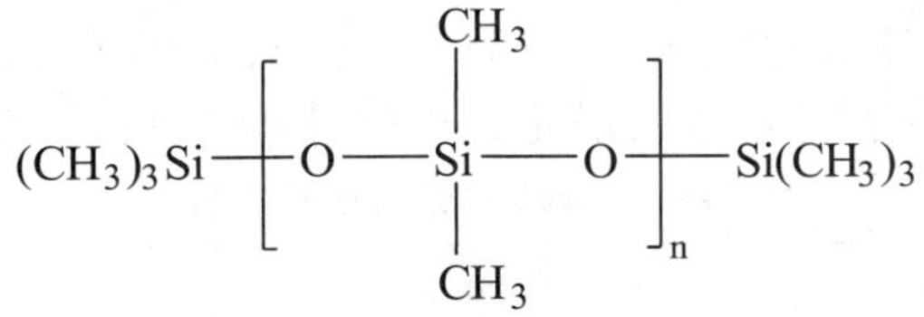

图4-13 聚二甲基硅氧烷结构式

五、润湿剂的种类

润湿剂可促进纤维表面快速被含有助剂的水溶液润湿,渗透至纤维内空隙中与纤维充分接触。其化学特征表现为分子量较低,疏水基团的碳链较短且含有支链,亲水基团位于表面活性剂分子中部。纺织助剂中所用润湿剂主要是阴离子型和非离子型表面活性剂,而阳离子型和两性表面活性剂的润湿性较差。

1.阴离子型润湿剂

主要包括琥珀酸双异辛酯磺酸钠、十二烷基硫酸酯钠盐、十二烷基苯磺酸钠、丁基萘磺酸钠和太古油(图4-14)等。阴离子型表面活性剂可使用各种pH值的工作液,磺酸盐类表面活性剂不能使用强酸性工作液,分子量小的阴离子型表面活性剂可以溶解于强碱性工作液,但不可使用含酯基结构。

$$H_3C-(CH_2)_5-\underset{\displaystyle OSO_3Na}{\underset{|}{CH}}-CH_2-\underset{H}{C}=\underset{H}{C}-(CH_2)_7-COONa$$

图4-14　太古油结构式

2.非离子型润湿剂

主要为壬基或辛基苯酚的环氧乙烯加成物和低碳脂肪醇环氧乙烷缩合物,如渗透剂JFC(图4-15)。可在近中性和弱酸性的工作液中使用;在弱碱性和强酸性的工作液中,多数可以使用;在强碱性工作液中不易溶解,难以使用。

$$R-O(CH_2CH_2O)_nH$$

图4-15　渗透剂JFC结构式($R=C_nH_{2n+1}$,n=5-7)

第三节　纺丝用化学品的应用

纺丝用化学品主要应用于纺织行业,聚酯、锦纶、丙纶等化学纤维在纺织行业中应用广泛。这些化学纤维的纺丝过程都需使用各种化学品,纺织品的品质和性能与所使用的化学品种类和用量密切相关。

本节主要介绍五种纺丝用化学品(平滑剂、抗静电剂、抗氧化剂、消泡剂和润湿剂)的应用举例。

一、平滑剂的应用

1.面向锦纶纺丝的平滑剂

脂肪酸酯类平滑剂可运用于锦纶纺丝过程中,对JLF-6206(国产)和JL-101(日本进口)两种锦纶纺丝用平滑剂进行比较,可研究该油剂在锦纶纺丝过程中的性能。

通过浊度仪测试10 wt.%的JLF-6206和JL-101水溶液及静置24、48、72h后的溶液浊度可以看出(表4-5),两种油剂的乳化性能都较为优秀,能满足静置72h的要求;国产油剂JLF-6206的乳化性和进口油剂接近,能满足FDY(全拉伸丝)的上油要求。

表4-5　10wt.%油剂水溶液的浊度

时间	JLF-6206/NTU	JL-101/NTU
0 h	235	230
静置24 h	238	238
静置48 h	253	250
静置72 h	289	285

通过张力仪分别测量使用JIF-6206和JL-101两种油剂的SF4412产品升头完成时和丝

饼卷绕30 min后的纺丝和卷绕张力，发现两种油剂对应丝的张力稳定，偏差不大，说明两种油剂都能均匀上油，保证纺丝顺利进行。进一步观察两种油剂在热辊温度为140~170℃时发烟情况（表4-6），可以看出，两个油剂耐热性相当，可以满足常规产品在热辊温度140~150℃下的生产要求。

表4-6　发烟量情况

油剂	140/℃	150/℃	160/℃	170/℃
JLF-6206	小	小	稍大	稍大
JL-101	小	小	稍大	稍大

通过对使用两种油剂丝饼（12饼）的各项物理指标进行检测，结果见表4-7。可得出使用两种油剂丝饼的各项物理指标较为接近。

表4-7　物检检测记录单

项目	JLF-6206	JL-101
纤度/dtex	44.2	44.2
纤度CV值/%	0.65	0.68
断裂强度/cN $dtex^{-1}$	4.88	4.86
断裂强度CV值/%	0.96	0.98
断裂伸长率/%	45.0	45.6
断裂伸长率CV值/%	1.25	1.23
条干不匀率/%	0.92	0.94
沸水收缩率/%	10.8	10.2

最后通过对比生产过程中满卷率、毛丝率、热辊卫生情况（表4-8），发现使用两种油剂的丝饼都有高的满卷率、低的毛丝率，热辊卫生清理周期在正常范围内。由此可知国产JLF-6206纺丝用平滑剂和日本进口JL-101纺丝用平滑剂在锦纶纺丝中的性能相当，完全可以实现对进口平滑剂的替代。

表4-8　满卷率、毛丝率、热辊卫生情况对比

项目	JLF-6206	JL-101
满卷率/%	99.36	99.32
毛丝率/%	0.85	0.82
热辊卫生清理周期/d	3	3

2.面向聚丙烯纺丝的平滑剂

对于聚丙烯纤维而言，最常用聚醚类纺丝平滑剂，该平滑剂具有非离子型表面活性剂的特征。二十世纪九十年代，德国Hansa纺织化学股份有限公司研制出了能提高聚丙烯纤维性能的纺丝用润滑剂，满足了市场需求。用于短纤维或长丝的纺丝用平滑剂一般满足表4-9的要求。

表4-9 性能要求

梳理性能	Platt Salco,Lowell Labcard
拉伸性能	SDL拉伸机
摩擦性能	Rotorring,Spinlab Siedge试验Rothschild
断裂长度	Zwick 1425通用
静电荷	静电电压表
Rs	Knick Teraohm表
烟熏发黄	室内试验法
下沉时间	Edanan试验法
10孔试验方法	室内试验法
泡沫生成	室内试验法

二、抗静电剂的应用

1.面向涤纶纺丝的抗静电剂

磷酸酯类抗静电剂因其较高的亲水性、良好的耐高温性,及优异的抗静电性能,被广泛用于涤纶纺丝油剂中。东华大学、浙江大学等高校对磷酸酯类抗静电剂做了深入研究。研究表明,磷酸酯型抗静电剂的结构对其性能有决定性影响,而其结构取决于合成过程。采用五氧化二磷为磷酸化试剂与环氧乙烷、环氧丙烷嵌段聚醚进行磷酸化反应,利用嵌段聚醚结构良好的渗透性及与嵌段聚醚的复配相容性,可合成一种集优异抗静电剂、渗透性及与聚醚相容性于一体的新型高速纺丝油剂用抗静电剂。以磷酸酯类为代表的阴离子型抗静电剂,具有优异的抗静电性能,可有效降低涤纶纤维的纤维比电阻。

2.面向腈纶纺丝的抗静电剂

腈纶是化学纤维的主要品种之一,有“合成羊毛”之称。由于原料聚丙烯腈(PAN)中含有大量疏水基团,导致吸湿性较差,极易产生静电。静电会导致纤维缠绕或堵塞机件,影响织造的顺利进行。中国石化上海石油化工股份有限公司腈纶事业部将抗静电剂直接添加到腈纶纺丝原液中,以自制的白色金属氧化物复合导电粉为抗静电剂,与腈纶纺丝原液进行共混,这样的方式既有利于织造过程,也改善了腈纶纺织品的服用性能。

3.面向生物基锦纶纺丝的抗静电剂

针对生物基锦纶56(PA56)短纤维质量比电阻大,静电严重,可纺性差的问题,采用市售油剂和抗静电剂复配技术开发了抗静电性、集束性、可纺性较好的抗静电剂。该类抗静电剂为非离子型烷基醚磷酸酯类,与阴离子型的烷基磷酸酯相比,其溶解性、乳化性、抗静电性良好,具有较低的表面张力及较小的皮肤刺激性和低毒性。通过研究该抗静电剂处理后PA56纤维的表面形貌、摩擦因数、质量比电阻及梳理机成网加工性能发现,该复配抗静电剂在纤维表面形成一层光滑、均匀的油膜;纤维在相对湿度为35%,室温条件下可顺利梳理成网,且纤维网均匀,无破洞及云斑。该抗静电剂提升了生物基锦纶的集束性、抗静电性、可纺性、节能环保,对纺纱车间温湿度要求较低。

三、抗氧化剂的应用

工业中常用酚类、胺类和亚磷酸酯类抗氧剂来防止油剂的氧化、酸败。其中酚类抗氧剂稳定性好且自身变色较小，对纤维加工后的色泽影响较小。锦纶、腈纶、涤纶等合成纤维最早采用天然油脂作为主要的纺丝油剂，但这类油脂经过加热后发烟性较大，容易产生大量的结焦造成可纺性下降。为了提高生产效率，改善抗氧化剂抗结焦性极为关键。目前很多企业通过加入质量分数为1−3 wt.%的抗氧化剂来提高油剂抗氧化性以减少结焦。这些抗氧化剂可以阻碍基础油剂氧化钝化金属的催化作用，大大延长油剂的使用寿命。

四、消泡剂的应用

1. 面向锦纶纺丝的消泡剂

聚醚型消泡剂主要利用其在不同温度下的不同溶解特性达到消泡作用。在锦纶的纺丝过程中，将聚醚在低温下分散到水中，温度不断升高，聚醚亲水性逐渐降低，直至浊点，聚醚成为不溶状态，以此来实现消泡作用。聚醚型消泡剂具有抑泡能力强、耐高温等特点，缺点是有一定毒性，受温度限制。基于此，将环氧乙烷加在聚丙二醇链段末端，变成亲水基的聚氧乙烯丙烯甘油链端后，用硬脂酸进行酯化处理可得到一种新型聚醚型消泡剂。由于该消泡剂的分子亲油性增加，亲水性降低，易于聚集在气液界面，因而消泡效率较高。

2. 面向涤纶纺丝的消泡剂

针对涤纶纤维纺丝油剂在使用时起泡严重的现象，采用低黏度二甲基硅油、气相SiO_2、几种乳化剂、增稠剂、水等复配制得O/W型聚硅氧烷消泡剂。研究数据表明，该聚硅氧烷消泡剂具有很好的消泡和抑泡性能，消泡最短时间8 s，消泡效率高达95%，其固体组分的粒径分布在20~40 μm。此聚硅氧烷型消泡剂用量少、效果佳，具有操作简单、绿色环保、安全无毒、性价比高等优点。将其用于涤纶纺丝，用量为0.01 wt.%时，即可获得较好消泡抑泡效果。

五、润湿剂的应用

润湿剂可促进纤维表面在纺丝过程中快速被水润湿，并向纤维内部渗透。一般来说，涤纶在纺丝过程中所用的润湿剂主要是阴离子型或非离子型表面活性剂。阳离子表面活性剂不适合用作润湿剂，因为它们会吸附在纤维上阻碍润湿。两性离子型表面活性剂在应用上有一定局限性。

阴离子型表面活性剂所配制的纺丝乳液施覆于涤纶纤维表面后，由于其乳液的表面张力更低且具有更小的CMC，进而在纤维表面表现出更小的接触角与更好的润湿性。随着加入量的增加，乳液体系表面张力不断减小，接触角及润湿时间也不断减小，大大提高了涤纶在纺丝过程中的润湿性。

非离子型润湿剂在水溶液中有较高的稳定性和相溶性，能与离子型表面活性剂混合使用，通过改变聚氧乙烯链段长度和脂肪醇结构，可调节HLB值，满足油剂的不同乳化要求。非离子型表面活性剂根据脂肪醇的不同结构可分为直链脂肪醇聚氧乙烯醚与支链脂肪醇聚氧乙烯醚两种类型。其中，直链脂肪醇聚氧乙烯醚具有良好的润湿铺展性，且长直链结构有利于提高油剂的平滑性，但渗透性不佳；支链脂肪醇聚氧乙烯醚不仅兼具良好润湿性、铺展性和渗透性，还能降低油剂的倾点，表现出良好的冻融稳定性，且随着支链化程度的提高润湿性能明显增强。由于支链脂肪醇聚氧乙烯醚较高的价格，实际应用中通常两种表面活性剂复配使用。

第四节 纺丝用化学品性能测试

纺丝是现代纺织行业中纺织制造过程的重要一环。纺丝过程所用化学品影响着纤维质量和成本。若不合理使用纺丝用化学品还会带来环境污染和健康风险。故对纺丝用化学品的性能进行测试和分析，不仅可提高纺丝质量，降低生产成本，也有助于保护环境和人类健康。

本节主要介绍五种纺丝用化学品（抗静电剂、平滑剂、抗氧化剂、消泡剂和润湿剂）所对应的性能测试方法。

一、抗静电性测试

纤维或织物的带电性试验方法大致可分为定性分析和定量分析两类。定性分析可观察有无放电火花、电击、放电音及吸引（灰尘附着、沾污、缠绕身体）。定量分析可进行纤维比电阻、静电电位、半衰期的测定或织物的摩擦带电电压、半衰期、摩擦带电电荷量、摩擦带电衰减性检测，以及测定比电阻、缠贴性。

1.织物缠贴法

将试样用摩擦布摩擦使之带电后黏于金属板，然后进行反复附着和脱离操作，测定试样脱离金属板所需时间。但该法不能给出织物–金属与织物–人体缠贴性的直接关系。若缠贴时间超过10min，该法亦不适用。

2.吸灰高度法

该法是近年来作为纤维、织物静电测试应用较多的辅助方法（特别在工厂），具有简便、直接、可信的优点。其方法为：将纤维或织物在特定摩擦布上摩擦一定次数，然后迅速贴近新鲜烟灰等，观察纤维或织物带静电后吸附烟灰的高度和吸灰量。由表4–10可知，在纤维中加入高分子主链上含有金属盐的聚醚酯类抗静电剂PEEM后，吸灰高度明显降低，抗静电性得到较大改善。

表4–10 两种纤维吸灰高度的比较（沸水处理）

样品号	纤维样品	抗静电剂用量（wt.%）	吸灰高度（mm）	
			处理前	处理后
F–0	PET	0	23	25
F–8	PET/PEEM	3.5	0	0
F–9	PET/PEEM	6.5	0	0

3.比电阻法

通常有表面电阻率、体积比电阻和质量比电阻三种表示法。

①表面电阻率：表面电阻率ρ_S等于平行于材料表面电流方向上的电位梯度与表面单位宽度上的电流之比，其公式为：

$$\rho_s = R_s \frac{2\pi}{\ln d_2/d_1} \tag{4-1}$$

式中：R–表面电阻；d_1–测量电极直径；d_2–保护电极内径。

②体积比电阻：体积比电阻ρ_v等于平行材料中电流方向的电位梯度与电流密度之比，其公式为：

$$\rho_v = R_v \frac{S}{d} \tag{4-2}$$

式中：R_v–体积电阻；S–测量电极面积；d–试样厚度。

③质量比电阻：

对于纺织材料来说，由于断面面积或体积不易测量，正如表示细度一般不采用截面积一样，表示材料的导电性一般也不采用体积比电阻ρ_v，而采用质量比电阻ρ_m，在数值上它等于试样长1 cm和质量为1 g的电阻，单位为Ω g/cm²。质量比电阻可表示为：

$$\rho_m = R \cdot \frac{m}{l^2} \tag{4-3}$$

式中：R–表面电阻；m–试样质量；l–试样长度。

大连工业大学王莹博士等人按照GB/T14342–2008《合成纤维比电阻试验方法》，使用YG321型纤维比电阻仪（常州市第一纺织设备有限公司）测试PA56短纤维的质量比电阻，如图4–16所示，提升加工环境的湿度与抗静电剂质量浓度均可降低锦纶纤维的质量比电阻，提高抗静电效果。

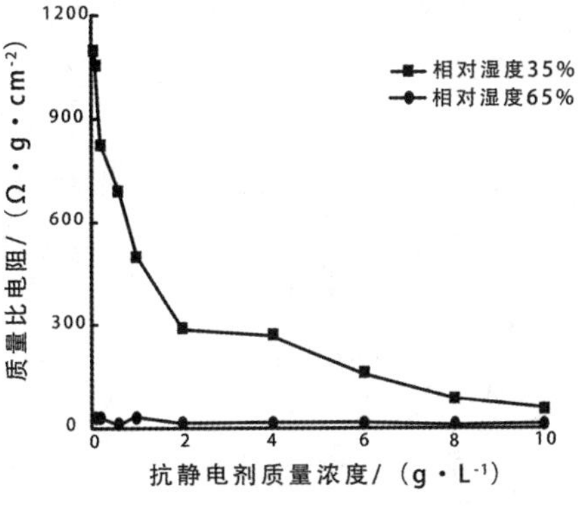

图4–16　PA56短纤维的质量比电阻

4.半衰期法

静电半衰期是描述静电衰落的特征参数，指充电电压在充电终止后电压衰减到最初电压一半时所需时间。静电半衰期越短，抗静电效果越好。实际使用时采用Honestometer测试仪进行测试，其结果平行于静电衰落速率的测试结果。静电半衰期与表面电阻率之间的对应关系可由下式近似计算：

$$\tau_{1/2} = 0.693RC \tag{4-4}$$

式中：$\tau_{1/2}$为静电半衰期；R为表面电阻率；C为电容。

如表4–11所示，当表面电阻率为10^9 Ω时，塑料不会积累静电荷，具有良好抗静电效果；在表面电阻率为10^9~10^{11} Ω时，塑料具有较好抗静电效果；10^{11}~10^{12} Ω时，塑料具有一定抗静电效果；而表面电阻率大于10^{12}Ω时，塑料抗静电效果最差。

表4–11　塑料表面电阻率、静电半衰期及抗静电效果对应关系

表面比电阻/Ω	$<10^9$	10^9~10^{10}	10^{10}~10^{11}	10^{11}~10^{12}
静电半衰期/s	很小	1	2~10	10~60
抗静电剂效果	极好	很好	良好–好	适度

5.摩擦带电电压法

测定试样一边回转一边用摩擦布摩擦时产生的静电电压。如表4-12为用QF2292型数字式静电电压表(国营前锋无线电仪器厂制)测量用羊毛织物摩擦10次后纤维样品的摩擦静电压,可知在纤维中加入抗静电剂PEEM后,摩擦静电压明显降低,抗静电性得到明显改善。

表4-12 两种纤维的摩擦静电压的比较(沸水处理)

样品号	纤维样品	抗静电剂用量(wt%)	摩擦静电压(V)	
			处理前	处理后
F-0	PET	0	3200	3300
F-8	PET/PEEM	3.5	290	370
F-9	PET/PEEM	6.5	180	280

二、平滑性测试

常用纤维的静摩擦系数μ_s和动摩擦系数μ_d表征平滑剂的平滑性。

采用Y151型纤维摩擦系数测试仪(温州方圆仪器有限公司)测量PA56短纤维的摩擦因数(如表4-13所示)。

表4-13 PA56短纤维的静摩擦因数

试样编号	静摩擦系数	试验编号	静摩擦系数
Y_0	0.4320	E_6	0.4669
E_1	0.4334	E_7	0.4919
E_2	0.4269	E_8	0.5580
E_3	0.4457	E_9	0.5642
E_4	0.4383	E_{10}	0.5046

取0.5 g纤维梳理伸直并制备纤维辊,将纤维辊插入仪器主轴内孔。取一根纤维,在两端各加100 mg的张力钳。将一夹子骑挂在扭力天平一端,另一张力钳绕过纤维辊的另一端。每根挂丝重复测定2-3次,记录扭力天平读数并计算平均值。根据公式计算纤维静摩擦因数。同理,打开电动机,转动纤维辊,记录扭力天平读数并计算纤维动摩擦因数。

$$\mu = \frac{\lg f - \lg(f - m)}{1.364} \qquad (4-5)$$

式中:μ为纤维与纤维束表面的摩擦系数;f为纤维的悬挂张力钳质量,取100 mg;m为扭力天平读数,mg。

三、抗氧化性测试

为了使纺丝油剂发挥更好效果,常添加抗氧剂以防止润滑油酯的氧化、酸败并提高纺织油剂的热稳定性和抗氧化性。由于多种因素综合影响,油酯在高温下的性质复杂多变。

对纺丝油剂中季戊四醇油酸酯的抗氧化性进行分析,分别测试受热前后润滑油酯的酸值与过氧化值评价油脂受热后的氧化程度。

1.酸值法

称取3~5.00 g混匀的试样，置于锥形瓶中，加入50 mL中性乙醚-乙醇混合液，振摇使油溶解，必要时可置热水中，加热促其溶解。冷却至室温，加入酚酞指示液2~3滴，以氢氧化钾标准滴定溶液（0.05 mol·L^{-1}）滴定，至初现微红色，且0.5 min内不褪色为终点，根据公式（4-6）计算酸值：

$$X = \frac{V \times c \times 56.11}{m} \tag{4-6}$$

式中：X-试样的酸价（以氢氧化钾计），单位为毫克每克（mg/g）；V-试样消耗氢氧化钾标准滴定溶液的体积，单位为毫升（mL）；c-氢氧化钾标准滴定的实际浓度，单位为摩尔每升（mol/L）；m-试样质量，单位为克（g）；56.11-与1.0 mL氢氧化钾标准滴定溶液[c（KOH）=1.000 mol/L]相当的氢氧化钾毫克数。

脂肪酸酯类化合物受热后酸值上升。一方面是酯类化合物受热水解使酸值升高；另一方面，纺丝油剂在高温情况下发生氧化反应，生成脂肪酸类物质。季戊四醇油酸酯在240℃加热2h后的酸值（AV）如图4-17所示。

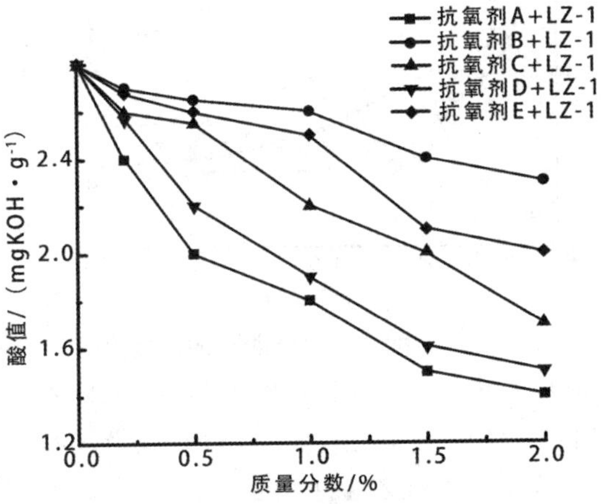

图4-17　油脂240℃受热2h的酸值

季戊四醇油酸酯在未受热时的初始酸值为0.8 mgKOH/g，受热后变为2.8 mgKOH/g。由图4-17可知，随着抗氧化剂用量的增加，油脂受热后的酸值变化幅度降低，即抗氧化剂可抑制脂肪酸酯类化合物受热后酸值的升高，其用量越大抑制效果越明显。但当抗氧剂A质量分数达到2 wt.%时，LZ-1受热后酸值维持在较低的水平（1.2 mgKOH/g左右），即此时受热油酯的氧化反应得到较好抑制，脂肪酸类物质产生量减少。

2.过氧化值法

（1）滴定法：油脂氧化过程中产生过氧化物，与碘化钾作用，生成游离碘，以硫代硫酸钠溶液滴定，计算含量。

称取2~3g混匀（必要时过滤）的试样，置于250 mL碘瓶中，加30 mL三氯甲烷-冰乙酸混合液，使试样完全溶解。随后加入1.0 mL饱和碘化钾溶液，密紧瓶盖，轻轻振摇0.5 min，置于暗处3 min。取出加100 mL水后摇匀，立即用硫代硫酸钠标准滴定溶液（0.002 mol/L）滴定，至淡黄色，加1 mL淀粉指示液，继续滴定至蓝色消失为终点，取相同量三氯甲烷-冰乙酸溶液、碘化钾溶液、水，按同一方法，做试剂空白试验。根据公式(4-7)和(4-8)计算过氧化值：

$$X_1 = \frac{(V_1 - V_2) \times c \times 0.1269}{m} \times 100 \quad (4-7)$$

$$X_2 = X_1 \times 78.8 \quad (4-8)$$

式中：X_1–试样的过氧化值，单位为克每百克(g/100g)；X_2–试样的过氧化值，单位为毫克当量每千克(mg/kg)；V_1–试样消耗硫代硫酸钠标准滴定溶液体积，单位为毫升(mL)；V_2–试剂空白消耗硫代硫酸钠标准滴定溶液体积，单位为毫升(mL)；c–硫代硫酸钠标准滴定溶液的浓度，单位为摩尔每升(mol/L)；m–试样质量，单位为克(g)；0.1269–与1.00 mL硫代硫酸钠标准滴定溶液[c($Na_2S_2O_3$)=1.000 mol/L]相当的碘的质量，单位为克(g)；78.8–换算因子。

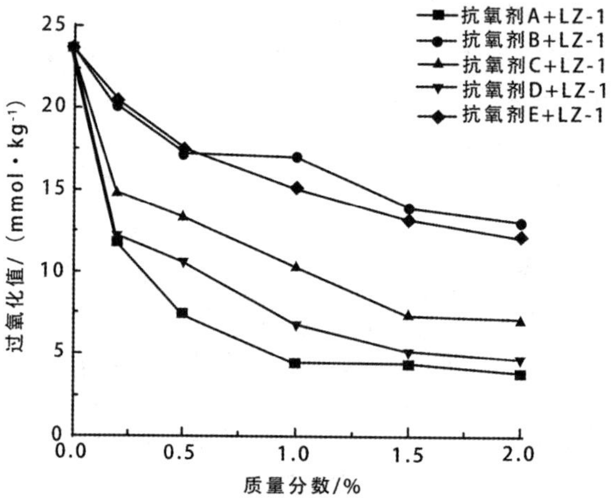

图4-18　油脂240℃受热2h的过氧化值

季戊四醇油酸酯在240℃加热2h后的过氧化值(POV)如图4-18所示。未受热LZ-1油酯的过氧化值为1.6 mmol/kg。240℃加热2h后，未添加抗氧剂的LZ-1油酯过氧化值大幅度提升至23.5 mmol/kg，添加抗氧化剂的LZ-1油酯受热后过氧化值显著降低。

(2)比色法：试样用三氯甲烷–甲醇混合溶剂溶解，试样中的过氧化物将二价铁离子氧化成三价铁离子，三价铁离子与硫氰酸盐反应生成橙红色硫氨酸铁配合物，在波长500 nm处测定吸光度，与标准系列比较定量。

四、消泡性测试

采用质量分数为0.28 wt.%的TDS-2000系列涤纶纤维纺丝油剂作为起泡体系进行测定。测定方法如下：取30 mL起泡剂于100 mL带塞磨口量筒中用力振摇20次(往复1次为振摇1次)，加入1小滴(0.05 g)JUC有机硅消泡剂并开始计时，同步记录泡沫高度与时间的变化关系。消泡速率越快消泡性能越好。泡沫消除后再反复振摇20次，起泡越少、自消泡时间越短、持续时间越长、抑泡性能越好。JUC有机硅消泡剂对涤纶纤维纺丝油剂和起泡性能最佳，表面活性剂溶液抑泡的影响见表4-14。由表4-14可知，JUC消泡剂对1 wt.%十二烷基苯磺酸钠、1 wt.%十二烷基硫酸钠和0.28 wt.%TDS-2000系列涤纶纤维纺丝油剂起泡体系均有良好抑泡效果。

表4-14　JUC-A和JUC-B对不同起泡体系的抑泡对比

起泡剂	1 wt.%十二烷基苯磺酸钠起泡高度/mL	1 wt.%十二烷基硫酸钠起泡高度/mL	0.28 wt.% TDS-2000系列油剂起泡高度/mL
JUC-A	4	15	3
JUC-B	10	17	5

五、润湿性测试

纺丝过程中，纤维在高速牵伸状态下，需要油剂从油嘴或油轮喷出后快速、均匀铺展到纤维表面，充分保护对纤，否则出现摩擦大、上油不匀、可纺性下降等后果，故润湿性对于纺丝加工非常重要。

1.接触角法

使用DSA25型全自动接触角测量仪分别测量接触角。运用外形图像分析法测量乳液与纤维的接触角大小。将纤维固定于装样品针头正下方，保证样品液每次恰好滴在纤维正中。通过显微镜头与相机获得液滴的外形图像，在电脑显示屏上出现液滴在纤维上的放大照片。每次液滴完全滴下时，立刻固定画面。取基线和液滴图像的最高点和两个接触点，系统自动计算接触角大小。每个样品各测量五次。

2.表面张力法

油剂乳液的表面张力测定根据表面活性剂的测试方法GB/T5549-2010《表面活性剂用拉起液膜法测定表面张力》进行操作。用无水乙醇或蒸馏水对仪器进行校准后测出乳液的表面张力P，再用密度仪测出溶液密度，可得出被测油剂样品的实际表面张力。其测试原理如下：

将一洁净圆环放入待测溶液中，然后将圆环缓慢提升，当圆环被提出液面时，在圆环与液面间可形成一圈液膜，该液膜对圆环有一个向下的拉力，拉破圆环下液膜所需最小拉力，即为该待测溶液的测量表面张力P，再将测量表面张力值与校正因子F相乘，可得溶液的实际表面张力值V(mN/m)。仪器的校正因子F可根据式(4-9)计算得到：

$$F = 0.7250 + \sqrt{\frac{0.01452 \times P}{C^2(\rho_1 - \rho_2)} + 0.04534 - \frac{1.679}{\frac{R}{r}}} \tag{4-9}$$

式中：C–铂金圆环的周长，cm；R–铂金圆环的平均半径，cm；r–铂金丝的半径，cm；P–测得表面张力值，mN/m；ρ_1–测试溶液的密度，g/cm^3；ρ_2–空气的密度，g/cm^3。

3.浸没法

配制一定浓度的油剂乳液900 mL。将配置好的乳液于20℃恒温条件下，采用“表面活性剂润湿力的测定-浸没法”(GB/T11983-2008)测试帆布的沉降时间(即润湿时间)。将装有900 mL乳液的烧杯固定，用鱼钩勾住帆布片，帆布片下边通过细线在特定长度处悬挂5 g砝码。用镊子夹住帆布片，砝码下垂，悬在乳液正上方。松开镊子，砝码掉入乳液碰到烧杯底部开始计时。帆布片吸水下沉，刚接触烧杯底部时，停止计时，记录数据。每个样品平行测5次，求平均值，即为该样品对帆布的润湿时间。时间越短，表示润湿性越好。

表4-15　两种油剂乳液的润湿性对比

油剂	润湿时间/s	表面张力/(mN/m)	K
TF-7616	7.54	30.905	0.46
F-1619	8.30	30.833	0.35

从表4-15可知：TF-7616油剂乳液的润湿时间为7.54s，F-1619油剂乳液的润湿时间为8.30s，表明TF-7616油剂乳液的润湿时间更短，具有更优异的润湿渗透性。此外，2种油剂乳液的静态表面张力均在31mN/m左右，均低于聚酯的表面能（约43mN/m），表明2种油剂都可完全润湿铺展在纤维表面。

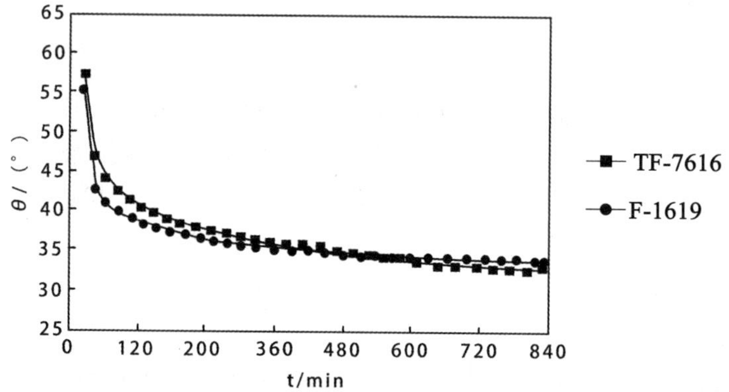

图4-19　两种油剂乳液接触角θ随t的变化

根据动态润湿性模型，当油剂乳液附着在纤维表面时，K值可判定油剂乳液对纤维表面润湿铺展的快慢。由表4-15和图4-19还可以看出：TF-7616油剂乳液的K值为0.46，F-1619油剂乳液的K值为0.35。TF-7616油剂乳液的K值略大：TF-7616油剂乳液θ下降速率比F-1619油剂乳液更明显。这些均表明TF-7616油剂能充分满足油剂乳液在高速纺丝过程中快速、均匀润湿分布在纤维表面的要求，具有更优异的快速润湿渗透性。

上述测试方法原理不尽相同，有的基于化学反应，有的基于物理原理，有的基于光学原理，有的基于机械原理等，但都能有效评价纺丝用化学品性能。在实际测试中，需根据具体情况选择适合的测试方法，并结合多种测试结果进行综合评价。

参考文献

[1]吴大诚，杨忠和．合成纤维熔体纺丝[M]．纺织工业出版社，1980.
[2]天津化学纤维试验厂．涤纶短纤维纺丝工艺与操作[M]．中国轻工业出版社，1974.
[3]天津化学纤维试验厂．涤纶短纤维纺丝工艺与操作[M]．中国轻工业出版社，1974.
[4]于伟东．纺织材料学第二版[M]．北京：中国纺织出版社，2018.
[5]商成杰．新型纺织化学品[M]．北京：中国纺织出版社，2010.
[6]董永春．纺织助剂化学[M]．上海：东华大学出版社，2010.
[7]卢神州，王建南，张幼珠．纺织化学[M]．上海：东华大学出版社，2021.
[8]谭婷婷，郝姗姗，赵莉．表面活性剂的性能与应用(XIV)——表面活性剂的润湿作用

及其应用[J]. 日用化学工业,2015,45(02):72-75+89.

[9]黄素平. 竹黏胶与普通黏胶纤维的结构与性能对比研究[J]. 轻纺工业与技术,2013,42(05):23-24.

[10]兰金霞,黄剑平. 莱赛尔纤维与铜氨纤维定性分析差异研究[J]. 针织工业,2022,(09):66-69.

[11]杨瑞芳,龙勉,吴西. 流变学理论基础及其应用[M]. 重庆:重庆大学出版社,1998.

[12]崔运花,陈佳. 铜氨纤维的结构及性能[J]. 上海纺织科技,2014,42(10):48-51+59.

[13]蔡再生. 纤维化学与物理[M]. 北京:中国纺织出版社,2020.

[14]闫克路,染整工艺与原理[M]. 北京:中国纺织出版社,2020.

[15]谢鑫成,凌新龙,莫子英,翁淑端. 聚丙烯腈纤维改性技术的研究进展及其应用[J]. 纺织科学与工程学报,2021,38(02):67-72.

[16]R Niestegge. 聚丙烯纺丝油剂和润滑剂的进展[J]. 国际纺织导报,1998,(01):15-16.

[17]任华明,李德绵. 实用化学纤维油剂[M]. 北京:纺织工业出版社,1987.

[18]马宏鹏,张鑫,秦文博,郭斌,李盘欣. 聚乙烯醇纤维成纤前后改性方法的研究进展[J]. 化工进展,2022,41(06):3063-3076.

[19]刘国良. 染整助剂应用测试[M]. 北京:中国纺织出版社,2005.

[20]蔡苏英,王宏. 染整实验[M]. 北京:中国纺织出版社,2002.

[21]吴颖,陆书明,黄骅,张伟,黄晓梅. 醋酯纤维纺丝油剂生产现状及发展趋势[J]. 纺织导报,2013,(11):49-51.

[22]倪冰选,张鹏. 纺织纤维制品抗表面润湿及渗透性的测试[J]. 印染,2014,(17):35-39.

[23]沈亚芬,朱建成,陈小琴,宋云飞,朱通彧. 涤纶纺丝油剂的发展[J]. 化工管理,2021,(18):15-16.

[24]王伟文. 应用润滑剂优化纱线性能[J]. 国外纺织技术(针织、服装分册),1987,(15):20-21.

[25]祝曼玉. 多功能复合消泡剂的制备及性能研究[D]. 郑州大学,2020.

[26]蔡继权. 世界化纤油剂换代进展与国内生产及应用[J]. 化学工业,2012,30(5):19-25,35.

[27]李莉.3 种涤纶 FDY 油剂的应用性能对比[J]. 合成纤维工业,2008,31(4):55-56.

[28]张瑞波,黄彬,郑应绪. 高速纺锦纶 6 帘子线油剂开发[J]. 合成纤维工业,2004,27(1):5-7.

[29]马正敏,孙宇清. 涤纶工业丝及帘子线油剂的研制[J]. 河北工业大学学报,1998,27(3):83-88.

[30]朱秀婷. 一种两亲性含硅高分子表面活性剂的制备与应用[D]. 大连理工大学,2022.

[31]梅自强. 纺织工业中的表面活性剂[M]. 北京:中国石化出版社,2001.

[32]李燕云,尹振晏,朱严瑾. 抗静电剂综述[J]. 北京石油化工学院学报,2003,(01):

28–33.

[33]侯攀，周科勇，王明．抗静电剂在高分子材料中的应用研究进展[J]．中国塑料，2011，25(07)：11–16.

[34]曹玉廷，姜波．高分子材料用有机抗静电剂的发展现状[J]．化工新型材料，2001，29(3)：13–15.

[35]邵晓林，温作杨，池晓智．化学纤维的抗氧化性能研究进展[J]．广州化工，2015，43(14)：21–23+26.

[36]王世琴，马玉刚，陈小平．聚丙烯老化及抗氧剂的应用和发展[J]．上海塑料，2011，(01)：1–4.

[37]魏俊富，张继梅，葛启，刘燕军．高速纺丝油剂中聚醚的起始剂对性能的影响[J]．纺织学报，2000，(02)：115–117+67.

[38]沈永芳，孙宇清．油剂平滑剂结构与性能的论述[J]．天津纺织工学院学报，1996，(04)：106–111+82.

[39]王大全．精细化工辞典[M]．北京：化学工业出版社，1998：780.

[40]陈龙然，林彬文，乐美华，曾群．亚磷酸酯类抗氧剂的研究及发展趋势[J]．广东化工，2009，36(12)：86–88+90.

[41]王利民．消泡剂的分类与应用技术[J]．中国洗涤用品工业，2009，(03)：70–73.

[42]朱天一，李茂，程亮．消泡剂的分类及其特点概述[J]．润滑油，2017，32(06)：23–25.

[43]徐弦，徐文远，胡亚飞．新型改性聚醚消泡剂的合成及其性能研究[J]．广州化工，2023，51(14)：73–76.

[44]王宇明，任秀艳，李晓玲．阳离子表面活性剂用于消除涤纶纤维静电[J]．吉林工学院学报(自然科学版)，2002，(02)：45–46.

[45]王迎，王怡婷，吴佳庆，郭亚飞，郝新敏．生物基锦纶56用抗静电纺丝油剂的复配及其对短纤维可纺性的影响[J]．纺织学报，2021，42(01)：84–89.

[46]陈金彪，贾舰．不同抗氧剂对氨纶纺丝稳定性的影响[J]．辽宁化工，2022，51(03)：332–334.

[47]辛明亮，李茂东，杨波等．高分子材料抗氧剂的抗氧机理及发展趋势[J]．塑料科技，2017，45(08)：100–106.

[48]何玉莲．高效纤维油剂消泡剂的研制[J]．精细化工，2001，(10)：592–594.

[49]施予长，任迅，庄日近．纺织印染用消泡剂的组成及消泡机理[J]．染料工业，1989，(03)：41–43.

[50]陆园，战力英，宫青海，蔡智奇，程江，文秀芳．抗氧剂的分类、作用机理及研究进展[J]．塑料助剂，2016，(02)：43–50.

[51]张君．高速纺丝油剂用抗静电剂的合成及其构性关系研究[D]．浙江大学，2007.

[52]王浩．低碳醇磷酸酯抗静电剂的合成与应用[D]．东华大学，2014.

[53]王伟松，王新荣，金一丰，俞芳，王月芬．一种涤纶FDY纺丝油剂及其制造方法：CN200910102020.9[P].

[54]郑珊妹．涤纶纤维纺丝用内部抗静电剂[J]．染料工业，1983，(01)：42–44.

[55]夏婷.纺丝油剂用磷酸酯型抗静电剂合成反应机理研究[D].浙江大学,2008.

[56]解如阜,葛启,刘玉海,李冬菊.合成纤维纺丝油剂中平滑剂的分析[J].天津工业大学学报,1986,(01):17-22.

[57]季荣水.抗静电剂对腈纶纺丝原液流变性能的影响[J].石油化工技术与经济,2007,23(04):55-57.

[58]姚志通,唐俊红,谢正苗,黄进刚,韩伟.一种新型化纤纺丝用润滑油剂:CN201510735619.1[P].

[59]邵建楠.离子型表面活性剂对纺丝油剂乳液性能的影响[D].天津工业大学,2018.

[60]刘鹏雷,姜鹏飞,刘燕军,郑帼.纺丝油剂中脂肪酸酯类平滑剂的抗氧化及热稳定性[J].纺织学报,2017,38(04):68-72.

[61]张玉敏,张霜,谢加宏,叶子衡,赵天琦.涤纶纤维纺丝油剂JUC消泡剂的研究[J].精细化工,2010,27(02):185-189.

[62]卢书辉,王小花,喻德峰.涤纶POY油剂配方与性能的构效关系[J].合成纤维工业,2020,43(06):70-73.

[63]张国强.抗静电改性共聚酯及其纳米复合物的合成与性能研究[D].北京服装学院,2011.

[64]孙润军.纺织品抗静电与防电磁辐射机理及评价方法的研究[D].东华大学,2004.

[65]金玉顺.新型抗静电PET纤维的研究[D].四川大学,2000.

[66]魏秋实.涤纶表面丝胶蛋白接枝改性及其性能影响研究[D].江南大学,2022.

[67]GB/T 5009.37-2003.食用植物油卫生标准的分析方法[S].北京:中国标准出版社,2003.

[68]朱足妹,杨梁斌,卢书辉,金鲜花.国产涤纶FDY油剂TF-7616的应用研究[J].合成纤维工业,2023,46(06):43-48.

第五章　织造用化学品

第一节　织造用化学品的种类及作用机理

在织造过程中，为满足后续织造要求，部分工序会大量使用化学品，例如上浆。本章着重介绍上浆所用化学品。在织机运行过程中，纱线与织机部件间以及纱线间会持续摩擦，导致纱线承受张力、冲击力等作用，容易使纱线表面起毛并引发断头现象。因此，绝大多数经纱在进行织造前需实施上浆处理。上浆主要目的包括：(1)增加平滑性和耐磨性。短纤纱表面存在众多毛羽，织造过程中纱线间摩擦力较大，导致相邻纱线间的毛羽相互缠结，增加断头几率，上浆可使短纤纱表面的毛羽变得服帖，从而防止缠结和断头情况的发生；(2)提升纱线强度。浆液能够渗入短纤纱内部，增强单根纤维之间的抱合力，将短纤纱黏附在一起，降低短纤纱滑移，进而提高短纤纱的强度；(3)提高集束性。通过将表面无毛羽的长纤维互相黏附，利用浆液的黏度提升长纤维间的集束性，增强纱线的可织性；(4)增强纱线弹性及韧性。浆液在纤维表面形成的浆膜能够使纱线保持适宜的湿度，提高纱线的弹性及韧性，防止纱线在织机作用力下出现断头现象。

织造上浆用浆料应具有良好水溶性、水分散性、成膜性、渗透性，同时具有一定黏度。在分子结构上，浆料分子具有一定量极性基团，且分子链呈线性的非晶态。纤维润湿后，浆液是否能迅速均匀铺展在纤维表面，是影响上浆效果的重要因素。上浆过程中，经纱浸入并吸收浆液，纱线表面被浆液浸润，在压浆辊的作用下，浆液被挤压进纤维内部。目前，研究人员对上浆机理进行了大量研究及探讨，多种机理相继被提出。上浆机理可从以下几个理论角度进行解释：

1.吸附理论

20世纪40年代末，麦克拉伦(McLaren)提出了吸附理论，该理论认为黏连现象是一种物质在另一种物质表面的吸附。此现象可分为两个过程：一是在布朗运动或外界作用力下，黏附剂(即浆料)迁移至另一物质(即纱线)表面；二是在范德华力和氢键作用下，黏附剂(即浆料)与另一物体(即纱线)发生稳定吸附现象。

2.扩散理论

在吸附理论基础上，发展延伸出了扩散理论，该理论包括两种观点：黏附剂(即浆料)首先铺展到另一物质(即纱线)表面，在分子间作用力下，浆料和纱线的大分子链之间发生纠缠并相互渗透，从而导致浆料和纱线间的界限模糊化，形成扩散黏附层，最终使浆料和纱线黏附在一起。另一种观点围绕相似相溶原理展开。若浆料和纱线均为极性或非极性，那么浆料和纱线间将发生黏附；若浆料和纱线一个极性，而另一个非极性，则黏附力小，可能造成落浆。

3.静电理论

静电理论指出，黏附现象源于静电力的影响。根据这一理论，当黏附剂与被黏材料接触时，界面两侧形成的双电层被视作电容器的两个极板，而黏合力主要源自双电层之间的静电引力。

为完成浆纱工序，通常使用大量化学品，在此统称为浆料。理想浆料不仅对纤维具有优良渗透性、黏合力和抱合力，可包覆在纤维表面并形成光滑而强韧的浆膜，还应具备易于退浆、成本低廉和加工便捷等特点。浆料主要性质包括浆液的流变性、浸透性、黏附性及浆膜的物理机械性能。浆料主要由主浆料和辅助浆料构成。其中主浆料也被称为黏着剂，是浆液中最主要的成分，直接决定上浆性能。但在许多情况下，单一的浆料难以满足上浆的所有性能需求，因此需要添加辅助浆料来弥补主浆料性能上的不足。

一、主浆料的分类及其作用机理

作为主要的黏合剂，主浆料不仅需要具备成膜性能，还必须与纤维有优异黏附力。根据化学结构和来源，主浆料可分为天然高分子浆料和合成高分子浆料两大类。天然高分子浆料主要包括天然多糖类（如淀粉、纤维素及其衍生物、野生植物浆料等）和蛋白质类（如动物胶）等。合成高分子浆料则主要包括聚乙烯醇、聚丙烯酸和聚酯类等。这些主浆料在纺织品生产过程中发挥着至关重要的作用，通过优化其黏合性能，显著提升了织物的质量和性能。

1.淀粉

（1）淀粉简介

淀粉作为纺织经纱上浆的主要浆料，拥有悠久的历史背景。早在我国元代，人们就已经开始使用小麦粉作为浆料。淀粉对亲水性天然纤维展现出良好的黏附性能，并具备一定的成膜能力，基本上能满足这些纤维的上浆需求。此外，淀粉资源的丰富性和其低廉的价格，使得它在经纱上浆领域中具有较高应用价值及经济优势。中国淀粉工艺协会指出，“十四五”期间，预计淀粉总产量由2020年的3389.0万吨增加到3800.0万吨，增长12%，各项产量指标如表5-1所示。

表5-1 “十四五”期间我国淀粉生产产量指标

品种	2020产量（万吨）	2025预计产量（万吨）
总淀粉量	3389.0	3805.0
玉米淀粉	3232.6	3560.0
马铃薯淀粉	66.1	90.0
木薯淀粉	26.0	30.0
甘薯淀粉	25.2	35.0
其他淀粉	39.1	90.0

淀粉，作为主要天然浆料，广泛应用于棉纱和涤棉纱的上浆过程中。纯淀粉呈现为白色或略带黄色，是一种富有光泽的细腻粉末。这种粉末由众多微小颗粒构成。淀粉的分子式为$(C_6H_{10}O_5)_n$，n为葡萄糖残基数，即淀粉聚合度，一般为200~6000，其化学结构式如下：

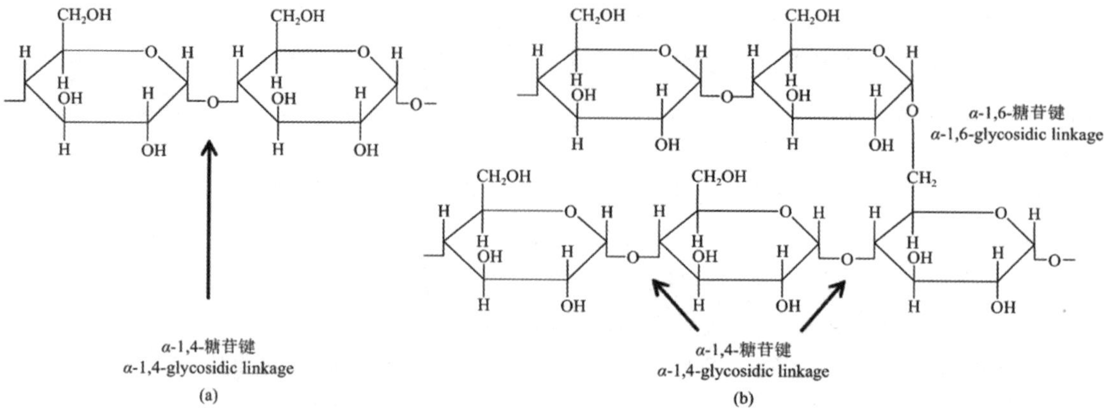

其结构特征是在每个葡萄糖剩基中有三个醇羟基，第二、三碳原子上分别含有一个仲醇羟基，第六碳原子上含有一个伯醇羟基，葡萄糖剩基之间由1,4-苷键相连，这些结构特性决定了淀粉的多种性能。若淀粉的聚合度较高，其黏度随之增大，流动性则较差。为了使淀粉颗粒变得更加细腻，并且使部分淀粉转化为水溶性，需要在浆液中添加助剂以促进淀粉的分解。

(2)淀粉浆的性质

①淀粉浆的黏度：淀粉颗粒在冷水中溶解性较差，其在水中的行为会随着温度的变化而变化。在较低温度(50℃以下)时，淀粉颗粒的膨胀程度有限，并且这种膨胀是可逆的。随着温度升高，淀粉颗粒的吸水能力增强，体积迅速膨胀。因此，原本稀薄的悬浮液由于膨胀的淀粉颗粒相互挤压，黏度迅速增加。当继续加热时，淀粉颗粒进一步膨胀，使得原本不透明的淀粉分散液转变为透明且具有一定黏度的浆液。发生这种激烈变化的温度称为糊化温度，它是淀粉的一个重要特性。当温度达到糊化温度时，淀粉浆的黏度会急剧上升。然而，随着温度的进一步升高，黏度达到峰值后，由于膨胀颗粒的破裂，黏度开始下降。尽管变化逐渐变得平缓，但在高温下保持一段时间后，黏度的变化不大。如果温度降低，黏度虽然可以回升，但无法恢复到最初的最高点。糊化后的淀粉浆呈现为胶体状的分散液，是一种复杂的混合物，包括膨胀的颗粒碎片、水合分子的集合体以及溶解于水的低分子物质。

②淀粉浆的浸透性：淀粉浆是一种胶状悬浊液，在水中，其粒子碎片以多分子聚集体的形式存在，导致其渗透性较差。然而，一旦淀粉经过分解或变性处理，转化为水溶性形式，其浸透性能将得到显著提升。

淀粉浆在低温条件下具有形成凝胶的特性，这成为影响其浸透性的一个负面因素。在浆纱机上，进入浆槽的经纱温度通常远低于高温的浆液。当经纱与浆液接触时，会导致经纱周围的浆液局部凝胶化，从而降低了浸透性。因此，通常情况下，天然淀粉并不适合用于低温上浆。为了改善浆液的浸透性，可以采取降低黏度、进行必要的分解处理、提高温度以及添加表面活性剂等方法。

③淀粉浆的黏附性：淀粉大分子的多羟基结构，具有较强的极性，氢键的缔合分子间力都较大。尽管淀粉对极性物质具有较高的黏附力，但相较于其他浆料，其黏附性能并不突出，特别是在对疏水性合成纤维的黏附方面表现得尤为不足。

④淀粉浆的成膜性能：通常情况下，淀粉浆的成膜性能并不理想，形成的浆膜往往硬且

脆弱。这是由于其大分子链由环状结构的葡萄糖剩基构成的，导致其柔韧性不足，且具有较高的玻璃化转变温度。

当淀粉经过酸化处理或通过其他分解手段时，其薄膜的机械性能会有所降低。淀粉薄膜能够与空气中的水分发生湿交换，当空气较干燥时，薄膜脱湿收缩，发硬变脆；空气湿度高时，薄膜吸湿膨胀，柔软略有弹性；若湿度过高，薄膜则会变得过于柔软和黏稠，其机械性能进一步恶化。

淀粉因其对亲水性天然纤维的优异黏附性以及一定的成膜能力而备受关注。通常，为了达到理想的上浆效果，淀粉浆料需要比其他类型的浆料更高的上浆量。淀粉的资源丰富、价格低廉，在经纱上浆中的应用已积累了一定的经验。但其上浆性能不能令人十分满意，因此常需用各种辅助浆料加以弥补。通过化学变性处理或与其他浆料的混合使用，可以显著提高淀粉的上浆效果，并拓展其应用范围。由于淀粉本身不溶于水，需要采用化学退浆法或酶退浆法退浆。值得注意的是，淀粉浆的退浆污水相较于其他化学浆料，对环境的污染程度较低。

（3）淀粉分解作用机理

淀粉是由α-葡萄糖缩聚反应形成的高分子化合物，为天然高聚糖。其基本单元（即链节）由α-D葡萄糖通过α-1，4苷键连接而成。α-D葡萄糖为一个六碳多羟醛己糖，是第一个碳原子上的醛基与第五个碳原子上的羟基缩合而成环状半缩醛结构。淀粉分解可通过生物法、物理法和化学法三种途径实现，这些方法旨在破坏淀粉分子中的苷键，降低其聚合度，从而减少淀粉黏度并改善其浆液流动性。生物法主要利用酵素、酶等成分对大分子淀粉进行分解；物理法主要通过热、机械作用和超声方法降低大分子淀粉聚合度；化学法按照反应条件的不同可分为酸性分解、碱性分解和氧化分解等。本章着重介绍化学法。

①酸性分解

酸性分解淀粉是利用氢离子降低淀粉大分子苷键的活化能，对淀粉大分子中葡萄糖苷键进行催化水解，使大分子聚合度降低，达到水解目的。其基本原理是基于酸对淀粉分子中的α-1，4-糖链和α-1，6-糖链进行水解，生成较小的糖分子。在一定条件下，即使只有少量的酸存在，淀粉也能持续分解，最终被水解成葡萄糖。酸性分解作用首先发生在淀粉颗粒的无定型区域，导致其中的α-1，4苷键和α-1，6苷键发生水解。经过酸性分解后的淀粉，其黏度会降低，热稳定性得到提升，但同时糊化温度上升，凝沉作用加剧，凝胶破裂强度下降，而还原性和薄膜性能则没有显著变化。在经纱上浆工艺中，酸性分解淀粉可作为支棉纱、黏胶纱和苎麻纱的主要浆料。对于涤棉、涤黏、涤麻混纺纱的上浆，它可与合成浆料混合使用，以改善PVA浆料强度高、浆纱分绞困难的问题。通常使用的酸性化学品包括硫酸、盐酸等，硫酸和盐酸用量一般分别为淀粉的0.4-0.5 wt.%与0.2-0.3 wt.%。

②碱性分解

常用的碱性物质包括硅酸钠和氢氧化钠，在氧气和高温存在条件下，碱使淀粉大分子发生裂解，从而降低其聚合度。这一过程导致浆液的物理化学性质发生显著变化。由于碱性分解过程相对温和，它有助于维持浆料黏度的稳定性。在实际应用中，硅酸钠和氢氧化钠的用量一般分别为淀粉的4-8 wt.%及0.5-1 wt.%。

③氧化分解

淀粉大分子中的羟基和苷键对氧化剂不稳定，易受侵袭。根据氧化剂对淀粉的作用方式不同，可以将其分为专一性氧化剂和随机性氧化剂两大类。专一性氧化剂仅能氧化淀粉分子中特定位置的基团。例如，过碘酸仅能氧化第二和第三碳原子上的仲醇基，生成的产物被称为二醛淀粉。而随机性氧化剂则能在淀粉分子的多个部位随机进行氧化反应，常见的随机性氧化剂包括次氯酸盐、过氧化氢、氯胺T、漂白粉和臭氧等。其中氯胺T、次氯酸钠和漂白粉最为常用，它们具有强氧化性，能把淀粉中的羟基氧化成羧基、醛基，使浆液的黏度下降，提高浆液对水和纤维的亲和力。氯胺T的用量一般为淀粉的0.4–0.5 wt.%，次氯酸钠和漂白粉的用量一般为淀粉的0.5–1.2 wt.%。通过这些方法制备的氧化淀粉，其糊化温度降低，黏度和热稳定性得到改善，凝沉和凝胶化作用减弱，形成的薄膜均匀、透明、收缩性小，且不易爆裂，易于水溶，显著提升了对天然纤维的黏附性。

2.变性淀粉

尽管天然淀粉具备一定的黏附性和成膜性，但这些特性仍不足以满足现代工业技术、工艺以及设备的先进要求。鉴于天然淀粉在上浆性能上的局限性以及调浆过程的复杂性，研究人员开始对其进行各种变性研究。变性淀粉是通过化学、物理或生物方法对天然淀粉进行深加工的产物，它相较于天然淀粉拥有更优越的性能，能够满足工艺上各种用途所需的特定变性淀粉。在纺织经纱上浆领域，对天然淀粉进行变性的主要目的包括：(1)降低天然淀粉的黏度，改善其流动性能，以满足高速机械上浆的需求；(2)通过变性提升淀粉的使用价值，引入经纱上浆中所需的特定基团，以便能够适用于发展迅速的合成纤维上浆。在淀粉浆料的使用中，变性淀粉的比例日益增加，美国纺织业几乎完全使用变性淀粉；在中国，变性淀粉浆料的使用也占据了绝大多数，已较少直接使用天然淀粉用于经纱上浆。

(1)酸解淀粉

酸解淀粉也叫酸化淀粉，拥有悠久的发展历程。早在1874年，Naegeli首次制备出酸处理淀粉，随后在1886年，Lintner也制备出了酸解淀粉。利用酸对淀粉大分子的分解进而得到变性产物。通过酸的作用，淀粉大分子中的α–1，4–苷键或α–1，6–苷键发生水解，导致分子链断裂，从而降低了淀粉大分子的聚合度(参见图5–1)。在这一水解过程中，酸作为催化剂，并不被消耗，只要存在少量酸，水解反应便可持续进行，直至淀粉完全水解成葡萄糖。因此，在实际生产过程中，一旦达到所需的水解程度，必须立即使用碱性物质中和酸性，以停止水解反应。

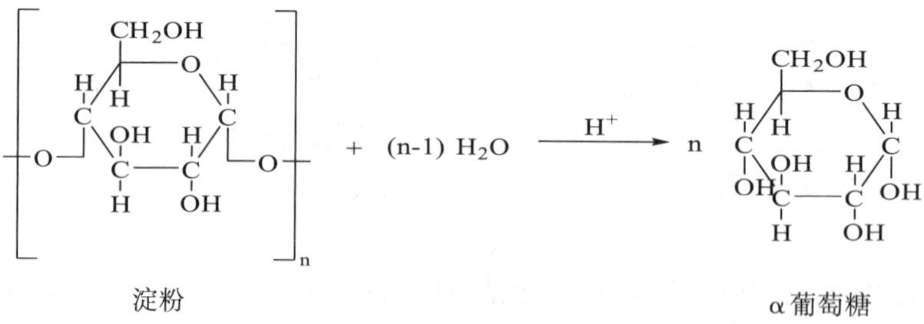

图5–1 淀粉酸水解的化学反应式

酸解淀粉制取成本低、制取方法简单。对纺织工业来说，特别重要的是酸解淀粉在可工作黏度下，具有较高的固含量，调浆配制中无需再对淀粉进行分解处理，简化了调浆配方及调浆工艺。高固含量也可使经纱上浆率保持一定水平，确保了经纱上浆膜强度及对纱线足够的黏附力。因此，浆纱耐磨性得到提升，织造性能也相应改善。此外，合成酸变性淀粉的目的还有降低淀粉糊的黏度，制成高浓低黏的浆液。这是因为酸解使淀粉分子量降低，流动性增强，黏度降低。酸解淀粉容易形成均匀的浆膜，浆膜脆硬，尽管其特性黏度较原淀粉有显著下降，但薄膜强度仅略有减少，适用经纱上浆。

（2）氧化淀粉

利用氧化剂释放的氧原子对淀粉分子进行局部氧化，从而改变其部分特性并得到的淀粉被称为氧化淀粉。根据氧化剂作用于淀粉的方式不同，氧化剂可以分为专一性氧化剂和随机性氧化剂两大类。

氧化淀粉形成的膜具有强韧、清晰和连续的特性，比酸解淀粉的膜更均匀，收缩及爆裂的可能性更少，且更易溶于水。与酸解淀粉相比，氧化淀粉的相对分子质量有所降低，呈现出高浓低黏特征，其成糊温度和最高热黏度也相应降低。氧化淀粉在分子结构中引入了阴离子基团，显著提升了淀粉糊料的稳定性，减少了退碱性，同时提高了透明度和黏附力。此外，氧化淀粉的成膜性能优良，膜强度高，有利于浆纱。淀粉的水溶性增加，更有利于制备浆液和退浆。得益于这些优点以及其经济性，氧化淀粉已被广泛应用于纱、人造纤维、化学纤维以及混纺经纱的上浆过程中，是棉纺织厂使用的主要浆料之一。

（3）酯化淀粉

淀粉分子上存在大量羟基，能够与多种有机酸或无机酸发生酯化反应（图 5-2）。在工业应用中，淀粉醋酸酯、丁二酸酯和氨基甲酸酯等有机酸酯的使用较为广泛；而在无机酸酯中，磷酸酯的应用最为普遍。酯化淀粉在纺织行业中用于经纱上浆受到特别关注。由于有机酸酯具有疏水性，依据相似相容原理，在淀粉大分子中引入与合成纤维化学结构相似的基团，可以增强它们之间的黏附力，从而提升淀粉对疏水性合成纤维上浆的适应性。其中尤以醋酸酯和丁二酸酯最为常用。

醋酸酯淀粉由淀粉与醋酐或醋酸乙烯酯经酯化反应而成。淀粉醋酸酯是在淀粉分子中引入少量的酯基团，因而阻碍或减少了直链淀粉分子间的氢键缔合，使淀粉醋酸酯的许多性质优于天然淀粉。引入的疏水性酯基，增加了对合成纤维的亲和力，使醋酸醋淀粉适合于疏水性的合成纤维上浆，并可用于涤棉混纺织物上浆，可部分替代PVA浆料。醋酸酯淀粉糊化温度低、黏度稳定，凝沉性减弱，成膜性好，透明度高，膜柔软，胶黏力强，且吸湿性好，易于退浆。

磷酸酯淀粉是通过淀粉与正磷酸盐的反应制备而成，即便在较低的取代度下，也能显著改变淀粉的原有特性。在纺织工业领域，它被广泛应用于上浆、印染和织物整理过程。相较于原始淀粉，磷酸酯淀粉展现出更高的黏度、更优的透明度和稳定性，同时具备较强的胶黏性和较弱的凝沉性。作为纺织浆料，磷酸酯淀粉使用量少而效果显著，且易于退浆处理。它还具有良好的分散性和乳化性，以及优异的抗老化性能和稳定性，即使在低温条件下也不会发生凝冻现象。

$$\underset{\text{原淀粉}}{R_{st}-OH} + \underset{\text{有机酸}}{R-\overset{\overset{\displaystyle O}{\|}}{C}-OH} \xrightarrow{OH^-} \underset{\text{淀粉酯}}{R_{st}-O-\overset{\overset{\displaystyle O}{\|}}{C}-R} + H_2O$$

图 5-2　淀粉酯化反应原理

（4）醚化淀粉

淀粉是一种多羟基化合物，具有多元醇的化学活性在特定条件下，这些羟基能够与卤化烃或含有羟基的化学试剂发生反应，例如生成羧甲基淀粉、羟乙基淀粉、羟丙基淀粉、阳离子淀粉等醚化淀粉。淀粉经过醚化处理后，在其大分子链的侧基上引入了通过醚键连接的较大基团。这种侧基的引入能够减少淀粉分子间的相互作用力，降低淀粉的退化性，增强淀粉浆液的稳定性，并且降低淀粉膜的硬度和脆性，提高浆膜的透明度，赋予淀粉新的功能。例如，当引入离子基团后，淀粉的水溶性得到提升，使其能够作为高分子电解质应用于多种领域。由于醚键的稳定性，醚化淀粉表现出良好的耐化学品稳定性。

醚化淀粉已被广泛应用于纺织浆料领域，其中使用量最大的是羧甲基淀粉（简称CMS）。CMS的优势在于与其他浆料（如PVA）的良好相容性，它可作为羧甲基纤维素的经济替代品，用作混合浆料的相容剂，有助于减少混合浆液的相分离现象；CMS的浆膜不仅透明度高，而且柔韧性好，对天然纤维具有良好的黏附性，适用于中特、细特棉纱、麻纱和黏胶纤维的经纱上浆。

（5）交联淀粉

由于淀粉分子链上含有大量化学活性较高的羟基官能团，能够与多种化合物发生化学反应，例如：酸酐、环氧化合物、烯烃类化合物以及含卤素的有机化合物等。当这些化学物质含有两个或两个以上能够与羟基反应的官能团时，它们有可能与两个不同的羟基发生反应，从而导致在同一个分子内或不同分子间的羟基之间形成交联。交联淀粉是通过与双官能团或多官能团试剂的反应，将不同淀粉分子中的羟基连接起来而制得的产物。交联淀粉的简化反应过程如图5-3所示。

$$\mathrm{R_{st}{-}OH + HO{-}R_{st}} \xrightarrow{\text{交联剂X}} \mathrm{R_{st}{-}O{-}X{-}O{-}R_{st}}$$

图5-3 制备交联淀粉简略示意图

交联淀粉在一般环境中几乎无变化，颗粒外形保持完整稳定性。然而，当在水中加热或被化学品糊化时，交联作用对颗粒的影响便显现出来。膨胀性降低，必然使糊化温度升高。当交联淀粉被置于水中加热，尽管氢键的结合力减弱，但交联形成的化学键桥却加强了颗粒的结构，从而抑制了膨胀和糊化过程。在低交联度制品中，其糊化温度略有升高，糊化过程的峰值黏度也有所提高，实际黏度上升，凝胶力更强。

交联淀粉由于大分子间的化学键交联，大分子的柔顺性进一步减退。薄膜属于脆硬型，具有较大的刚度、较高的强度和较小的伸长率，它却保留了天然淀粉的许多基本属性。但在耐热性方面交联淀粉好于天然淀粉。交联淀粉最显著特性是其黏度稳定性，即便在高温烧煮时，其黏度下降幅度微小；在承受高机械剪切应力时，黏度值也几乎保持不变，有着比原淀粉更强的抗剪切能力。

（6）接枝淀粉

接枝淀粉是一类新型变性淀粉，由天然淀粉高分子与合成聚合物通过化学键连接形成的共聚物。通过化学或物理方法，在淀粉大分子主链上形成聚合物引发点，从而使得特定的烯烃类单体以一定聚合度接枝到淀粉大分子上，或者将某些低聚合度的合成物以特定方法嵌入淀粉大分子的侧链中。

接枝共聚的方法根据原理可分为自由基引发接枝共聚法、离子相互作用法和缩合加成法。在纺织浆料中，主要采用自由基引发接枝共聚法。接枝淀粉的分子结构模型可用以下式子表示：

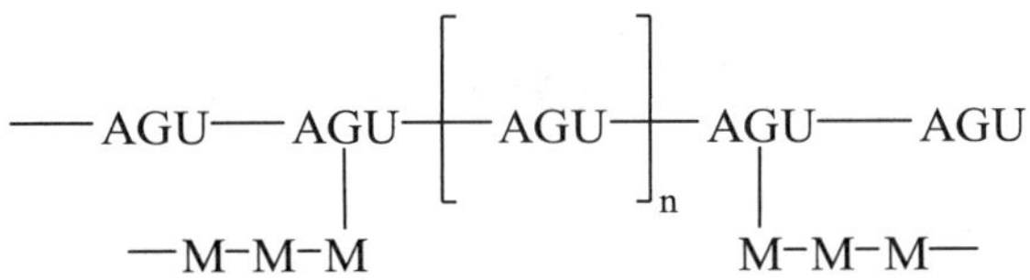

式中：AGU—葡萄糖剩基；M—接枝的聚合物链节，通常M的循环次数为10~30。

接枝淀粉包括多种类型，例如：丙烯腈接枝共聚物、水溶性接枝共聚物、热塑性接枝共聚物以及其他种类的接枝共聚物。采用未糊化颗粒状原淀粉作为原料制得的接枝淀粉，在外观和手感上与原淀粉或普通变性淀粉存在显著差异，表现为白色且略带有轻微聚集体的粉末状颗粒。在光学显微镜下观察，可以发现特定原淀粉的颗粒形态大致保持原样，但其表面出现了较多裂纹，质地较为蓬松，易于被水渗透，易与水混合，无结块，易于调浆。

接枝淀粉浆料产品，除了在淀粉大分子链上接枝外，还包含了一定量单体的均聚和共聚物，实际上为一种混合物。这些均聚和共聚物同样可以被视为化学浆料的组成部分，因此在选择单体时，这一点需要被充分考虑。接枝淀粉浆料对纤维的黏附性能尤为关键，它对涤/棉纱有良好黏附力，性能优于普通的变性淀粉浆料。

3.聚乙烯醇（PVA）

聚乙烯醇（Polyvinyl Alcohol，简称PVA）是一种具有线型乙烯类聚合物特征的水溶性高分子化合物，也具有立体结构和分支结构。自1940年首次应用于经纱上浆以来，作为锦纶丝及黏胶丝上浆的浆料，PVA迅速被纺织工业采纳。基于其出色的成膜性、良好的黏附性以及与其他浆料相容性等特点，PVA一度被认为是“理想”的浆料。然而，由于其退浆过程难以彻底清除，并且难以生物降解，PVA在环保方面面临了显著的挑战，从而限制了它的应用。

（1）PVA分子结构

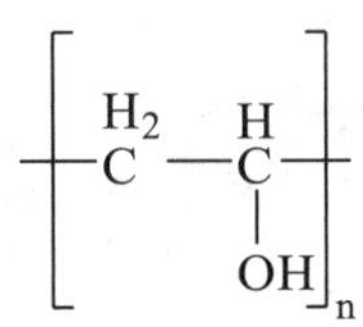

PVA分子一般可用上式表示，其中n代表分子中所含重复单元的链节数，称聚合度。PVA是线型高分子，其链结构主要为1，3-二醇结构，也带有少量1，2-乙二醇结构。

（2）PVA的合成

与聚丙烯酸酯、聚酰胺等聚合物不同，PVA无法直接通过其假想单体乙烯醇聚合而成，因为游离态的乙烯醇不存在，它会自行发生分子重排转化为乙醛。目前，PVA的生产过程是先将醋酸乙烯酯聚合为聚醋酸乙烯酯，随后通过醇解（或水解）反应转化为PVA。醋酸乙烯酯具有较高的反应活性，在紫外线、γ射线、X射线或引发剂的作用下，容易发生自由基加成聚合反应。醋酸乙烯酯聚合的工业化方法包括溶液聚合、乳液聚合、本体聚合和悬浮体聚合等，这些不同的聚合方法对最终PVA产品的性能和质量有着显著的影响。其中，溶液聚合被认为是醋酸乙烯酯聚合的最佳方法，因为它能够产生支化度较低、相对分子质量分布较窄、结晶性良好的产品，非常适合大型和连续化的工业生产。

聚醋酸乙烯酯通过氢氧化钠的作用，在甲醇中进行醇解反应，得到PVA与醋酸甲酯，反应过程如图5-4所示。

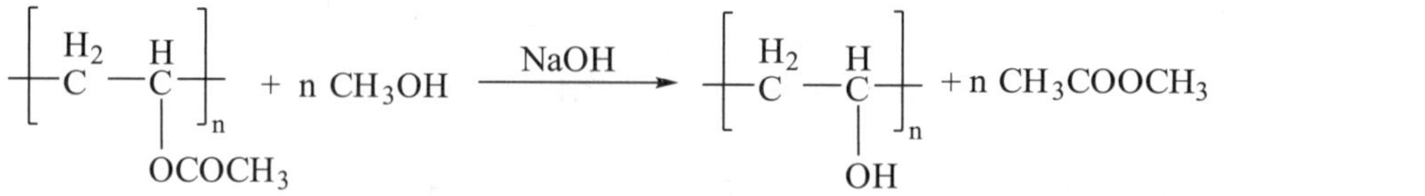

图5-4　聚乙烯醇制备过程

PVA的聚合度主要取决于聚醋酸乙烯酯的聚合度。通常情况下，经过醇解后得到的聚乙烯醇，其聚合度会因为聚醋酸乙烯酯的支化而有所降低。在生产PVA的过程中，所使用的聚醋酸乙烯酯溶液浓度应适当，若浓度太高，会导致黏度过大，从而使得反应不均匀，操作变得困难，并且整体的醇解率会降低；反之，如果浓度太低，则会使得反应速率过慢。

(3)PVA的使用性能

PVA是一种水溶性合成黏着剂，它对各种纤维展现出良好的黏附性。浆液黏度稳定，不易腐败，浆膜伞伸度、耐磨性和屈曲强度均较其他浆料高，具有良好上浆性能，这使得PVA被广泛用于涤棉混纺织物和纯棉细特高密织物经纱上浆，是一种适应性很广的通用浆料。PVA一方面具有优良上浆性能，是细特高密织物的纯棉或化纤经纱上浆难以替代的产品；但另一方面，其化学需氧量(COD)和生化需氧量(BOD_5)很高。根据环保规定，一定条件下用重铬酸钾作氧化剂，氧化退浆废水每升所消耗氧的毫克数，记作COD_{cr}；也可用微生物在一定温度下培养5天，测定氧化每升废水所消耗氧的毫克数，记作BOD_5。PVA的$BOD_5/COD_{cr} < 0.25$，属于难生化处理的浆料。因此，在未解决PVA对环境影响的问题之前，必须限制其使用，尽量减少或避免使用。

(4)PVA浆液的性质

①PVA浆液的黏度：PVA主要以水溶液形式应用，PVA水溶液的黏度与PVA的聚合度、醇解度、温度及浓度等都有密切关系。其黏度随聚合度、浓度的升高而升高，随温度的升高而降低。PVA的醇解度对其溶液黏度的影响具有独特性，以4%PVA水溶液，25℃时的黏度为例(这是工业上检验PVA黏度等级的测定条件)，在醇解度为87%(摩尔分数)时有一最小值(图5-5)。

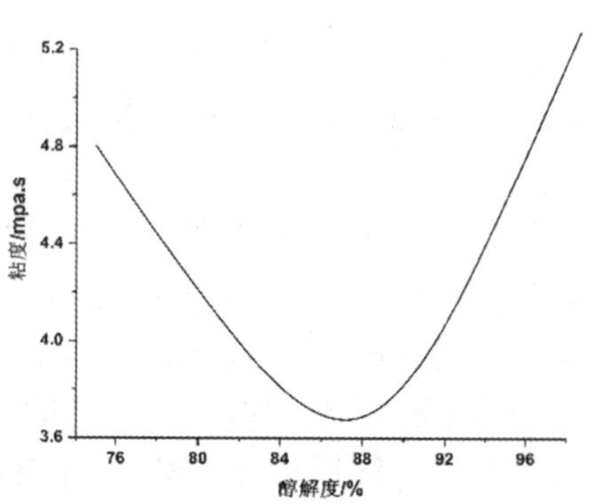

图5-5　PVA醇解度与黏度的关系(4%，25℃)

醇解度低于87%，4%PVA水溶液黏度会随着醇解度降低而增加，在高醇解度区间，随着醇解度的升高，由于分子间氢键的缔合作用增强，黏度同样会升高。此外，高醇解度的PVA水溶液，其黏度会随着时间延长而逐渐上升，最终甚至可形成凝胶状物质。PVA水溶液浓度越高，放置温度越低，其黏度增加的速度就越快。相比之下，部分醇解PVA水溶液黏度则相对稳定，即使长时间放置，黏度变化也微乎其微。

②PVA浆液的浸透性：PVA浆液浸透性与黏度、表面张力及润湿接触角有关，PVA属被覆性浆料，其表面活性较低。

③PVA浆液的黏附性：PVA对各种纤维的黏附性优于天然浆料，然而，不同型号的PVA对不同纤维的黏合性也存在显著差异，这与它们的化学结构紧密相关。润湿是黏附的前提，研究者们利用PVA水溶液对各种聚合物薄膜的接触角及润湿能进行评估，以此来判断它们与聚合物分子之间的亲和力。

④PVA浆液的膜性能：PVA是一种成膜性优良的高聚物。PVA薄膜具有强度高、弹性好、耐磨等特点。此外，PVA薄膜的吸湿性优良，特别适合用于疏水性纤维的上浆处理。值得注意的是，随着醇解度的提高，PVA薄膜的吸湿性会相应降低，这主要是由于羟基间的氢键相互作用所致。PVA是水溶性很好的浆料，但经过溶解、烘燥、成膜后，使PVA的再溶性发生了一定变化。具体而言，与原始粉末状PVA相比，薄膜状PVA溶解性较差，这不仅因为薄膜表面积比粉末状PVA表面积显著减少，且由于经过烘燥、热处理等，使溶解性变差，PVA浆料的主要缺点是结皮、起泡、较强的再黏性以及对合成纤维的黏附性不足等。此外，PVA退浆废水的处理较为困难，长期累积可能会对生态环境造成破坏，导致环境污染问题。

4.丙烯酸类

丙烯酸（酯）类浆料对纤维展现出卓越的黏合力，特别是具有广泛可变性。通过调整单体的种类和组合、聚合条件及方法、以及投料方式，可制备出具有不同性能的浆料。此外，丙烯酸（酯）类浆料的配伍性优良，能够与淀粉和PVA浆料混合使用，通过调整不同的混合比例，可使其适用于各类纤维的经纱上浆，适用性广，加之其具有一定水溶性、污染度低，因而丙烯酸（酯）类浆料在过去30年里一直是上浆领域研究者的主要关注点。

丙烯酸（酯）类浆料是以含有一个不饱和键的丙烯酸衍生物为单体，经过聚合或共聚而成的高分子化合物，属于线型热塑性高分子材料。这类浆料所用单体种类繁多，它们在结构上的共同点是都具有一个双键及一个或多个特殊官能团，化学活性高、易于聚合或共聚，其结构通式如下：

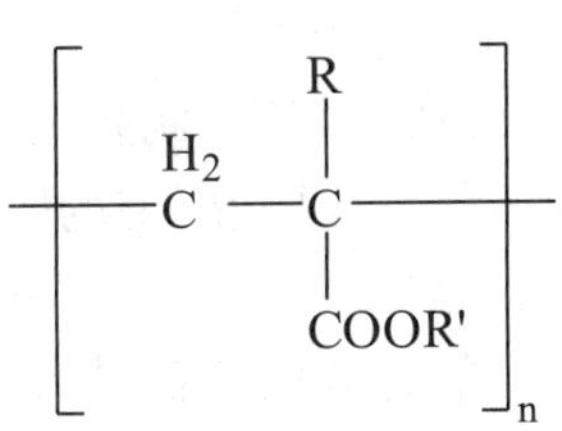

式中：R为—H或—CH_3；R’为—H或烷基Na^+、NH_4^+等。

由于使用不同的单体聚合，丙烯酸类浆料侧链上的R’基团不同，其性能差异也较大。一般，丙烯酸类浆料常用的聚合单体如表5-2所示。

表5-2　丙烯酸类浆料常用的聚合单体

名称	结构式	名称	结构式
丙烯酸	$H_2C=CH(COOH)$	甲基丙烯酸	$H_2C=C(CH_3)COOH$
丙烯酸盐	$H_2C=CH(COOMe)$	甲基丙烯酸盐	$H_2C=C(CH_3)COOMe$
丙烯酸甲酯	$H_2C=CH(COOCH_3)$	甲基丙烯酸甲酯	$H_2C=C(CH_3)COOCH_3$
丙烯酸乙酯	$H_2C=CH(COOC_2H_5)$	丙烯腈	$H_2C=CH(CN)$
丙烯酸丙酯	$H_2C=CH(COOC_3H_7)$	丙烯酰胺	$H_2C=CH(CONH_2)$
丙烯酸丁酯	$H_2C=CH(COOC_4H_9)$	—	—

丙烯酸(酯)类浆料的制备通常采用乳液聚合或溶液聚合,聚合温度通常控制在80℃。由于聚合反应是放热反应,为了便于反应热散发和温度控制,反应单体的浓度不宜过高。工业上常用的丙烯酸(酯)类浆料浓度在25~50 wt.%,呈胶体乳液或分散液形式;尽管市场上也有固体形态(如粒状或絮状)的产品,但其价格相对较高。

在国内外市场上,丙烯酸(酯)类浆料的商品种类繁多,根据其基本化学结构和主要的上浆工艺,可将其分为三大类:聚丙烯酸(盐)类浆料、聚丙烯酸胺浆料以及聚丙烯酸酯浆料。自21世纪以来,市场上涌现了多种用于纺织经纱上浆的固体聚丙烯酸盐浆料。然而,这类浆料并不是真正的固体聚丙烯酸盐浆料,而是在制备时通过添加大量填充剂(主要是无机盐)来降低产品黏度,并促进浆料固体化,在某些所谓的固体聚丙烯酸类浆料中,填充剂的含量甚至超过了90%。近年来,国内已有多家企业成功开发了低聚合度固体聚丙烯酸类浆料,这类浆料具有吸湿性低、对浆液不增稠、有效成分含量高、黏度低等特点,非常适用于纺织经纱上浆。

丙烯酸(酯)类浆料的黏度:与一般高聚物相同,丙烯酸类浆液属切力变稀的非牛顿型流体。在较低的剪切速率下黏度随浓度呈指数关系增加,图5-6及图5-7为聚丙烯铵盐及聚丙烯酸酯浆料的浓度-黏度曲线。

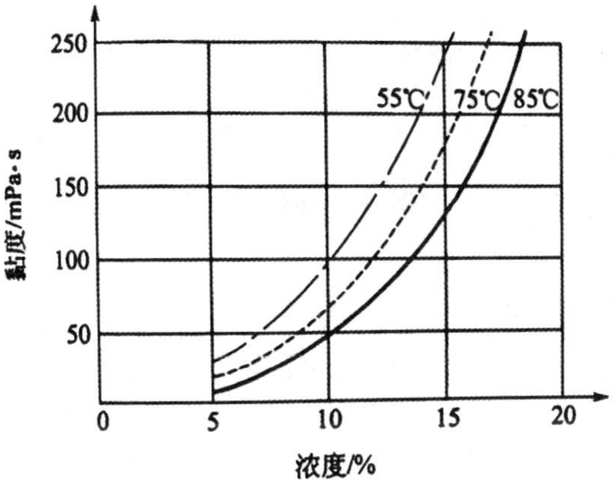

图5-6　聚丙烯酸铵盐的浓度-黏度曲线
（γ=507s^{-1}）

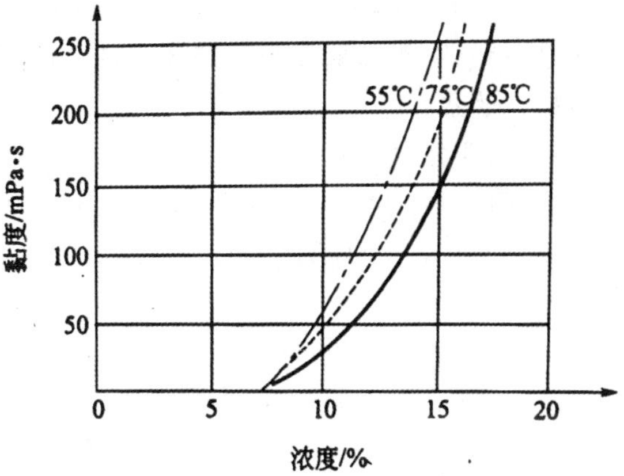

图5-7　聚丙烯酸酯浆料的浓度-黏度曲线
（γ=507s^{-1}）

丙烯酸酯类浆料的黏附性和成膜性相较于其他常规浆料，浆膜强度不及其他浆料，但浆膜柔软且易于弯曲，断裂伸长率极高。此外，这些浆膜还具备一定吸湿能力，其力学性能显著受环境湿度影响。湿度较低时，浆膜变得脆硬；而湿度过高时，浆膜强度降低并出现再黏现象。这些均为丙烯酸类浆料的主要局限性，限制了其应用，主要与其Tg密切相关。

5.聚酯类

对于涤纶纱或长丝的上浆，淀粉和PVA作为浆料显然不适合使用。尽管可应用聚丙烯酸酯类浆料，但存在一定局限性，主要因为它们缺乏对涤纶等高疏水性纤维足够的附着力，在纤维表面形成的浆膜机械强度低，且在织造车间高温环境中有发黏现象。因此，开发适用于聚酯纤维，特别是无捻聚酯长丝的浆料，一直是浆料化学领域中颇有吸引力的研究课题。

为了达到此目标，研究者们从20世纪70年代初即对聚酯浆料开始研究。为改善聚酯浆料性能，美国、法国、德国、日本等国研究者们相继对聚酯浆料缩聚单体进行了研究，通过控制亲水性单体聚乙二醇含量，并加入少量阴离子性水溶性单体以及破坏聚酯分子链规整性的其他单体，合成了第二代聚酯浆料。这类浆料对涤纶有优异黏附性，无落浆现象；同时，这类浆料的水溶性好，易于在热水中退浆，退浆后的废液易于生物降解；黏度低、浆液表面张力低，有较好渗透性；上浆率相较于其他浆料显著降低；吸湿性适中，再黏性小。此外，这种浆料可以通过采用不同的共聚组分，以适应涤纶、丙纶的长丝纱、短纤纱、粗特纱或细特纱等多种不同应用场景。

聚酯浆料并非聚丙烯酸酯类，而是特指对苯二甲酸（或间苯二甲酸）与乙二醇为基本反应物，再添加少量其他物质，通过聚合反应生成的水分散聚酯。

对聚酯浆料的基本要求包括耐磨性、优异的柔韧性和黏附力以及对湿度的不敏感性和易于退浆的特性。聚酯浆料分子结构中的亲水基或水溶性基团比例较低，相对分子质量小，黏度较低，渗透性强。对于长丝浆料，聚酯浆仅起到黏合剂的作用，浆料渗进纤维，将分离的长丝黏合在一起，依靠长丝自身的强度和耐磨性抵抗织造过程中的摩擦和磨损。对于短纤经纱浆料，除了要求对纤维具有黏附性外，还要求对经纱表面成膜起保护作用。因此聚酯浆料用于短纤经纱时，一般要求相对分子质量至少在5000以上，若低于5000，浆料的膜强度过低。同时,对于短纤经纱,浆料的渗透与被覆之间应取得平衡。聚酯浆料的膜强度影响其作为主浆料使用,可作为黏附组分和其他成膜组分共同起作用,赋予浆膜良好的综合性能。

6.其他浆料

(1)羧甲基纤维素

常用的纤维素衍生物浆料是羧甲基纤维素(CMC),由纤维素经碱化、醚化反应制得,工业上常用其钠盐,其结构如下:

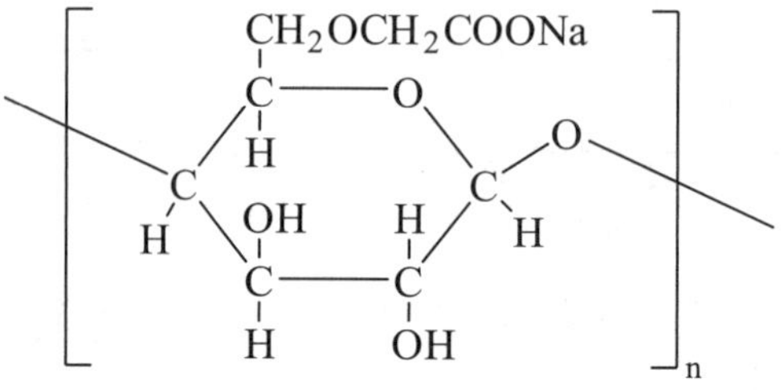

CMC聚合度一般在300~500之间。聚合度对水溶液的黏度有显著影响:聚合度越高,水溶液的黏度越大;反之,则黏度较小。CMC浆液黏度随温度的提高而下降;而温度降低时,黏度则会回升,这一现象在高黏度品种中尤为显著。此外,黏度与pH值有密切关系,当pH值为7时,黏度最大;pH值大于或小于7时,黏度均下降;当pH值≤5时,会析出沉淀物。过度机械搅拌也会使黏度下降。

CMC分子中含有极性基团(—COONa),赋予了它对纤维素纤维出色的黏附性和亲和力,是天然纤维的常用浆料,一般用于纯棉细特纱上浆。CMC浆膜光滑、柔韧,强度较高,但其手感偏软,导致浆纱的刚性不足。CMC浆膜的性能优于淀粉,但比PVA等合成浆料差;CMC浆膜吸湿性好,车间湿度较大时浆膜易吸湿发软、发黏。CMC浆液还具有良好乳化性能,能与各种浆料、助剂进行均匀混合,是一种优异的混溶剂,一般不单独作为主浆料使用。需要注意的是,在特定条件下,CMC溶液可能会受到微生物的侵蚀,表现为生物降解导致的溶液黏度显著降低。

(2)褐藻酸钠

褐藻酸钠,亦称海藻胶、褐藻胶或藻酸钠,是一种以海藻中的褐藻为原料提炼而成的物质,通常为海带制取碘和甘露醇的副产品。褐藻酸钠用于经纱上浆,其优点是:黏着力较强,成膜性好,高温上浆黏度稳定,上浆均匀,浆纱滑爽,剩浆结皮在高温下搅拌即可溶解。其缺点是:浸透性差,易起泡,色泽稍差并有腥味。褐藻酸钠浆料一般用于纯棉中粗特品种经纱上浆,也可与淀粉、合成浆料混合用于高密品种及化纤混纺品种。

(3)动物胶

动物胶属于硬朊类蛋白质,是由各种氨基酸的羧基(—COOH)与相邻亚氨基(—NHR)首尾相连而成,从动物骨、皮等结缔组织中提取而得。动物胶可分为明胶、皮胶、骨胶等,精制品明胶为无味、无臭、无色或带黄色透明体,皮胶呈棕色半透明状,骨胶呈红棕色半透明状。

动物胶主要在毛纱、黏胶丝或醋酯长丝等浆纱生产中使用,黏附力很强,其中以明胶最好、皮胶次之、骨胶最差。用动物胶上浆后的纱线强度及耐磨性,有很大改善。但浆膜粗硬,缺乏弹性,容易脆裂,落浆较多,胶液的浸透性较差。因此,在动物胶的浆液调配时,应添加柔软剂及浸透剂，以改善浆膜性能与吸浆条件。如使用时间较长或气候潮湿时，应添加防腐剂。由于蛋白质表面张力低，动物胶液易起泡，调浆时升温速度应缓慢，搅拌要温和，起泡严重时可加入适量消泡剂。

(4)特种浆料

用于特种纤维的经纱上浆及在特种要求或特种加工中应用的浆料。

①聚乙二醇和聚氧乙烯：聚乙二醇和聚氧乙烯是两种水溶性高分子材料，均由环氧乙烷与水或乙二醇逐步加成制得。相对分子质量低于2万称为聚乙二醇；高于2万称为聚氧乙烯。在外观形态上聚乙二醇呈液态或蜡状固态，聚氧乙烯是粉末状或粒状固体。

聚乙二醇具有良好黏附性和成膜性，能赋予疏水性纤维如锦纶、涤纶纱线以耐磨、润滑和抗静电的复合性能。利用它的低温水溶特点，可用于黏胶、羊毛等必须低温上浆的纤维，因而被一些文献称之为"冷上浆剂"。

聚氧乙烯浆膜坚韧，弹性好，吸湿性低，易于退浆，对醋酯丝、涤/棉混纺纱、精梳毛纱等多种纤维具有优异黏附性，少量上浆就能达到高的织造效果，尤其对玻璃纤维、碳纤维具有良好黏附性，可作为这些纤维的上浆剂与整理剂。聚氧乙烯在纺织工业中另一个用途是抽丝制成水溶性纤维，与其他纤维混纺可制得高档纺织品。

②聚乙烯吡咯烷酮：聚乙烯吡咯烷酮简称PVP，是一种非离子型的水溶性高分子化合物，既能溶于水，又能溶于大部分有机溶剂，毒性低、生理相容性好。它对许多物质有优异黏附能力，是玻璃、金属等纤维的优良浆料，也可用于三醋酯丝及特种纤维上浆。

二、浆料助剂的分类及其作用机理

浆料助剂是用来改善黏着剂(主浆料)某些性能不足的辅助化学品。助剂种类繁多，一般无自黏性，且可能对黏着剂的成膜特性和黏附力产生负面影响。因此，使用助剂时必须控制其用量，应依据主浆料(黏着剂)和纤维的性能需求，在确保满足织造工艺要求的同时，尽量减少用量。[3]大部分助剂是表面活性剂，具有乳化浸透、柔软润滑、起泡消泡、抗静电或防霉变等作用。

1.淀粉水解剂

天然淀粉分子量大，调浆后黏度很高，导致浆液不易浸透到经纱内部，同时浆膜厚硬，粗糙不匀，上浆效果不够理想。因此，在调制原淀粉浆液时需要使用分解剂，将淀粉部分加以分解，使其平均分子量降低，部分淀粉变为可溶性淀粉，并使浆液的黏度较快达到稳定状态。淀粉的分解方法很多，有化学分解、生物分解和物理分解三种。化学分解包括酸、碱和氧化剂分解法；物理分解包括热分解法、机械分解法和超声波分解法；生物分解是利用酵素、酶对淀粉进行分解。

2.浸透剂

在经纱上浆过程中，必须确保适量浆液能浸透至纱线内部，通过黏合作用增加纤维间抱合力并提高浆膜与纱线间的黏附力。浆液属于黏稠性液体，具有较大表面张力，加之经纱通过浆槽的时间短，纤维间隙中有空气等各种不利于浸透的因素存在，使得浆液不易浸透到经纱内部。因此，为了提高浆液对经纱的浸透作用，需在浆液中加入浸透剂。

浸透剂，也称为润湿剂，是一种表面活性剂。它通过在浆液表面定向吸附减小浆液的表面张力，从而乳化经纱纤维上的油脂。例如棉纤维上的棉蜡、合成纤维上的纺丝油剂等，进而增大浆液的浸透性，使浆液迅速、均匀地浸透到经纱内部，提升浆纱的质量。通常情况下，浆纱所用浸透剂通常为阴离子型或非离子型表面活性剂，对于中性或弱碱性的浆液，宜使用阴离子型表面活性剂；对于酸性浆液宜用非离子型表面活性剂。

液体在进入毛细管后形成的压强（ΔP）可以由下式表示：

$$\Delta P = 2\gamma_{LA}\cos\theta/R = 2\left(\gamma_{SA} - \gamma_{SL}\right)/R \tag{5-1}$$

式中：R为纤维中毛细管的半径。

当θ小于90°时，$\cos\theta$为正值，ΔP为正值，液体在ΔP的作用下渗透到毛细管中。当浆液中加入表面活性剂后，固–气界面的表面张力γ_{SA}不变，而固–液界面的表面张力γ_{SL}变小，导致ΔP变大，因此液体更容易进入毛细管，渗透到纤维内部。在上浆过程中，浆液难以完全渗透至纤维内部，尤其对于疏水性的纤维。例如大部分天然纤维（如羊毛、棉等）表面均含一定量脂肪、蜡质等疏水性成分，其接触角θ大于90°，纱线–气体界面的表面张力γ_{SA}很小，加入表面活性剂后可使浆液更容易渗透到纤维内部孔隙中，有利于纤维和纱线的化学加工。表面活性剂渗透作用受碳链长短、是否有支链等因素影响。

3.柔软平滑剂

一些黏着剂（如淀粉、胶类等）在经纱上形成的浆膜比较粗糙、硬脆，在织造过程中容易产生脆断头。因此，调浆中应加入一定量的柔软平滑剂，使黏着剂分子之间结合松弛，增加其可塑性，使得浆膜柔软，保持原纱伸长性能，还能增大浆膜的平滑性，降低浆纱的摩擦系数。

柔软平滑剂大体上可分为油脂类、蜡类和合成油剂类。上浆后，处于浆膜表面的油粒子起平滑、耐磨作用，粒子大、分布均匀的平滑性好；进入浆膜内部的油脂提升浆膜的可塑性，起柔软和保伸作用，可溶性好、粒子小且分布较匀，柔软性好。蜡类和矿物油的平滑性良好，但其柔软性较差。油类柔软性良好，但其平滑性较差。淀粉和动物胶的浆膜硬而脆，以用柔软性好的柔软平滑剂为主；而本身柔软的丙烯酸类浆料，则应以平滑、耐磨为主。

具有柔软平滑作用的浆料助剂通常为复配的表面活性剂，主要可分为两类，一类是暂时性助剂，通过吸附作用吸附在纤维表面，经洗涤易于被水吸去；另一类是耐久性助剂，通过化学反应与纤维的基团结合并形成新的化学基团，这种结合方式牢固，不易被水洗去。

研究发现，带有疏水基团的物质适合作为柔软平滑助剂，尤其是一些直链碳氢结构，而一些带有支链或苯环的物质柔软平滑效果较差。其原因在于直链碳氢结构的助剂可在纤维表面定向排列，形成碳氢链层，该层的摩擦系数小，可降低纤维间的直接摩擦。

按照表面活性剂的亲水基，可将助剂分为阴离子表面活性剂、阳离子表面活性剂、两性表面活性剂和非离子型表面活性剂。其降低μs（即提高纱线的柔顺性）能力次序为：阳离子（两性离子）＞聚多元醇型非离子＞阴离子＞聚乙二醇型非离子（＞矿物油）。而降低μd（即提高纱线的平滑性）能力次序与上述排列相反，即阳离子型和两性离子型表面活性剂对纱线平滑性的改善效果最差，而其对柔顺性的改善效果最好。

4.抗静电剂

合成纤维的吸湿性和导电性较差，摩擦产生的电荷不易消失，使纱线松散，毛羽竖立。在织造过程中，相邻的纱线容易相互缠结，导致经纱断头率上升，从而影响织造效率。此外，制成的织物容易吸引尘埃和碎屑，进而影响织物质量。表5-3展示了不同织物摩擦带电情况。为了克服上述缺点，可在浆液中加入静电消除剂，以增大纤维导电性能，防止静电积聚，改善纱线加工性能。静电消除剂包括离子型和吸湿型两类。离子型抗静电剂通过物质本身的电离作用赋予纱线导电性；吸湿型抗静电剂为亲水性物质，通过吸湿提高纱线的导电性能。离子型抗静电剂比吸湿型的抗静电性能好。常用的静电消除剂有抗静电剂MPN（也称抗静电剂P）、静电消除剂SN等。

表5-3 物体间相互摩擦时的带电顺序表

玻璃	锦纶	羊毛	绢丝	粘胶纤维	棉纤维	麻纤维	醋酯纤维	涤纶	腈纶	氨纶
⊕ ← 越易带正电荷									越易带负电荷 → ⊖	

抗静电作用通常利用各类表面活性剂实现，当表面活性剂吸附在纤维表面时，增加了表面的平滑性，减小了摩擦，同时提高了纤维表面的导电性，加速摩擦产生电荷的逸散。当用阴离子表面活性剂处理纤维（如涤纶）时，阴离子表面活性剂的疏水端朝向纤维，亲水端朝向空气，亲水端吸附水分子形成一层水膜。水膜中含有钠、钾等离子，导电性水膜的存在可加速电荷逸散。当用阳离子表面活性剂处理纤维（如锦纶、涤纶和腈纶等）时，带负电的纤维与带正电的表面活性剂通过静电作用吸附，负电被中和，避免了电荷积聚。此外，阳离子表面活性剂的疏水端朝向空气，形成的油膜具有软滑效果，可减小纤维间的摩擦。非离子型表面活性剂具有很强的吸湿性，吸附在纤维表面后可与水分子通过氢键结合，从而产生水膜，提高纤维表面的导电性，加速电荷逸散。

以脂肪醇磷酸酯盐为例，其本身具有极性。因此，该物质在纤维表面上能形成电荷导通条件，将工业生产中的静电荷导通消除。此外，脂肪醇磷酸酯盐的极性端可与水分子氢键缔合。由于氢键缔合的水膜是连续的，从而降低了纤维表面的电阻。

5.吸湿剂

吸湿剂含有大量的亲水基团，能提高浆膜的吸湿能力，进而改善浆膜的弹性和柔软度。浆膜的含湿大小对浆纱的强度、弹性和耐磨性均有较大影响。若含湿量过小，会导致其变得硬而脆，自身的弹性和耐屈曲性下降，引起浆纱断头；若含湿过大，浆膜发黏，强度和耐磨性下降，导致织造困难。一般化学浆料特别是丙烯酸系浆料的柔软性很大，不必使用吸湿剂和柔软剂。淀粉浆膜脆硬，吸湿不足时易脆裂、落浆；当经纱上浆率大、车间湿度偏小或气候干燥时，需使用吸湿剂。常用的稀释剂有甘油。

6.消泡剂

泡沫是气体被液体薄膜包围起来的球状物。浆液中若泡沫过多，既不利于浆纱操作，还容易产生轻浆或上浆不匀等疵点，影响上浆稳定性。浆液起泡的原因有多种，如淀粉浆料中的蛋白质，部分醇解PVA中的酯基，机械搅拌、调浆用水等。具有高黏度的浆液往往会使泡沫的存续时间延长。消泡剂是一种能够破坏泡沫结构的物质，常用的消泡剂包括有油脂、硬脂酸、碳链为5～8的醇类、乙醚和松节油等。

消泡剂主要有两方面的作用，一是破泡，二是抑泡。破泡即为将已形成的泡沫破泡，铺展性越好的物质，其破泡性越好。抑泡即为抑制溶液起泡的能力，通常溶解度越小的物质其抑泡性越好。

消泡剂都是在溶液表面易于铺展的液体，此液体在溶液表面铺展时会带走邻近表面的一层溶液，导致液膜变薄，当低于临界液膜厚度时，最终液膜破裂，即泡沫破裂。由于消泡剂的表面张力过低，易被液膜表面吸附，起泡剂分子被消泡剂分子取代，降低了液膜局部的表面张力，从而带走靠近表面的液体，使液膜变薄，同时形成弹性较差、强度较低的液膜，因此泡沫易于破裂。抑泡剂吸附于泡膜后，起泡剂的吸附层被排挤或消除，由于抑泡剂具有很强的铺展性，因此不易内聚，从而抑制了泡沫的形成。当抑泡剂取代了起泡剂时，泡沫变得缺乏弹性，受气体压力影响，泡沫极易破裂，由此抑制泡沫形成。

理想的消泡剂应具有高效消泡、低表面张力等特性，同时不和消泡体系发生化学反应，扩散性和渗透性良好，在常温和高温条件下均有良好的长效消泡和抑泡能力。以淀粉为黏着剂的浆液，通过对淀粉生浆过滤，撇清黄水，采用乳化油脂，基本可解决浆槽内的泡沫。可溶性淀粉所引起的泡沫，可用乙醚加以消除。蛋白质引起的泡沫则用戊醇、辛醇作消泡剂。

7.防腐剂

浆液中的淀粉、油脂和蛋白质等物质是微生物繁殖的良好营养剂。坯布在一定温、湿度下长期储存，会因浆料变质而在纱线及织物上出现霉斑。使用合成浆料上浆时，在潮湿季节，有时织物上也会出现霉斑。因此，在浆液中往往需加防腐剂，以抑制微生物生长。

防腐性助剂主要通过抑制细菌/真菌的繁殖或杀灭细菌/真菌来达到防腐目的。例如，福尔马林是甲醛和水混合物，能够防腐的根本原因在于甲醛能使蛋白质变性，在浆纱防腐过程中，甲醛的醛基和细菌蛋白质的氨基结合形成氢键，从而使细菌的蛋白质凝固，导致细菌失去生理活性，防止浆液变质。

第二节　织造用化学品的应用

一、经纱用浆料

1.淀粉浆料

淀粉作为纺织经纱上浆的主要浆料，拥有悠久的应用历史。早期使用的淀粉都是以小麦淀粉为主，但如今，玉米淀粉、大豆淀粉及木薯淀粉都已实现了工业化生产。目前使用的淀粉浆料大部分是经过一些变性处理后的淀粉。淀粉来源广泛，价格低廉，尽管调浆过程麻烦、上浆性能不尽如人意，但在合成浆料迅速发展的今天，仍无法被完全替代。相反，其易降解、符合环保要求，使其用量不断加大，特别是通过各种方法变性处理后的淀粉，其使用范围更广，浆纱效果明显提高。下面就目前变性淀粉浆料性质及品种应用进行简单叙述。

(1)酸解淀粉：利用氢离子可降低淀粉大分子苷键的活化能，对淀粉起催化水解制备而成。其主要性质为黏度降低，热稳定性有所提升，糊化温度有所提高，凝沉作用增强，凝胶破裂强度降低，还原性和薄膜性能无明显改善。在经纱上浆的应用中，酸解淀粉可作低支棉纱、黏胶纱和苎麻纱的主体浆料；在涤棉、涤黏、涤麻混纺纱上浆中，可与合成浆料混合使用，例如，可有效改善PVA强度过高、浆纱分绞困难的状况。

(2)氧化淀粉：利用强氧化剂使淀粉分子结构上的苷键氧化断裂，羟基被部分氧化为醛基和羧基后得到的产物。采用不同工艺可制得高、中、低黏度产品。它是一种非常重要和在工业上应用很广泛的变性淀粉，其性能主要表现为糊化温度降低，黏度热稳定性好，凝沉和凝胶化作用减弱，薄膜均匀、清晰、收缩和爆裂倾向小，易溶于水，能较好提高与天然纤维的黏附性。在纯棉细支高密织物上浆中可作为主体浆料，在涤棉、涤黏、涤毛混纺纱上浆中与合成浆料混合使用，可弥补合成浆料的再黏性不足，降低成本。1829年莱比格（LieBig）首先发表了淀粉与氧及次氯酸反应的文章，1896年就有工业化生产氧化淀粉的初步思路，1895年和1905年分别有了关于氧化淀粉的德国和美国专利。可以使用的氧化剂有酸性、中性和碱性三大类，种类很多，但工业上生产以碱性氧化剂为主，主要包括次氯酸钠、过硫酸盐、过氧化氢或高锰酸钾等。

(3)酶转化淀粉：酶是一种生物活性物质，具有高度的催化活性，能对淀粉起催化水解作用。在经纱上浆中常使用的α-淀粉酶，对淀粉分子上的α-1,4苷键有极高水解作用，但不能水解α-1,6苷键。使用中应注意酶活和酶转化的工艺条件。酶转化淀粉属解聚型淀粉，其目的是降低黏度。

(4)交联淀粉：交联可以提高淀粉的剪切强度和耐酸耐热性能。它的主要性能为无黏度峰值，黏度的热稳定性极高，但颗粒膨胀速度慢，糊化温度高，大分子柔顺性差，薄膜脆硬，刚性大，伸长小。经纱上浆中主要使用轻度交联的产品，用于苎麻纱及粗支纯棉纱上浆，被覆性能好。

(5)酯化淀粉：酯化淀粉的种类很多，大体分为有机酸酯和无机酸酯，经纱上浆中最适用的为醋酸酯淀粉，又称乙酰化淀粉。其主要性能为糊化温度低，薄膜柔韧，断裂伸长较原淀粉成倍增加，对天然纤维和合成纤维均有极好黏附性，但对碱不稳定，极易水解。在经纱上浆中可作细支高密棉纱、黏胶纱的主体浆料，在涤/棉、涤/黏、涤/毛上浆中可高比例替代合成浆料，获得满意的浆纱效果。

(6)醚化淀粉：常见的醚化淀粉醚有羟烷基淀粉醚、羧甲基淀粉醚、阳离子淀粉醚和氰乙基淀粉醚等。醚化淀粉的主要性能是具有极好的水溶性，但对纤维的黏附性能差。在经纱上浆中能适应低温或高温上浆，对羊毛、黏胶纤维上浆有一定效果。若作为主体浆料，因其价格较高且性能无较大改善而未能推广使用。

(7)复合变性淀粉：复合变性淀粉是对淀粉同时采取两种或两种以上的变性方法而获得的产物。目前，主要用到的复合变性淀粉有交联氧化淀粉、乙酰化酸解淀粉、磷氨双变性淀粉和两性淀粉等产品。在经纱上浆中使用较多的为交联氧化淀粉和乙酰化酸解淀粉。在纯棉细支高密织物的经纱上浆中作为主体浆料，在涤棉、涤黏、涤麻混纺纱上浆中与合成浆料混合使用，可高比例替代合成浆料。

(8)接枝淀粉：接枝淀粉是当今淀粉类浆料的一个研究热点，也是高性能淀粉浆料的一个发展方向。就纺织加工的经纱上浆过程而言，接枝淀粉可提高淀粉的使用价值，由于疏水支链的存在，使其浆料兼具淀粉和合成浆料二者特点，互补长短，价格却低于合成浆料。接枝淀粉在接枝前后依然可进行某些变性，从而显著提高对棉、毛纤维和合成纤维的黏附性及成膜性。浆膜弹性和牵伸度及黏度稳定性均有较大提高，可作为主体浆料，甚至可单独上浆。接枝淀粉由于兼具了淀粉和聚合物的优点，从而有可能取代PVA成为涤/棉纱上浆的主浆料，其性能在很大程度上取决于接枝单体的性能和接枝率等。

2.合成浆料

（1）丙烯酸（酯）类浆料：对纤维具有极好的黏合力，特别是具有广泛的可变性，可通过单体种类及其组分的变化、聚合条件及方式的选择、加料方式的选择等，得到不同的性能。浆膜性能可从脆硬到柔软且富有延伸性。此外，丙烯酸（酯）类浆料的配伍性好，能与淀粉和PVA浆料相互混用，不同混用比例可使其适用于各类纤维的经纱上浆，适用性广，再加上其具有一定的水溶性、污染程度低，因而近30年来一直是上浆工作者主要的研究对象之一。

（2）聚乙烯醇类浆料：PVA是一种优良的浆料，可用于各种纤维上浆，并可作为主体浆料单独使用或作为混合浆料的主要组分。对短纤纱而言，聚合度以1000~1400为宜，最大不应超过1700；对长纤复丝上浆来说，聚合度以200~300为宜，最大不应超过500。对亲水性强的天然纤维黏、胶纤维和聚乙烯醇缩甲醛纤维以完全醇解PVA为宜；对疏水性强的涤纶、锦纶、腈纶等合成纤维宜用部分醇解PVA。

（3）聚酯类浆料：此类浆料水溶性好、吸湿性适中、对环境污染小，在无捻和加捻涤纶长丝、涤纶变形丝上有优异的上浆效果，也能与PVA、变性淀粉等浆料混合用于涤/棉短纤纱上浆。用聚酯类浆料上浆的经纱能在剑杆、片梭、喷气、喷水等各类织机上织造。聚酯类浆料水溶液的黏度非常低，有利于浆液向纱线内渗透，使浆液均匀分布。聚酯类浆料的浆膜透明、光滑，有良好的物理力学性能，溶于20℃的水中，可用于喷水织机，能完全分散于65℃以上的热水中，退浆方便。水分散性聚酯的上浆量增加到8-10 wt.%时，抱合力迅速增加；当上浆率继续增加，抱合力缓慢增加，最终达到较高值。聚酯类浆料有良好的渗透性、黏附性和伸长性，故纱线单丝间有良好结合。

二、助剂的应用

1.淀粉分解

淀粉广泛应用于经纱上浆，尤其是棉纺织业，具有资源丰富、价格低廉、黏着性较好、对环境污染小等优点。然而，随着高档织物的不断发展，传统淀粉上浆技术已无法完全满足现代纺织的需求。其主要局限性包括高黏度、较差的浸透性、耐热性不足、对合成纤维的黏附力弱以及浆液性能的不稳定性，导致浆膜硬而脆。因此，为了克服这些缺点，通常会在调制浆液时添加适量的分解剂，以降低淀粉浆液的黏度并提升其工艺性能，从而满足经纱上浆的高标准要求。张引等从浆液黏度及黏度热稳定性等角度对加入分解剂前后的浆液进行分析，结果表明浆液黏度明显降低且黏度热稳定性较好，浆液的浸透性能变好、黏附力增强，浆膜断裂强力增加，有效地提高了上浆纱的性能。

常用的碱性分解剂有硅酸钠和氢氧化钠。硅酸钠的用量一般为淀粉重量的4%~8%。氢氧化钠的用量为淀粉重量的0.5%~1%。纺织厂应用的酸性分解剂有盐酸（用量为淀粉重量的0.2%~0.3%）、硫酸（用量为淀粉重量的0.4%~0.5%）等。氧化分解剂有氯胺T（用量为淀粉重量的0.4%~0.5%）、次氯酸钠（有效氯重量为淀粉重量的0.5%~1.2%）、漂白粉（有效氯重量为淀粉重量的1.2%）。应用较多的生物酶分解剂为DDF，其用量为淀粉的5%。

2.抗静电

通常纤维静电对纺织生产是有害的，在成纱过程中纤维产生静电将引起棉网成网不良、细纱机绕皮辊、绕罗拉等现象，因此在浆纱时加入适当的抗静电剂以减少织造时产生的静电，提高织造效率和织物实物质量都是很有意义的。一般都为离子型表面活性剂，用量为黏着剂用量的1 wt.%。韩世洪等通过在浆液中分别加入3种阴离子抗静电剂分别对涤纶纱和棉纱进行上浆、织造，对涤纶和纯棉普通浆纱用阳离子抗静电剂进行处理后织造。分别测试了含抗静电剂和不含抗静电剂处理的涤、棉浆纱织物的静电电压、衰减周期和终点电压。结果表明对涤纶纱静电性能改善效果最佳的为阳离子抗静电剂；对纯棉纱则为阴离子抗静电剂最好。

3.浆液渗透

棉纱中的蜡质、合成纤维中的油剂，均会阻碍浆液的渗透与黏着，降低上浆质量。加入乳化渗透剂，其分子吸附在油与水的两个界面上，形成吸附层，乳化剂的极性基团朝向水，非极性基团朝向油滴，从而降低了界面张力，并在油滴周围形成一层保护膜，从而使油滴稳定分散在水中，成为O/W乳化液。常用平平加O和渗透剂T。平平加O为非离子型表面活性剂，亲油亲水平衡值*HLB*=16.5，pH值=7~7.5，极易溶解于水，具有良好的乳化、渗透性能。一般为黏着剂用量的1~1.5 wt.%。渗透剂T和是琥珀酸辛酯磺酸钠盐，为阴离子表面活性剂，*HLB*=13.5，pH值呈中性，极易溶解于水，渗透性能强而迅速，但易于起泡。一般为黏着剂用量的0.2~0.3 wt.%。

4.柔软平滑剂

柔软润滑剂是目前上浆中应用最为广泛的浆纱助剂。在上浆过程中，由于某些黏着剂（如淀粉、胶类等）在经纱上形成的浆膜较粗糙、硬脆，在织造过程中易产生断头。因此，在调浆中应加入一定量柔软平滑剂，使黏着剂分子间结合松弛，增加其可塑性，从而使得浆膜柔软，不仅保持原纱伸长性，还增大浆膜的平滑性，同时降低浆纱摩擦系数。荣瑞萍等人研究了高级矿物油、动物油脂和合成酯等3种柔软剂加入浆料中对浆液黏附性能和浆膜性能的影响，结果表明加入柔软剂会引起浆液黏着力、浆膜断裂强度和断裂伸长率、耐屈曲次数的明显下降。为了探讨柔软润滑剂上浆方式对浆纱的影响，李晓东等人采用不同的柔软润滑剂分别添加于浆液中及对浆纱进行后上蜡这两种方式，对纯棉和涤棉浆纱进行了上浆试验，发现无论哪种添加方式都可有效降低纱线动态摩擦因数及提高纱线耐磨性。

浆纱生产中常用的柔软平滑剂有蜡片。若乳化不良，蜡片会产生退浆不净的问题，从而引起纤维拒染，造成色花和色差等染色疵点。硬脂酸聚氧乙烯酯（POES）具有一定表面活性，能够起到平滑和柔软等作用。孟娜等人研究了POES作为柔软平滑剂对淀粉浆液特性、黏附性和浆膜性能的影响，发现将POES与淀粉共混时，当所选EO数为10时，POES使淀粉与棉纤维间的黏附性能优于浆纱膏，与涤纶纤维的黏附性能优于蜡片，浆膜性能优于蜡片和浆纱膏。亚麻纱线有长而硬的毛羽、麻结较多、刚性大、弹性小等缺点，织造时会造成断经严重，影响效率。谭绍兵等研究了弹性油剂JDM-100作为麻类专用油剂在亚麻纱上浆后的使用性，发现经纱具有手感平滑、柔软、弹性好等特点，从而增加耐磨性，减少织造时的断头，提高了效率。

5.浆液中和

pH值对浆液黏度、黏着力以及浸透性等都有很大影响。因此需要调节浆液酸碱度使其呈微碱、中性或微酸性，以稳定浆液黏度。不同类型的纤维在不同的pH值浆料中具有稳定性：淀粉浆液需呈微碱性以用于棉纱上浆；动物胶浆呈微酸性时黏度较稳定，毛纱宜用中性或微酸性浆液上浆；合成纤维长丝上浆宜用中性浆液。为了将大豆蛋白作为浆料，曹新伟等人将大豆蛋白在碱性条件下溶解，通过加入不同比例的聚丙烯酰胺与其复配，来改善大豆浆膜的吸湿性和再黏性。由于聚丙稀酰胺呈中性，其含量增大会导致大豆浆膜pH值下降，使其落于棉纱上浆的pH值范围，满足棉纱上浆要求。

6.防腐剂

浆液所应用的防腐剂，不仅要有良好的防腐性能，而且对浆液、浆纱、坯布及劳动条件等不应有不良影响。常用防腐剂有：2-萘酚、NL-4，氯化锌、水杨酸、苯酚等。2-萘酚的防腐效能与浆液的pH值有关，在酸性浆中效能最强，碱性浆次之，中性浆最差。一般碱性浆用量为黏着剂的0.2～0.4 wt.%，酸性浆为黏着剂的0.15～0.3 wt.%。NL-4防腐剂的主要成分为二羟基二氯二苯基甲烷，又称双氯酚，简称DDM，用量基本同2-萘酚相仿。然而，由于某些防腐剂可能对环境和人体健康造成危害，因此在使用时需要严格遵守相关法规和标准。

7.吸湿剂

浆膜含湿大小对浆纱强度、弹性和耐磨性均有较大影响。若含湿过小，浆膜硬脆，弹性和耐屈曲性下降，引起浆纱脆断头；若含湿太大，浆膜发黏，强度和耐磨性下降，导致织造困难。一般化学浆料特别是丙烯酸系浆料的柔软性很大，无需使用吸湿剂和柔软剂。淀粉具有价格低廉、可再生降解、环境污染小等优点，目前广泛用于经纱上浆。但该浆膜脆硬，吸湿不足时易脆裂、落浆，因此通常需加入一些极性助剂以改善浆纱质量。

丙三醇是常用吸湿剂，为无色透明黏稠液体，对浆纱还有一定柔软及防腐作用，用量一般为淀粉重量的1～2 wt.%。在热和剪切力作用下，含有丙三醇的淀粉浆料中大量分子间氢键和结晶程度遭到破坏，因此可提高淀粉浆料的柔韧性。研究人员测试了不同用量甘油对淀粉浆膜的性能影响，发现所制得的浆膜，其断裂伸长率及耐屈曲次数均有所增大，但其断裂强度有所下降。尿素中酰胺基（$CONH_2$）具有吸湿性，因此其浆膜要比纯粹磷酸酯淀粉浆膜柔软。研究者将尿素用于淀粉浆料中可以较好提高淀粉浆液黏度热稳定性，适量尿素可改善淀粉浆膜脆性，但尿素用量过高或相对湿度过大，会使淀粉浆膜发黏。

8.消泡剂

织造过程上浆工艺中，如何消除泡沫一直是人们比较关心的问题。研究人员针对有机硅、硬脂酸钠、蜡片这三种消泡剂对淀粉PVA混合浆液消泡进行研究，综合消泡性、黏附性和浆膜性能，发现有机硅消泡剂的消泡和抑泡效果最好，对浆液黏附性、浆膜力学性能负面影响最小，使用效果比硬脂酸钠和蜡片好。有机硅消泡剂与非硅类消泡剂相比，具有消泡，抑泡效果更好的优点。此外，人们研究了固体有机硅消泡剂、乳化有机硅、有机硅油和磷酸三丁酯四种消泡剂在PVA1788型浆液中的消泡性能，发现固体有机硅消泡性能优于乳化有机硅、有机硅油和磷酸三丁酯。

泡沫是纺织上浆中的一个难点问题。棉纺织行业在经纱上浆中发生浆液起泡的情况，造成的原因又是多方面的，只有了解泡沫产生的机理，掌握各种类型消泡剂的特性，有针对性地选用能减少经纱上浆过程中浆液起泡的消泡剂，才能抑制泡沫的产生，达到提高浆纱品质的目的。

9.浆纱增重

浆纱增重剂是浆纱助剂之一，它可提高浆液的固体率，增加浆纱重量，使坯布增重且手感丰满厚实，常用增重剂是滑石粉。滑石粉用于淀粉重浆时，可起增重作用。研究者认为不使用滑石粉，浆纱出烘房时，纱片有轻度黏连，浆料的固体量降低，布机断头率高，织机效率低且质量差；而含有适量滑石粉的浆膜，其浆料的内聚力较小，滑石粉起到减摩、防黏作用，从而降低织造中的经纱断头率，提高织机生产效率。根据增重剂的作用机制和化学结构，主要可以分为以下几类：

聚合物类增重剂：这类增重剂主要通过高分子聚合物在纤维间形成薄膜，增加纺织品的重量。常见的聚合物类增重剂有聚氨酯、聚丙烯酸酯等。

无机物类增重剂：这类增重剂主要通过在纺织品中加入无机填料，如硅酸盐、氧化物等，从而增加纺织品的重量。无机物类增重剂具有成本低、增重效果明显的优点，但可能会影响纺织品的透气性和吸湿性。

功能性增重剂：这类增重剂不仅具有增加纺织品重量的功能，还兼具其他功能性，如抗菌、防紫外线等。功能性增重剂的开发和应用是纺织助剂领域的一个研究热点。

第三节　织造用化学品的性能测试

一、浆料的性能测试

织造所用黏着剂即浆料，常用淀粉/变性淀粉，聚乙烯醇和聚丙烯酸类。三种浆料所用检测项目略有不同，相关指标也不尽相同。浆料质量标准（要求）和检测方法是浆料生产厂和纺织厂评定测试浆料质量的依据。为了适应浆料生产与应用发展，早在1987年原纺织工业部生产司就在广东东莞召开了全国浆料浆纱生产应用技术经验交流会，并组织制订了变性淀粉浆料的检测项目和质量要求。2000年11月，中国棉纺织行业协会组织了浆料生产企业、纺织企业、淀粉行业的有关专家制订了《纺织常用变形淀粉浆料质量行业标准（试行稿）》。2008年由中国纺织工业协会提出，经国家发展和改革委员会批准，由中国棉纺织行业协会和东华大学纺织学院联合起草的FZ/T 15001-2008《纺织常用变性淀粉浆料》首次发布。随着纺织企业产品结构的调整，纺织产品档次和质量的不断提高，对浆料质量的要求越来越高，2017年由中国纺织工业联合会提出对旧标准进行修改，由中国棉纺织行业协会、上海市纺织工业技术监督所及浆料生产企业和纺织企业联合起草，发布了FZ/T 15001-2017《纺织经纱上浆常用变性淀粉浆料》。类似地，还有最新修改发布的FZ/T 15002-2020《纺织经纱上浆用聚丙烯酸类浆料》，及GB/T 7351-2013《纤维级聚乙烯醇树脂》。由于聚乙烯醇类浆料COD高，属难生化处理浆料，对环境不友好，提倡少用或不用，故纺织行业未对其制定相关行业标准规范。

1.淀粉和变性淀粉类浆料的共性质量指标

共性质量指标是淀粉和变性淀粉浆料的品质指标，包括浆料的水分、细度、斑点、酸度、pH值、灰分、蛋白质含量、黏度、黏度稳定性、环保要求和外观共11项。这些指标合格与否对淀粉和变性淀粉浆料的品质和上浆性能有重要影响。

淀粉和变性淀粉的共性质量指标见表5-4。

表5-4　共性质量指标

项目		玉米 变性淀粉	马铃薯 变性淀粉	木薯 变性淀粉	混合原料 变性淀粉
水分/%		≤ 14.0	≤ 18.0	≤ 15.0	≤ 17.5
细度/%	粉状(100目筛)通过率	≥99.0			
	颗粒状(20目筛)通过率)	≥98.0			
斑点/(个/cm^2)		≤1.2	≤5.0	≤4.0	≤5.0
酸度/mL		≤ 1.8	≤ 1.5	≤ 1.8	≤ 2.0
pH值		6.0 ~ 8.0			
灰分(干基)/%		≤3.00	≤3.00	≤3.00	≤3.00
蛋白质含量/%		≤0.50	≤0.20	≤0.20	≤0.40
黏度/(mPa·s)		高黏度≥15,中黏度9 ~ 15,低黏度<9			
黏度热稳定性/%		高黏度≥90,中黏度85 ~ 90,低黏度80 ~ 85			
环保要求	$P(BOD_5)/\rho(COD)$	≥0.300			
	聚乙烯醇	不得检出			
外观		白色或类白色均质粉末或颗粒			

注:酶变性淀粉浆料不考核蛋白质含量。

2.变性淀粉浆料的特性质量指标

变性淀粉浆料的特性质量指标反映了其变性程度和杂质含量,该特性质量指标对变性淀粉的上浆性能和浆纱质量有重要影响。特性质量指标见表5-5。

表5-5　特性质量指标

变性淀粉类型	项目	指标		
氧化淀粉	羧基含量/%	≥0.03		
	残留氯	无		
	氯化物含量/%	≤0.8		
淀粉醋酸酯	取代度	≥0.015		
淀粉磷酸酯	取代度	≥0.008		
	磷利用率/%	≥50		
羧甲基淀粉	取代度	≥0.20		
	氯化物含量/%	≤3.0		
交联淀粉	黏度热稳定性/%	高黏度	中黏度	低黏度
		≥95	≥90	≥85
	残留甲醛	无		
接枝共聚淀粉	接枝率/%	>7(以丙烯酸乙酯为单体计)		
	接枝效率/%	≥50		
	残留单体含量	<0.3(以丙烯酸乙酯为单体计)		

3.淀粉和变性淀粉浆料的共性质量指标检测

(1)水分测定

淀粉或变性淀粉的水分指样品干燥后损失的质量,以样品损失质量对样品原质量百分数表示。水分含量高低影响淀粉或变性淀粉浆料计重和成本核算,及调浆时变性淀粉浆料投料准确性,进而影响浆液浓度和上浆率。水分含量过高易使微生物繁殖,缩短浆料保质期。

烘箱干燥法测定淀粉或变性淀粉浆料的水分,仅适用于干燥天然淀粉和变性淀粉的测定,不适用于某些特殊淀粉的水分测定,如含有在130℃不稳定物质的淀粉。

测试具体过程:选取合适的烘盒,采用测试条件下不受淀粉影响的金属(例如铝)制作,并有大小合适的盒盖。其有效表面使试样均匀分布时质量不超过0.3 g/cm²。适宜尺寸为直径55~65 mm,高度15~30 mm,壁厚约0.5 mm。选取合适干燥器,内置有效干燥剂和一个使烘盒快速冷却的多孔厚隔板。(1)取干净空烘盒,置于130℃烘箱内烘30~60 min,取出烘盒置于干燥器内冷却至室温,取出称量;继续烘30 min,重复进行冷却,称量至前后两次质量差不超过0.005 g,即为恒质(m_0)。(2)精确称取5 g±0.25 g充分混匀的试样,倒入恒质后的烘盒内,使试样均匀分布在盒底表面上,盖上盒盖,立即称量烘盒和试样的总质量(m_1)。在整个过程中,尽可能减少烘盒在空气中的暴露时间。(3)称量结束后,将盒盖打开斜靠于烘盒旁,迅速将盛有试样的烘盒和盒盖放入已预热到130℃的恒温烘箱内,当烘箱温度恢复到130℃时开始计时。样品在130℃~133℃的条件下烘90min,然后取出,并迅速盖上盒盖,放入干燥器中。在干燥器中,烘盒不可叠放。烘盒在干燥器中冷却30~45 min,至室温,然后将烘盒从干燥器内取出,在2 min内精确称量样品和带盖烘盒的总质量(m_2)。对同一样品进行两次平行测定。

水分含量按下式计算:

$$X = \frac{m_1 - m_2}{m_1 - m_0} \times 100\% \tag{5-2}$$

式中:X为试样水分含量,%;m_0为恒质后空烘盒和盖的总质量,g;m_1为干燥前带有样品烘盒和盖的总质量,g;m_2为干燥后带有样品烘盒和盖的总质量,g。

(2)细度测定

细度是指淀粉或变性淀粉的粗细程度。用分样筛筛分样品,通过分样筛得到筛下物质量与样品总质量的比值。一般认为,煮浆时若不延长煮浆时间,细度大小不影响淀粉的糊化或在水中的分散,能调制成均匀的浆液,对上浆性能影响不大。但规定细度仍有其必要性,细度小的淀粉浆料,烧煮后的浆液均匀度好,有利于上浆。

分样筛筛分方法适用于干燥的粉末状淀粉和变性淀粉。

测试具体过程:分样筛为金属丝编织筛网,根据产品要求选用规定的孔径;检验筛为金属丝编织筛网,振动频率:1420次/min。振幅:2~5 mm;橡皮球:直径5 mm。人工筛分法:(1)称取混匀样品50 g,精确至0.1 g。(2)均匀摇动分样筛,直至筛分不下为止,称量筛下物,精确至0.1 g。标准检验筛筛分法(仲裁法):(1)称取混匀样品50 g,精确至0.1 g。(2)将样品均匀倒入人检验筛中,放入5个橡皮球,固定筛体,振摇10 min后,称量筛下物,精确至0.1 g。对同一样品进行两次平行测定。

细度以筛下物占样品总质量的百分比表示，计算公式如下：

$$X = \frac{m_1}{m_2} \times 100 \tag{5-3}$$

式中：X为样品细度，%；m_1为样品过筛后筛下物质量，g；m_2为样品总质量，g。

取平行试验算术平均值为结果，结果保留一位小数。

（3）斑点测定

淀粉或变性淀粉的斑点是在一定光线下，用肉眼观察到的淀粉或变性淀粉中杂色斑点的数量，包括不同于淀粉本底的各色斑点，以样品斑点个数/cm^2来表示。斑点主要是纤维素皮渣、泥沙及沾污空气中比较大的灰尘等。斑点的存在影响淀粉的外观、纯度及浆液的黏附性能和均匀性等。本方法适用于干燥的粉末状淀粉和变性淀粉。

测试具体过程：（1）称取混匀样品10 g，均匀分布在白色、清洁、无污染、可均匀分布样品平板上。（2）将刻有10个方形格（1 cm×1 cm）的无色透明板盖到已均匀分布的样品上，并轻轻按压至平整。在充足光线下，眼与透明板的距离保持30 cm，用肉眼观察样品中斑点，并进行计数，记下10个空格内样品的斑点总数量。对同一样品进行两次平行测定。

结果以每平方厘米斑点数量加以表示，计算如下：

$$X = \frac{C}{10} \tag{5-4}$$

式中：X为样品斑点数，个/cm^2；C为10个空格内斑点总数，个。

取平行试验的算术平均值为结果，结果保留一位有效数字。

（4）酸度测定

淀粉或变性淀粉酸度以中和10 g绝干样品所耗用$C_{NaOH} = 0.1\ mol/L$氢氧化钠标准溶液毫升数表示。本法适用酸度不超过12 mL的淀粉或变性淀粉样品。

所用试剂包括：

（1）1%酚酞指示剂溶液：称取1.0 g酚酞，溶于乙醇，用乙醇稀释至100 mL，贮存于试剂瓶或指示剂瓶中。

（2）C_{NaOH}=0.1 mol/L 氢氧化钠标准溶液。

测试具体过程：称取已充分混合的淀粉或变性淀粉样品10 g（精确至0.01 g），置于三角瓶或烧杯中，加入预先煮沸放冷不含CO_2蒸馏水100 mL加入5～8滴酚酞指示剂，放在磁力搅拌器上搅拌数分钟使其混合均匀，用C_{NaOH}=0.1 mol/L的氢氧化钠标准溶液滴定，临近终点时，再加入3～5滴酚酞指示剂，继续滴定至溶液呈微粉红色，且保持30 s不褪色为终点，读下耗用氢氧化钠标准溶液的毫升数，V_1。同时做空白试验，记下耗用氢氧化钠标准溶液的毫升数，V_0。

淀粉或变性淀粉的酸度按下式计算：

$$X = \frac{\left(V_1 - V_0\right)*C}{m(1 - H)*0.1} \times 10 \tag{5-5}$$

式中：X为样品酸度，mL；C为氢氧化钠标准溶液浓度，mol/L；V_0为空白试验消耗氢氧化钠标准溶液的体积，mL；V_1为滴定样品消耗氢氧化钠标准溶液的体积，mL；m为样品质量，g；H为样品的水分含量；10为以10g淀粉为单位。

(5)pH值测定

pH值反映淀粉的有效酸、碱度，采用酸度计精确测定。本法适用于试样悬浮液在沸水浴中加热糊化的淀粉或变性淀粉糊pH值的测定。

将pH值计的复合电极或玻璃电极和甘汞电极浸在规定浓度的淀粉或变性淀粉糊中，在两个电极间产生电位差，可直接在仪器标度上读出pH值。

测试具体过程：将电极与pH值计连接好，打开电源并预热一定时间。将温度补偿开关旋至与被测溶液温度相同的数值，调节仪器零点，用标准缓冲溶液进行定位后，再用蒸馏水冲洗电极并用滤纸吸干电极上的水待用。

按浓度6 wt.%计，用天平称取折算成干基质量为(12±0.1)g的样品，放入400 mL烧杯中，加入不含CO_2的冷蒸馏水，使水的质量与所称取淀粉或变性淀粉质量总量为200 g，搅拌分散样品，将烧杯置于沸水浴中使水浴液面高于样品液面。搅拌淀粉或变性淀粉乳直至变性淀粉糊化(约5 min)，盖上表面皿再煮约10 min(放在沸水浴中的总时间为15 min)。取出，在冷水浴中立即冷却至室温(25℃)，从冷水浴中取出并搅拌淀粉或变性淀粉糊破坏已形成的凝胶。

用磁力搅拌器以足够速度搅拌淀粉或变性淀粉糊，使淀粉或变性淀粉糊表面产生小的旋涡。在淀粉或变性淀粉糊中插入已标定，用蒸馏水冲洗过并用柔软吸水纸擦干的电极，待读数稳定后，观察并记录pH值(精确至0.1pH值)。

(6)蛋白质测定

采用凯氏定氮，样品与浓硫酸和催化剂一起加热裂解，使蛋白质分解，其中的碳和氢被转化为二氧化碳和水逸出，有机氮转化为氨，与硫酸结合成硫酸铵。然后加碱蒸馏使氨蒸出，用硼酸吸收，再用标准盐酸或硫酸溶液滴定，根据标准酸消耗量计算出蛋白质含量。

所用试剂：

①2 wt.%硼酸溶液：称取分析纯硼酸10 g，用适量水溶解在500 mL容量瓶中，稀释至刻度。

②混合指示剂：由1份0.1 wt.%甲基红乙醇溶液与5份0.1 wt.%溴甲酚绿乙醇溶液组成，临用时混合。

③40 wt.%氢氧化钠：称取分析纯氢氧化钠(96%)41.6g，加60 mL蒸馏水溶解，保存在试剂瓶中，盖上橡皮塞。

④C_{HCl}=0.05 mol/L的盐酸标准溶液。

测试具体过程：准确称取0.6 g经充分混合的淀粉或变性淀粉样品(精确至0.001 g)，倒入250 mL干燥凯氏烧瓶内，注意不要将样品沾在瓶颈内壁上。加入6 g硫酸钾、1 g无水硫酸铜和40 mL浓硫酸。轻轻摆动烧瓶，混合瓶内样品，直至团块消失，样品完全湿透，加入防沸物(如玻璃珠)。然后在通风橱内将凯氏烧瓶以45°角斜放于支架上，瓶口放一小玻璃漏斗，用电炉开始缓慢加热，当泡沫消失后，加热至沸腾。待瓶壁不附有碳化物，且瓶内液体为澄清浅绿色后，继续加热30 min，使其完全分解。将烧瓶内液体冷却，移入100 mL容量瓶中，并用少量水洗涤凯氏烧瓶数次，洗液一并转移至容量瓶中，再加水至刻度，摇匀备用。同时做一空白试验。

向改良式微量凯氏定氮仪的接收瓶内加入10mL2wt.%硼酸溶液和混合指示剂1滴，溶液呈酒红色。将仪器冷凝管的下端插入液面下，吸取5.0 mL样品稀释液，由漏斗流入蒸馏瓶中，并用少量水冲洗，再将10mL40wt.%的氢氧化钠溶液由漏斗流入蒸馏瓶中，以少量水洗涤，夹紧螺旋夹，用少量水将漏斗液封，此时蒸馏瓶中物质转变为深蓝色或产生褐色沉淀。

打开冷凝管冷凝水，开始蒸馏。蒸汽通入蒸馏瓶，使氨通过冷凝管进入接收瓶中，至硼酸接收液开始由酒红色变为蓝绿色起，继续蒸馏约5 min，降下接收瓶，使冷凝管尖端离开液面，再蒸馏1 min，然后用水淋洗冷凝管尖端外部，取下接收瓶，停止蒸馏。

将已标定C_{HCl}=0.05 mol/L的盐酸标准液加入10 mL酸式微量滴定管中滴定瓶内液体，直至溶液由蓝绿色变为灰色为终点，记下耗用盐酸标准溶液的体积。

同时做试剂空白测定，用同样的方法，记下耗用盐酸标准溶液的体积。

淀粉或变性淀粉样品中的蛋白质含量按下式计算：

$$X = \frac{(V_1 - V_0) \times C \times 0.014}{m(1 - H) \times (5/100)} \times K \times 100\% \tag{5-6}$$

式中：X为样品蛋白质含量；C为用于滴定盐酸标准溶液的浓度，mol/L；V_0为空白测定所用盐酸标准溶液的体积，mL；V_1为样品测定所用盐酸标准溶液的体积，mL；m为样品的质量，g；H为样品的水分含量，%；K为氮换算为蛋白质的系数，玉米变性淀粉K=6.25；小麦变性淀粉K=5.76；0.014为1mL C_{HCl}=1mol/L的盐酸标准溶液相当于氮的质量，g；5/100为稀释比。

4.聚丙烯酸类浆料

以丙烯酸类为主要单体制备的均聚物、共聚物及其共混物统称为聚丙烯酸类浆料。聚丙烯酸类浆料的质量指标包括不挥发物含量偏差、pH值偏差、残留单体含量、不挥发物中氯化物和硫酸盐含量、浆膜吸水率偏差、浆膜碱溶性偏差、碳水化合物、尿素、环保要求和外观共10项。聚丙烯酸类浆料的质量指标见表5-6。

表5-6 聚丙烯酸类浆料的质量指标

项目		标准	指标
不挥发物含量偏差/%		按设计规定	±1.0
pH值偏差		按设计规定	±0.5
残留单体含量/%			≤0.5
不挥发物中氯化物和硫酸盐含量/%			≤2.0
浆膜吸水率偏差/%		按设计规定	±10.0
浆膜碱溶性偏差/min		按设计规定	±5
碳水化合物			不得检出
尿素			不得检出
环保要求	聚乙烯醇		不得检出
外观	固体浆料		均质颗粒或粉末
	液体浆料		均质稳定水分散体

注：浆膜吸水率、偏差率、浆膜碱溶性偏差仅考核喷水织造上浆用浆料。

5.聚乙烯醇类浆料

纤维用聚乙烯醇的质量标准执行国家标准GB/T 7351−2013，纤维级聚乙烯醇树脂分为优等品、一等品及合格品三个等级，低于合格品等级的产品为等外品，性能指标见表5-7。

表5-7 不同醇解度聚乙烯醇的性能指标

序号	项目	高碱醇解			低碱醇解		
		优等品	一等品	合格品	优等品	一等品	合格品
1	挥发分/%	≤5.0	≤6.0	≤7.0	≤6.0	≤7.0	≤7.0
2	氢氧化钠/%	≤0.20	≤0.20	≤0.30	≤0.10	≤0.20	≤0.30
3	残留乙酸根/%	≤0.15	≤0.20	≤0.20	≤0.15	≤0.20	≤0.20
4	乙酸钠/%	≤6.8	≤7.0	≤7.0	≤2.0	≤2.3	≤2.5
5	纯度/%	≥88.0	≥86.0	≥85.0	≥91.5	≥90.0	≥90.0
6	透明度/%	≥92.0	≥92.0	≥92.0	≥92.0	≥92.0	≥92.0
7	着色度/%	≥92.0	≥90.0	≥88.0	≥92.0	≥91.0	≥90.0
8	膨润度/%	205±15			145±15		
9	平均聚合度	M±50		M±70	M±50		M±70
M为平均聚合度中心值，由供需双方协商确定，一旦确定后不得任意变更。							

二、淀粉分解剂的性能测试

淀粉分解剂降低淀粉浆液黏度是利用化学方法或生物方法，使淀粉大分子链中的α-1，4-苷键分解或水解，降低其相对分子质量，从而降低黏度、提高流动性。淀粉分解剂主要有碱性分解剂、氧化分解剂和生物酶分解剂三大类。在生物酶分解剂中使用的淀粉酶是α-淀粉酶，α-淀粉酶活力的测定是淀粉分解剂的主要测试项目。

测定淀粉酶活力的方法很多，不同的测试方法，对淀粉酶的活力单位的定义不同。因此，比较淀粉酶的活力时，不能仅看数值大小，还要了解具体的酶活力单位定义和具体测试方法。

α-淀粉酶能降低淀粉分子链中的α-1，4-苷键随机切断成长短不一的短链糊精、少量麦芽糖和葡萄糖，而使淀粉对碘显色的特异性反应逐渐消失，故以颜色消失的速度计算酶活力。

测试原理：1mL液体酶（或1g固体酶粉）于70 ℃、pH值=6.0的条件下，1 min液化可溶性淀粉1 mg，即为1个酶活力单位，以U/mL（U/g）表示，其测试原理是α-淀粉酶能将淀粉分子链中的α-1，4-苷键随机切断成长短不一的短链糊精、少量麦芽糖和葡萄糖，而使淀粉对碘显色的特异性反应逐渐消失，以颜色消失的速度计算酶活力。

测试具体过程：

（1）酶液制备：液体酶用缓冲液配制酶溶液，其最终含量为350 U/mL。固体酶称取酶粉1～2 g（精确至0.0002 g），先用少量pH值为6.0的磷酸氢二钠-柠檬酸缓冲液溶解，并用玻璃搅拌棒捣研，将上层清液小心倾入容量瓶中，用缓冲液定容至刻度，摇匀。通过4层纱布过滤，滤液供测定用。

（2）测定：取20mL 2 wt.%的可溶性淀粉和5mL pH值=6.0的磷酸氢二钠-柠檬酸缓冲液，置于25 mm×200 mm大试管中，在70℃恒温水浴中预热4～5 min。然后加稀释好的酶液0.5 mL，立即记录时间。充分摇匀，定时用滴管取出反应液0.5 mL，滴于预先充满比色稀碘液（约1.5 mL）的白瓷板空穴内。当颜色反应由紫色逐渐变为红棕色时，即为反应终点（酶反应全部时间应控制在2～2.5 min内），并记录时间。

$$酶活力[U/mL(g)]=(\frac{1}{t}\times20\times2\%\times n)\times10^3\div0.5 \tag{5-7}$$

式中：t 为测定记录时间，min；20为可溶性淀粉溶液体积，mL；2%为可溶性淀粉溶液质量分数；n 为稀释倍数；10^3 为1 g=10^3 mg；0.5为测定酶液吸量，mL。

三、柔软平滑剂的性能测试

1.含固率的测定

称取1g样品，将盛有样品的称量瓶置于（105±2）℃的电热烘箱内烘干至恒重（约需4h），取出称量瓶快速放入干燥器内，冷却至室温，迅速准确称重，得到干燥后的质量。

$$X = \frac{m_2 - m_0}{m_1 - m_0} \times 100\% \tag{5-8}$$

式中：X 为样品的含固率；m_0 为干燥后带盖称量瓶的质量，g；m_1 为干燥前样品和带盖称量瓶的质量，g；m_2 为干燥后样品和带盖称量瓶的质量，g。

2.固体浆纱蜡片或蜡块挥发分的测定

称取2 g左右固体样品于称量瓶内，在（105±2）℃的烘箱内烘干至恒重（约需2.5 h），取出称量瓶快速放入干燥器内，冷却至室温，迅速准确称重，得到干燥后的质量。

$$X = \frac{m_1 - m_2}{m_1 - m_0} \times 100\% \tag{5-9}$$

式中：X 为样品的挥发分；m_0 为干燥后带盖称量瓶的质量，g；m_1 为干燥前样品和带盖称量瓶的质量，g；m_2 为干燥后样品和带盖称量瓶的质量，g。

3.乳液稳定性测定

称取样品1 g（精确至0.1 g），置于100 mL量筒中，加入90℃蒸馏水99 mL，加盖后将量筒不断来回摇晃，使样品均匀溶解于水中，静置24 h，观察溶液的分层或沉淀情况。若溶液静置24 h后无任何沉淀或分层，则说明乳液稳定性好。

4.pH值的测定

配置1wt.%的水溶液，用pH值计测定。

5.熔点测定

采用开口毛细管法测定柔软平滑剂的熔点。

所用仪器：

（1）温度计：经精密校正，具有0.1℃或0.2℃分刻度的温度计。

（2）毛细管：内径1 mm，外径3 mm，长50～80 mm。

（3）搅拌器：用玻璃棒制成，一端弯曲成环状。

（4）传温浴：600 mL烧杯，内盛蒸馏水至约一半容积处。

测试具体过程：熔融适量完全干燥的样品，经滤纸过滤。将毛细管浸入已完全熔融的样品中，直至管内样品达高约10 mm，取出，立即放至冰上，使之迅速固化。移入一可盖紧的有盖容器中，置于4～10 ℃冰箱中过夜（16h）。取出，用橡皮筋（或其他方法）将毛细管固定于温度计上，毛细管的下端与温度计水银球下端相齐。然后将温度计固定在传温液中，使毛细管底端距水面约30mm。调节传温的起始温度至试样预计熔点以下8～10 ℃时，开启搅拌器缓慢搅拌，使受热均匀。开始升温速率为1℃/min，待临近熔点时，减缓为0.5℃/min。继续加热，直至毛细管内油脂柱开始上升，观察上升时温度，该温度即为样品熔点。

6.手感测定

主观评价：织物经柔软剂处理后放置到室温，用手直接抓摸，对织物的柔软性、滑爽感、丰满感等进行评定，用适当的文字来表示。

客观评价：参照《纺织品织物触感检测与评价方法三点梁法》行业标准。

7.耐热变色（泛黄）性测定

将经整理过织物（耐热变色性为有色织物，耐热泛黄性为漂白织物），在温度（185±2）℃下烘焙（或压烫）加热3 min。冷却后按下述判别。

（1）耐热变色性采用褪色用灰色样卡判断加热和未加热织物色相差异评定等级。

（2）耐热泛黄性采用沾色用灰色样卡判断加热织物相较未加热织物的黄变程度评定等级。也可测定加热前后织物白度，根据白度降低评定泛黄性大小。

8.悬垂性测定

裁取直径为240 mm，离布边100 mm内的无折痕试样两块。剪取与试样和夹持盘大小相同的制图纸各一块，在天平上称重。把织物悬垂性测定仪调整到描图法状态，将试样放在夹持盘上，径向指向操作者，再依次放上有机玻璃划样板、制图纸以及上盖，轻轻向下按三次，静止3 min。根据悬垂后织物的投影描图，再次称重。

悬垂系数计算：

$$F = \frac{G_2 - G_3}{G_1 - G_3} \times 100 \tag{5-10}$$

式中：F为悬垂系数，%；G_1为与试样相同大小的纸重，mg；G_2为与试样投影图相同大小的纸重，mg；G_3为与夹持盘相同大小的纸重，mg。

9.表面摩擦性测定

试验装置由两块贴衬有试验织物的木板（木块）组成，下木块为上面铺盖试验织物且一端固定而另一端可以自由调整倾斜角度的木板，上木块为下面固定有试验织物的木块。为了使两层织物紧密接触，可在上木块上放一重物。试验时，将下木板平放在试验桌上，上木块置于下木板中部靠近抬起的一端。然后，将下木板以固定点（或与桌面接触点）为支点，慢慢抬起下木板的另一端，直至上木块开始向下滑动，测量下木板抬起的角度（θ）。

织物静摩擦系数为：$\mu=\text{tg}\theta$

四、防霉（腐）剂的性能测定

淀粉等各种多糖类浆料，是微生物（细菌、霉菌）繁殖最适宜的营养源。浆液放置时间过长会变质，纱线经上浆后，在高温、高湿或长时间放置，浆纱和织物也可能出现霉斑，甚至使纤维着色、变色，破坏纤维，严重影响纱线和织物的物理机械性能。霉斑也会给印染加工带来困难，造成印染疵点。防霉性能测定有多种方法，不同方法测定结果之间无严格可比性。本章介绍平板抑菌圈法，该法适用于溶出型防霉剂的防霉效果测试。

1.试验基本内容

采用琼脂培养基接种菌种，放置经浆液处理的试样后，在一定温度下经过一定时间的培养，观察试样周围的抑菌圈半径或抑菌宽度，以此评定样品的防霉能力。

2.试验材料

灭菌培养皿（直径90mm），接种环，三角玻璃棒，高温灭菌的生理盐水，滤纸，孢子悬浮液。

3.测试具体过程

（1）试样的准备：制备浓度为6 wt.%的浆液（干基重），浆液中含有不低于浆料干重6

wt.%的防霉剂。将滤纸剪成直径为20mm的圆片，将圆片浸入被测的浆液中，数分钟后，用镊子取出圆片，淋干待用。

(2)PDA培养基的准备：称取PDA培养基46 g，溶于1000 mL蒸馏水中，在121℃，103.4 kPa条件下灭菌20 min，培养基冷却至50～60℃时进行无菌环境倒板，保证培养基能浸满整个培养皿底部，待培养基凝固后待用。

(3)孢子悬浮液的制备：将试验用菌种用划线法接种到PDA培养基上，放入28℃，95%RH的恒温恒湿培养箱中培养7天。取无菌生理盐水10 mL，置于无菌试管中，然后用接种环挑取培养基上生长的数个菌落，放入试管中混匀，配制成1.0×10^6～6.0×10^6个/mL的孢子悬浮液。

(4)取100μL上述孢子悬浮液滴在PDA培养基上，用三角玻璃棒均匀涂抹开，使液滴均匀分布在培养基表面直至吸收。再在培养基表面中央用无菌镊子贴上已备好的20 mm滤纸圆片，在对照培养基上贴上未经浆液处理过的圆片。放入28℃，95%RH的恒温恒湿培养箱中培养7天，测定在试样周围未生长菌的圆形直径，以mm表示。

五、渗透剂的性能测试

渗透性测试是将不易润湿的织物（生帆布、坏布）或纤维（未经精炼的纱线）放入被测样品溶液中，测试织物或纱线完全润湿（开始下沉或沉降至某一位置）所需时间，或调整试样和标样（或对比样）溶液浓度，使沉降时间相同，用浓度比计算渗透力。渗透性能可采用帆布沉降法或纱线沉降法测定。

1.帆布沉降法

(1)所用仪器：秒表，精确度为0.1s；浸没夹子。

织物：采用28tex×3/28tex×4的细帆布，剪成Φ35 mm原棉布片（帆布质量约0.38～0.39 g，剪成圆片时应戴手套，避免用手直接接触帆布）。测试前需在相对湿度65%、温度20℃的标准条件下放置2h，也可在干燥器的玻璃隔板下盛放亚硝酸钠饱和溶液作为恒湿器，20℃时相对湿度即为65%。

(2)溶液配制：

①同一品种的试样和标样（或对比样）溶液的制备：分别称取一定量的试样和标样[称样量以调节溶液浓度至帆布圆片的沉降秒数在(100±10)s为准（精确至0.01g）]于250 mL烧杯中，加少量蒸馏水调浆，加热搅拌至完全溶解，移入1000 mL容量瓶中，稀释至刻度，摇匀备用。

②不同品种试样溶液的制备：分别称取5个不同质量的标样（或对比样）和试样（精确至0.001 g），并分别配制成1000 mL的溶液，配制方法同前。5个不同浓度应控制帆布圆片润湿时间在5～300 s之间。

测试具体过程：量取700 mL被测溶液，倒入1000 mL烧杯中，为不产生泡沫，应使被测溶液沿烧杯壁缓缓流下。调节溶液温度为(20±2)℃。用浸没夹子夹住帆布圆片，保持垂直，浸入试液液面下约40 mm处，当布片下端接触试液即刻开启秒表，将同平面三叉臂放在烧杯口，并使浸没夹子张开约6 mm，当布片开始下沉时，停止计时，记录润湿时间。对同一溶液重复10次，每次测定后的帆布圆片取出弃之，剔除结果中与平均值相距20 s以上数据，再取平均值，即为该样的润湿时间。

对各组不同品种的试验,应逐次增大浓度进行,每档浓度溶液测10次,取其平均值。

(3)测试结果计算:

①同一品种试样的相对润湿力计算:

$$试样的相对润湿力=\frac{标样溶液的质量浓度(g/L)}{试样溶液的质量浓度(g/L)}\times 100\% \quad (5-11)$$

②不同品种试样的相对润湿力计算:

先根据不同品种试样不同浓度溶液所测得的润湿时间和相对应的质量浓度,在双对数坐标纸上以质量浓度(g/L)为纵坐标,以润湿时间(s)为横坐标作图,并在图中找出相同润湿时间各渗透剂所对应的质量浓度。以某一渗透剂为标准,按下式求出相对润湿力:

$$不同渗透剂的相对润湿力=\frac{标准渗透剂的质量浓度(g/L)}{被测渗透剂的质量浓度(g/L)}\times 100\% \quad (5-12)$$

备注:测定步骤中“剔除与平均值相距20s以上数据”是指同一品种试样的测试所得结果,方法中要求其结果在(100±10)s。对于不同品种试样的测试,若渗透时间较小,仍要剔除20s以上的数据显然不合理。这时可根据数值的大小确定应剔除的数据,一般为平均值的20%-50%,数值较大可选择较小的百分比;反之,则选择较大的百分比。

2.纱线沉降法

仪器和材料:

(1)弯钩和铅锤:弯钩质量一般用3.0 g,低浓度时可用6.0 g或9.0 g,高浓度时可用0.5~1.5 g,弯成“S”形;铅锤质量为40 g。铅锤与弯钩用尼龙线连接,使弯钩距离铅锤上表面20 mm。

(2)原棉绞纱:14tex原纱5 g,剪成约46cm长度。

试样准备:称取50 g试样和标样(或对比样)。分别加入约250mL热蒸馏水,使样品完全溶解,冷却后移入1000 mL容量瓶,用蒸馏水稀释至刻度,摇匀备用。测定前分别吸取5 mL、7 mL、10 mL、15 mL、25 mL、35 mL、50 mL、75 mL、100 mL溶液置于已编号的9只1000 mL容量瓶中,用蒸馏水稀释至刻度。其质量浓度分别为0.25 g/L、0.35 g/L,、0.50 g/L、0.75 g/L、1.25 g/L、1.75 g/L、2.50 g/L、3.75 g/L、5.00 g/L。

测试具体过程:将500 mL试液小心倒入500 mL的量筒,静置,除去泡沫。称取绞纱5 g(精确至0.01 g),对折,挂在弯钩上,使纱束尽可能紧密。将纱束连同弯钩和重锤一起垂直放入量筒溶液中(不可接触筒壁),即刻开启秒表计时。此时纱线浮于水中,纱束直立,悬钩下的尼龙线呈绷紧状态。纱线被润湿载重后开始下沉,当悬钩刚好触及铅锤(或量筒底部)时,按停秒表,记录沉降时间。每个浓度至少测4次,每次测完后只需补充少量试液,不必更换,取4次结果平均值。

测试结果计算:以试样质量浓度(g/L)为横坐标,沉降时间(s)为纵坐标作图,对大多数润湿剂或渗透剂来说可得到一直线。通过作图可以直观(通过直线的斜率)得出浓度与沉降时间之间的关系,也可在图中找出不同产品达到相同润湿时间所对应的质量浓度,进而计算相对渗透力。

$$试样相对渗透力=\frac{标准样品的质量浓度(g/L)}{测试样品的质量浓度(g/L)}\times 100\% \quad (5-13)$$

若将不同的渗透剂(润湿剂)配成相同的浓度进行测试,可通过沉降时间比较这些渗透剂(润湿剂)润湿性的优劣。

六、消泡剂的性能测试

一定流速的气体通过一定量的测试溶液,在容器中形成泡沫。当固定气体流速,并使用同一仪器时,流动平衡时的泡沫高度h可作为泡沫性能的量度。因为h是在一定气体流速下,泡沫生成与破坏处于动态平衡时的泡沫高度,故此量包括了消泡和抑泡两种性能。

测试具体过程:

1.动态消泡法测定消泡效果(仪器法)

(1)发泡液:用质量分数为0.5 wt.%的十二烷基苯磺酸钠与质量分数为0.5 wt.%的TX-10(烷基酚聚氧乙烯醚)以体积比1:1均匀混合配成发泡液。

(2)一定浓度的消泡液:按消泡剂活性含量计,根据需要配成不同浓度消泡剂水溶液作为消泡液。

具体操作步骤:连接泡沫测试仪各装置,打开恒温水浴锅设定至规定温度,接通泡沫测试仪夹套管进行循环回流,使夹套内温度达到规定温度时开始测定。开启净化空气源,检查所有仪器运转正常后,关停净化空气源,转子流量计和泡沫测试仪夹套管中无气体产生,以防倒入发泡液时产生泡沫。

称取一定量消泡剂(精确到0.0002 g)于150 mL烧杯中,加入配制好的发泡液100 mL,搅拌均匀后,向泡沫测试仪恒温夹套玻璃管中加入该混合液,打开净化空气源开关,使空气经过流量计(流速在0.1 m^3/h左右)通入泡沫测试仪,开始计时并观察记录起始泡沫高度h_0,在2 min、5 min、10 min、15 min分别观察记录泡沫高度h_1、h_2、h_3、h_4。根据需要增减观察泡沫高度的次数,同时做对比样品试验(试验条件相同)。

结果评判:以动态鼓气相同时间后产生的泡沫高度表示测试结果,数据结果精确至1 mm。泡沫高度值越小,消泡效果越好。重复测定三次结果之间的绝对差值不大于10 mm,取其平均值作为最后分析结果。

2.振荡消泡法测定消泡效果(快速法)

试剂和溶液

(1)发泡液:同仪器法。

(2)消泡液:称取样品5 g(精确至0.01 g)于150 mL烧杯中,加入100 mL水,充分搅拌均匀。

具体操作步骤:用量筒量取发泡液50 mL于100 mL具塞量筒中,用移液管吸取消泡液1 mL,加入到具塞量筒中。调整溶液温度至规定要求,盖上盖子,剧烈摇动30次,静置,同时开启秒表,记录泡沫量小于5 mL时所需的时间。

结果评判:以泡沫消除时间来判定消泡性能的优劣,时间越短,消泡效果越好。重复三次测定结果绝对差值不得超过2 s,取平均值作为最后分析结果。

七、抗静电剂的性能测试

织物带静电是指织物受某种外界作用(如摩擦)后,积累相对稳定的电荷。通过测定抗静电剂处理后织物消除静电的效果,来评价各种抗静电剂的抗静电性能。随着时代与市场需求发展,测试方法越来越多样。目前最新国家标准GB/T12703《纺织品静电性能的评定》已经划分为8个部分对纺织品的静电性能进行评定,分别是电晕充电法、手动摩擦法、电荷量、电阻率、旋转机械摩擦法、纤维泄漏电阻、动态静电压、水平机械摩擦法。

1.不同测试方法

(1)电晕充电法:通过电量充电装置对试样充电一定时间,停止施加高压电瞬间,试样静电压值达到最大。试样上的静电压值开始自然衰减,但不一定降至零,通过确定峰值电压和半衰期,或者峰值电压衰减到一定比例,以量化试样的静电性能。

(2)手动摩擦法:试样与另一种织物经摩擦后带电,用法拉第筒试验装置测量试样产生的电量,并计算电荷面密度。

(3)电荷量:用摩擦装置模拟试样摩擦带电的情况,然后将试样投入法拉第筒,测量其带电电荷量。

(4)电阻率:当一直流电压加在与试样接触的两电极之间时,通过试样电流会逐渐减小至稳定值。电流随时间的减小可能是由于电介质极化和可动离子位移到电极所致。对于体积电阻率小于10^{10} Ω·m的材料,其稳定状态通常在1 min内达到,因此,经过此电化时间后测定电阻。由于或多或少的体积电导总被包含到表面电导测试中,因此不能精确而只能近似测表面电阻或表面电导。测得值主要反映被测试样表面污染特性。由于试样的电容率影响污染物质的沉积,其导电能力又受试样表面特性所影响,因此,表面电容率不是真正意义的材料特性,而是材料表面含有污染物时与材料特性相关的一个参数。表面电阻,特别是当其较高时,常以不规则方式变化,通常依赖于电化时间。测量时通常规定为1 min的电化时间。

(5)旋转机械摩擦法:将织物试样安装在转鼓上,随着转鼓旋转,试样与标准摩擦布之间产生机械摩擦,旋转过程中,通过测量电极测定试样与摩擦布之间产生的摩擦带电电压。

(6)纤维泄漏电阻:这是表征纤维起静电性的一种指标,它以不同容量的电容C对纤维固有电阻和纤维表面附着的抗静电油剂等综合电阻R的放电时间t,乘以电阻指数10^n后的纤维电阻值$t\times10^n$(Ω)表示。基于阻容充放电原理,用不同纤维电阻R跨接于充以电荷的固定电容(C)两端,以其放电速度测量纤维电阻值。

(7)动态静电压:根据静电感应原理,将测试电极靠近被测物,经电子电路放大后推动仪表显示出其数值。

(8)水平机械摩擦法:使用水平机械摩擦试验仪对试样进行摩擦,然后将试样台移至静电场计下方,用静电场计测量试样表面电压,并记录电压随时间的衰减,通过记录数据得到摩擦带电电压(即峰值静电压)和半衰期。

本章使用抗静电剂前后的织物电阻率判断样品抗静电性好坏。

2.具体操作步骤

(1)若需要,按照GB/T8629-2001中7A程序洗涤,由有关各方商定,可选择洗涤5、10、30、50、100次。多次洗涤时,可将时间累加进行连续洗涤。或者按有关方面认可的方法和次数进行洗涤。

(2)将样品或洗涤后的样品,在50℃下预烘一定时间。

(3)将预烘后的样品在20±2℃,35±5%RH,环境风速低于0.1 m/s的环境中达到调湿平衡,不得沾污样品。

(4)测量试样及电极的尺寸、表面间隙的宽度w(两电极之间距离),精确到±1%。为测定体积电阻率,应按有关规范,测量每个试样的平均厚度,其厚度测量点应均匀分布在由被保护电极所覆盖的整个面积上。一般应保持与条件处理时相同的湿度(浸没在液体中的处理条件除外)和温度下测试电阻。但有时也可在停止处理条件后的规定时间内进行测量。

①体积电阻率:测试前应使试样具有电介质稳定状态,为此,通过测量装置将试样测量电极1和3短路,逐步增加电流测量装置的灵敏度到符合要求,同时观察短路电流的变化,如此继续到短路电流达到恒定值为止,此值应小于电化电流的稳定值,或小于电化100min的电流。由于短路电流可能改变方向,因此即使电流为零,也要维持短路状态到所需时间,使得短路电流I_0变得基本恒定时(可能需要几小时),记下I_0的值和方向。随后,加上规定的直流电压并同时开始计时,使用一个固定的电化时间如1min后的电流值来计算体积电阻率。

体积电阻率按照下式计算:

$$\rho_v = R_v \times \frac{A}{h} \tag{5-14}$$

式中:ρ_v体积电阻率,Ω·m或Ω·cm;R_v测得的体积电阻,Ω;A被保护电极的有效面积,m^2或cm^2;h试样的平均厚度,m或cm。

②表面电阻:施加规定的直流电压,测定试样表面两个测量电极间的电阻。应在1 min电化时间后测量电阻,即便在此时间内电流并未达到稳定状态。

表面电阻率按照下式计算:

$$\rho_s = R_s \times \frac{L}{w} \tag{5-15}$$

式中:ρ_s表面电阻率,Ω;R_s测得的表面电阻,Ω;L特定使用电极装置中被保护电极的有效周长,m或cm;w两电极之间的距离,m或cm。

表面电阻率值越小,其抗静电性能越好。将抗静电剂处理前后织物进行比较,相差值越大表明抗静电剂的抗静电性能越好。

参考文献

[1]周永元.纺织浆料学[M].北京:中国纺织出版社,2004.

[2]郭兴峰.织造原理[M].北京:中国纺织出版社,2014.

[3]祝成炎,张友梅,祝成炎,张友梅.现代织造原理与应用[M].北京:中国纺织出版社,2002.

[4]洪仲秋.纺织浆料助剂的功能及应用[J].棉纺织技术.2002,30(005):27-30.

[5]郭兴峰.现代准备与织造工艺[M].北京:中国纺织出版社,2007.

[6]汪小康.原淀粉浆料浆纱工艺及其品质评定[D].浙江理工大学,2022.

[7]李伟,张正桥,吴兰娟,等.双亲性淀粉浆料的研究进展[J].纺织学报,2020,41(07):182-187.

[7]刘海文,何新勇,马晓红,等.淀粉改性剂与浆料助剂分类之浅见[J].棉纺织技术.2002(02):17-19.

[8]萧汉滨.新型浆纱设备与工艺[M].北京:中国纺织出版社,2006.

[9]武宗文,尹振华,周培文,等.三种变性淀粉浆料性能对比研究[J].棉纺织技术,2015,43(07):27-31.

[10]高卫东,范雪荣,赵凌云.变性淀粉浆料的浆膜性能[J].棉纺织技术,1999,(04):13-15.

[11]蒲绍辉,蒲敦武,潘惠良.变性淀粉浆料的现状及其发展[J].四川纺织科技,1996,(03):21-23.

[12]张朝辉,徐珍珍,刘新华,等.乙酰乙酸酯化淀粉浆料的制备及其性能[J].纺织学报,2017,38(11):68-72.

[13]岳小鹏,刘鹏杰,雷丹.酯化淀粉改性木薯渣纤维/PBS复合材料性能研究[J].林产化学与工业,2017,37(05):119-125.

[14]王建坤,郭晶,郑帼,等.接枝淀粉浆纱性能的研究[J].纺织科学与工程学报,2019,36(01):1-6+12.

[15]罗想平,柳春,邓艳,等.接枝淀粉研究进展[J].大众科技,2015,17(06):41-44.

[16]英瑜,杨坤于,蒋文伟.新型接枝淀粉浆料的制备[J].四川化工,2008,11(06):9-12.

[17]王蕾.接枝淀粉浆料的制备与性能[D].青岛大学,2007.

[18]鲍乐.十二烯基琥珀酸淀粉酯浆料与聚乙烯醇浆料的黏附性能及浆膜性能的对比研究[J].中原工学院学报,2015,26(01):48-50+58.

[19]范雪荣,纪惠军,王强.试论聚乙烯醇浆料的环保性能(下)[J].棉纺织技术,2007,(08):19-21.

[20]范雪荣,纪惠军,王强.试论聚乙烯醇浆料的环保性能(上)[J].棉纺织技术,2007,(07):26-29.

[21]林秋平.聚乙烯醇浆料在织物上浆中的适用情况[J].合成纤维工业,1990,13(02):57-62.

[22]聚乙烯醇浆料的回收[J].棉纺织技术,1976,(03):59-61.

[23]费云山.丙烯类浆料[C].2001.

[24]万国江.淀粉类浆料与聚酯类浆料概述[C].2003.

[25]范雪荣,潘鹏.淀粉种类与结构对其上浆性能的影响[J].棉纺织技术,2018,46(11):1-5.

[26]刘家兴,王燕,李姗.分解剂对淀粉浆液上浆性能的影响[J].天津纺织科技,2012,(2):5-10.

[27]张引,沈艳琴.分解剂对原淀粉和PVA混合浆的改性研究[J].纺织科技进展,2006,(1):38-39.

[28]韩世洪,王军平,陈立亭.消泡剂在纺织上浆的应用[Z].湖北宜昌:2005,358-362.

[29]曹旭勇,王强,范雪荣,等.尿素与淀粉混合物的反应性能和浆液浆膜性能研究[Z].西安:2001,9-11.

[30]孟娜,祝志峰.POES浆纱平滑剂分子结构与作用效果的研究[J].印染助剂.2009,26(09):17-20.

[31]谭绍兵.JDM-100浆料在亚麻品种的应用[Z].山东临清:2016,100-103.

[32]邢凤兰,徐群,贾丽华,等.印染助剂[M].北京:化学工业出版社,2019.

第六章　典型前处理化学品

第一节　退浆助剂

上浆虽然对织造有益，但对后续印染加工却带来了挑战。例如，坯布上的浆料可能会污染印染工作液，并妨碍染料渗透到纤维内部。因此，在印染加工中，棉及棉型织物的第一步湿处理通常是退浆。“退得净”是退浆的主要目标，这意味着退浆需要尽可能去除坯布上的浆料，确保后续染整加工的顺利进行。退浆方法包括碱退浆、酸退浆、酶退浆和氧化退浆等，而所使用的退浆剂则取决于具体退浆方法。

一、碱退浆剂

碱退浆是我国印染企业普遍使用的退浆方法。其适用性较强，可用于各种天然和合成浆料退浆，常使用丝光废碱液作为退浆剂，其主要成分是氢氧化钠（NaOH）。

1.退浆原理

在热碱液中，淀粉、变性淀粉、纤维素及其衍生物等天然浆料和PVA、PA等合成浆料均会发生溶胀，浆料与纤维的黏着作用降低，在机械力的作用下，这些浆料便更易于洗脱，并在表面活性剂作用下乳化分散在碱液中。若浆料化学结构中含有羧基，则会在碱液中生成钠盐，水溶性增大，在水洗过程中即可洗除。

PVA虽自身具有较好水溶性，但经上浆烘燥成膜后，薄膜状的PVA在水中溶解性明显下降，且高温、热处理等过程可能导致PVA脱水形成内醚，结晶度上升，进一步降低PVA浆膜在水中的溶解性，因此，PVA浆料的退浆通常采用后烧毛工艺，以提高退浆率。

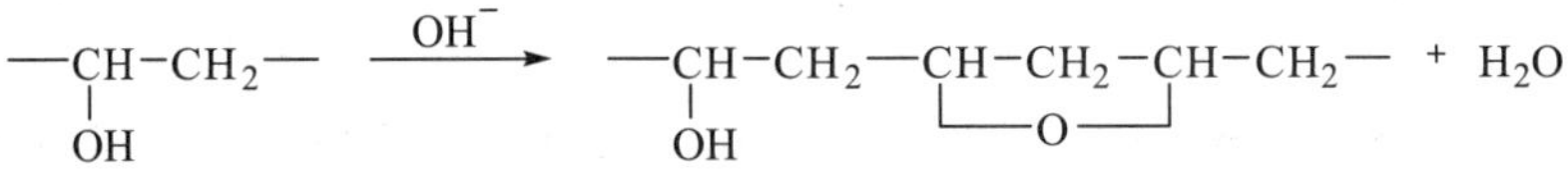

2.退浆工艺

碱对棉纤维的共生物（如：果胶和蜡质）以及棉籽壳具有良好的去除效果，是棉机织物和棉混纺或交织机织物主要采用的退浆方式之一。该工艺采用平辐冷轧堆和高温汽蒸等方法，主要以烧碱为退浆剂，且通常与精炼同时进行来缩短工艺周期并提高效率。典型的碱退浆精炼工艺流程包括以下步骤：首先，在烧毛机的灭火槽中进行轧碱处理（固体碱用量为30～70 g/L，带液率70%～90%）；随后，进行打卷堆置（室温或30~40℃，12～16h）或者汽蒸处理（98℃，50～60 min）；最后，在高效多槽平辐水洗机上进行充分的热水洗涤。碱退浆精炼工艺也可以采用先烧毛或者后烧毛的工艺，如PVA浆料高温处理后更难去除，采用后烧毛工艺会提高退浆率。

近年来，随着染整工艺技术的不断发展，一些新兴技术，如微波技术和超声波技术等，也被应用于碱退浆工艺，以提升退浆效率。微波辅助碱退浆的工艺流程如下：将坯布放入退浆液中在微波辐射下处理后取出→在70℃的温水中漂洗5 min→用冷水漂洗织物→烘干，微波设备为Galanz WP300微波炉。退浆液工艺处方为：NaOH 10g / L、润湿剂JFC1～2滴 / L、浴比：1∶50。经测试，微波处理后的布样在退浆10 min时就基本上达到了常规碱退浆20 min的效果；在相同退浆时间下，微波辅助碱退浆工艺的退浆效果较常规碱退浆明显提高。超声波联合碱退浆工艺的超声波预处理的优化工艺条件为：频率40kHz、预处理时间4 min、加工温度50℃、超声波功率100W。退浆工艺条件为：NaOH 4g/L、渗透剂JFC 1g/L、浴比1∶50、退浆温度100℃。经测试，采用超声波与碱联合退浆工艺，30 min即可获得常规碱退浆60min的退浆率和白度，有效缩短了加工时间，节约了能源。经常规退浆和超声波联合碱退浆得到的棉织物微观形貌如图6-1所示，可以看到，常规退浆后，由于棉织物的生长特点而存在的天然扭曲并未消失，纤维排列松散；采用超声波联合碱退浆后，棉纤维天然扭曲消失，排列更加规整，纤维变得较为圆润、饱满。

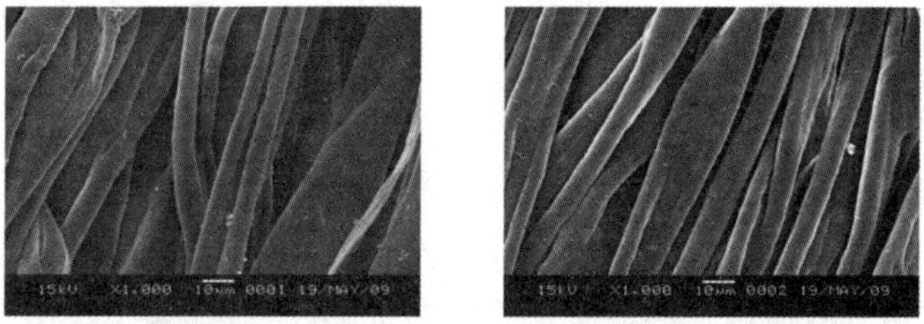

图6-1　左：常规退浆的棉织物的SEM图；右：超声波联合碱退浆的棉织物的SEM图

总体而言，碱退浆适用于各类浆料，包括淀粉浆料、合成浆料和混合浆料等，具有较低的加工成本。但是，碱退浆的退浆效率并不高，仅为约70%。此外，碱对织物上的淀粉类和PVA浆料没有降解作用，而且PVA浆料在碱性条件下容易变色。因此，在退浆后的水洗过程中，未能被降解的大分子淀粉和PVA浆料会从织物上溶解到水中，导致退浆废水的黏度增加，碱性增强，颜色变深，COD值高达20000~60000。因此，碱退浆工艺被认为是高污染的工艺，原环保部已将其列入淘汰工艺之列。

二、酸退浆剂

酸退浆多用于棉布退浆，其成本同样低廉，但其退浆率不高，很少单独使用。且由于纤维素自身不耐酸，因此在酸退浆时要严格控制工艺条件，避免退浆过度、造成纤维素的损伤。酸退浆在退浆的同时，可大量去除矿物盐、提高织物白度。

1.退浆原理

酸性退浆剂通过提供氢离子(H^+)使浆料中的大分子发生水解反应。这种水解作用对多糖类浆料的具体反应机制如下：多糖浆料（如淀粉）由许多葡萄糖单元通过糖苷键连接而成。在酸性条件下，酸性退浆剂中的氢离子会进攻糖苷键，使其断裂。断裂后的长链多糖变成可溶于水的短链糖或单糖，如麦芽糖或葡萄糖。

化学反应示例如下：

$$(C_6H_{12}O_{10})_n + nH_2O \xrightarrow{\text{酸}} nC_6H_{12}O_6$$

其中，$(C_6H_{12}O_{10})_n$表示淀粉或其他多糖，$C_6H_{12}O_6$表示葡萄糖。

2.退浆工艺

酸退浆通常与碱退浆或酶退浆联合使用，其工艺是将织物先经碱或酶退浆后，完全浸入酸性溶液，使其与酸液充分接触（硫酸浓度4~6 g/L），随后保温堆置45~60 min（严格防止风干现象发生），并充分水洗。为了加速反应，可以将酸液加热到适当的温度，处理时间一般为30 min~1 h，具体时间取决于浆料种类和酸液浓度。在织物酸退浆过程中，需定期检查退浆效果，避免过度处理导致织物损伤。

作为一种传统的退浆工艺，酸退浆过程同样存在一些问题。首先，由于淀粉很难在酸的作用下充分水解，酸退浆剂对淀粉的退浆率不高。其次，退浆过程中，酸性溶液对纤维材料有一定的腐蚀作用，特别是在浓度过高或处理时间过长时，容易导致纤维降解和强度下降。某些酸退浆剂甚至可能导致织物的颜色变化，使染色织物褪色或产生色差。退浆完成后，织物上残留的酸性物质若未能完全进行中和、清洗，也可能在后续工艺中导致染色不均或织物老化等问题。因此，在对织物进行酸退浆时，退浆工艺需要精确控制多个参数（如酸浓度、处理时间和温度），任何参数的不当调整都会影响退浆效果和织物质量。此外，酸退浆剂具有腐蚀性和刺激性，操作不当还可能对操作人员造成伤害，酸退浆过程中产生的废液若直接排放也会对环境造成污染。

三、酶退浆剂

酶是一种具有蛋白质性质的生物催化剂，具有专一性、高效性、反应条件温和等特性。近年来，生物酶在染整行业中应用越来越广泛，在退浆、精炼、整理、净洗加工、纺织印染的废水处理及成衣加工中均有应用。酶退浆是应用酶对浆料的分解作用，迅速降低其分子量，降低溶液的黏度，可使浆料迅速从织物表面洗脱。与传统酸、碱退浆剂相比，酶退浆的退浆率可达90%以上，浆料的去除不需要剧烈的机械作用，用水量少，退浆温度低，能有效减少环境污染、节约水资源、节约能量、缩短工艺时长，具有鲜明的环保特色，符合当前绿色发展需求。

1.种类

目前染整行业中常用的酶制剂主要有淀粉酶、PVA酶、果胶酶、纤维素酶、蛋白酶、过氧化氢酶等，其中应用于织物退浆过程的酶制剂主要是淀粉酶和PVA酶。淀粉酶和PVA酶可分别高效催化淀粉和PVA的降解，在上浆织物的退浆工艺中具有优异的使用效果，具有退浆效率高、不会损伤纤维素织物的优点。常见的退浆酶种类如表6-1所示。

表6-1　常见退浆酶的种类

产品名称	使用温度范围/℃	公司名称
Aquazym	20 ~ 70	Novozymes
Dezyme	20 ~ 70	Novozymes
Aquazym Ultra	60 ~ 90	Novozymes
Termamyl	85 ~ 115	Novozymes
Thermozyme	85 ~ 115	Novozymes
Suhong Desizyme 2000L	20 ~ 95	Novozymes
Baylase AT02	20 ~ 98	Bayer
Baylase LT	低温（<75℃）	Bayer
Optisize HT260/520	80 ~ 90	Genencor
Optisize HT plus	40 ~ 110	Genencor
Optisize 40/160	30 ~ 70	Genencor

2.退浆机理

(1)淀粉酶的退浆机理

根据水解淀粉的方式的不同,淀粉酶可分为多种类型,其中应用较广的是α-淀粉酶和β-淀粉酶。α-淀粉酶主要以淀粉或糖原为底物,它可随机作用于直链淀粉和支链淀粉内部的α-1,4-糖苷键,将淀粉水解为糊精、麦芽糖和葡萄糖。β-淀粉酶则是以外切的方式,从淀粉大分子的非还原性末端将淀粉逐步水解,水解产物为麦芽糖。此外,淀粉酶中还有葡萄糖淀粉酶、支链淀粉酶、异淀粉酶等。葡萄糖淀粉酶可从底物的非还原性末端顺次水解α-1,4-糖苷键和分支的α-1,6-糖苷键,生成葡萄糖,支链淀粉酶只水解支链淀粉分支点的α-1,6-糖苷键,而异淀粉酶则能够水解所有支链或非支链的α-1,6-糖苷键。上述淀粉酶对直链和支链淀粉的水解作用如图6-2所示,多种淀粉酶配合使用,最终可实现对淀粉和改性淀粉上浆织物的高效退浆。

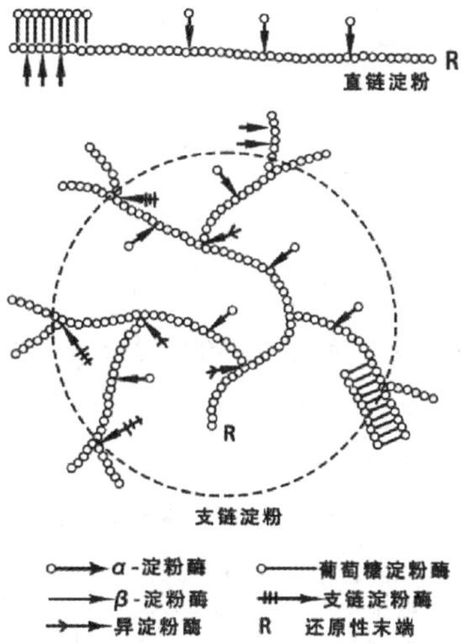

图6-2　淀粉酶对淀粉的作用方式

(2)PVA酶的退浆机理

作为织物上浆的常用浆料之一,PVA是可以生物降解的,但在自然环境中,可降解PVA的微生物非常少,通常只出现在被PVA污染的环境中。目前,已正式报道的PVA降解酶主要包含三个种类:PVA氧化酶(仲醇氧化酶)(EC1.1.3.30)、PVA脱氢酶(EC1.1.99.23)和氧化型PVA水解酶(β-双酮水解酶)(EC3.7.1.7)。由于不同研究者所采用的菌种不同,研究涉及的PVA降解酶的组合种类也存在差别,因此对PVA降解酶催化降解PVA的机理也存在不同的观点。目前来说较为一致的看法是,PVA须经两步酶催化过程才得以降解:首先,PVA氧化酶在以O_2为电子受体的条件下,或PVA脱氢酶在以吡咯并喹啉醌为电子受体的条件下,PVA链上的羟基会被脱氢氧化成羰基,生成PVA β-双酮结构类物质。随后,氧化型PVA水解酶催化PVA β-双酮结构类物质水解,生成以羧酸和甲基酮为末端的PVA断链,使PVA长链断裂,PVA溶液黏度下降,达到退浆目的。也有观点认为,氧化型PVA的水解反应是自发进行的,水解反应自发进行主要是由于其分子结构不稳定造成的,氧化型PVA水解酶能加速这种水解反应。PVA生物降解可能存在的途径如图6-3所示:

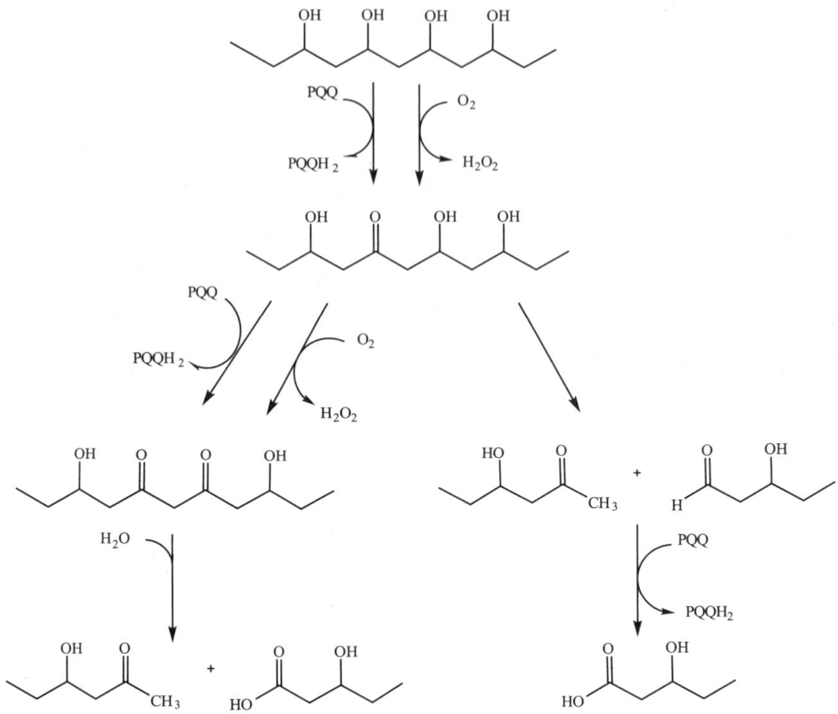

图6-3　PVA可能存在的生物降解途径

可能因为现有PVA均为聚合度几乎呈现正态分布的混合物，降解产物过于复杂不利分析，因此，以上结论不是直接以PVA作为其降解酶的作用底物获得，而是研究者们利用一些醇类化合物或类似乙烯醇的缩合物为酶的作用底物，根据实验结果推论而得。因此，PVA的实际降解过程是否如这些研究者所假设的还有待进一步验证。

3.退浆工艺

(1)淀粉酶的退浆工艺

α-淀粉酶是最常用的织物退浆酶制剂，其退浆工艺虽会根据酶制剂、退浆设备和织物的不同而存在差异，但一般均由四个工艺过程组成，即预处理、施加酶制剂、保温处理和水洗后处理。其中，预处理过程可以除去织物上的杂质、防腐剂、酸性物质或其他助剂，同时使浆膜溶胀，有利于酶制剂在浆膜中较好地渗透，可提高淀粉酶对淀粉的水解效率；施加酶制剂是通过工艺手段使织物对酶液吸收的过程，一般会添加非离子型润湿剂、渗透剂等助剂，从而使酶液能够在织物上充分渗透；保温处理可以为淀粉酶分解淀粉提供时间，使酶制剂在织物上对淀粉进行充分水解，使淀粉浆易于洗除，保温时间和温度是这一步骤中的重要工艺参数，会随着酶制剂、工艺和设备条件的不同而不同；最后，对经淀粉酶处理的织物进行水洗后处理，可将附着在织物上的淀粉浆水解产物去除，实现对织物的退浆效果。

淀粉酶对淀粉的水解活性受到使用环境的pH值、温度等诸多因素的影响。其中，α-淀粉酶的最适pH值在6~7之间，根据最适使用温度的不同，可分为普通型(中温型)α-淀粉酶和热稳定型(高温型)α-淀粉酶两类。

中温型α-淀粉酶比如细菌酶的最佳使用温度在60℃左右，以BF-7658α-淀粉酶为例，它是从枯草杆菌中分泌出来的酶，商品为固体粉末，工艺处方为：BF-7658α-淀粉酶(2000

倍)1~2g/L,NaCl2~5g/L,渗透剂JFC1~2g/L。工艺流程为:浸轧(渍)热水→浸轧(渍)酶液→堆置→水洗。工艺条件为:热水温度65~75℃,轧(酶)温度55~65℃,轧余率110%~130%。

高温型α-淀粉酶在高温90℃以上都能保持较高的催化活性,适合于高温连续化退浆加工。以耐热性细菌α-淀粉酶为主的新型退浆剂作为淀粉浆料的退浆剂,正在纺织工业中崭露头角。其中,淀粉酶Neomalus H在水溶液中具有较强的耐热性,即使在80℃下也可保持稳定。淀粉酶Neomalus H的连续退浆工艺流程为:翻缝→烧毛→热水浸(90℃以上,5~10s)→轧水→退浆剂浸渍→轧液一进退浆池(保温使充分退浆)→洗净→轧水一出布;退浆浸渍工艺处方为:Neomalus H_1:5~15g/L,Neomalus H_5 1~3g/L,非离子型表面活性剂1~2g/L,温度75~80℃、pH值6~7。

通常,α-淀粉酶在弱酸性条件下活性最高,退浆效果最好,但是,棉织物退浆后的精炼和氧漂加工均为碱性条件,所以使用淀粉酶退浆并不利于工序之间的衔接。此外,棉织物生物酶前处理工艺的发展方向是酶退浆/酶精炼一步法工艺,而用于棉织物精炼的酶制剂主要为碱性果胶酶,在弱酸性条件下适用的淀粉酶与碱性果胶酶联合使用时,加工时的pH值难以兼顾两种酶的作用效果。1971年,日本学者Horikoshi首次报道了产自嗜碱芽胞杆菌A-40-2的碱性α-淀粉酶。此后,关于碱性淀粉酶的研究陆续报道,国内的学者们探究了耐碱耐温淀粉酶的退浆前处理工艺,并优化了工艺条件。优化得到的耐温耐碱淀粉退浆酶浸渍法最佳工艺条件为:耐温淀粉酶0.6 ~ 1g/L,渗透剂JFC 1g/L,pH值6.5 ~ 7,65℃,60min;最佳轧蒸工艺条件为:耐温淀粉酶1g/L,JFC 1g/L,pH值6.5 ~ 7,浸轧后汽蒸30min。最佳轧堆工艺条件为:耐温淀粉酶1g/L,JFC 1g/L,pH值6.5 ~ 7,二浸二轧50℃,保温堆置30min。

近年来,随着生物酶技术的不断发展,各类新型生物酶制剂被不断开发并应用于织物退浆过程中,如国内某公司研究出的新型环保型生物酶印染处理剂TL-121,在130℃高温下的酶成活率≥90%,酶活力≥1000U/mL。当酶用量为2g/L,退浆温度为110℃时,退浆时间只需8s即可达到退浆效果,退浆率高达95%以上。

(2)PVA酶的退浆工艺

目前主要的三种PVA的降解酶:聚乙烯醇氧化酶(仲醇氧化酶)、聚乙烯醇脱氢酶和氧化型聚乙烯醇水解酶(β-双酮水解酶)对PVA的降解能力不同。因此,单一菌群对PVA的降解度并不高,只有改性后的混合菌群才能实现对PVA的彻底降解,这也对PVA降解酶的提取带来了困难。目前,已有研究筛选出了能高效降解聚PVA 1799的混合菌系,并通过该菌系制得PVA降解酶,将该PVA降解酶与淀粉酶复配,对混合上浆棉织物协同退浆,可得到较优的退浆工艺为:$C_{淀粉酶}/C_{PVA酶}$为1/10,pH值为6.0,温度50℃,时间30min。在此条件下,可在棉织物的退浆中实现与碱退浆相当的退浆率。

尽管酶退浆在纺织工业中具有许多优点,如其退浆的高效性、高度的专一性以及对纤维素纤维的保护,但酶制剂在应用方面仍然面临着一些挑战和限制。首先,酶制剂的生产和应用成本相对较高,这将在大规模生产应用过程中提高织物的退浆成本。其次,某些酶在特定的温度、pH值或盐度条件下可能会失活,这限制了其在实际工业应用中的稳定性和持久性。此外,目前的酶退浆技术主要适用于特定类型的浆料,如淀粉类浆料,而对于其他类型的浆料,如合成浆料,可能效果不佳。酶退浆产生的废水中可能含有大量的有机物质,也增加了废水处理的成本和复杂性。综上所述,为了满足酶制剂在织物退浆中的需求,还需要进一步的研究和技术创新,以提高酶退浆的效率、稳定性和环境友好性。

四、氧化退浆剂

氧化退浆适用于所有浆料，特别适用于PVA浆料，氧化剂能够使浆料大分子的化学键断裂，分解成可溶性物质而除去。

1.种类

常用的氧化退浆剂主要有过硫酸盐（$Na_2S_2O_8$等）、过氧化氢（H_2O_2）、亚溴酸钠（$NaBrO_2$）等。

（1）过硫酸盐

过硫酸盐主要指过二硫酸铵（$(NH_4)_2S_2O_8$）、过二硫酸钠（$Na_2S_2O_8$）、过二硫酸钾（$K_2S_2O_8$），这几类盐加热条件下均会分解出过氧化氢而具有退浆效果。其中，过硫酸铵盐相较其他几种盐的分解温度更高，为50℃，因此，一般将其与还原剂亚硫酸氢钠组合成氧化-还原退浆剂体系，室温下即可发生分解生成具有氧化性的自由基。

过硫酸盐如果分解速度过快，会对纤维造成损伤，为了减缓退浆过程中过硫酸盐的分解速率以及对纤维的氧化作用，可以在硫酸盐退浆剂中添加少量过硫酸酯，比如过硫酸月桂酯。过硫酸盐退浆剂价格便宜，适用低温或高温退浆，可软化棉籽壳，起到部分煮练作用，因此尤其适用于退煮漂一步法。

（2）过氧化氢（H_2O_2）

过氧化氢的氧化能力相对较弱，但也是理想的退浆剂，可用作淀粉和PVA浆料的退浆剂，同时对织物有一定的漂白效果。在碱性条件下，过氧化氢可以把PVA氧化分解成分子量较低的聚合物，使其溶于水被去除。使用过氧化氢时需要加入稳定剂，比如硅酸钠、有机稳定剂或螯合剂。

（3）亚溴酸钠（$NaBrO_2$）

亚溴酸钠在水溶液中水解可生成亚溴酸和过氧化氢，其氧化性高于过硫酸盐，且氧化性能随退浆温度的升高进一步提高。然而，当退浆温度超过30℃时，会造成纤维素织物的氧化脆损加剧，因此，亚溴酸钠多用于室温堆置，使用pH值为9.5~10，有效溴浓度为0.5~1.5 g/L。亚溴酸钠在织品上浆、退浆、染色等方面均有应用，效果甚佳。亚溴酸钠用于退浆工序，可以说是引起退浆工艺的一场改革。亚溴酸钠存在如下优点：（1）以亚溴酸钠稀溶液作为退浆剂，可使淀粉和化学浆料在常温和短时间内完全除去，同时由于常温退浆而保持中长纤维织物的仿毛感。（2）色织布的退浆在高温下容易引起沾色，而常温退浆可以克服此弊病，从而可以进行连续化生产。（3）退浆煮炼一浴一次完成，大大缩短了印染前处理的工艺，缩短了产品的周转期，提高了效率。（4）提高了产品的质量，手感柔软。亚溴酸钠不仅对淀粉浆料能进行氧化，对合成浆料也同样能进行氧化。

2.退浆机理

氧化还原退浆剂的退浆机理涉及氧化和还原反应。在这个过程中，氧化还原退浆剂作为氧化剂引发氧化作用。在氧化过程中，氧化剂与浆料中的有机成分发生反应，使其氧化为较简单的化合物或离子。同时，氧化还原退浆剂作为还原剂存在，通过向氧化剂提供电子还原，从而自身被氧化。这一过程导致浆料分子中的某些化学键断裂，使其结构发生破坏。随着分子结构的破坏，浆料失去了原有的黏附性和稳定性，变得更容易被去除。因此，通过冲洗、洗涤或其他方式，浆料被彻底去除，从而完成退浆过程。总的来说，氧化还原退浆剂通过引发氧化和还原反应，破坏浆料分子结构，实现了对浆料的有效退浆。氧化剂对常用的天然浆料淀粉和合成浆料PVA的氧化降解过程如图6-4及图6-5所示。

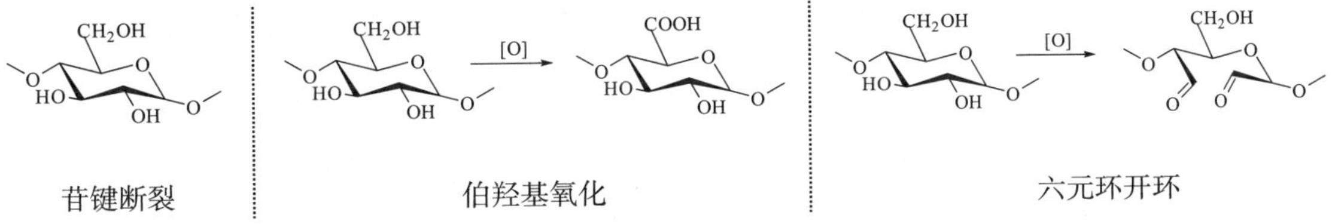

图6-4 氧化剂对淀粉的氧化降解过程

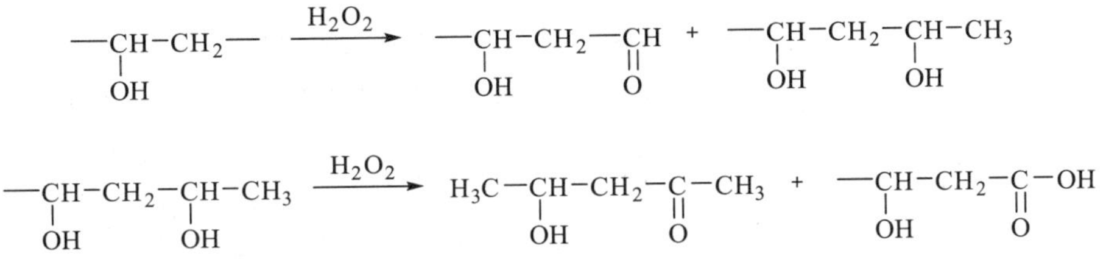

图6-5 氧化剂（以H_2O_2为例）对PVA的氧化降解过程

3.退浆工艺

氧化剂退浆通常采用冷轧堆和轧蒸两种加工工艺。冷轧堆工艺的流程包括室温浸轧、打卷、室温堆置（24h）和高温水洗，通常使用过氧化氢作为退浆剂。对于含有高含浆率和混合淀粉与PVA的织物，则使用混合过氧化氢和过硫酸盐进行退浆。轧蒸工艺的流程包括浸轧、汽蒸和水洗。通常单独使用过氧化氢或过硫酸盐进行退浆，而多数情况下选择过氧化氢进行退浆。

氧化退浆通常在碱性条件下进行，而过氧化氢在碱性条件下不稳定，会分解生成具有较高氧化作用的过氧化氢负离子，因此退浆过程往往兼有漂白作用。为了稳定过氧化氢，常添加稳定剂如硅酸钠、有机稳定剂或螯合剂，同时使用软水还需加入硫酸镁以吸附重金属离子。在具体的工艺流程中，轧蒸过程为：浸轧退浆液（含NaOH46 g/L、27.5%$H_2O_2$410 mL/L、渗透剂2~4 mL/L、稳定剂3 g/L，轧液率90%~95%，室温）、汽蒸（100~102℃，10 min）、水洗。

冷轧堆工艺则可在室温下进行，包括浸轧退浆液、打卷、室温堆置和水洗等步骤。与轧蒸工艺相比，冷轧堆工艺反应温度较低，化学剂浓度较高，且节约能源、水和人力资源，占地面积小，适应小批量生产。在实际应用中，可根据需要在烧毛后（干进布）或预洗后（湿进布）进行浸轧处理。对于湿进布，应采用较高的轧液率。另外，为防止布卷表层和边缘风干，浸轧打卷后通常会用塑料薄膜包裹，同时保持布卷缓慢旋转，以确保处理均匀。

亚溴酸钠作为工业退浆剂历史悠久，其水溶液在pH值超过9时保持稳定，而在pH值等于8时则会发生分解。通常，亚溴酸钠被用于退浆纯棉织物，特别是那些上浆采用变性淀粉和PVA混合浆料（比例为10∶3）的情况。常用退浆工艺包括烧毛（采用85~90℃热水灭火，轧液率为70%~80%）、浸泡于含有亚溴酸钠的退浆液中（亚溴酸钠浓度为0.5~1.5 g/L，润湿剂JFC浓度为2 mL/L，pH值在9.5~10.5之间，室温，轧液率100%）、堆置（在室温下进行，持续15 min）、80~90℃的碱洗（烧碱浓度为45 g/L）、热水洗、冷水洗和最后的烘干等步骤。

氧化还原退浆作为一种常见的退浆方法，也还存在一些问题需要解决。首先，其成本较高，在大规模生产情况下的生产成本较高。其次，氧化还原反应可能影响纤维质量，导致纤维表面损伤或变化，因此其操作相对复杂，需要严格控制处理条件，以免影响退浆效果。此外，氧化还原反应可能导致环境污染，产生有害物质需要额外处理，以避免对环境造成负面影响。因此，同样需要进一步的研究和技术创新，开发更加环保、高效、经济的退浆方法，在满足纺织工业需求的同时，减少对环境的负面影响。

五、其他退浆剂

近几年，我国非织造材料的需求量持续增大，表现出了高速发展的势头。等离子体退浆作为一种较新的退浆工艺，具有节能、洗涤用水少的优点，被认为是传统湿化学处理的一种环境友好的替代方法。

如闫俊采用大气压低温等离子体退浆工艺，结合服用性能优化实验，探讨最佳退浆条件为：放电电极与坯布间距为1 mm，等离子体最佳处理功率为400W，等离子体最佳处理时间为15 min，最佳碱煮碱浓度为8 g/L。经等离子体加碱处理的坯布透湿性、透气性增加，断裂强力、厚度、硬挺度降低。加入少量NaOH处理后，织物的白度、毛效以及退浆率皆超过常规碱煮工艺。李志红、任煜[1]采用低温氧等离子体对纯棉坯布进行处理并退浆，从微观形态分析了氧等离子处理对退浆效果的影响，分析了氧等离子处理对棉织物弯曲性能和折皱回复性以及强力的改善作用。结果表明：低温氧等离子处理能使棉坯布退浆更容易，有利于节能、环保。而在一定处理条件下，氧等离子处理对棉织物强力、弯曲性能和折皱回复性能有明显改善。

第二节　精炼剂（表面活性剂与其他化学品的复配）

一、棉及棉型织物精炼剂

棉与其他纤维混纺或交织的织物在经过退浆工艺后，棉纤维上仍有较多伴生杂质，约有4%~6%，主要有果胶、蜡状物质、蛋白质、棉籽壳、灰分和天然色素等，而棉纤维中纤维素约占94%~96%。

棉纤维是由角皮层（极薄的最外层）、初生胞壁、次生胞壁（纤维主体部分）和中空胞腔组成。角皮层和初生胞壁中均含有果胶和蜡状物质，对纤维有保护作用，但其疏水结构阻碍了染料和染整溶液的渗透，不利于后续染整加工。因此，棉精炼的主要目的是去除天然杂质，同时去除退浆中未退净的浆料，使棉纤维有足够好的润湿性和洁净的外观。对于棉织物，精炼的方法包括碱精炼和酶精炼，而所使用的精炼剂则取决于具体的精炼方法。

1. 碱精炼剂

（1）组成

如上节所述，棉及棉型织物精炼的主要目的是去除果胶、蜡状物质、蛋白质、棉籽壳、灰分和天然色素，其中大部分物质在碱性条件下可转化为可溶性物质而去除。因此，在碱精炼过程中，烧碱（NaOH）是碱精炼剂的主要成分。但有些物质，比如蜡状物质，必须借助乳化剂才能去除，同时为了加快精炼速度，和退浆剂类似，在添加精炼剂的同时，需要添加精炼助剂。精炼助剂需耐高温、耐碱，具有较好的润湿渗透性和乳化性，同时兼具去污功能，因此需多种表面活性剂复配而成。碱精炼剂的主要组成如下：

①烧碱：如下表所示，100 g棉纤维中消耗或吸附烧碱量为2.5~3.7 g，烧碱的用量为3%~4%（对织物重）。烧碱在精炼剂中的浓度与浴比及工艺有关，在煮练工艺中浓度一般在10~15 g/L，而连续化平幅精炼过程中，烧碱用量与轧液率有关。

表6-2　100g棉纤维中消耗或吸附烧碱的物质

100 g棉纤维中消耗或吸附烧碱的物质	消耗或吸附的烧碱量/g
果胶	0.2~0.3
蛋白质	1.0
蜡状物质	0.1
纤维中的羧基	0.2~0.3
纤维本身	1.0~2.0
总计	2.5~3.7

对于涤棉织物(含涤纶),烧碱浓度要适当降低,一般低于10g/L,因为涤纶在热碱液中容易发生"碱减量"。碱对涤纶分子中的酯键有水解作用,但涤纶分子结构紧密,纤维难以膨化,所以碱的水解从纤维表面开始,逐渐向纤维内部渗透,控制不当容易造成纤维表面不均匀脱落现象。

②表面活性剂:精炼剂中的表面活性剂与退浆剂类似,以阴离子和非离子型表面活性剂为主,主要有润湿、渗透、乳化、净洗、消泡等功能。

阴离子表面活性剂中以往最常用的是烷基苯磺酸盐(LAS),有良好的净洗性能和良好的耐碱、耐高温、耐氧化特性,但LAS生物可降解性差,不适应当前环保要求,而烷基磺酸钠(SAS),具有优良的渗透性、耐碱性和生物可降解性,目前被广泛应用。除了SAS,阴离子表面活性剂还有α-烯烃磺酸盐(AOS)、脂肪酰胺烷基磺酸盐、脂肪醇磷酸酯盐、脂肪醇聚氧乙烯醚硫酸盐(AES/磺化平平加O)等。AOS的配伍性好,渗透性和去污性也较为突出,也是高效精炼剂的常用组分。因为含磷工业废水对环境造成污染,造成水体富营养化,需要对含磷废水进行处理后才能排放。

非离子型表面活性剂比阴离子表面活性剂有更低的CMC和γ_{cmc},一般与阴离子表面活性剂复合使用,进一步提高精炼剂的润湿、乳化、和分散能力。常见的非离子型表面活性剂有脂肪醇聚氧乙烯醚、脂肪醇聚氧乙烯醚磷酸酯等。聚醚类表面活性剂乳化分散性好、起泡性低,常被用于低泡型精炼剂。随着印染技术的发展,平幅轧蒸和冷轧堆工艺开始采用高浓碱供液系统,这对表面活性剂的耐碱性和复配性有更高要求,在这种情况下,非离子型表面活性剂可选用烷基糖苷(APG),APG不仅耐碱性好,同时生物可降解性好,对织物的损伤小。

③螯合分散剂:印染用水中一般含有少量金属离子,这些金属离子易与污渍结合再沉积到织物表面。而螯合剂螯合分散剂的分子在水中能离解出H^+成为表面带负电荷的阴离子而与溶液中的Ca^{2+}、Mg^{2+}、Fe^{2+}等金属离子络合形成稳定的络合物,达到防止设备及织物再沾污的目的。

④消泡剂:织物加工时产生的泡沫,会使液体与织物的接触面降低,导致退浆不匀,因而需要进行消泡处理。消泡剂最常用的是有机硅化合物,因其具有成本低、用量少、生物惰性等优点,其中聚醚改性有机硅消泡剂不仅具有一般消泡剂的特点,还具有耐高温、耐强碱、稳定性好、不产生沉淀等特点,可用于高温精炼条件。除了使用消泡剂,也可使用低泡型表面活性剂,如聚醚类、烷基磷酸酯类,这种表面活性剂有疏水基并带有弱亲水基,形成的泡沫膜壁更容易破裂,从而具有低泡特性。

⑤其他添加剂:硅酸钠(Na_2SiO_3)又称水玻璃或泡花碱,能够吸附精炼液中的铁质和其

他杂质，防止棉布上产生锈渍或杂质沉淀，有利于提高织物的白度。亚硫酸氢钠（$NaHSO_4$）主要用于去除棉籽壳，可与棉籽壳中的木质素反应，使其变成可溶性的木质素衍生物。

（2）作用机理

精炼过程涉及复杂的物理化学过程，包括润湿、渗透、乳化、分散、净洗、螯合等过程。具体作用如下：

①润湿渗透作用：根据润湿渗透的基本理论，表面活性剂通过界面上的吸附，降低其表面张力 γ_{SL} 和 γ_{LG}，使得润湿过程较好进行，同时表面活性剂还可以提高液柱静压而加速渗透，逐渐进入纤维内部。

②烧碱反应：烧碱在适当温度下能使果胶中的酯键水解，变成可溶性的羧酸钠盐而除去；对于蛋白质，烧碱可以与蛋白质的酰胺键发生水解作用，最终形成氨基酸钠盐而除去；蜡状物质中的脂肪酸类可以在与烧碱在一定温度下发生皂化反应而溶解，另一部分则需要借助乳化作用才能除去；棉籽壳的主要成分是木质素，相对分子量高于纤维素，木质素中的酚羟基与烧碱作用，分子量降低，在碱液中的溶解度增大，同时精炼液中加入的亚硫酸氢钠，能使木质素形成易溶于碱的衍生物。

③净洗及防再沾污：在机械作用和表面活性剂的润湿渗透下，织物上的蜡状物质及油性物质与织物的黏附力减弱而脱离纤维；在乳化剂、分散剂和螯合剂作用下，这些杂质进一步乳化分散在精炼液中，形成较为稳定的乳液体系，防止其重新附着在纤维上。

（3）精炼工艺

精炼工艺条件和使用的设备密切相关。连续化绳状设备虽然在加工生产效率上具有优势，但容易导致精炼不均匀、擦伤和折痕等问题，尤其在染色后这些问题会更为显著。因此，目前除了对产品质量要求不高的少数情况下采用连续绳状设备加工外，大多数棉及涤/棉等棉型织物都是在连续平幅设备上进行精炼加工。一些间歇式的加工工艺如煮布锅精炼因加工效率低已不常用。而半连续化精炼工艺如轧卷法、冷轧堆法，则能够适应小批量、多品种的市场需求，且设备投资较少、节约能源，在生产中也得到较多的应用。

碱性精炼在棉织物加工中虽然是常见的处理方法，但也伴随着一些问题。首先，碱性条件下的处理可能导致棉织物纤维受损，尤其是处理时间过长或浓度过高时，可能会使纤维变硬、断裂或变脆。其次，碱性精炼容易导致织物表面粗糙或不均匀精炼，影响外观和质量。另外，残留的碱性物质若未能彻底中和和清洗，可能会影响后续染色或整理工艺，导致织物色泽不均匀或其他问题。同时，碱性精炼产生的废水含有高浓度的碱性物质，若直接排放可能对环境造成污染，需采取适当的废水处理措施。最后，碱性精炼液具有腐蚀性，操作时需注意安全防护，以保障操作人员和设备的安全。因此，在实际应用中需严格控制处理条件，配合后续工艺，以避免出现纤维损伤、精炼不均匀、残碱残留等问题，同时也需重视环境保护和操作安全。

为了改进棉型织物前处理工艺存在的难题，部分纺织企业逐渐研发了更加节能的精炼技术，这些技术将部分特定的表面活性剂与碱配合使用，产生协同效应，可在较低温度下发挥更加理想的润湿、乳化、增白等效果，同时对提高织物白度和毛效也有很好作用，从而为后续染色加工提供了合格的半成品。

2. 酶精炼剂

随着生物技术的发展和对环保要求的提升，生物酶在棉纺织物精炼领域得到了广泛的研究和进展。酶的专一性、高效性和反应条件温和的特性使生物酶处理与传统碱精炼方法相比更节能环保，用水量减少，废水处理减少，但是精炼效果较碱精炼略差，尤其是在棉织物的吸水性和棉籽壳的去除方面，因此常用复合酶进行精炼以提升精炼效果。复配的表面活性剂也与碱精炼类似，以阴离子和非离子型表面活性剂为主，其中以脂肪醇聚氧乙烯醚、烷基糖苷应用较广。

（1）种类

果胶酶是最常用的精炼用酶，它是一个多酶复合体系，是所有能够分解果胶的酶的总称。果胶酶主要包括果胶酯酶（PE）、果胶水解酶、果胶裂解酶（PL）和原果胶酶。果胶水解酶又可分为聚半乳糖醛酸酶（PG）、聚半乳糖醛酸甲酯水解酶（PMG）、阿拉伯聚糖酶、半乳聚糖酶等。此外，用于植物精炼的酶还有角质酶、纤维素酶和木聚糖酶等，其中，角质酶是一种可以降解植物角质的水解酶，可通过棉蜡的水解提高织物润湿性。木聚糖酶可以去除棉籽壳中的木聚糖，从而有助于溶出木质素。少量的纤维素酶也有助于降解棉籽壳中的纤维素，达到软化棉籽壳的效果。将上述酶精炼剂复配使用优于单一酶精炼，不同酶之间会产生协同作用，精炼效果也更接近常规碱精炼的织物水平，同时可使织物的强力损伤更小。

（2）精炼机理

蜡状物质和果胶等杂质主要分布在棉纤维的角皮层和初生胞壁中。由于棉纤维表面存在许多微孔和裂缝，酶能够通过这些微孔和裂缝渗透到角皮层和初生胞壁中，进而接触到杂质并将其降解。

果胶的骨架是多聚-α-1，4-D半乳糖醛酸聚糖，果胶酶对果胶的分解过程主要包括：果胶酯酶从果胶质中去除甲基基团而形成聚半乳糖醛酸。再由果胶水解酶切断聚半乳糖醛酸的α-1，4-糖苷键形成D-半乳糖醛酸和低聚半乳糖醛酸。果胶裂解酶可以发生β-消除反应，使聚半乳糖醛酸的α-1，4-糖苷键断裂，生成含双键产物。原果胶酶的主要作用是将植物细胞彼此分开，使不溶性的原果胶水解为水溶性的果胶。

在果胶酶的精炼过程中，通常需要添加表面活性剂作为助剂。果胶酶首先与果胶形成复合物，然后与该复合物继续反应，使其转化为水溶性产物并从纤维上溶解下来。纤维表面层的果胶和蜡状物质相互附着，果胶具有将蜡状物质黏附在纤维中的功能。随着果胶从纤维表面的角皮层和初生胞壁中溶解下来，残留的蜡状物质结构松动，很容易与表面活性剂接触并被乳化去除（图6-6）。

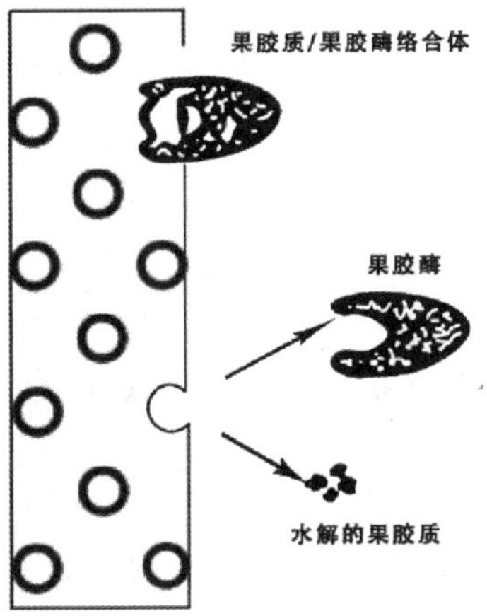

图6-6　果胶酶对果胶的降解过程

(3)精炼工艺

酶的精炼可采用间歇式、半连续式和连续式方式进行。初期研究中,果胶酶多为中温型,在40~65℃之间处理,需较长时间。机械外力有助于果胶的水解和蜡的乳化,因此,应用性实验多采用间歇式方式,在溢流、喷射或绞盘染色机上进行,也有采用浸轧、堆置、水洗的半连续式方法。果胶酶的最适pH值在弱酸性范围4~6.5,碱性果胶酶在pH值9~10最适。但目前市场上也已有高温型果胶酶出现,可采用浸轧和100℃汽蒸的连续化生产酶精炼工艺。近年来,国内某公司开发的碱性果胶酶Bioprep被各印染厂广泛采用。它是一种基因改性的芽孢杆菌微生物经发酵制成的酶制剂,最适pH值为7.5~9.5,适宜温度为55℃左右,可替代传统的碱精炼工艺,具有节能、降低成本、减少污染、有利于环境保护的的优点,为印染厂实现清洁生产创造良好条件。

由于棉纤维的初生胞壁中,纤维素分子占有很高的比例,果胶并不是连续地分布在纤维表面,而是分布在纤维素大分子之间。同时,初生胞壁中还含有一些角质类高级脂肪酸酯类物质,会影响精炼过程中果胶酶与果胶的接触,因此,通常将果胶酶与纤维素酶、角质酶等复配使用,以期望提升果胶酶对棉织物的精炼效果。当纤维素酶与果胶酶共同作用时,纤维表面的不溶性果胶可以有效阻止纤维素酶进入纤维内部,将纤维素酶对纤维素的水解维持在棉织物表面,保护纤维主体不受破坏。于是,棉织物表面的果胶分子和纤维素分子可以被果胶酶和纤维素酶同时分解,获得比单纯果胶酶更好的精炼效果。当角质酶与果胶酶共同作用时,角质酶能催化棉纤维外表层中角质类高级脂肪酸酯的水解反应,破坏棉纤维外表皮中的不溶性甘油三酯、可溶性酯和角质类等疏水性聚酯,有利于精炼时果胶酶对果胶的可及性,从而达到更好的精炼效果。

酶精炼在棉织物加工中带来了许多优势,但也伴随着一些问题。首先,精炼过程中可能出现精炼不均匀的情况,导致棉织物局部精炼过度或不足,影响产品质量。其次,酶在一定条件下可能对棉纤维产生损伤,降低其强度和耐磨性。另外,精炼后棉织物可能残留酶活性,若未能彻底去除,将影响后续染色或整理工艺的效果。此外,精炼过程中产生的废水可能含有有机物和高浓度酶活性剂,对环境造成污染。故操作技术要求较高,需要严格控制各项参数,否则易导致工艺不稳定和产品质量不均匀。最后,相较于传统化学处理方法,酶精炼工艺成本较高,包括酶剂价格、工艺控制成本等。因此,在实际应用中,需要综合考虑酶精炼优缺点,选择合适的工艺条件和酶剂类型,以确保精炼效果和产品质量,并注意环境保护和操作安全。

二、蚕丝织物精炼剂

除了棉织物以外,蚕丝织物也需要进行精炼。蚕丝主要由丝素蛋白和丝胶两部分组成,丝胶包裹在丝素蛋白外部,约占重量的25%,丝素蛋白约占重量的70%,还有5%左右的杂质。丝素蛋白以反平行折叠结构(β-折叠)为基础,形成直径大约10 nm的微纤维,无数微纤维结合组成直径约1 μm的细纤维,大约100根细纤维沿长轴排列构成直径约10 μm~18 μm的单纤维,即丝素蛋白纤维,其分子结构主要包括无规卷曲结构、α-螺旋结构(Silk I)和反向平行β-折叠结构(Silk II),因其结构规整,结晶度和取向度相对较高。丝胶是一种球状蛋白,其二级结构主要以无规卷曲结构为主,分子排列不规整,结晶度低,取向度低。

由于丝胶蛋白中含有少量的蜡质、碳水化合物、色素和无机物等杂质,对真丝织物的光泽、手感、染色均匀性和染色牢度等有明显的不利影响。同时，蚕丝纤维还含有在泡丝、捻丝和织造过程中添加或沾染的杂质，因此，精炼脱胶是真丝织物染色前的必备工序。常用的蚕丝织物精炼方法有碱精炼、酸精炼、皂碱精炼和酶精炼等，其中，单独使用碱精炼效果不佳且易损伤蚕丝织物强度，酸精炼无法除去蚕丝织物表面的油脂等不溶性杂质，且对环境、设备等影响较大，因此在实际生产中极少使用，在本章中不再展开介绍。

1.皂碱精炼剂

皂碱精炼是一种传统的蚕丝织物精炼方法，以肥皂作为主精炼剂，碳酸钠（Na_2CO_3）、磷酸三钠（Na_3PO_4）、硅酸钠（Na_2SiO_3）和保险粉（$Na_2S_2O_4$）为助炼剂。肥皂是一种高级脂肪酸盐，在水中能够水解为脂肪酸和游离碱，其反应式为：

$$C_{15}H_{31}COONa + H_2O \rightleftharpoons C_{15}H_{31}COOH + NaOH$$

生成的脂肪酸再与肥皂结合，可形成脂肪酸皂胶体，而游离碱可以与丝胶反应生成可溶于水的钠盐。同时，肥皂作为表面活性剂，有乳化去污作用，把脱离到溶液中的丝胶进行乳化分散，防止再吸附，还能去除蚕丝纤维表面的油污等杂质。常用的皂精炼剂包括马赛皂（即橄榄油皂）、动物脂肪皂、椰子油皂等，其中精炼效果好且最常使用的是马赛皂。

皂碱精炼的工艺通常包括以下步骤：首先，对待脱胶的蚕丝织物进行预处理，目的是使蚕丝织物表面的丝胶发生溶胀，有利于实现均匀脱胶并减少脱胶时间；随后，利用皂碱液对植物进行初炼，这是蚕丝织物皂碱精炼过程的主要步骤，会在大量精炼剂的长时间作用下将大部分丝胶脱除；随后进行复炼，目的在于对织物进行漂白，并将残留的丝胶和杂质去除；最后，进行水洗、烘干等工序，将附着在蚕丝织物上的肥皂和其他污物彻底去除。

2.酶精炼剂

酶精炼是将蛋白酶应用于蚕丝织物精炼的方法，与其他几种精炼方法相比，酶精炼有较多优点，如反应条件温和、废水量减少、精炼效果好且对织物损伤小，因此，酶精炼的应用越来越广泛。

（1）种类

蛋白酶来源广泛、种类较多，其中可用于丝胶脱胶的主要有木瓜蛋白酶、碱性蛋白酶、中性蛋白酶和胰蛋白酶等。其中，碱性蛋白酶脱胶效果最好，使用范围较广，其次是中性蛋白酶。

（2）精炼原理

由于蚕丝织物中，丝素与丝胶具有不同的化学组成和高级结构，因此，蛋白酶对丝素和丝胶具有不同的水解性能，可实现对丝胶的专一、高效水解。从化学组成来看，丝素主要由甘氨酸、丙氨酸、丝氨酸和酪氨酸组成，存在部分非极性氨基酸，反应活性较低，亲水性较差；而丝胶的化学组成中，丝氨酸、谷氨酸、天冬氨酸、苏氨酸、赖氨酸和精氨酸的比例较高，它们均为极性氨基酸，且有较多氨基酸带有电荷，在水中具有溶解性，可使丝胶在短时间内产生较大溶胀，有利于水解反应的进行。从二级结构来看，丝素的二级结构主要为β-折叠，结晶度较高，不易形成有利于蛋白酶催化水解的变形，即使丝素表面存在某些蛋白质可以水解的作用点，水解之后也会因为没有后续可以水解的结构而终止反应；丝胶的二级结构主要为无规卷曲，结晶度低，能为蛋白酶的水解提供大量活性作用位点，有效提升水解速率。基于上述原因，蛋白酶对丝胶具有较大的水解活力，而对丝素没有水解活力或者水解能力很低，为蛋白酶对蚕丝的精炼提供了可能性。

(4)精炼工艺

由于不同种类的蛋白酶具有不同的最适使用条件，因此，蚕丝织物的精炼工艺也有所不同。以桑蚕丝织物用2709碱性蛋白酶脱胶为例，当酶活性为3.5×10^4U，酶浓度为1 g/L时，在含有1 g/L的Na_2CO_3，pH值为10~10.5的练液中，将桑蚕丝织物在40~50℃温度下处理60 min即可脱去大部分丝胶。为进一步提升蛋白酶对丝胶的水解效果，也可通过生物发酵等方法培育含有多种蛋白酶的生物酶制剂，如将同时含有角蛋白酶、丝蛋白酶和碱性蛋白酶的复合蛋白酶应用于蚕丝织物的脱胶，当酶解时间为60 min、酶体积浓度为5 mL/L、酶解温度为55℃时，可在基本保留蚕丝织物强度的情况下，达到比单一碱性蛋白酶更好的脱胶效果。采用扫描电子显微镜观察比较原丝、经碱性蛋白酶脱胶和经复合蛋白酶脱胶后的蚕丝纤维的表面状态，可见原蚕丝表面粗糙，丝胶包裹不均匀，有卷曲破损等痕迹，且除丝胶外，还有其他颗粒状杂质在蚕丝纤维表面附着。经碱性蛋白酶脱胶后，蚕丝表面的杂质几乎全部清除，由于丝胶不均匀分布导致的表面不平滑也因丝胶的脱除而有所改善。而经复合蛋白酶脱胶后，蚕丝表面光滑平整，原蚕茧表面杂质几乎被完全去除，形状不规则的丝胶也被脱除(图6-7)，可见用复合蛋白酶脱胶后的蚕丝性能比碱性蛋白酶法脱胶后的蚕丝性能更好。

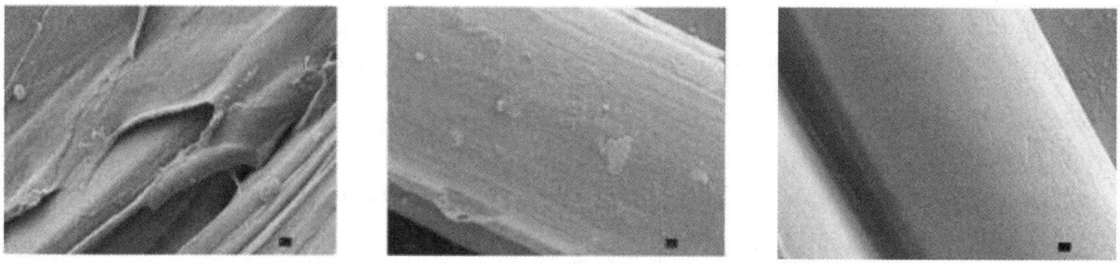

图6-7 蚕丝SEM图(放大500倍)

左：原丝；中：经碱性蛋白酶脱胶后的蚕丝；右：经复合蛋白酶脱胶后的蚕丝

酶的专一性为其精炼提供了较高的针对性和活性，但也使其无法除净蚕丝纤维中的天然蜡质等杂质，因此在蚕丝织物的酶精炼过程中，往往采用将蛋白酶与脂肪酶复配使用的方法，但蚕丝纤维中的丝胶及天然杂质去除得更为彻底。

3.复合精炼剂

由于真丝绸的精炼目的不仅是脱胶，还要除去诸多杂质，故需在精炼液中加入若干种起不同作用的精炼剂。为此，国内外研究者研究了多种复合型精炼剂，其主要组成为螯合型表面活性剂、阴离子表面活性剂、非离子型表面活性剂、丝素保护剂、无机盐等。按主要成分来分，复合型精炼剂可分为以肥皂为主和以合成洗涤剂为主的复合精炼剂。由法国某研究室于1970年开发、后来又获得专利的P-400精炼剂就是以油酸钠(肥皂)为主要成分的复合精炼剂的代表。国内属于此类复合精炼剂的还有上海的AR-617、苏州的SR-852、绍兴的821和辽宁的SJR等，它们主要由油酸钠、螯合剂、碱剂、丝素保护剂和还原剂等组成。在德国某公司的Miltopan SE的带动下，国内也相继开发出一批真丝绸快速精炼剂，其中有代表性的是适用于平幅精炼机的ZS-1丝素保护快速精炼剂等。这类高效精炼剂一般由非离子型表面活性剂、阴离子表面活性剂（包括肥皂）、金属整合剂、丝素保护剂和碱剂等组成，通过协同效应达到既快速脱胶又不损伤丝素的目的。为了全面提高蚕丝织物的精炼质量，目前新型复合精炼剂的开发正朝着多功能、高效率和复合型的方向发展。

第三节　氧漂稳定剂（高分子助剂）

一、稳定机理

氧漂稳定剂是在过氧化氢漂白时，向漂液中加入使过氧化氢最大程度分解杂质和色素又可保护纤维不受损伤的化学品。影响过氧化氢分解的因素有三个：一是温度，当温度提供能量高于过氧化氢的分解活化能时会加速其分解，温度越高分解越快；二是pH值，提高pH值促进过氧化氢分解；三是重金属离子，重金属离子对过氧化氢的分解有极大催化作用，严重时可使布面产生破洞。过氧化氢稳定剂能抑制上述分解因素，通常在过氧化氢成品中都加有一定量的稳定剂。过氧化氢漂白常在碱性介质中进行。稳定剂的作用是稳定过氧化氢，实现有效漂白，且减少对纤维的损伤。

碱性溶液中，过氧化氢有两种分解方式：

1.异裂分解

过氧化氢是二元弱酸，在水中离解成为HOO^-离子，反应式如下：

$$HOOH=H^++OOH^-$$

平衡常数$K=[H^+][HOO^-]/[HOOH]\approx1.78\times10^{-12}$

碱可活化此反应，因此碱为常用活化剂，如下式所述。

$$HOOH+NaOH\rightarrow Na^++HOO^-+H_2O$$

HOO^-是亲核试剂，可对亲电试剂发生氧化反应，但在无亲电受体时，会迅速按下式分解：

$$2HOO^-\rightarrow O_2+2OH^-$$

过氧化氢异裂活化能较低，一般为4–24kJ/mol^{-1}，因此，在室温时过氧化氢即可快速分解，这也是过氧化氢贮存不稳定的原因所在。过氧化氢分解产生的HOO^-可破坏天然色素及木质素的发色基团，通过破坏共轭双键达到漂白目的。因此，HOO^-是漂白的主要成分。

2.均裂分解

过氧化氢可发生均裂分解形成游离基，反应式如下：

$$HO—OH\rightarrow HO\cdot+\cdot OH$$

该反应需要较高的活化能，约为210kJ/mol^{-1}，因此仅加热溶液无法提供如此高的能量，尚需加入强有力的催化物质才能使其发生均裂分解。具催化作用的物质很多，特别是铜、铁、锰等重金属离子都能催化过氧化氢分解成氢氧游离基，该游离基虽不能起漂白作用，但能发生如下连锁反应：

$$M^{2+}+HOOH\rightarrow M^{3+}+HO^-+\cdot OH$$

$$HO\cdot+HOOH\rightarrow HOO\cdot+H_2O$$

$$M^{3+}+HOO\cdot\rightarrow M^{2+}+O_2+H^+$$

由均裂产生的氢氧游离基在高度活化时可进攻并破坏最稳定的C–H键，同时生成新的游离基，反应如下：

$$HOO\cdot + C\text{-}H \rightarrow C\cdot + HOOH$$

该反应具有极大破坏作用，这也是损坏棉纤维的主要原因。因此在漂白时，要控制漂白条件，使过氧化氢分解为HOO^-而不是HOO·游离基。良好的氧漂稳定剂应具有对铜、铁、锰等重金属离子高效的螯合封闭作用。

二、稳定剂的主要类型

1. 吸附型稳定剂

（1）硅酸钠（$NaSiO_3$）

这是目前最常用过氧化氢漂白的稳定剂。它与漂液中钙离子、镁离子反应形成高度分散的硅酸钙、硅酸镁晶格结构胶体，对重金属离子具有较强的吸附作用，可使其失去催化活性，同时抑制HO·的形成和分解，起到稳定H_2O_2的作用，故漂白用硬水。硅酸钠稳定性好，使用方便，漂白织物白度高，成本低廉。水解反应方程式如下：

$$Na_2SiO_3 + H_2O \rightarrow NaOH + H_2SiO_3$$

此外，硅酸钠水解后还可得到氢氧化钠，起到补充烧碱浓度和缓冲漂液pH值的作用。其主要缺点是硅酸钠易在轧辊表面形成质地坚硬的硅垢，缝纫时产生针洞。高温下此现象尤为严重，因为硅酸钠在高温下发生脱水，生成二氧化硅聚合体$(SiO_2)x$，难以清除，导致加工织物产生擦伤和折皱问题。另外，形成的二氧化硅聚合体沉积于纤维表面，使加工的织物手感硬化。硅酸钠只能耐3~4g/L^{-1}NaOH，不适宜用于碱氧一浴法工艺。

硅垢的产生与硅酸钠在高温汽蒸时生成二氧化硅聚合体，并进一步凝胶化和脱水，形成SiO_2无机网络结构，可能的反应过程如图6-8所示：

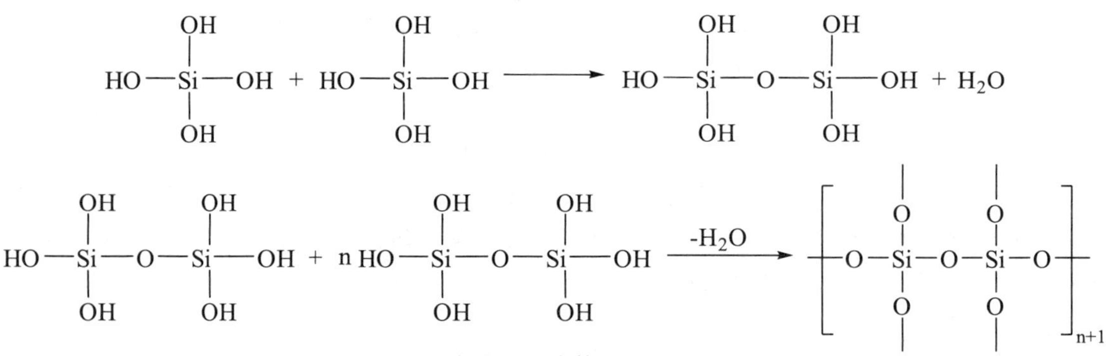

图6-8　二氧化硅聚合体形成的反应过程

使用硅酸钠，加入商品化助剂（Seclarin）后可使硅垢松散不易沉积于织物和设备表面，漂白后的棉织物手感柔软，并避免了清洗设备（图6-9）。由于冷轧堆工艺不用汽蒸，故使用硅酸钠稳定剂，硅垢问题不明显。

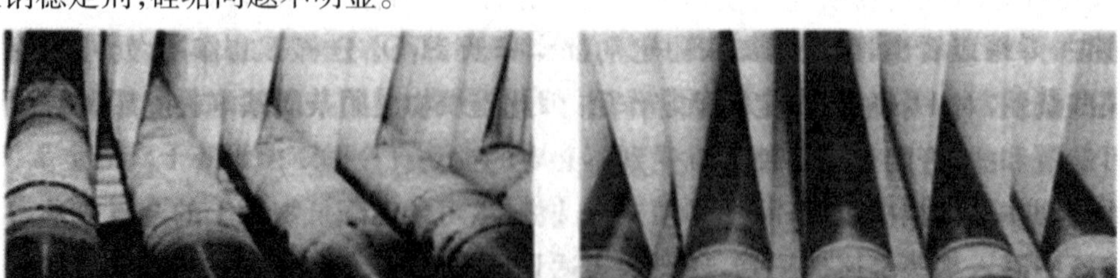

图6-9　左-导辊上的硅垢（稳定剂：硅酸钠）；右-导辊上无硅垢（稳定剂：硅酸钠和Seclarin）

工业化生产硅酸钠的方法是将石英石（二氧化硅）与碳酸钠混合后加热制成，其化学反应式如下：

$$SiO_2 + Na_2CO_3 \rightarrow Na_2SiO_3 + CO_2$$

漂白过程中硅酸钠的稳定作用如表6-3所示，随着Na_2SiO_3用量增多，溶液pH值上升，H_2O_2分解率不断增大，但与其他碱剂相比，在相近的pH值下加Na_2SiO_3具有较低的分解率，即使pH值高达11.0，H_2O_2的分解率仅有54.2%，稳定作用明显。如前所述，钙盐或镁盐可提高硅酸钠的稳定作用，因而在H_2O_2漂白过程中可使用含有300~1000mg/L $CaCO_3$的硬水，若采用软水，则需加入0.1~0.2 g/L硫酸镁。实际上Na_2SiO_3具有双重作用，一方面由于它碱性加速H_2O_2分解，另一方面具有稳定作用。但漂液的碱性不全靠硅酸钠提供，还要补充碱剂。通常漂白棉布选用烧碱（NaOH）和纯碱（Na_2CO_3）作碱剂，羊毛选用氨（用焦磷酸钠作稳定剂）作碱剂。最佳碱-硅酸盐平衡是$m_{Na_2O}:m_{SiO_2}$为1.3∶1~1∶1.6。硅酸钠中含有Na_2O和SiO_2两种成分，其含量比与硅酸盐自身浓度有关，可查表获得。例如在 36%硅酸钠液体中，Na_2O和SiO_2的平均含量为8.8%和29.3%。固体烧碱中无SiO_2，含77%Na_2O；漂白时可通过计算碱-硅酸盐平衡量确定硅酸盐和烧碱使用量，使漂液pH值调至10.5左右。

表6-3　漂白过程中起稳定作用的硅酸钠（H_2O_2浓度0.61%，80℃加热2h）

Na_2SiO_3/g·L^{-1}	0	2	5	10	49	0	0	7
Na_2CO_3/g·L^{-1}	0	0	0	0	0	1.7	0	1.7
NaOH/g·L^{-1}	0	0	0	0	0	0	0.5	0.5
漂白初始pH值	6.8	9.6	9.9	10.3	11.0	10.2	10.2	10.3
H_2O_2分解百分率/%	1.0	12.5	19.0	25.0	54.2	79.2	82.5	38.5

目前常用氧漂稳定剂主要有硅酸盐类和非硅酸盐类两种。硅酸盐类氧漂稳定剂胶体吸附能力强，能吸附有催化作用的重金属离子，抑制HO·自由基形成和分解，从而获得优异的双氧水稳定效果。但其不耐碱，且易产生难溶硅垢，易造成设备结垢和织物手感粗糙等问题。非硅类氧漂稳定剂主要有高分子有机物及镁盐与螯合分散体系的复配物。这些氧漂稳定剂通过胶体对具催化作用的重金属离子螯合或胶体静电吸附屏蔽其作用；抑制HO_2^-过快反应形成无效分解。非硅酸盐类稳定剂避免了硅酸盐类稳定剂易结垢、手感粗糙等缺点。由于种类较多，在不同应用工艺上效果有较大差异。如氧漂稳定剂TF-122G不含硅酸盐、镁盐等盐类物质，通过高分子聚合物在碱性溶液中形成大比表面积带负电荷的溶胶体，可吸附溶液中铁、铜等氢氧化物或氧化物，使其失去催化活性。同时，氧漂稳定剂TF-122G具有良好分散性能，可保护高碱条件下胶体的分散稳定，避免絮凝沉淀，使稳定剂持续稳定发挥作用。

氧漂稳定剂TF-122G的应用实例如下：

工艺流程：坯布→60℃轧酶→堆置→浸轧汽蒸工作液（两浸两轧，轧余率70%）→汽蒸氧漂→热水洗（90~95℃，3格）→温水洗（70~80℃，1格）→冷水洗（1格）→烘干

酶堆工艺处方如表6-4所示。

表6-4　酶堆工艺处方

ρ（精炼剂TF-125G）(g/L)	ρ（螯合分散剂TF-133G）(g/L)	ρ（退浆酶TF-162HA）(g/L)	温度（℃）	时间(h)
3	3	1	25	8

氧漂工艺处方如表6-5所示。

表6-5 氧漂工艺处方

ρ(精炼剂TF-125G)(g/L)	ρ(氧漂剂TF-122G)(g/L)	ρ(螯合剂TF-133G)(g/L)	ρ(NaOH)(g/L)	$\rho(H_2O_2)$(g/L)	温度(℃)	时间(h)
4	4	3	12	40	100	20

对比图6-10和图6-11的数据，发现针对全棉针织布和全棉机织府绸，硅酸类稳定剂需达到6-8g/L以上才能达到较好白度；镁盐类稳定剂用量低时，织物白度略有改善提升不多，只能用于一般白度要求的工艺；TF-122G在较低浓度4-6g/L时有良好白度，且随用量增加提升效果较好，甚至略好于硅酸盐稳定剂的氧漂白度，氧漂后织物的强力也略好于硅酸盐类稳定剂。

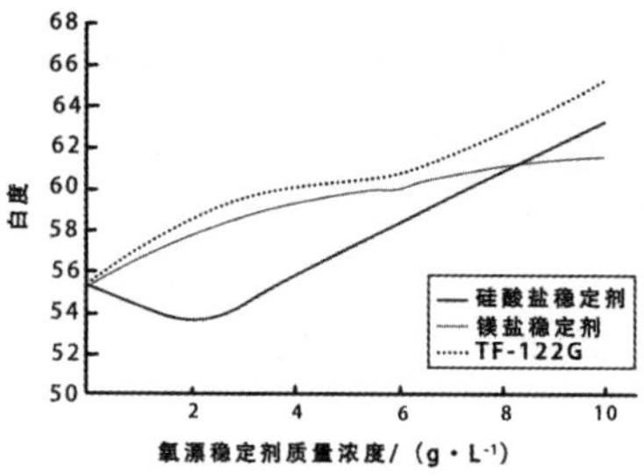

图6-10 稳定剂对全棉府绸氧漂白度的影响

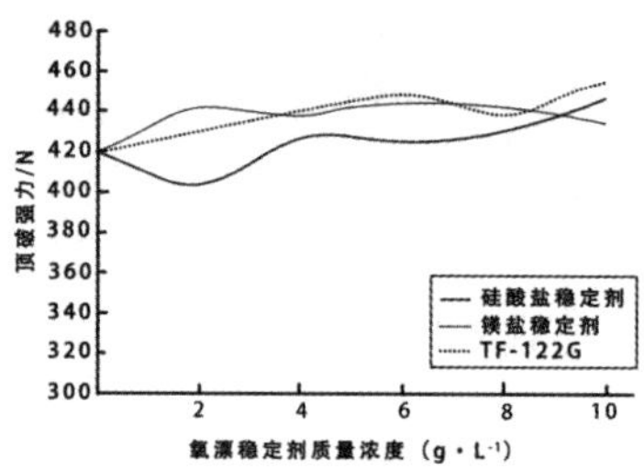

图6-11 稳定剂对全棉针织物顶破强力的影响

(2)脂肪酸镁盐和聚丙烯酰胺部分水解物

脂肪酸镁盐在碱性漂液中能形成胶体，对Fe^{3+}等重金属离子具有较强吸附性，可抑制其对过氧化氢的催化分解，最大缺点是不适用于强碱浴双氧水漂白。脂肪酸镁盐，也是吸附型稳定剂，在溶液中形成胶体，吸附$Fe(OH)_3$而使其不发生催化作用，但不耐碱，白度较差，其反应式如下：

$$[RCOO]_2Mg \leftrightarrow 2\ RCOO^- + Mg^{2+}$$

聚丙烯酰胺及其部分水解物通过吸附作用抑制重金属离子而起到稳定过氧化氢，但在浓碱中发生分解反应，导致悬浮和吸附性降低。其含有$-CONH_2$等极性基团，为水溶性线型高聚物。

变性聚丙烯酰胺分子(如氧漂稳定剂NCS-PB)内含有多种活性基团，可对胶体和悬浮物粒子产生离子吸引、氢键、分子间力等作用。大分子链快速被胶体颗粒或悬浮物粒子所吸附，并在胶体颗粒或悬浮物粒子间形成架桥产生絮凝。综合H_2O_2对棉织物漂白强力、白度、纤维聚合度和H_2O_2的分解率等因素，漂液pH值控制在10.5~11。碱性过氧化氢溶液的Fe^{3+}离子一般生成$Fe(OH)_3$沉淀，并形成胶体颗粒。此时难溶电解质的$K_{sp}=2.8\times10^{-39}$，以$Fe(OH)_3$为主。形成的胶体颗粒迅速吸附于变性聚丙烯酰胺大分子链上，由于线型高聚物大分子链的伸展，可以黏结多个胶体颗粒，形成胶粒间吸附架桥产生絮凝作用。当线型高聚物达到一定用量时，$Fe(OH)_3$胶粒表面完全被高聚物分子占据，胶粒表面形成一层高分子膜。同时，高聚物大分子链上的$-CONH_2$等极性基团使$Fe(OH)_3$胶粒由憎液性变为亲液性，从而起到分散作用并提高H_2O_2的稳定性。此外，溶液中剩余Fe^{3+}等离子具有空轨道，可与分子内氨基中N原子上的孤对电子形成配位键，还可与$-COO^-$形成共价键，最终形成螯合物。使之失去催化能力，进一步提高H_2O_2的稳定性。

通过对各种稳定剂对H_2O_2水溶液分解率比较(表6-6)，NCS-PB比Na_2SiO_3等稳定剂对过氧化氢的稳定作用更好，原因是Na_2SiO_3具有吸附性，在碱性溶液中能与Mg^{2+}离子形成$MgSiO_3$胶体，使H_2O_2在强碱热浴中维持半衰期。同时$MgSiO_3$胶体具有多孔性海绵状网络结构，可吸附重金属离子和其他杂质。不论加入何种氧漂稳定剂，Fe^{3+}离子对H_2O_2的分解率明显降低，且随着漂白时间的延长分解率增大。

表6-6　各种稳定剂对H_2O_2水溶液的分解率

稳定剂	H_2O_2分解率(%)					
	10min	20min	30min	40min	50min	60min
NCS-PB	3.50	6.50	8.01	9.89	12.02	13.89
102	15.31	18.12	19.48	21.45	22.35	24.55
106	13.02	16.35	17.08	19.55	20.35	22.25
AWN	18.02	26.71	32.10	37.45	38.05	40.35
A	14.15	17.20	18.25	20.50	21.21	23.35
Na_2SiO_3	11.03	14.05	15.50	17.50	18.06	20.80
无	21.01	31.00	40.10	45.06	50.21	55.02

2.络合型稳定剂

这类稳定剂能与重金属离子形成络合物或螯合物，从而降低或消除其催化分解过氧化氢。络合型稳定剂可通过络合（与金属离子生成配位键）或螯合（与金属离子既生成多配位键又生成共价键）作用控制金属离子，从而显示出比吸附型稳定剂更强的稳定效应。

(1)多羟羧酸及其盐类

包括苹果酸、柠檬酸、酒石酸、葡萄糖酸和羟乙酸及其盐类等，其中苹果酸、柠檬酸和酒石酸的化学结构式分别如图6-12、6-13和6-14所示。

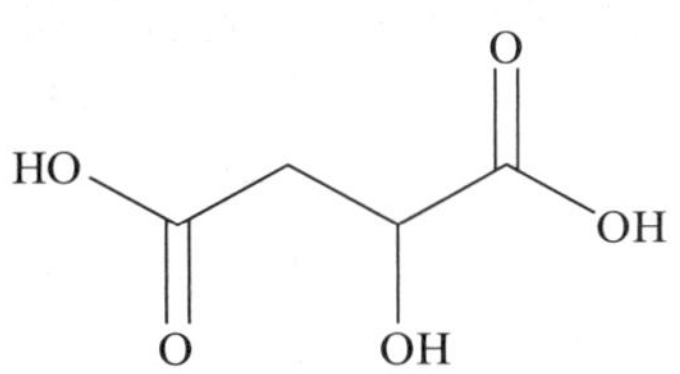

图6-12　苹果酸

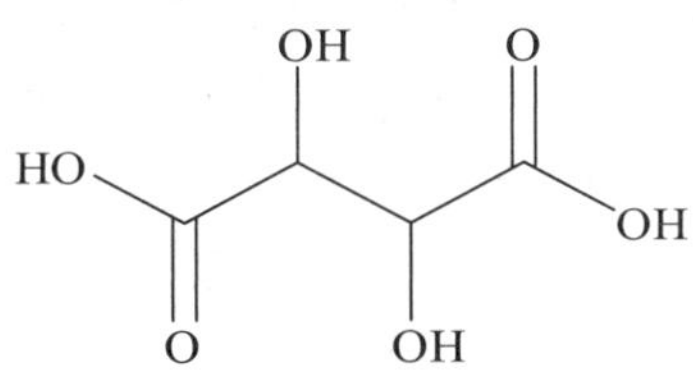

图6-13　酒石酸

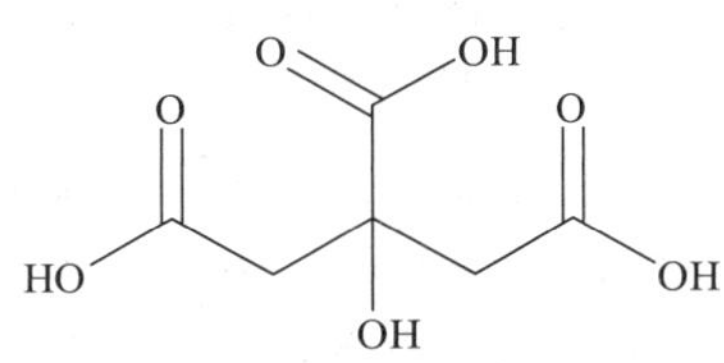

图6-14　柠檬酸

它们在强碱浴中对金属离子螯合性良好，易生物降解，但吸附分散性差。

(2)氨基羧酸及其盐类

包括乙烯二胺四乙酸（EDTA）、二乙胺五乙酸（DTPA）和N-羟乙基乙二胺三乙酸（HEDTA）等，络合能力强，络合容量和络合稳定常数高，耐碱性较好，但分散力差，不易生物降解。其中乙烯二胺四乙酸（EDTA）在碱性条件下由氰化钠与甲醛反应制得，反应式如下：

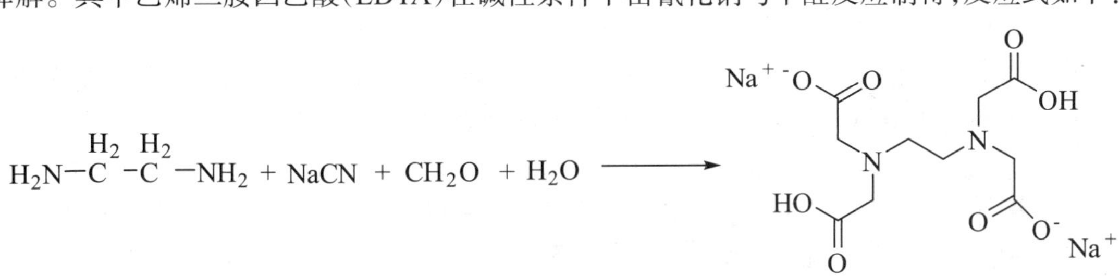

作为稳定剂通常不使用EDTA钠盐，而采用EDTA的镁盐及三乙醇胺盐和EDTA与磷酸盐的混合物，因为它们在稳定过氧化氢方面的性能更为突出。

(3)磷酸盐和有机膦酸盐

其中磷酸盐主要包括磷酸二氢钠、磷酸三钠、焦磷酸钠、六偏磷酸钠和聚磷酸钠，对金属离子具有很强的络合作用。而有机膦酸盐主要包括乙二甲叉膦酸、二乙烯三胺五甲叉膦酸和乙二胺四叉基膦酸盐等，具有比EDTA还强的络合能力，络合容量高。络合稳定常数大，耐碱性强，易于生物降解。缺点是其络合作用易受pH值影响，且使用后进入水体会造成水富营养化问题。

虽然大多螯合型稳定剂可耐强碱，但螯合型稳定剂只是将游离的重金属离子进行螯合，防止它们对过氧化氢催化分解，而对吸附漂液中的其他有色杂质无作用，因此不能有效提高织物白度，故通常不适合单独作为稳定剂使用。

(4)吸附络合型

多为高分子聚合物，如聚羧酸类等，最常用化合物是聚丙烯酸和聚丙烯酰类化合物，其化学结构式分别如图6-15和图6-16所示。

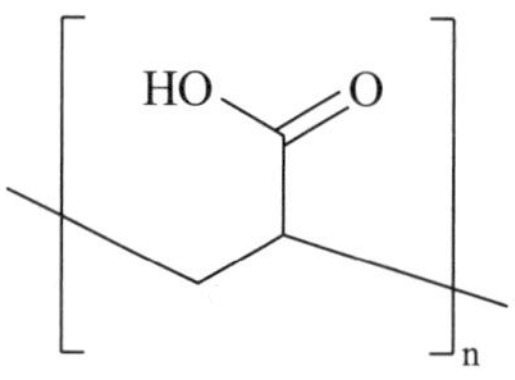

图6-15 聚丙烯酸

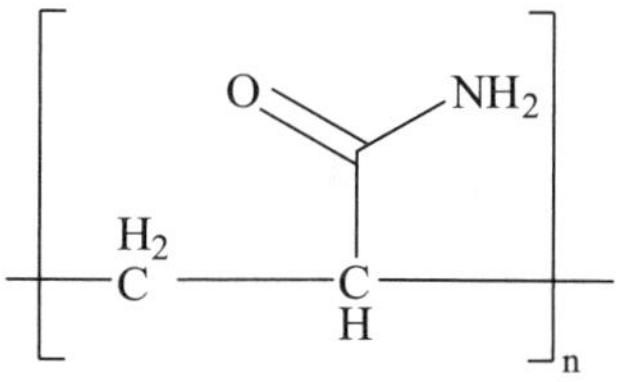

图6-16 聚丙烯酰胺

早在20世纪80年代初，有关专家就预言找到一类产品，通过高分子结构屏蔽重金属离子阻止过氧化氢的催化分解。后来就出现了以丙烯酸类聚合物为主体，辅以其他化合物制成的过氧化氢漂白稳定剂。其中一类产品是由变性聚丙烯酰胺、无机絮凝剂和表面活性剂等复配而成。鉴于水溶性线性聚合物含有多种活性基团，通过氢键和范德华力作用，与漂白液中的胶体和悬浮物相互吸附并在它们之间形成交联作用，达到絮凝目的。此外，这种稳定剂对钙、镁、铁等金属离子均有络合作用。实验证明，在pH值10.5~11时进行漂白，产品效果好，用量少，所得漂白织物的白度与硅酸钠工艺相近。

聚α-羟基丙烯酸及其盐类也可作为过氧化氢漂白稳定剂，对过氧化氢有较高的稳定性，在麻类纺织品漂白中发挥重要作用。另据报道，将α-羟基丙烯酸盐与焦磷酸盐混合使用，可取得更好的漂白效果。目前，以α-羟基丙烯酸盐为主成分的稳定剂在国外已商品化，因具有良好分散能力，可抑制纤维强度下降和手感粗硬化，漂白效果甚佳而受到好评。

此外，以丙烯酸与丙烯酰胺共聚物为主成分的稳定剂不仅具有较强吸附能力，且可与金属离子形成稳定络合物。

进一步研究表明，顺丁烯二酸与衣康酸(或乙烯基膦酸)以及与丙二酸的共聚物显示出优良抑制金属离子对过氧化氢催化分解能力，兼具耐碱性强、水垢少和阻止凝聚颗粒再沉积的优点，可用于织物短流程前处理工艺中。

非硅型氧漂稳定剂CGAD(扬州晨化科技集团)，该高分子化合物含有聚羧酸、羟基和氨基等多种极性基团，并配有镁复盐等，属于络合型氧漂稳定剂。在高浓度烧碱液中，稳定剂通过大分子网络结构中的空间配位基团抑制过氧化氢根离子HOO^-分解。CGAD具有高抗氧化能力，不仅能控制催化双氧水分解的重金属离子等杂质，同时其镁复盐在碱性溶液中生成氢氧化镁胶体能与电解质或带异电荷的胶粒产生吸附共沉淀，还能与高分子絮凝剂"架桥"凝聚。通过这种共沉淀的协同效应，提高了去除有害催化物质的能力，进一步改善了双氧水的稳定性。

该产品具有耐强碱、耐高温的优点，因此不仅适用于常规双氧水漂白工艺(pH值10.5~11)和冷轧堆，还适用于碱氧一浴法等各种短流程前处理工艺。氧漂稳定剂中的聚羧酸等与Ca^{2+}、Mg^{2+}和Fe^{3+}等离子络合，抑制$CaSiO_3$、$MgSiO_3$等晶体生成；使分子与分子间的相互作用力减少，垢层间产生空隙，干扰垢粒的增长，垢层松软后易被水流冲走；形成的络合物可提高硅盐颗粒在水中的溶解度，使沉垢化合物溶解度增加，分散悬浮性增强并减缓颗粒沉降速度。

工厂氧漂工艺实例：

试样规格：29.5 tex×29.5 tex 425根/10 cm×228根/10 cm×160 cm纯棉卡其（煮练后无毛效）

氧漂原采用硅酸钠，设备结垢较多，半制品棉籽壳较多，手感较硬，且生产中极易产生硅斑和钙斑，影响染色质量。根据小样试验，选用表6-7工艺进行大车生产。

表6-7　工艺处方

H_2O_2(g/L)	稳定剂CGAD(g/L)	硅酸钠(g/L)	透芯油$CGJFC_3$(g/L)
5–7	3	3	1–2

织物氧漂后白度、手感、毛效均好于小试结果，且无棉籽壳，无破洞脆损等现象。实际生产说明CGAD是一种较为理想的氧漂稳定剂。

3.复配型稳定剂

吸附型或络合型稳定剂由于自身结构局限性而在实际应用中难以发挥理想作用。尽管它们兼具吸附和络合性质综合作用较好，但存在结构单一，难以调控和价格高的缺点。因此，将两种不同性质的稳定剂组分进行混合复配制成复配型稳定剂，使其扬长避短，发挥增效作用更具实际意义。目前代表性的复配型稳定剂基本配方如下：

(1)多元羧酸与镁盐的复配物；

(2)膦酸盐如乙二胺四甲叉膦酸、葡萄糖酸与硫酸镁的复配物；

(3)聚丙烯酸、有机膦酸酯钠盐及镁盐的复配物；

(4)聚丙烯酰胺的部分水解产物、有机膦酸钠盐及镁盐的复配物；

(5)聚羧酸或含羟基及氨基的多元羧酸与硅酸钠的复配物。

例如通过顺丁烯二酸酐固体和适量蒸馏水、丙烯酰胺和聚合引发剂制成聚合物，再加入酒石酸、柠檬酸、硼酸、表面活性剂、硫酸镁和水进行复配的稳定剂。聚合物的合成路线如下：

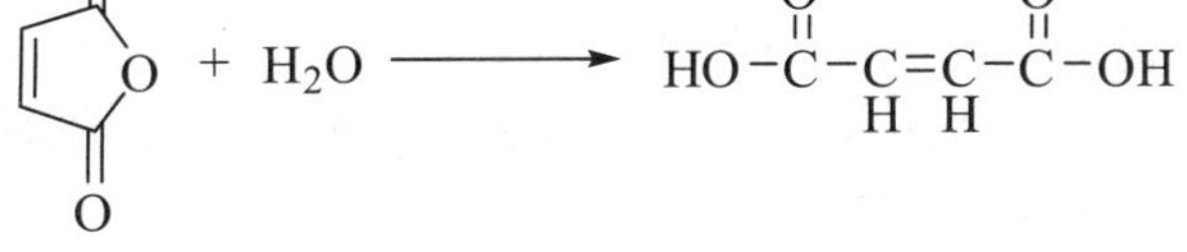

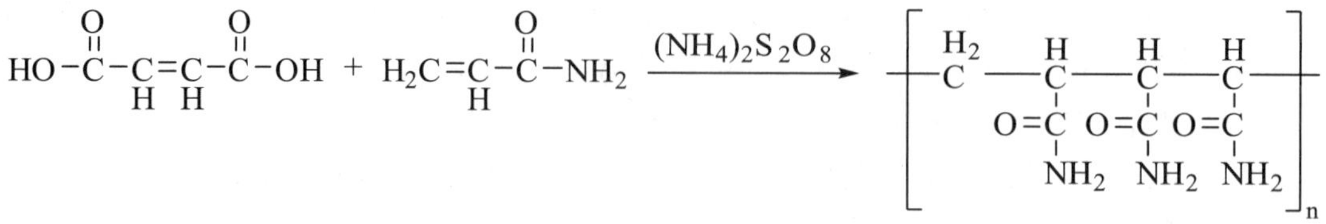

该复配型氧漂稳定剂的作用机理是马来酸酐-丙烯酰胺共聚物含有大量羧基，能在碱性溶液中形成带负电荷的亲液性溶胶。该溶胶可吸附水中存在的铜、铁等氢氧化物或氧化物的正性溶胶，甚至发生絮凝作用，从而抑制重金属离子的催化分解。多羟羧酸型稳定剂，如酒石酸螯合型稳定剂，具有很强的耐碱度。在碱性溶液中，可通过多个功能团螯合重金属离子，掩蔽金属离子，减缓金属离子催化作用。镁盐的复配可增强氧漂稳定剂的耐碱性。同时在高温和含有钙、镁、铁等金属离子的条件下，该稳定剂依旧对过氧化氢具有较好的稳定效果。

4.氧漂稳定剂

国内相关产品应用举例如表6-8和表6-9所示

（1）氧漂稳定剂AR750A

表6-8　氧漂稳定剂AR750A

结构/组分	非硅高分子型化合物，主要成分：聚羟基脂肪酸酯（PHA）
性状及规格指标	无色或淡黄色液体，阴离子/非离子型，溶解性好，与水任意比稀释。产品特性：良好稳定性；对铜、铁离子有高效吸附能力；氧漂后织物手感柔软、白度好；不沾污、不产生硅垢，利于设备保养。
用途/用法	本产品适用于纯棉织物、绞纱、涤/棉织物和针织品的双氧水漂白工艺，设备可采用履带氧漂汽蒸、Q113机或溢流染机等。参考工艺：AR750A 2~5g/L，加精炼剂AR8193~4 g/L，双氧水3~5 g/L，用烧碱1~3g/L调节pH值为10~11，在Q113机或履带汽蒸箱（95 ℃以上），汽蒸45~60 min，用热水洗、冷水洗、完成双氧水漂白工艺。

（2）氧漂稳定剂AR750KM

表6-9　氧漂稳定剂AR750KM

结构/组分	复合型化合物
性状/规格指标	无色或淡黄色液体，阴离子、非离子型，溶解性能好，可与水任意比例稀释。产品特性：氧漂中，既是稳定剂，又有精炼剂作用；用量少，稳定性好，精炼效果优良；由其处理的产品纤维损伤小，吸湿性好，白度好，手感柔软；原料成本可降低10%~15%。
用途/用法	针织品专用氧漂稳定剂，可在Q113绳状染色机或溢流染色机中使用，适用于前处理练漂氧一浴法工艺。参考工艺：AR750KM 1.5 g/L，烧碱1.5~2 g/L，双氧水2~4 g/L，浴比1∶10或1∶15，浸渍针织物，温度95 ℃以上，时间60 min。

4.理想双氧水漂白稳定剂应具备的条件

（1）具有高效稳定作用，能与导致双氧水分解的重金属离子形成螯合物；

（2）不降低纤维或织物强度，保护纤维素纤维聚合度；

（3）耐强碱。煮漂一步法所用烧碱量有时高达60 g/L，很多稳定剂在浓碱情况下失去稳定作用，因而稳定剂耐碱性能是一个重要技术指标；

(4)不结垢。不在设备和纤维上沉积不溶物,如硅垢等;

(5)白度好。具有胶体性能的稳定剂,其白度较无吸附能力的稳定剂好;

(6)符合环保要求,无环境污染。

随着人们对生态环保的日益重视,氧漂稳定剂向着无磷化方向发展,研制稳定效果佳、生产成本低及生产过程工业化、简单化的无磷非硅系氧漂稳定剂是当务之急。高分子聚合物类螯合型稳定剂是目前比较符合生态要求,具有广阔发展前景的氧漂稳定剂。

第四节　其他前处理助剂

一、增白剂

增白剂属于有机化合物,它能提高纤维织物和纸张的白度,还可叫做光学增白剂、荧光增白剂等。它也是一种荧光染料,在紫外光照射下激发出蓝光或紫光,与基质上微黄光叠加互补形成白光而达到增白目的。

1.增白原理

荧光增白剂是利用光学上的补色原理令白色基质或浅色基质增白、增亮或增艳。因此不会损伤基质,这些是化学漂白无法比拟的,现阶段具有不可替代性,被广泛应用于造纸、化妆品、洗涤剂、纺织和塑料等领域。荧光增白剂的分子中必须含有较长的共轭双键体系,且基本处于同一平面,分子中可以含有供电子基团,如羟基、氨基及含有氧、氮等原子的杂环,但不会有吸电子基团如硝基、偶氮基等。

荧光增白剂吸附在织物上后,能吸收波长为350 nm左右能量较高的近紫外光线,使染料分子进入激发态,激化分子返回到能量较低的基态,并将多余能量以光的形式辐射出来。该过程中能量损失,辐射出来的光波较吸收的光波更长,为450 nm蓝光,黄光与蓝光互补,故泛黄织物的黄色可被荧光增白剂反射出的蓝光补正。并且,反射光的强度超过了投射于被增白织物上可见光原有强度,故产生了略带色光的增白效果。荧光增白剂的增白是光学上的补色作用,所以荧光增白剂又称光学增白剂。光学增白不能代替化学漂白,不经漂白仅荧光增白不能得到满意的漂白效果(图6-17)。光学增白必须在日光下才能得到悦目的荧光光泽,白炽灯没有紫外光,故增白效果不如日光。采用荧光增白剂增白既消除了黄色,又不像“上蓝”而会损失亮度。

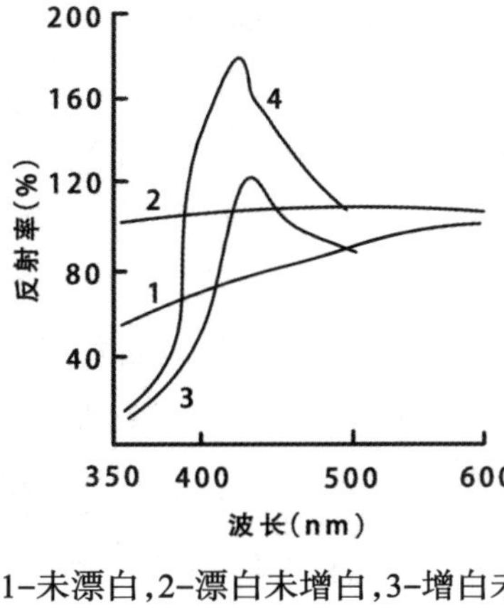

图6-17　棉织物反射曲线(1-未漂白,2-漂白未增白,3-增白未漂白,4-漂白且增白)

荧光增白剂在紫外区的最大吸收波长为340~400 nm(波数为29400~25000 cm^{-1})。随化学结构不同,最大吸收波长也有差异,如三嗪基氨基二苯乙烯类为340~360 nm,苯并唑类、香豆素类为360~375 nm。荧光增白剂的最大反射波长在415~466 nm(波数为24100~21460 cm^{-1})。最大荧光反射波长为415~429 nm(波数为24100~23300 cm^{-1})呈紫色,430~440 nm(波数为23260~22730 cm^{-1})呈蓝色,441~466 nm(波数为22680~21460 cm^{-1})呈带绿光蓝色。图6-18为萘二甲酰胺荧光增白剂的吸收和反射光谱,该化合物在375 nm附近有吸收,而在450 nm附近为最大反射。荧光反射波长与吸收波长之差越小,则荧光增白剂的荧光强就越大。

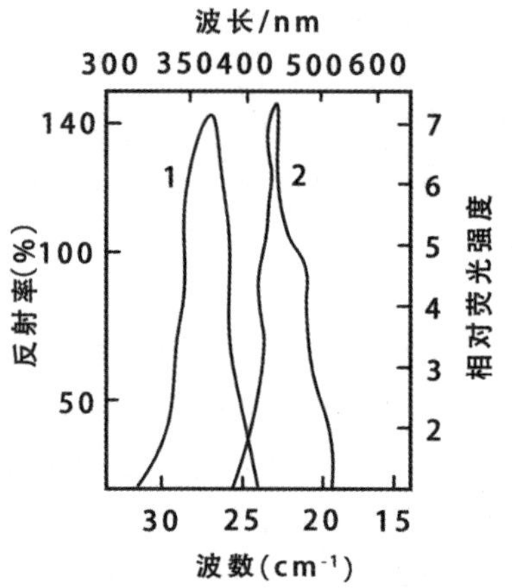

1-吸收曲线；2-反射曲线

图6-18 荧光增白剂光谱特性

2.分类

按水溶性分为两类,一类是水溶性增白剂;另一类为水不溶性增白剂。前者可用于纸张、涂料、洗衣粉、棉织物等增白。后者可用于化纤、塑料等增白。

按化学结构母体可分为15种基本类型,其中主要有五大类:①二苯乙烯类,有蓝色荧光;②吡唑啉型,有绿色荧光;③香豆素型,带香豆酮基本结构,有较强蓝色荧光;④苯并氧氮茂及苯并噁唑型,有红色荧光;⑤萘酰亚胺类,有蓝色荧光。

3.应用

增白剂的主要作用是提亮白色,提高织物白度,增强织物的光泽度和柔软度。它通过吸收光线中不可见的紫外光,发射可见蓝光,并与织物发出的黄光叠加,形成互补白光,从而使织物看起来更白、更亮、更鲜艳。荧光增白剂广泛用于纺织、造纸、洗涤剂等领域。特别对于白度要求高的棉织物,若普通增白剂已达到饱和时,使用高白度的荧光增白剂可有效提高白度。

(1)涤棉织物前处理增白

涤棉混纺织物的增白一般采用热熔染色法。传统涤棉增白工艺是先对涤纶进行增白,涤纶增白剂的定形温度为180 ~ 200℃,通过高温作用加速纤维分子链的运动,使增白剂扩散进纤维,从而染透纤维并有较高上染率。由于涤棉混纺织物在200℃的高固色温度下会泛黄,所以在后续工艺中需加入棉织物荧光增白剂弥补白度不足的缺陷。

焙烘温度对涤棉增白剂的发色情况影响大，温度过低、时间短，发色不充分，达不到预期的白度；温度过高、时间长，会造成织物发黄，影响白度。

汽蒸在织物的增白过程中起重要作用，对织物的白度影响较大，因此对汽蒸温度进行研究。温度升高后，涤纶纤维大分子链段运动加剧，增白剂活泼性增大，动能增加，扩散性能好，增白剂扩散更易进入纤维内部与纤维发生作用，提高织物的白度；温度继续升高，织物白度基本不变，温度为100℃时，已经使增白剂充分作用到纤维上。考虑到前处理工艺汽蒸温度及能耗问题，选定最佳汽蒸温度为100～102℃。

(2)荧光增白剂对棕色棉的增深作用

纺织品色泽表观深度一般用K/S值表示，天然棕色棉(NBC)纤维经过荧光增白剂(FWA)处理后，颜色变深。图6-19显示了处理前后的样品实物图，结果表明经过荧光增白剂(FWA)处理后颜色不纯带来的疵点得以改善。

5种不同质量分数浓度(0.1 wt.%、0.5 wt.%、1.0 wt.%、2.0 wt.%、4.0 wt.%)FWA处理过后NBC纤维*K/S*值如图6-20所示。NBC纤维颜色随FWA浓度的变化呈对数级增长，较低浓度下，*K/S*值变化较大，高浓度变化较小。从不同带电基团FWA本身对比来看，3种FWA中，负电的水溶性相对最好，正电次之，中性最差。3种FWA处理NBC纤维的变化曲线规律大致一致，中低浓度下，正电FWA处理的颜色变化最明显，这得益于结构上带正电的氨基、亚氨基与带负电的多酚类色素物质形成静电结合。在前4个浓度下，正电FWA处理效果最好。负电FWA处理后的颜色变化相对缓慢。负电FWA不易与带负电的多酚类色素物质结合。有研究表明NBC在经过精炼后有钠离子吸附，缩合单宁酸增强了钠离子对纤维的吸附，因此棕色棉中本身含有的微量钠离子和其他金属离子也可与负电FWA形成静电结合。中性FWA处理的NBC在高浓度对变化很小，因为几乎不与纤维有任何静电结合作用。

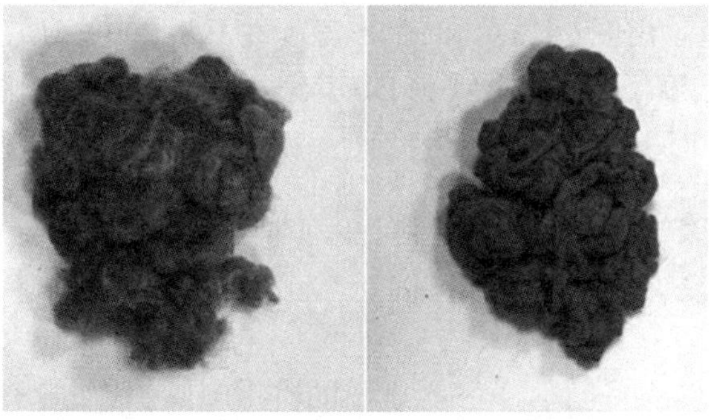

图6-19　NBC经FWA处理前后的实物图（左-处理前，右-处理后）

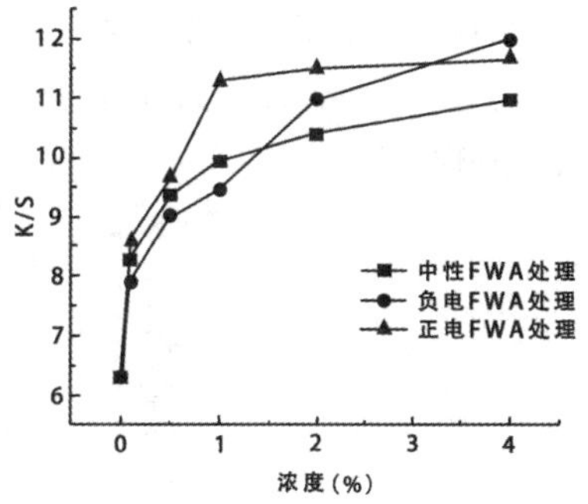

图6-20　NBC *K/S*值随不同FWA浓度的变化

(3)涤纶织物的增白

在涤纶织物加工过程中，荧光增白剂的应用效果受诸多因素影响，如增白剂用量、染浴pH值、染浴温度、定形温度等。目前，市场上常用的荧光增白剂虽然有一定增白效果，但往往存在增白后织物泛黄、色光暗淡、荧光剥除困难等现象。增白剂的增白效果主要取决于照射日光中紫外线的含量，以及纤维或织物上荧光增白剂的浓度。当照射日光中紫外线的含量充足时，织物上荧光增白剂的增白效果随织物上增白剂质量分数的增加而增强；当增白剂的质量分数提高到某一恰当值时，其发射出蓝紫光的强度恰好与织物上的黄光强度相等，可获得最高白度值；但若增白剂的用量超过最佳质量分数，则白度下降。

采用荧光增白剂CPS-A对涤纶织物进行增白处理，测试荧光增白剂CPS-A对涤纶织物上相关性能的影响。由图6-21可知，当增白剂CPS-A质量分数在0.2~0.6wt.%(omf)时，涤纶布白度随用量增加而迅速增强，说明此用量范围内，织物反射出的黄光比增白剂发射的蓝紫光强，但随着增白剂用量增加，两者逐渐接近。而增白剂质量分数在0.6~1.0wt.%(omf)时，涤纶织物白度随增白剂用量增加趋于平缓，说明此用量范围内，织物反射出的黄光与增白剂发射的蓝紫光已接近平衡，通过增加增白剂用量已不能进一步提升织物的白度。

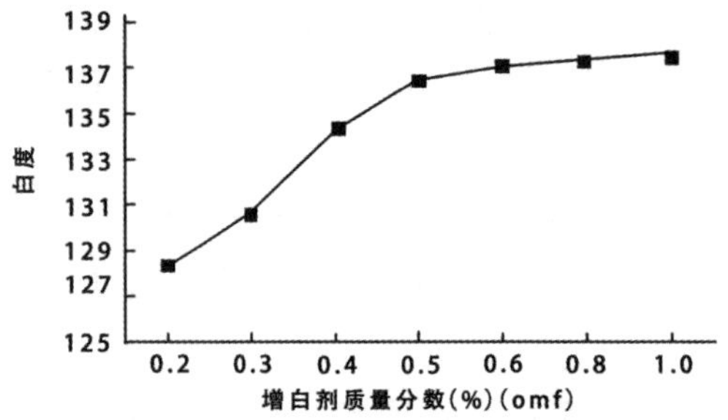

图6-21 增白剂质量分数对织物白度影响

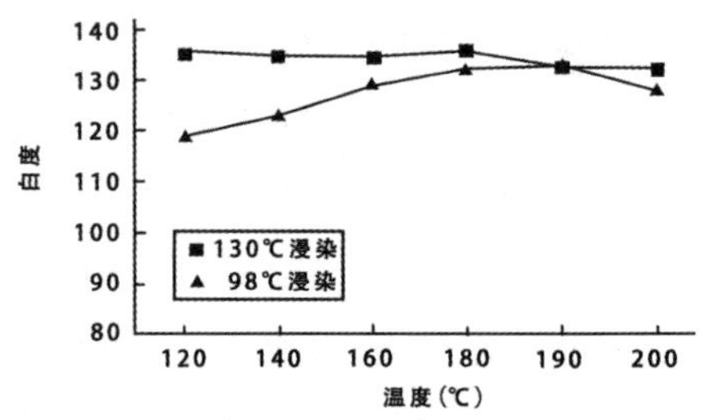

图6-22 浸渍温度对增白效果影响

由图6-22可知，荧光增白剂CPS-A于130℃浸染，涤纶织物再经120~180℃烘干定形，涤纶织物白度基本不变，说明CPS-A在130℃浸渍时，已充分发色，定形温度120~180℃，荧光增白剂不再发色；涤纶增白织物在定形温度180~200℃烘干定形，涤纶增白织物白度开始下降，这是由于涤纶织物本身白度开始下降。当荧光增白剂CPS-A在98℃浸染时，涤纶织物在定形温度120~190℃烘干定形，白度逐渐增加，说明增白剂CPS-A在98℃浸染时，发色基团没有完全发光。因此，定形温度的提高逐渐发色，当定形温度达到190℃时，涤纶织物白度达到最大值，此温度下，CPS-A已充分发色。由图6-23可知，定形温度在190~200℃，增白涤纶织物白度下降与未增白涤纶织物在此温度下自身白度下降的趋势一样。因此，定形温度为170~190℃最佳。

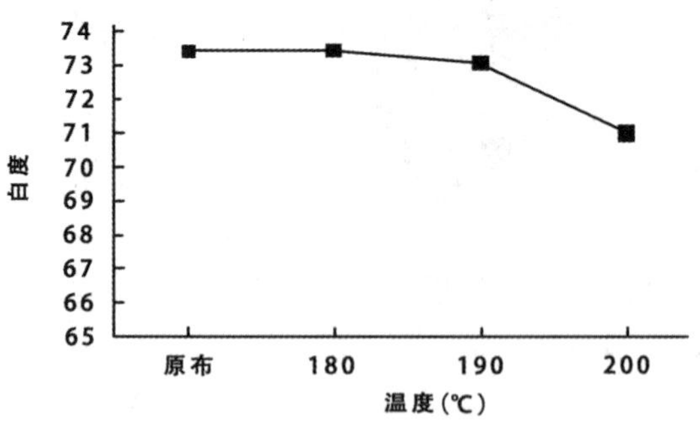

图6-23 定形温度对涤纶织物白度影响

由表6-10可知，采用荧光增白剂CPS-A处理的涤纶织物，具有极佳耐洗色牢度和耐汗碱色牢度，且具有较好耐酚黄变和耐高温黄变牢度。

表6-10 涤纶增白织物的各项牢度测试指标

色牢度	耐洗色牢度	耐汗色牢度	耐酚黄变	耐高温黄变
涤纶增白织物(级)	4~5	4~5	4	4

二、丝光助剂

丝光是将棉布及混纺织物在机械张力下，用规定的高浓度烧碱液进行处理，使棉纤维产生像丝绸一样的耐久性光泽，提高其吸收染料的能力，改善染色性能，同时提高成品的尺寸稳定性，降低缩水率，增加撕裂强度，并赋予织物柔软而丰满的手感。此外，丝光使棉的盖染性有所改善。因此，一般印染用棉布均需丝光处理，而丝光处理工艺中，丝光液中需用丝光助剂。

1. 丝光原理

利用浓烧碱溶液(约18~25wt.%)处理棉、维/棉或涤/棉织物，获得良好丝光效果是基于浓碱液能使棉纤维发生不可逆的剧烈溶胀，此外，还需配以适当张力。当棉纤维在浓碱液中发生剧烈溶胀后，纤维截面由扁平的腰子形或耳形转变为圆形，胞腔也发生收缩，对完全丝光的纤维来说几乎缩为一点。纵向天然扭转消失，若再施加适当张力使纤维得到拉伸或不发生收缩，纤维表面皱纹消失，变成十分光滑的圆柱体，对光线呈有规则反射，显现出光泽。棉纤维受浓碱作用后，发生剧烈溶胀，不仅表现在晶格参数的改变，而且还有部分晶区转变为无定形区，经水洗去碱和干燥后，虽然在纤维直径方向会发生一定程度的收缩，但已不能回复到原来状态，而是基本把溶胀时的形态保存下来，成为不可逆溶胀，以致获得耐久光泽，同时由于无定形区含量增大，纤维的吸附性提高。至于棉纤维在浓碱液中产生不可逆溶胀的原因，主要是棉纤维在浓碱液中能与氢氧化钠形成纤维素钠盐(纤维素-ONa)，钠离子是水化能力很强的离子，当它与纤维素结合时，会有大量水分被带入纤维内部，从而引起纤维剧烈溶胀，并且也能对碱液浓度过高或碱液中带有食盐类的电解质为什么会导致纤维溶胀减小的原因作出适当解释。

2. 种类

根据用途分为大麻亚麻类(浓碱，如氢氧化钠)、羊毛类(NaClO氯化法、高锰酸钾/双氧水/过氧乙酸等无氯丝光技术)、棉织物类(浓碱)、其他。

3. 工艺流程

工艺流程大致分为四类，第一类是先漂白后丝光，丝光效果好，但白度差，易沾污，适合色布，尤其厚重织物；第二类先丝光后漂白，其白度好，但色泽差，漂白时织物易受损伤，适用于漂白布、印花布；第三类是染后丝光，适合易擦伤或不易匀染品种(丝光后，织物手感较硬，上染较快)，染深色时为了提高织物表面效果及染色牢度，某些对色泽要求高的品种可采用染后丝光法(染后丝光法对染料具有选择性)；最后一类是染前半丝光，染后常规丝光，可提高染料的吸附性和化学反应性。

4. 作用

丝光助剂可降低浓碱液表面张力，利于碱液向纤维内部渗透，从而提高丝光均匀性，提高丝光效果。丝光助剂能使丝光作用迅速发生，缩短工艺时间，对未经精炼织物的丝光，渗透能力强的丝光助剂尤显重要。丝光可保持织物尺寸稳定性，使棉纤维产生丝绸般耐久性光泽，丝光助剂的使用可进一步增强该效果，提升织物品质和手感。

5. 应用

(1)大麻纱线

大麻纤维木质素、果胶含量偏高且难以去除，导致织物硬度大，易起皱，柔软性较差，刺痒感明显，影响其服用性能。丝光处理可使麻织物具有更好光泽，显著改善织物手感。

接下来，看一下氢氧化钠作为丝光助剂，各工艺参数对丝光效果的影响。

表6-11中数据显示，随着氢氧化钠浓度增加，大麻纱线断裂强度下降，纱线线密度增加，丝光钡值上升。大麻纱线在浓碱中发生剧烈溶胀，消除了纱线和纤维内原来的应力，纤维截面逐渐变圆，表面光滑，导致纱线线密度和丝光钡值逐步增加；但丝光工艺使大麻纤维结晶度下降，影响了纱线的断裂强度。当氢氧化钠质量浓度为250 g/L时，断裂强度降低明显，故选择氢氧化钠质量浓度为200 g/L。

表6-11　氢氧化钠浓度对大麻纱线性能的影响

氢氧化钠浓度(g/L)	纱线断裂强度(cN/tex)	纱线的线密度(tex)	丝光钡值
0	12.7	55.0	—
50	12.2	55.3	118
100	11.3	55.9	129
150	10.6	56.8	141
200	9.5	57.0	153
250	7.9	57.1	156

表6-12中数据显示，丝光时间选择90 s最佳。原因在于，若丝光时间过短，碱液无法均匀渗入纱线内部；若时间过长，纱线断裂强度下降过快。

表6-12　丝光时间对大麻纱线性能的影响

丝光时间(s)	纱线断裂强度(cN/tex)	纱线线密度(tex)	丝光钡值
30	11.9	55.3	127
60	11.1	56.2	135
90	9.8	56.8	150
120	8.4	56.9	152
150	7.5	57.0	155

表6-13中数据显示，线密度和丝光钡值随丝光温度上升均呈现先上升后下降的趋势，纱线断裂强度下降。原因在于温度过低，减缓了反应速度；氢氧化钠与纤维素纤维的作用是放热反应，所以提高丝光温度导致减弱纤维溶胀，破坏了丝光效果，故选择丝光温度为30℃。

表6-13　丝光温度对大麻纱线性能的影响

丝光温度(℃)	纱线断裂强度(cN·tex)	纱线线密度(tex)	丝光钡值
10	12.1	55.3	127
20	10.9	56.2	135
30	9.9	56.8	151
40	9.5	56.1	144
50	9.1	55.7	139

综上可知，自然收缩张力下，大麻纱线丝光的最佳工艺参数为：氢氧化钠浓度200 g/L、丝光时间90 s、丝光温度30℃。此时纱线断裂强度为9.9 cN/tex，线密度为56.8 tex，丝光钡值为151。

对未经丝光处理的大麻纱、丝光后的大麻纱、织物丝光后拆下的大麻纱进行纱线表面SEM形貌测试。

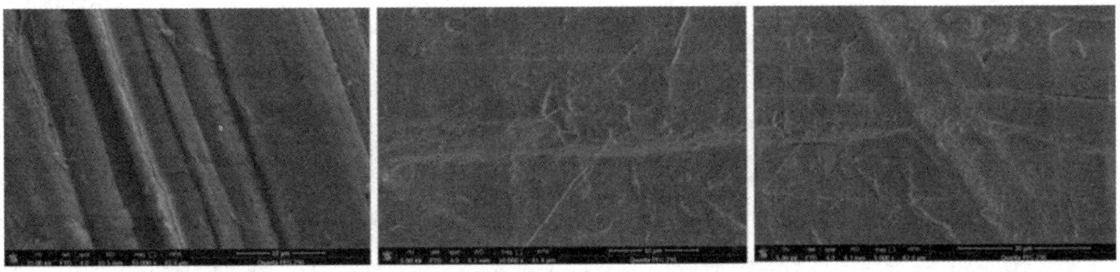

(a)未经丝光处理　(b)纱线丝光　(c)织物丝光

图6-24　不同大麻纱线表面SEM形貌对比

由图6-24可知，未经丝光处理的大麻纱线表面粗糙不平，有杂质、沟槽等，而纱线丝光和织物丝光后的大麻纱线表面平整光滑，这充分说明了丝光工艺可显著改善纱线表面的光滑性。

(2)羊毛

高锰酸钾作为丝光辅助助剂，各工艺参数对丝光效果的影响如下。

表6-14中数据显示，高锰酸钾为5 wt.%时，深褐色的MnO_2未完全覆盖散毛，氧化处理不完全，丝光处理不匀；高锰酸钾超过10 wt.%，MnO_2能均匀覆盖散毛，达到理想丝光效果；当高锰酸钾到15 wt.%后，鳞片层剥除充分，但强力受损严重。由于高锰酸钾有漂白作用，MnO_2脱除完全后，白度得以提升。故高锰酸钾浓度选择10 wt.%

表6-14　高锰酸钾浓度对羊毛丝光效果的影响

高锰酸钾(wt.%)	白度	黄度	断裂强度(cN/tex)	强度保留率(%)
5	26.162	14.093	2.68	84.3
10	27.466	13.126	2.54	79.9
15	12.524	16.136	2.27	71.8
20	10.138	17.847	1.81	56.9
25	8.164	19.836	1.70	53.5

注：羊毛原样的白度为0.107，黄度为23.229，断裂强度为3.18 cN/tex，强度保留率为100%，下同。

表6-15中数据显示，随着高锰酸钾处理液pH值升高，羊毛断裂强度提高，白度先升后降。由于高锰酸钾氧化电位值随pH值的降低而升高。当pH值为2时，高锰酸钾氧化作用过于剧烈，氧化反应速度快，MnO_2覆盖不匀，处理效果不匀，羊毛损伤较大，强度保留率低；当pH值超过4后，氧化反应缓慢，丝光效果不佳。故最佳pH值为3。

表6-15　pH值对羊毛丝光效果的影响

pH值	白度	黄度	断裂强度(cN/tex)	强度保留率(%)
2	8.037	21.624	2.35	73.9
3	30.500	13.674	2.60	81.8

续表

pH值	白度	黄度	断裂强度(cN/tex)	强度保留率(%)
4	21.780	13.171	2.87	90.3
5	17.569	14.343	2.84	89.3
6	18.847	13.548	2.96	93.1

表6-16中数据显示，随丝光温度升高，羊毛纤维的白度和断裂强度下降。丝光温度较低时，羊毛鳞片层未打开，高锰酸钾仅作用于羊毛鳞片表层，丝光作用有限，故强度保留率较高；当温度升至60℃时，羊毛鳞片层逐渐打开，反应效率提高，丝光效果较好。但温度过高，鳞片层完全打开，高锰酸钾与羊毛主体发生反应，纤维损伤过大；处理后的羊毛暴露在空气中氧化变黄，白度下降。故高锰酸钾处理温度选择60℃。

表6-16　丝光温度对羊毛丝光效果的影响

温度(℃)	白度	黄度	断裂强度(cN/tex)	强度保留率(%)
40	30.303	13.932	2.94	92.5
50	27.482	13.586	2.87	90.3
60	27.302	13.437	2.54	79.9
70	21.348	14.763	2.17	68.2
80	19.311	15.346	1.84	57.9

表6-17中数据显示，高锰酸钾能在短时间内起到漂白作用。随丝光处理时间延长，羊毛白度趋于稳定，断裂强度下降。处理时间过短，高锰酸钾处理效果不佳，仅剥除少量鳞片，强度保留率高。处理时间过长，高锰酸钾剥除鳞片后，继续与羊毛主体反应，强力损伤过度。因此，高锰酸钾处理时间以30 min为宜。

表6-17　高锰酸钾处理时间对羊毛丝光效果的影响

时间(min)	白度	黄度	断裂强度(cN/tex)	强度保留率(%)
20	22.822	14.807	2.85	89.6
30	22.131	14.326	2.62	82.4
40	23.570	14.038	2.34	73.6
50	22.383	15.373	2.12	66.7
60	21.398	15.294	1.93	60.7

(3)棉织物

氢氧化钠作为丝光助剂，各工艺参数对丝光效果的影响如下。

表6-18中数据显示，随着织物轧余率增加，织物染色性能稍有增强。但轧余率过高时，染色性能又有所下降。织物上含一定水量时，氢氧化钠对棉纤维渗透性增强，对丝光起促进作用；但织物含水率过高，纤维内部氢氧化钠浓度低于体系浓度，不利于丝光。实际生产中，湿布丝光过程必须控制好织物的轧余率和含水均匀性，建议使用均匀轧车。

表6-18 织物轧余率对棉织物丝光后染色K/S值和光泽的影响

轧余率(%)	*K*/*S*值	光泽
干布	18.25	好
75	18.43	好
100	18.58	好
125	18.46	好
150	18.08	好
180	17.10	好

表6-19中数据显示，随着氢氧化钠浓度增加，织物光泽提高，染色性能增强。氢氧化钠浓度越高，棉纤维内部的氢氧根离子浓度越高，碱对纤维素的作用更充分，丝光效果越好。由表可知，适宜的氢氧化钠浓度为250 g/L。但实际生产过程中，碱槽中氢氧化钠浓度会因湿布的浸渍而降低，需据实处理。

表6-19 氢氧化钠浓度对棉织物丝光后染色K/S值和光泽的影响

氢氧化钠(g/L)	干布丝光		湿布丝光	
	K/*S*值	光泽	*K*/*S*值	光泽
100	14.15	较差	14.77	较差
150	16.07	一般	16.41	一般
200	17.89	好	18.10	好
250	18.25	好	18.43	好
300	18.41	好	18.64	好

表6-20中数据显示，丝光温度较低(10~20℃)，织物光泽提高，但低温丝光织物的*K*/*S*值低于30℃丝光时织物的*K*/*S*值，这与低温下碱液的渗透性和扩散性较差有关；当丝光温度超过30℃，染色织物*K*/*S*值和光泽均降低，这是因为丝光温度增加，棉纤维的取向度降低。

表6-20 丝光温度对棉织物丝光后染色*K*/*S*值和光泽的影响

温度/℃	干布丝光		湿布丝光	
	K/*S*值	光泽	*K*/*S*值	光泽
10	17.47	好	17.95	好
20	17.74	好	18.19	好
30	18.25	好	18.43	好
40	17.96	好	18.34	好
50	17.92	较好	18.13	较好

表6-21中数据显示，随渗透剂浓度增加，织物染色K/S值和光泽均提高，但过多渗透剂对棉纤维染色纤维影响不大。

表6-21 渗透剂F-122浓度对棉织物丝光后染色K/S值和光泽的影响

渗透剂(g/L)	干布丝光		湿布丝光	
	K/S值	光泽	K/S值	光泽
0	17.55	好	17.81	好
2.5	17.83	好	18.19	好
5	18.25	好	18.43	好
10	18.23	好	18.37	好
20	18.21	好	18.44	好

参考文献

[1]安同洋.常用纤维对上浆浆料及工艺的要求[J].天津纺织科技,2021,(05):44-46.

[2]许益.生物酶:21世纪的一道独特风景—生物酶技术在棉织物印染加工中的应用[J].纺织导报,2008,(08):27-29,32-38,40-42.

[3]汪津.生物技术在纺织可持续工艺中的应用[J].印染,2018,44(06):55-56.

[4]张颖.微生物降解聚乙烯醇的条件及降解过程机制研究[D].江南大学,2006

[5]范雪荣,王强,王平等.可用于纺织工业清洁生产的新型酶制剂[J].针织工业,2011,(5):29-33+74

[6]杨海泉,刘龙,李江华,等.碱性淀粉酶的发酵生产及其应用研究进展[J].生物工程学报,2012,28(04):432-439.

[7]孙志扬,余圆圆,龙方胜,等.碱性淀粉酶在棉机织物冷堆退浆中的应用[J].印染,2023,49(07):27-30.

[8]蒲宗耀,陈松,黄玉华,等.耐碱耐温淀粉酶性能及退浆工艺试验研究(续)[C].第十届陈维稷优秀论文奖论文汇编,2007:154-157.

[9]范雪荣,纪惠军,王强.试论聚乙烯醇浆料的环保性能(下)[J].棉纺织技术,2007,(08):19-21.

[10]张洁,王强,范雪荣,等.棉织物的复合酶退浆工艺[J].印染,2016,42(15):1-5.

[11]王晓娜,任煜.低温等离子体技术在非织造材料表面改性中的应用[J].合成纤维工业,2015,38(06):53-57.

[12]Meliha Oktav Bulut,Cihan Devirenoğlu,Lutfi Oksuz,et al.Combination of grey cotton fabric desizing and gassing treatments with a plasma aided process[J].The Journal of the Textile Institute,2014,105:828-841.

[13]闫俊,朱高伟,于心悦,等.大气压低温等离子体在棉织物退浆中的应用[J].大连工业大学学报,2021,40(01):17-21.

[14]姚舒林.螯合分散剂在染整加工中的应用[J].纺织科技进展,2008,(03):10-11,82.

[15]李志红,任煜.低温氧等离子体处理对纯棉织物性能的影响[J].南通大学学报(自然科学版),2005,(04):7-9+18.

[16]Qu Lijun, Tian Mingwei, Hu Xili, et al.Functionalization of cotton fabric at low graphene nanoplate content for ultrastrong ultraviolet blocking[J].Carbon, 2014, 80:565-574.

[17]周文龙.酶在纺织中的应用[M].北京:中国纺织出版社,2002.

[18]李群,赵昔慧.酶在纺织印染工业中的应用[M].北京:化学工业出版社,2005.

[19]邵行洲,杨栋樑.棉纤维伴生物和棉纺织品的酶精炼(续)[J].印染助剂,2013,30(07):1-10.

[20]马忻狄,黄元元,全军,等.纺织精炼酶对蚕丝脱胶工艺条件优化及性能影响[J].丝绸,2024,61(02):44-50.

[21]陈静奕,王强,周丽华,等.棉织物的复合酶精炼[J].印染,2011,37(03):1-3+7.

[22]阎克路.染整工艺与原理[M].北京:中国纺织出版社,2020.

[23]谢如皋,高世伟.纺织助剂实用分析[M].北京:纺织工业出版社,1987.

[24]商成杰.新型纺织化学品[M].北京:中国纺织出版社,2010.

[25]周辉,汪南方,陈镇,蓢育林,陈建斌.多功能前处理剂的制备及应用[J].湖南工程学院学报(自然科学版),2016,26(04):64-69.

[26]莒晓燕.化工产品手册·染整助剂(第六版)[M].北京:化学工业出版社,2015.

[27]夏建明.染整助剂及其应用[M].北京:中国纺织出版社,2013.

[28]陈荣圻.印染助剂发展的回顾与展望[J].染料与染色,2020,57(02):22-40.

[29]陈军.腈纶/黏胶混纺弹力针织物的一浴漂白工艺[J].印染,2019,45(23):21-25.

[30]张立影,郑斌,胡亚君,贾丽霞,单国华.阳离子型水性聚氨酯羊毛防缩乳液的制备工艺研究[J].印染助剂,2019,36(08):11-15.

[31]胡德年,杨静新,崔珍,金建森,金鹏.拒油防污防缩整理工艺研究[J].南通大学学报(自然科学版),2011,10(02):53-57.

[32]初文龙,刘建勇,徐杰.LS610羊毛防缩整理剂防缩效果和机理研究[J].染整技术,2009,31(08):13-14+22+58.

[33]雷梅根,夏继平,夏鑫强.低温清洗剂RY-322在涤纶针织物中的应用[J].针织工业,2021,(11):56-58.

[34]于万春,王忠,高理敏.氧漂稳定剂CGAD的应用[J].印染,2005,(08):21-22.

[35]李伟,周利,杨树梅等.纺织前处理用精炼剂的应用现状[J].山东化工,2020,49(16):133-134.

[36]刘杰,曲国权,田雨.高浓精炼剂DM-1361用于纯棉织物碱氧一浴煮漂工艺的优化[J].印染助剂,2019,36(05):47-50.

[37]高脐雯,盛季陶.氧漂稳定剂NCS-PB的研制及应用[J].印染助剂,2004,21(04):47-50.

[38]许艳华,吴佳杰,陈波,毛安琪,兰淑仙.耐碱氧漂稳定剂TF-122G[J].印染,2021,47(05):50-53.

[39]张庆法,张会敏,李长娟,张庆富,肖雁,郎中院.棉织物染整前处理工艺与助剂的研究与发展[J].山东纺织科技,2023,64(03):54-56.

[40]汤亚芳.复配-共聚物过氧化氢稳定剂的研究[J].印染助剂,2017,34(11):52-54.

[41]陈荣圻.染料化学[M].北京:纺织工业出版社,1989.

[42]陈荣圻.纺织纤维用荧光增白剂的现状与发展[J].印染助剂,2005,(07):1-11.

[43]袁跃华,朱永军,田茂忠.荧光增白剂的应用及发展趋势[J].山西大同大学学报(自然科学版),2010,26(05):40-43.

[44]王明娟.荧光增白剂在洗涤剂中的应用及其发展[J].日用化学工业,2001,31(1):39-40.

[45]刘晓敏,孙玉涛,贾荣霞等.涤棉织物高效短流程前处理增白工艺[J].染整技术,2021,43(04):40-42.

[46]伍建国,潘军军,秦林生等.荧光增白剂CPS-A在涤纶织物上的应用[J].印染,2018,44(03):26-29.

[47]赵晓伟.涤棉混纺织物一浴一步法荧光增白剂的研制与应用[D].东华大学,2007.

[48]黄鑫涛.荧光增白剂与天然彩色棉色素的作用及其对纤维增深固色的研究[D].浙江理工大学,2023.

[49]张雷,王海英,韩洪晶,陈彦广,王程昊.木质素催化热解用催化剂的研究进展[J].化工进展,2022,41(05):2429-2440.

[50]张毅,祝良荣,郁崇文.一种纯亚麻沙发坐垫面料的设计与开发[J].上海纺织科技,2021,49(08):7-9+38.

[51]张毅,徐建清,郁崇文.大麻纱线与织物的丝光性能[J].上海纺织科技,2023,51(02):38-41.

[52]郭晓卿,李美真,朱凯棋.羊毛的高锰酸钾法丝光[J].印染,2017,43(06):13-16.

[53]王宏,李晓春,王墨涛,李武龙,曹机良.棉织物的湿布丝光工艺[J].印染,2016,42(17):20-22.

第七章　典型染色化学品

第一节　匀染剂

一、概述

染色是染料和纤维发生物理化学或化学结合，使染料上染织物。染色加工不仅需要获得尽可能高的上染百分率及固色率，还应获得均匀和坚牢的色彩。在一定条件下，产品颜色均匀性是衡量生产质量优劣的重要指标之一。

广义的匀染指染料在染色品表面及在纤维内分布的均匀程度；狭义的匀染指染料在被染物表面分布的均匀程度，习惯上所称的匀染就是此种。染料在纤维内部是否均匀分布，通常不易观察，但对产品质量有很大影响，习惯上称染料在纤维内的均匀分布为透染。

实际染色中常出现颜色不匀现象，如色差、色花、条花或染斑等瑕疵，其原因除了纤维及其织物本身原因及设备和工艺问题外，也与染料分子结构密切相关。为了达到染色均匀性，首先必须保证纤维及其织物具有均匀吸附性能，可通过充分前处理，去除纤维及织物表面的杂质实现；其次，要求与染液之间具有良好接触，可通过加大染液流量，加快纤维及织物运行速度并加入润湿剂等，使染液在其表面充分铺展。然而，上述操作受染料及所用设备限制，尤其采用多种纤维混纺织物及需多种染料进行染色时，简单易行的方法是加入恰当匀染剂。匀染剂（Levelling Agent）是指在染色过程中，为促使染色均匀，不产生条花和色斑等疵点而添加的化学品。匀染剂一方面可通过延缓染料吸附速率降低初始上染率，提高染色均匀性；另一方面，当出现染色不匀时，匀染剂可通过移染作用将染料从深色部分向浅色部分移动，从而使织物表面得色均匀。因此，缓染与移染是匀染剂的两个重要功能。

匀染剂的化学结构不同，作用机理也不相同。根据作用机理分为亲纤维型和亲染料型两类。亲纤维型匀染剂通过与染料竞争纤维表面染座而减缓上染速率，亲染料型匀染剂通过与染料发生相互作用缓染或移染。除以上两种类型匀染剂外，还有对染料和纤维都具亲和力的匀染剂，如脂肪酸和蛋白质的缩合物雷米邦及聚氧乙烯脂肪醇与蛋白质分解产物的复配物等都属于该类型。

另外，能使纤维发生溶胀的溶胀剂也是良好的匀染剂。在涤纶染色时，一般使用溶胀剂作为载体，通过提高染料在纤维内部扩散速率和移染性能而达到匀染效果。

1.匀染剂的作用机理

（1）亲纤维型匀染剂

亲纤维型匀染剂在结构上通常与染料具有相似性质，对纤维具有亲和力。染色开始时匀染剂与染料竞争纤维表面染座，阻碍染料直接与纤维结合。相较于染料而言，匀染剂分子与纤维结合更快，但其与纤维间的结合力较弱，由于染料分子浓度远高于匀染剂分子，随着染浴温度升高，匀染剂分子逐渐被染料分子从纤维染座上置换下来。由于匀染剂对染座的竞争，减缓了染料分子在纤维上的吸附速率，从而达到匀染目的。这类亲纤维型匀染剂通常无移染能力。

亲纤维型匀染作用常常发生在下列过程中：

①阳离子染料上染腈纶时使用季铵盐类阳离子型匀染剂。

②酸性和弱酸性染料上染羊毛和锦纶时使用阴离子型匀染剂。

以酸性染料染羊毛为例，在含有元明粉的酸性染料染浴中，羊毛纤维首先吸附氢离子，产生带有正电荷的“染座”。由于硫酸根离子较小，流动性大，扩散能力强，正电荷氨基吸附硫酸根离子先于吸附染料阴离子，妨碍了染料直接占据纤维上染座。随着染色过程的进行，染料阴离子逐渐从纤维上置换出硫酸根。由于元明粉对染座的竞争过程，羊毛纤维吸附染料的速度减缓，使得染料上色均匀。

元明粉对羊毛纤维匀染过程中，羊毛对酸、元明粉和染料吸附过程如下：

$$H_3\overset{+}{N}-W-COO^- \xrightleftharpoons{H^+} H_3\overset{+}{N}-W-COOH$$

$$H_3\overset{+}{N}-W-COOH + 1/2SO_4^{2-} \rightleftharpoons \underset{\substack{\bullet \\ 1/2SO_4^{2-}}}{H_2\overset{+}{N}}-W-COOH$$

$$\underset{\substack{\bullet \\ 1/2\ SO_4^{2-}}}{H_2\overset{+}{N}}-W-COOH + D\text{-}SO_3^- \rightleftharpoons \underset{\substack{\bullet \\ D\text{-}SO_3^-}}{H_2\overset{+}{N}}-W-COOH + 1/2SO_4^{2-}$$

（2）亲染料型匀染剂

亲染料型匀染剂对染料亲和力大于染料对纤维亲和力，当其存在于染液中时，染料被纤维吸附前，匀染剂会先与染料分子结合形成某种稳定聚合体。高温时，该聚合体与纤维接触并产生分解，逐渐将染料释放，继续上染纤维。由于染料必须脱离匀染剂才能与纤维结合，故该匀染剂通过降低染料的迁移率和扩散速度，减缓染料分子与纤维的结合速度，获得匀染效果。亲染料型匀染剂对于已上染纤维的染料也具亲和力。染色不匀时，还可将色泽浓深部位的染料“拉回”至染浴中再转移到色泽较浅部位，故该类型匀染剂具有移染作用。此外，若匀染剂对染料亲和力过大，则能将织物上较多染料剥下来，作为剥色剂使用。

亲染料型匀染剂主要是聚氧乙烯醚型非离子型表面活性剂，通过醚键与染料分子的羟基和氨基发生氢键结合，故而表现出亲染料性。

以酸性染料染羊毛为例，采用聚氧乙烯缩合型非离子型表面活性剂，匀染剂中的醚键先与水形成氢键，然后再与染料分子反应，生成活性较小的氢键或与染料以聚鉡盐形式相结合，作用机理如下：

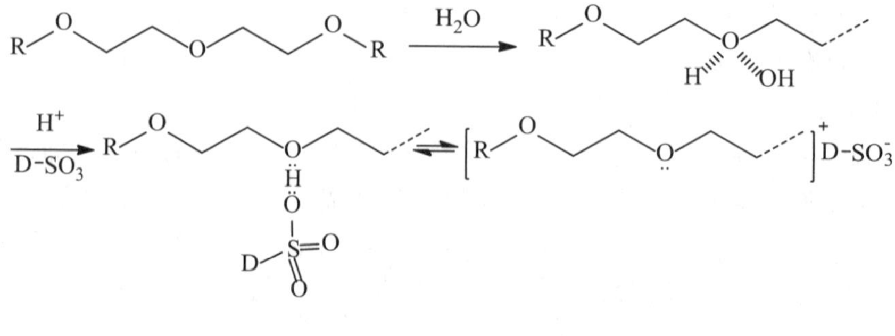

由以上反应式可知，酸性染料的阴离子可借助一个或多个氢键与聚氧乙烯醚结合，无论以哪种方式结合，匀染剂都对纤维具亲和力的染料阴离子起束缚作用，形成的聚合体在高温下分解，继而释放染料。

关于非离子型表面活性剂和染料间如何形成聚合体，目前还有别的观点。有研究表明，非离子型表面活性剂和染料间相互作用随着染料疏水性的增大而增大，疏水性大的染料受非离子型表面活性剂的缓染作用较大，而疏水性小的染料受到的缓染作用较小。因此认为缔合作用发生于表面活性剂和染料分子的疏水基之间，所形成的聚合体为亲水性。另有研究表明，染料分子与非离子型表面活性剂作用随着表面活性剂聚氧乙烯链的增长而增强，因此认为缔合作用发生于染料分子与表面活性剂的亲水基之间。还有人认为，在酸性条件下，表面活性剂分子中聚氧乙烯链上的氧原子由于吸附了溶液中的H^+而形成正电性物质，因而能与染料阴离子结合。

二、常用匀染剂

除少数无机盐外，大多数匀染剂均为表面活性剂，包括阴离子型、阳离子型、两性离子型、非离子型及高分子匀染剂等类型。

1.阴离子型匀染剂

锦纶、羊毛及丝绸用酸性染料染色时，其表面往往带正电荷，尤其锦纶吸附氢离子的能力比羊毛还大，故这些纤维用带负电荷的酸性染料染色都存在一定匀染问题。阴离子型表面活性剂与这些纤维具有较强亲和力，能快速占据染色位席，从而达到缓染、匀染目的。例如脂肪醇聚氧乙烯醚硫酸钠常被用于改善酸性染料染锦纶时的匀染性。

腈纶一般采用阳离子染料染色，由于阳离子染料与腈纶中阴离子第三单体间有库仑作用，亲和力大，染色牢度强，上染速率快，若不采取适当缓染措施，染色难以均匀。阴离子表面活性剂和阳离子染料在水溶液中迅速形成染料络合物，并与染料分子间处于络合平衡，从而减少染浴中自由基阳离子染料的浓度，降低其上染速率，提高匀染效果。匀染剂阴离子和染料阳离子在水溶液中形成络合物的过程可用下式表示：

$$D^+ + A^-Y^+ \xleftrightarrow{K} D^+A^- + Y^+$$

式中：D^+为染料阳离子，A^-为匀染剂阴离子，Y^+为平衡离子，K为平衡常数。

自由染料阳离子D^+与络合物D^+A^-具有平衡关系，水溶液中的自由染料阳离子浓度由平衡常数K决定，若平衡向右移动，其浓度减少。络合物D^+A^-在纤维表面沉积，由于分子量大，几乎无法向纤维内部扩散。染料-络合物间达到平衡，比染料向纤维内部扩散迅速。由于染料与阴离子匀染剂在水溶液中形成络合物，因此自由的染料阳离子浓度较不加阴离子匀染剂时显著减少。另一方面，有效染色主要依据染浴中自由的染料阳离子，其浓度减少使纤维表面的染料浓度显著减少，染浴吸尽率降低，吸尽速度也减缓。由此可见，使用阴离子匀染剂可降低染浴的吸尽速度，提高匀染效果。实际染色时，一般还需复配非离子型表面活性剂。非离子型表面活性剂具有两种作用：其一是快速吸附于纤维上的染色位席；其二是可分散染料络合物以防止其沉淀。

此外，涤/毛混纺织物采用分散-酸性染料同浴染色时，一般也可用阴离子型表面活性剂。

常用的阴离子型匀染剂有脂肪酸酯聚氧乙烯醚的磺酸盐[例如Migregal 2N匀染剂$RCOO(C_2H_4O)nSO_3Na$]，烷基醇聚氧乙烯醚硫酸钠、丙烷磺内酯—氧乙烯化的N–烷基-1，3-丙二胺缩合物C_8~C_{22}脂肪酸盐、C_8~C_{22}芳香族二羧酸盐，及具有以下通式的阴离子型表面活性剂：

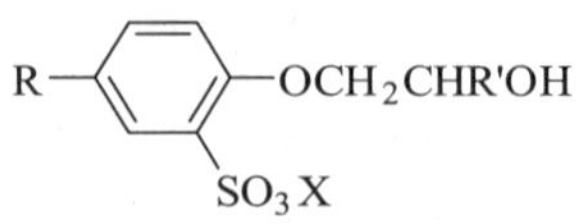

$R = C_9H_{19}$，$C_{12}H_{25}$，$C_{11\sim14}H_{23\sim30}$；R' = H，CH_3，  ，CH_2OH；X = Na，$NHCH_2CH_2OH$。

2.离子型匀染剂

阳离子型匀染剂是腈纶阳离子染料染色时的另一类匀染剂，此类匀染剂多为季铵盐阳离子型表面活性剂。与阴离子型匀染剂相反，其在染浴中通过与阳离子染料争夺腈纶上的染座从而减缓染料上染速率。在阳离子染料和阳离子表面活性剂共存的染浴中浸入腈纶，阳离子表面活性剂由于分子较小，扩散较快，首先占据腈纶上的阴离子染座，阻碍了阳离子染料的上染，在升温过程中匀染剂解吸，阳离子染料缓慢上染纤维。阳离子匀染剂的匀染性受其结构影响。其缓染作用随着烷基链长的增加而增强，并取决于与氮原子相连基团的大小和种类。在匀染剂与染料共存的染浴中，如匀染剂对纤维的亲和力较大，且染浴中匀染剂的浓度较高时，匀染剂会占据纤维上较多的染座，强烈与染料分子争夺染座，阳离子染料在纤维上吸附量减少，导致染料利用率下降，染色织物还可能出现空白斑。

目前用作腈纶匀染剂的阳离子表面活性剂主要有烷基三甲基卤化铵($C_{16\sim18}H_{33\sim37}N^+(CH_3)_3Cl^-$)、烷基二甲基苄基卤化铵($C_{12\sim18}H_{25\sim37}N^+(CH_3)_2\ CH_2C_6H_5Cl^-$)等。如匀染剂1231(十二烷基三甲基溴化铵)、匀染剂1227(十二烷基二甲基苄基氯化铵)、匀染剂DC(十八烷基二甲基苄基氯化铵)等。这些匀染剂不仅对腈纶阳离子染色具有良好的匀染性，还能提高腈纶织物柔软性。

3.两性离子型匀染剂

两性离子型表面活性剂对纤维和染料均具亲和作用，用于羊毛等酸性染料染色匀染剂。由于这类表面活性剂在染浴中呈两性离子，故可通过阴离子优先占据羊毛等纤维上阳离子染色位席，其阳离子朝外，保持表面膜的亲水性。也可通过其阳离子与染料阴离子结合形成染料络合物，其阴离子使染料络合物保持水溶性而不致生成沉淀，具有良好缓染和移染能力。此外，两性表面活性剂可与阴离子染料形成复合物吸附在纤维表面，从而降低染料在羊毛纤维根部和尖端的吸附差异，产生较好匀染效果。常用两性离子匀染剂有N–烷基硫化甜菜碱 [例如$C_{18}H_{37}N^+(CH_3)_2CH_2CH_2SO_3^-$]及一些聚氧乙烯化的N–烷硫化甜菜碱和N–烷基氨基磺酸衍生物，如下所示：

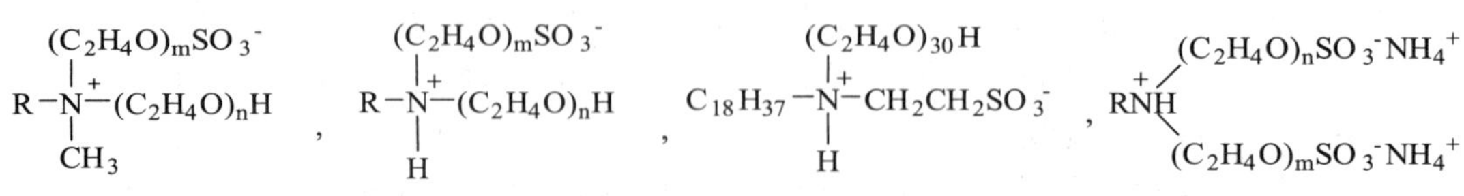

其中：$R=C_1\sim C_{22}$烷基，m+n=8。

4.非离子型匀染剂

主要是指聚氧乙烯醚型非离子型表面活性剂。由于棉纤维用还原、直接、活性等染料染色时常发生染色不匀现象。例如用还原染料染色，由于其隐色体与纤维的吸着性大，上染速率快，易发生染斑。不同上染速率染料拼混染色时常会发生色差问题。活性染料染色时，由于盐类、碱剂添加方式，染浴状态，纱线、织物形态，前处理加工程度等也将影响染色均一性。聚氧乙烯醚型非离子匀染剂在染浴中不仅能与染料竞染，迅速通过氢键吸附于棉纤维上，也能与染浴中的染料分子通过氢键等方式结合形成染料络合物，提高染料分散性、渗透性和移染性，从而达到缓染和匀染之效。常用的非离子匀染剂有平平加O、低泡匀染剂O(硅氧烷聚氧乙烯醚和烷基醇聚氧乙烯醚的复配物)。

聚氧乙烯醚型非离子匀染剂也是涤纶分散染料染色的匀染剂。涤纶没有与染料结合的活性基团，只能采用非水溶性的分散染料染色。且涤纶分子排列较紧密，纤维中存在较小空隙，仅在高温(120～130℃)条件下，利用纤维分子链热运动，染料分子才能扩散进入纤维内部。在涤纶染色过程中，常出现染斑和条花等染色疵病。造成涤纶染色不匀的原因很多，纤维本身结构的不匀及染色前处理不当都会引起染色不匀。高温条件下纤维吸附染料的速度较快及分散染料在高温条件下的分散稳定性较差，易发生团聚并吸附在纤维表面，也会造成染色不匀。聚氧乙烯醚型非离子匀染剂对分散染料和涤纶兼具亲和力，故有缓染和匀染作用。由于其在高温区亲水性降低，对分散染料分散作用减小，易造成染料聚结。因此，分散染料实际染色时，常用匀染剂一般为非离子型表面活性剂和阴离子表面活性剂的复配物。匀染剂中的非离子型表面活性剂对分散染料的移染性能好，但分散性差，易使染料粒子聚集。酯型聚氧乙烯醚与染料分子形成氢键，通过亲染料匀染作用延缓染料上染，降低分散染料上染速率。同时，匀染剂对涤纶也具亲和力，可在涤纶表面成膜，控制染料在纤维上吸附，具有亲纤维匀染剂的作用。匀染剂与染料间存在相互作用，是其具有移染作用的来源。而匀染剂中的阴离子表面活性剂可提高染料在高温条件下的分散能力和热稳定性，克服亲染料型组分使染料发生凝聚，增加非离子型表面活性剂的移染性。事实上，非离子型表面活性剂自身匀染性并不理想，若复配阴离子型表面活性剂，降低染料凝聚，其匀染性、移染性都有较大提高，二者相互取长补短，产生协同作用。常用于涤纶匀染的聚氧乙烯醚型非离子及阴离子复合表面活性剂，见表7-1。

表7-1 一些常用涤纶分散染料高温染色匀染剂

匀染剂	组成	用途
匀染剂GS	丙三醇聚氧乙烯醚油酸酯(a)与三苯乙烯基聚氧乙烯醚硫酸铵混合物	高温高压染色，适用于快速染色
匀染剂FZ-837	脂肪醇聚氧乙烯醚与烷基苯磺酸钠的复配物	高温高压染色
匀染剂BOF	脂肪醇聚氧乙烯醚脂肪酸酯与烷基酚聚氧乙烯醚硫酸钠混合物	高温高压染色
匀染剂BOA	马来酸双(烷基酚聚氧乙烯醚)酯	高温高压染色
匀染剂A-10	三苯乙烯基苯酚聚氧乙烯醚和三苯乙烯基苯酚聚氧乙烯醚硫酸酯盐(b)的混合物	高温高压染色，适用于快速染色

续表

匀染剂	组成	用途
Sun Sat 1200k	油酸聚乙二醇(n=20)双酯和油酸聚乙二醇(n=10)单酯的混合物	快速染色

注：a：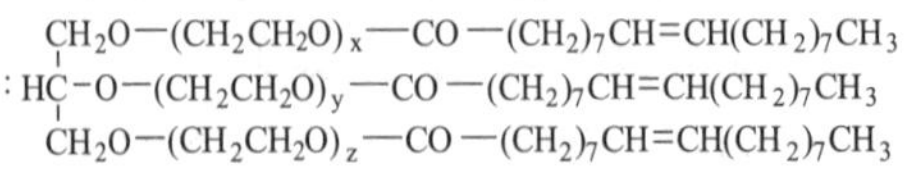 b：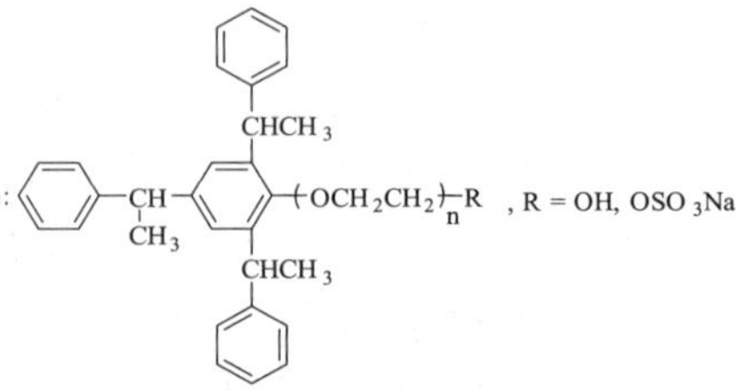

5.高分子匀染剂

高分子表面活性剂作为匀染剂与低分子匀染剂相比，具有两个特点：其一是这类匀染剂在纤维表面具较强吸附力，保护纤维表面的染色位席，影响染料分子上染时间；其二这类匀染剂的相对分子质量一般为1000～2000，其作用仅限于纤维表面，不会扩散和渗透至纤维内部，用量小，效果明显。常用作匀染剂的高分子表面活性剂见表7-2。

表7-2　常用作匀染剂的高分子表面活性剂

高分子匀染剂	类型	应用
聚胺及季铵化的聚胺类	阳离子型	腈纶的阳离子染料染色
氨基或季铵基丙烯酸酯	阳离子型	腈纶的阳离子染料染色
聚乙烯吡啶	阳离子型	锦纶的酸性染料染色
聚乙烯吡啶烷酮	非离子型	锦纶的酸性染料染色
丙烯酸与丙烯酰胺共聚物	阴离子型	涤棉混纺织物的热熔染色
丙烯酸辛酯与丙烯酸与丙烯酰胺共聚物	阴离子型	涤纶防泳移剂

三、精炼-染色一浴法匀染剂

近年来，由于各种新合纤材料及其多组分混纺织物的不断涌现，使得染色难度增加，工艺时间延长。为了节能、增效，一些新染色技术被开发应用，精炼-染色一浴法就是其中之一。

精炼是染色前必需的传统前处理工序，要解决精炼-染色一浴法工艺一般存在两方面的困难。其一，由于精炼与染色是完全相反的过程，所以对表面活性剂的选取有难度；其二，精炼一般在碱性条件下进行，但染色有时在酸性条件下进行，例如涤纶分散染料染色。

下面以棉和聚酯纤维为例进行简单介绍。

1.棉的活性染料精炼-染色一浴法匀染剂

在棉的染色中，一般中温型(60℃)活性染料匀染性较好，而棉蜡等杂质则须在95℃以上才能溶于碱性精炼液。所以，一浴法精炼-染色时，要选取一种精炼效果好，而缓染性一般的表面活性剂作为匀染剂，例如短碳链的磷酸酯盐，其在60℃以下处理棉的残脂率约为0，无论中温型还是高温型活性染料染色都能达到二浴法的匀染效果。

2.聚酯纤维的精炼-染色一浴法匀染剂

聚酯纤维表面的污垢主要是油剂、蜡及PVA、聚丙烯酸酯糊料等。其常规染色方法采用酸性分散染料染色，不仅不能与精炼同浴，且高温染色时聚酯纤维中溶出的少量环形齐聚物不易去除，产生色斑。目前，采用碱性分散染料染色，不仅解决了一浴法问题，且溶出的齐聚物易溶于碱性介质，改善匀染性。这类染色法匀染剂一般选用聚氧乙烯醚的烷基硫酸酯盐或烷基磷酸酯盐。

第二节 固色剂

一、概述

织物经染色后，除需得到满意色泽外，还要有良好色牢度。由于大多数染料分子上含磺酸基、羧基等亲水性基团，如直接染料、酸性染料，且染料与纤维间结合力不强，致使其湿处理色牢度不佳，洗涤时染料易重新溶解于水中而脱离纤维，造成褪色和沾色现象。为克服这些问题，要在染色后对染色织物进行固色处理，固色所用助剂称为固色剂。使用固色剂处理染色后的织物，可使染料与纤维间产生化学键结合，或使染料形成不溶性化合物，从而提高染色后织物的水洗、日晒、汗渍等色牢度。

二、作用机理

由于染料与纤维的结合方式（离子键、共价键、范德华力等）不同，各类染料上染纤维的机理不同，染色所用染料不同，选用固色剂不同，其固色机理也不相同。目前固色剂主要有阳离子型固色剂、树脂型固色剂、交联反应型固色剂及非表面活性的季铵盐型固色剂。

对于含有磺酸盐或羧酸盐基团的直接染料、酸性染料和活性染料，溶于水后，染料离解成钠的阳离子和染料阴离子。采用阳离子化合物作为固色剂，其对染料阴离子有较大反应性，使染色物上染料分子增大，亲水基被封闭在织物上形成不溶性染料盐沉淀，这样可防止染料因离子化而从织物上脱落水解，提高染色牢度。

对于树脂型固色剂，其活性物质可相互缩合，在纤维表面形成立体网状结薄膜，进一步封闭染料（包括已反应的和未反应的染料）。既增加了布面平滑度，减少摩擦系数，同时，不易溶解的聚合物保护膜还可进一步防止摩擦过程中染料发生溶胀、溶解和脱落，从而提高湿摩擦色牢度。

固色交联剂是一种反应型固色剂，能在染料与纤维间“架桥”形成化合物，即在与染料分子反应的同时，又能与纤维反应交联，形成高度多元化交联系统，使染料、纤维更为紧密牢固地联系在一起，防止染料从纤维上脱落，从而提高染料的染色牢度。特别是反应型树脂固色剂，非但能与染料和纤维“架桥”，树脂自身也可交联成大分子网状结构，从而与染料一起构成大分子化合物，使染料与纤维结合更加牢固。

另外，有些非表面活性的季铵盐固色剂在水溶性阴离子染料染色后，采用含氮碱或其盐类与芳基或杂环基而不是与高分子烷基相结合起到固色作用，提高染色牢度，尤其是耐洗色牢度。

除提高染色织物的湿牢度之外，固色剂还可提高织物的其他色牢度。利用固色剂的pH值缓冲能力可以提高染色物的汗渍色牢度。如活性染料染色织物在酸性环境中，染料与纤维形成的共价键会水解断裂，容易导致汗渍色牢度降低，因汗液中常含有酸性物质，欲提高汗渍色牢度，固色剂分子结构中应有较强吸附酸的能力，也就是要有良好缓冲能力。在分子结构中含有氮原子的固色剂，例如多元醇胺缩合物作为固色剂可提高染色织物的耐汗渍色牢度。利用固色剂中的平滑组分使纤维表面平滑柔软，从而提高织物的摩擦色牢度。能够防止染料发生光氧化反应的物质或对紫外线具有吸收作用的物质可提高染色织物的耐日晒色牢度。

根据固色剂的固色机理，理想的固色剂应具有以下结构特点：

(1)带有能与染料阴离子结合的正电荷。

(2)有反应性交联基团，能自行交联形成不溶性大分子网状薄膜。

(3)含有能与纤维上极性基团形成共价键的活性基团。

(4)含有与染料具有亲和性的基团。

(5)产品本身不含甲醛，在使用过程中也不会释放甲醛。

(6)根据需要含有能提高其他色牢度的成分，如平滑组分、柔软组分、pH值缓冲组分、抗紫外线组分等。

三、常用固色剂

除特殊要求外，常用固色剂主要针对提高染色织物的湿处理色牢度。

1.树脂型固色剂

树脂型固色剂，一般为具有立体结构的水溶性树脂，是印染加工中应用最多的一类固色剂。

(1)固色剂Y

固色剂Y是最简单通用的固色剂，为双氰胺和甲醛缩合的树脂初缩体，是一种可溶性阳离子型固色剂，为淡黄色透明黏稠体，其结构如下：

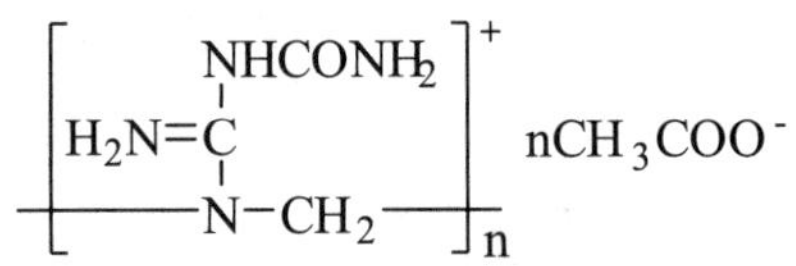

该种固色剂易溶于水，遇强酸、强碱、硬水以及盐类易沉淀，主要用于棉、黏胶纤维、及丝类织物的直接、酸性等染料印染物固色处理，能与织物上阴离子染料生成不溶性盐。其自身能在一定条件下发生交联，形成空间网状结构，从而提高染色织物的皂洗、汗渍、水洗、摩擦等色牢度，但处理后对织物色光有影响，且含有甲醛，对人体有一定危害。

(2)咪唑啉结构树脂固色剂

由多乙烯多胺与双氰胺缩合、脱氨并环构化，可制得咪唑啉结构树脂固色剂。这类固色剂是目前代替含甲醛固色剂的主要品种，产品种类较多，其结构式如下：

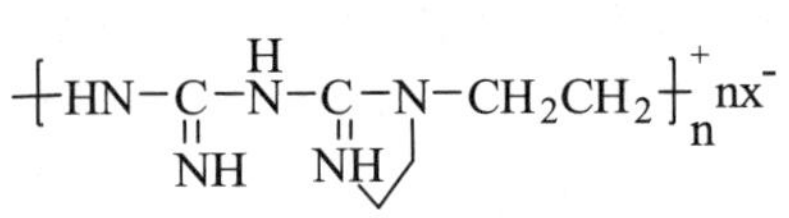

(3)多胺树脂型固色剂

多胺树脂型固色剂可借助自身网状结构与染料形成大分子，从而使染色织物的湿处理牢度得到改善，广泛应用于活性染料固色处理，也可用于直接染料固色。这类树脂还可与环氧氯丙烷进一步缩合，成为具有反应性基团的固色剂，提高固色效果，如固色剂IFI-841初缩体与环氧氯丙烷的缩合物IFI-8511，其结构如下：

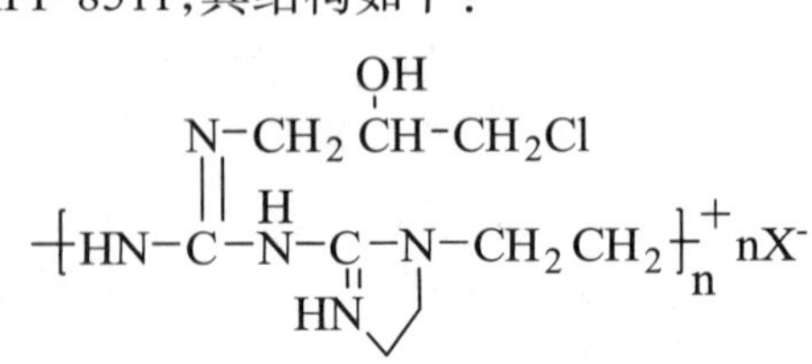

2.阳离子聚合物型固色剂

阳离子聚合物型固色剂带有正电性烯烃化合物，通过一定方法聚合得到的阳离子线性聚合物。不含游离甲醛，能显著提高染色织物的湿牢度，目前主要用于活性染料染色织物的固色处理。其中，使用最多的是季铵盐聚合物，如聚乙烯亚胺季铵化合物、二甲基二烯丙基季铵盐聚合物、聚丙烯酸酯季铵化合物等。以二甲基二烯丙基季铵盐聚合物为例，其合成可分为两步，首先是二甲胺与烯丙基氯反应，生成中间体二甲基二烯丙基氯化铵：

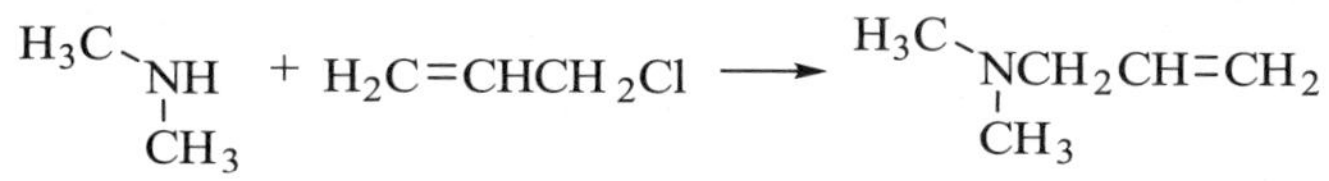

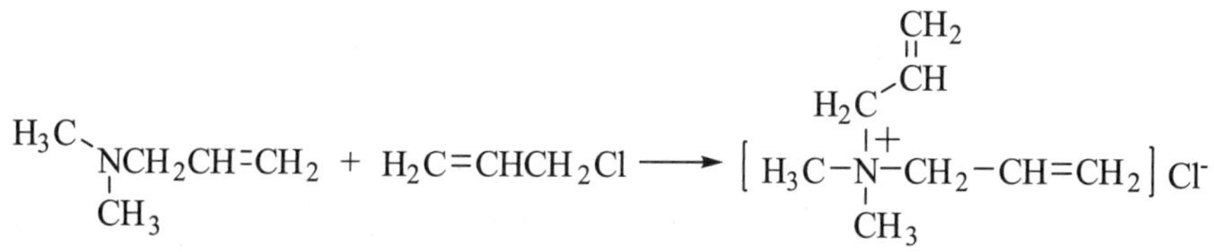

其次是二甲基二烯丙基氯化铵在引发剂条件下发生聚合反应：

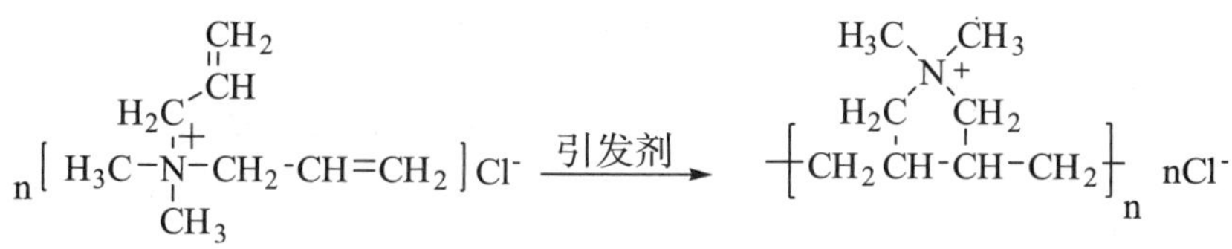

3.交联反应型固色剂

为提高固色效果，常在带有正电的固色剂分子中引入反应性基团，固色时，这类反应性基团可与纤维发生反应，形成共价键。固色剂上的阳离子基团与染料阴离子亲水基以离子键结合，达到固色目的。其中常用的反应型基团为环氧基，一般通过环氧氯丙烷引入。如固色剂C，是胺类经过环氧化后聚合而成的阳离子型交联固色剂，可用作直接染料、活性染料染色织物的固色剂。经交联固色剂C固色处理后，可提高染物皂洗、汗渍、摩擦等染色牢度。另外，固色剂C处理棉和黏胶纤维后再进行活性染料染色，可大幅提高活性染料的上染率（约20%～40%），解决活性染料难染深浓色的问题，从而降低成本并减少污水的处理。其结构式为：

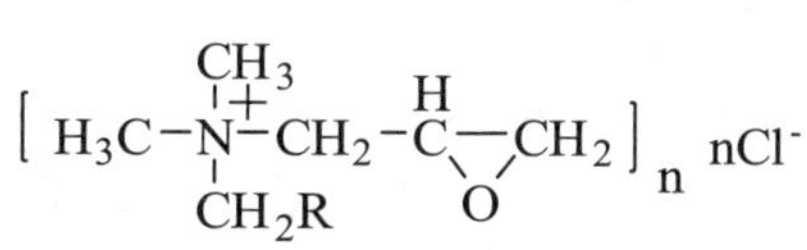

交联固色剂DE是一种广泛应用于直接、酸性、中性、硫化、冰染等染料固色的固色剂，其外观为黄色黏稠液或浆状，pH值接近中性。能溶于水，在中性介质中稳定性不变。该固色剂在碱性条件下，一方面可与纤维素纤维上的羟基、蛋白质纤维上的氨基等反应；另一方面可与染料分子中的氨基、酰氨基、羟基、磺酰氨基等反应，使染料与纤维间形成整体。固色剂分子中的季铵盐还可与染料阴离子以离子键结合，从而明显提高染色牢度。经其处理的染色织物色光鲜艳、湿处理牢度、手感俱佳，用于丝绸等酸性染料固色也有显著效果。但由于是甲醛缩合物，产品中含有一定甲醛，应用受限。其结构式为：

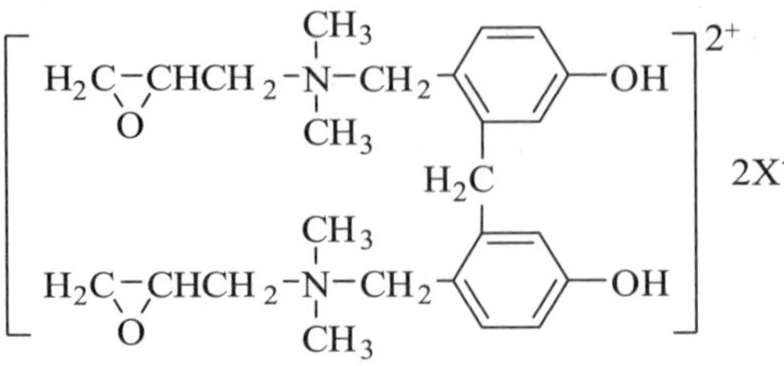

含两个或两个以上羟基的化合物，如多乙醇胺、多羟基萘在催化剂存在下合成聚醚，再与环氧氯丙烷反应的产物可作为反应性固色剂。例如，二乙醇胺缩合而成的聚醚与环氧氯丙烷的反应产物，结构如下：

这类固色剂进行阳离子化可得到既有反应性基团又有季铵基的结构。

反应性基团二氯均三嗪也被用于反应性固色剂，例如具有如下结构的化合物可用于乙烯砜型活性染料的固色处理。

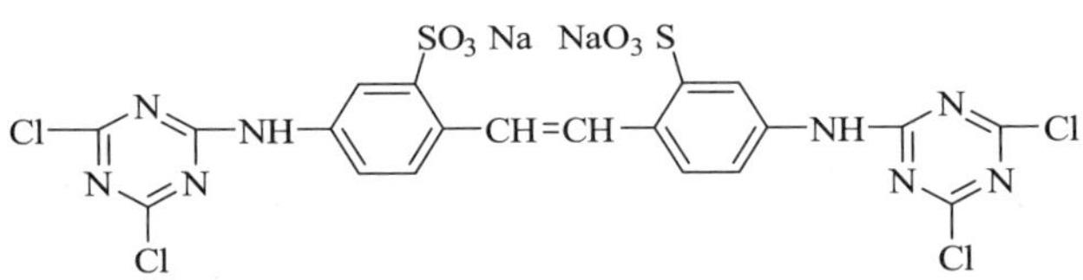

它既能与纤维发生反应，又能与水解染料发生反应，从而提高染色牢度，同时提高染料固着率。

第三节　其他染色助剂

一、还原剂

还原剂是纺织印染工业中广泛使用的一种重要助剂，主要适用于还原染料和硫化染料的还原操作。由于还原染料本身不溶于水，染色中需将其变成可溶性隐色体钠盐吸附在纤维上，而后再氧化为原先色光的不溶性还原染料，并在纤维上固色。此外，其还可用于印染工艺后处理，如还原清洗，去除浮色和沾色，还可用于剥色、拔染、漂白等操作。同时，还原剂广泛应用于染料、中间体合成及医药、食品和有机合成等。

目前应用最广的还原剂是保险粉（连二亚硫酸钠）和雕白粉（羟甲基次硫酸钠）。此外，还有耐温性较好的乙醛次硫酸钠等。而一些混合还原剂的增效作用也日益为人们所重视。有专利提出，在纤维素纤维用还原染料和硫化染料染色中，采用约85%～97.5%保险粉和约2.5%～15%的羟甲基次硫酸钠混合物作为还原剂，优于其中任何单一组分。

当前使用的还原剂中，无论是数量还是应用范围，保险粉都是最重要的一员。但由于保险粉还原能力太强，易分解，可产生自燃甚至爆炸现象，在贮存、运输和使用过程中存在着不可忽视的安全因素，因此人们在寻求保险粉安全代用品方面做了大量工作。其中硼氢化钠和二氧化硫脲的生产应用普遍引起关注。

1.保险粉

保险粉化学名为低亚硫酸钠或连二亚硫酸钠，分子式为$Na_2S_2O_4$。商业保险粉有两种形式，一种为不含结晶水的低亚硫酸钠，呈淡黄色粉末状，另一种含有两个结晶水，为白色偏灰结晶粉末。二者都易溶于水，其水溶液呈弱酸性。保险粉在pH值为10时最稳定，遇到无机酸会剧烈分解，耐酸稳定性最大至pH值为5。

保险粉在空气中受潮可结块，并氧化分解为亚硫酸氢钠，伴有刺激性酸味逸出。保险粉一旦受潮分解，应迅速加以利用，受潮的保险粉外层分解物起到隔离空气和水的作用，故表面部分受潮变质最严重，由表及里逐渐减弱，通常情况下有效成分仍可达到80%。若持续发生分解反应，放出的热量会加速分解进行，直至完全破坏而无法使用，若受潮的保险粉接触水，还会加速分解而生成易燃的氢气和硫化氢气体，达到着火点会自行燃烧。故而保险粉的贮存极为关键，必须保持阴凉、干燥、通风，且贮存容器必须密闭，严防受潮、受热。

在改进商品保险粉的稳定性方面，推荐加入下列填料：二羧酸及其盐或醛；在碳酸或硼酸盐存在下加入草酸、亚硫酸氢钠、水溶性合成高分子聚合物、尿素、表面活性剂等。

2.二氧化硫脲

二氧化硫脲（拔染剂TD或还原剂FM），其分子式为$(NH_2)_2CSO_2$，是一种自由流动非吸湿的无味白色粉末状稳定化合物，能溶于水，20℃在水中溶解度为3%，且随温度升高而增加。二氧化硫脲水溶液呈酸性，在碘化钾溶液中不能被碘氧化，不溶于有机溶剂。碰撞时没有起火或爆炸危险，可被生物降解，无毒性、致癌性，是一种运输、贮存安全、不致癌、易生物降解、无污染的还原剂品种。

二氧化硫脲在酸性溶液中稳定，易溶于浓硫酸，难溶于冰醋酸，与浓硫酸共热到100℃仍相当稳定，加热到150℃时发生分解逸出二氧化硫。二氧化硫脲在碱性溶液中是一种强还原剂，且电位下降速度缓慢，所以还原能力和稳定性均优于保险粉。二氧化硫脲主要用于还原染料和硫化染料的还原，分散染料的防拔染印花和还原清洗及纺织品的剥色，还可用于羊毛和真丝漂白。

由于二氧化硫脲在湿热和碱性条件下，会分解成尿素和亚磺酸，亚磺酸在高温气蒸时产生新生态氢放出电子，产生很高的还原电位，引起强烈还原作用，从而使偶氮染料发色团遭到破坏，被水清除而消色（偶氮基断裂）。也能使部分蒽醌、金属络合和三芳甲烷结构的染料遭受不同程度破坏，使之变浅或变色。pH值、温度和时间对二氧化硫脲的还原电位均有影响，而温度和时间对二氧化硫脲的溶解度和分解率也有影响。

二氧化硫脲无论是在涤纶织物的防拔染印花上，还是在还原染料和硫化还原染料的染色中都可很好地应用，具有染色成本低、运输成本低、适应性强等特点，是一种安全稳定的还原剂。

二氧化硫脲的合成方法很多，通常采用硫脲与双氧水低温氧化的方法。所用原料也可使用硫氰酸铵、臭氧等，还可添加促进剂，反应介质可以是水或有机溶剂。

3.雕白粉

雕白粉是一种白色或微带灰色的粉末，一般多为呈半透明的晶体小块，所以也称作雕白块。雕白粉本身成分比较复杂，有$NaHSO_3$、$NaHSO_3·CH_2O·2H_2O$、和$NaHSO_2·CH_2O·2H_2O$，其中最主要成分是$NaHSO_2·CH_2O·2H_2O$，所以雕白粉可看作是甲醛合次硫酸氢钠。

雕白粉70°C可溶于同量水中，20℃时每份雕白粉需1.2份水溶解。雕白粉具有吸湿性，吸湿后易分解，放出硫化氢。雕白粉对碱稳定，遇酸易分解，一般耐酸至pH值为3。在低温下稳定，高温时则易分解，当温度达到110°C时会完全分解，并放出新生的氢，还原力极强。

因此，在常温下雕白粉无还原力，在织物汽蒸时发生分解，此时具很强还原力，并足以起到拔染作用。

雕白粉是印染工业中经常使用的还原剂之一，适于较高温度及较低pH值。主要用于还原染料及冰染染料地色拔染印花，还可作为苯胺黑和可溶性还原染料地色防染印花的防白剂。

4.硼氢化钠

硼氢化钠为白色至灰色粉末或结晶体，能溶于水、液氨，不溶于苯等有机溶剂，有可燃性。硼氢化钠还原电位较高，少量硼氢化钠就可起到很好的还原效果。其碱性溶液（即使pH值大于11）对还原染料也有足够还原效果。

硼氢化钠用于还原染料染色时效果优于保险粉，一般使用量仅为保险粉用量约10%～20%，还原较为均匀，且可增加染料与纤维间亲和力。除适用于棉布染色外，还可用于涤/棉、涤/黏混纺织物染色。

此外，在印染工业中使用的还原剂还有亚硫酸钠、葡萄糖、亚硫酸氢钠、硫酸亚铁等。

二、消泡剂

消泡剂在前处理过程中使用较为普遍，退浆、煮练、漂白等助剂主要成分为表面活性剂，在使用过程中会产生大量泡沫，为使加工顺利进行，提高前处理效果，除了选用低泡无泡表面活性剂外，也会添加一定量消泡剂。

消泡剂在染色过程中也非常重要，染液中的泡沫导致织物色泽不匀，形成色点、色斑，严重影响产品质量。各种染色机在加工时均会采用消泡剂，特别是涤纶和化纤混纺织物染色时，大量采用高温高压喷射溢流染色，在高温和机械振动下，极易产生泡沫，影响成品质量。采用小浴比快速染色时，浴比小，染液浓度高，升温速度快，起泡性大，使循环泵流量降低，布速变慢，织物易纠缠打结，影响匀染，造成色花色差。因此，为保证产品质量，在染色加工过程中须加入消泡剂。

1.消泡机理

具体消泡机理在本书前面章节已详细阐述，在此只简单概括。理论上，只要消除使泡沫稳定的因素即可达到消泡目的。影响泡沫稳定性的因素主要是液膜强度，因此只要设法使液膜变薄，就能起到消泡作用。消泡剂加入工作液后，即成为溶液、乳液或分散液，吸附于溶液表面，使局部表面张力降低。消泡剂的作用可分为两方面：一是消泡剂具有低表面张力，易于在表面吸附、铺展，消泡剂分子逐渐取代起泡剂分子，形成强度较差的易破裂的液膜；二是在铺展过程中带走邻近表面层的部分溶液，使泡沫液膜变薄，降低泡沫稳定性，使其易于破裂。

优良的消泡剂首先应具有较低表面张力，从而强烈吸附在泡沫液膜表面，在溶液表面迅速铺展，其次还要不能溶于发泡溶液，不易被发泡剂增溶和乳化。此外，必须满足化学稳定性好、无毒无害等特性。

2.消泡剂种类

消泡剂品种较多，根据类别，可分为含硅和不含硅两大类。

（1）含硅消泡剂

含硅消泡剂表面张力低、溶解度小、分散性好、作用持久，较少的用量即具有强大的破泡、抑泡能力。其分子间作用力较小，形成的表面膜强度较低，使泡沫稳定性下降，消泡作用优良。同时，由于聚硅氧烷分子疏水性强，在水中溶解度极小，导致大部分分子聚集于气/液表面上，因此其使用浓度很低时就具有良好、持久的消泡作用。另外，由于Si–O键键能较大，产品的热稳定性较好，在高温下使用时消泡效果良好。该类消泡剂化学性能不活泼，无毒无害，对环境无污染，是纺织工业上效果好、应用广泛的一类消泡剂。

含硅消泡剂产品有硅油、硅油溶液、硅油加其他填料、硅油乳液四种。纺织印染加工中主要使用硅油乳液，是由硅油、改性硅油、不同相对分子质量的混合硅油或硅油加无机硅等强强剂制成。组分中含有乳化剂，使硅油乳化或分散于水中，形成O/W型乳液。有机硅消泡剂所用的聚硅氧烷主链聚合度低时，常温消泡效果好；聚合度高时，高温时有突出的消泡、抑泡性能。

采用亲水的有机硅化合物，在聚硅氧烷分子中引入聚醚结构，可改善产品的乳化性能，并可提高消泡剂高温稳定性，使其可用于高温条件。如聚硅氧烷-乙二醇共聚物结构，有一个相反的溶解性能，即在冷水中溶解而在热水中不溶。高温下使用时，由于溶解度降低，使其具有很低的表面张力，能有效发挥消泡作用，但染液冷却后又能很好溶于水中，不会成为油污聚集在织物上产生油斑。

（2）不含硅消泡剂

不含硅消泡剂品种多，国内外需求量大。其中少量品种为单组分，大部分为复配物，性能各不相同，有些产品还具有如下优点：

①由于消泡剂不含硅，对设备器壁和织物不会造成沾污或产生油斑。

②有些产品除能消泡外，对织物同时具有渗透、洗涤、缓染和匀染等性能，可作多功能助剂，比含硅消泡剂应用更广泛。

③部分消泡剂与各类表面活性剂复配后，具有协同效应，同时具有分散或匀染作用，能阻止染料凝聚，并使织物易于清洗。

④有些产品耐高温性能较好，适用于高温工艺。

不含硅消泡剂的组分主要有以下几种：

①醇、醚、脂肪酸及其酯，动植物油或矿物油以及聚乙二醇、聚丙二醇等物质，原料易得，有一定消泡效果，在纺织工业上单独或复配均有应用。

②磷酸酯类消泡剂，消泡效果好，应用较为普遍，如磷酸三丁酯等。

③聚醚类消泡剂，醇类和环氧乙烷（EO）、环氧丙烷（PO）的加成物。醇类包括脂肪醇、二元醇（主要是丙二醇）、三元醇（以丙三醇为主）及其他醇。环氧乙烷和环氧丙烷中，环氧丙烷亲油性较强，环氧乙烷亲水性较强。从烷基含碳大小和环氧乙烷、环氧丙烷的含量可调节亲水和亲油性，控制消泡性能。该类消泡剂品种多、效果好，目前还在不断开发。

三、染色增深剂

纤维染色时为提高染料的上染率、固色率或增加涂料对纤维的亲和力，常常需要使用染色增深剂。增深剂的使用不仅能够改善产品的染色效果，而且可以节约染料用量，减少废水的污染程度，因而近年来很受人们关注。

1.涤纶用染色增深剂

涤纶纤维分子结构上基本无活性基团，可上染位置少，结晶度高，纤维结构紧密，染料向纤维内部扩散困难。涤纶一般采用分散染料染色，染色方法主要有高温高压法、热熔染色法、载体染色法等。为了提高涤纶织物的染深性能，增加表观得色量，人们采用了较多方法，包括改变纤维结构、改进染料结构、降低纤维表面反射率、折射率等。其中在染浴中添加增深助剂也是常用方法之一。

(1)热熔染色用增深剂

在涤纶织物热熔染色加工中，一些低*HLB*值的非离子型表面活性剂常被用作增深剂。一般而言，这类增深剂的作用主要体现在两个方面：一是使纤维膨胀松弛，帮助染料向纤维内部扩散；二是提高染料的溶解度，加速染料在纤维表面的吸附。研究表明，表面活性剂的*HLB*值越低，其溶解度参数越接近涤纶的溶解度参数，对涤纶的亲和力越大，越容易吸附于涤纶表面，有效提高涤纶的膨润性，降低涤纶的玻璃化温度，从而加速分散染料在纤维内部的扩散。另外，由于表面活性剂的增溶作用，分散染料在非离子型表面活性剂中的溶解度很高，非离子型表面活性剂吸附在纤维表面，使其表面的染料浓度梯度增加，从而使纤维获得更高的得色量。这类表面活性剂常用的有脂肪醇或烷基酚的低分子聚氧乙烯醚、脂肪酸酯的聚氧乙烯加成物等。

涤纶热熔染色时用到的防泳移剂多为高分子聚合物，如在高分子链中引入一定量非离子型极性基团，具有吸附染料颗粒的能力，能使染料在织物上均匀分布，让染料和纤维充分接触，上染率得以提高。另外，高聚物在烘干时形成薄膜，阻止了染料的升华，使染料更易进入纤维内部，从而具有增深效果。

(2)载体在涤纶染色增深中的作用

涤纶织物的载体染色是利用载体对涤纶的增塑膨化性能，使分散染料能在常压条件下进行染色。载体一般是一些简单芳香族化合物，如邻苯基苯酚等。

载体的作用机理有以下几方面：

①载体相对分子质量较小，对涤纶通常有较大的亲和力，染色时先于染料扩散到纤维内部，对纤维有增塑和膨化作用，使纤维结构变得松弛，降低涤纶的Tg，从而利于分散染料向纤维内部扩散，使涤纶能在100℃以下染色。

②载体对染料具有增溶作用，吸附在纤维表层的载体对染料溶解能力比水要高，因此更多的染料溶解在载体中，使纤维表面染料浓度升高，增大了纤维内外染料浓度梯度，提高染料向纤维内部扩散的速率。

③载体会促进纤维上染料的解吸，增强染料的移染，获得匀染效果。

某些载体存在毒性大、气味重、生物可降解性差、使染色织物带有异味等缺点，在应用上受到很大限制。因此，无毒环保型载体的开发在染整助剂领域十分活跃，一些无毒无味、易生物降解的酯类化合物、有机羟基化合物、醚类化合物、芳香酮类化合物等被用作新型载体的原料。

2.纤维素纤维阳离子改性增深剂

纤维素纤维在水溶液中略带负电荷，在用阴离子染料进行染色时，纤维上的负电荷与染料阴离子间存在电性斥力，染色过程中要加入大量电解质促染，且染料利用率较低，特别是活性染料染色，活性染料分子较小，对纤维亲和力较低，该现象更为明显。

纤维素纤维改性是提高染深色的一种重要方法。用阳离子改性剂对纤维素改性后，可使纤维表面带有一定正电荷，提高对直接染料、活性染料、酸性染料等阴离子染料的亲和力，使纤维对染料的吸附和反应更易发生，大大提高上染率和固色率。阳离子改性剂的化合物一般都含有氨基、季铵基等阳离子基团，主要有以下几种：

(1)反应型阳离子化合物

这类化合物分子中除了含正电基团以外，还含可与纤维发生反应的反应性基团。常用的这类改性剂有3-氯-2-羟基丙基三甲基氯化铵和2,3-环氧丙基三甲基氯化铵，它们在碱性条件下可与纤维素发生反应生成醚键，使纤维带有正电性，其中3-氯-2-羟基丙基三甲基氯化铵结构如下：

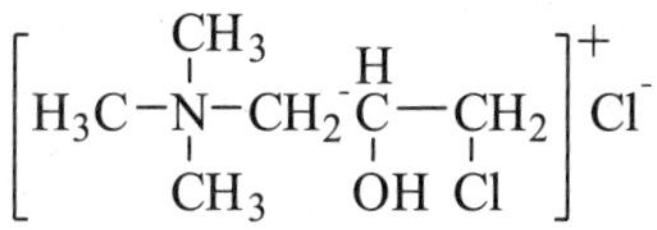

带有不饱和键的阳离子单体可在引发剂作用下对纤维素纤维进行接枝改性，如N-羟甲基丙烯酰胺、甲基丙烯酰氧乙基三甲基氯化铵等在硝酸铈铵为引发剂的条件下与纤维素发生接枝聚合，从而将阳离子引入纤维。

一些带有羟基的季铵盐在交联剂的存在下也可以固着在纤维表面，例如氯化胆碱、双聚氧乙烯基烷基季铵盐等，可添加于树脂整理浴中，提高耐久压烫整理织物的可染性。

(2)壳聚糖衍生物

壳聚糖大分子上含有大量氨基，若采用壳聚糖醋酸溶液整理棉织物，由于NH_3^+的存在减少了纤维上所带负电荷，从而减弱了染色过程中纤维上负电荷对染料阴离子的静电斥力，使染料上染速率提高，上染百分率增加。研究结果表明，经0.1 ~ 0.3 wt.%壳聚糖醋酸溶液处理后的棉织物，吸附直接染料、活性染料的能力提高，一般情况下染色可减少一半盐用量。若用壳聚糖醋酸溶液整理羊毛织物，除了增深作用外，还可使羊毛的尖部和根部具有相同的染色性能，在提高染料吸收率、缩短染色时间同时，提高染色均匀性。

壳聚糖是一种含氮阳离子聚合物，可与各类阴离子染料生成不溶性沉淀，一方面封闭了染料的亲水性基团，另一方面增大了染料分子，降低了染料的水溶性，大大提高染色织物的水洗色牢度。因此，壳聚糖具有作为环保固色剂使用的条件，若将其氨基季铵化或在氨基上引入反应性基团，则可大大提高其固色效果。

参考文献

[1]张祥瑞.纺织助剂[M].北京：中国纺织出版社，2005.

[2]郑有为.纺织化学品应用技术[M].北京：中国轻工业出版社，2007.

[3]李树人.纺织品染色与整理[M].北京：中国纺织出版社，2008.

[4]俞春雷.纺织品化学检验技术[M].北京：中国标准出版社，2012.

[5]王志平.纺织化学与染整技术[M].上海：东华大学出版社，2011.

[6]张建军.纺织染整化学与技术[M].北京：中国轻工业出版社，2016.

[7]胡淑芬.纺织品绿色化学处理[M].北京：化学工业出版社，2019.

[8]Clark，M.Handbook of Textile and Industrial Dyeing[M].Woodhead Publishing，2011.

[9]Carr，C.M.Chemistry of the Textiles Industry[M].London，Chapman & Hall，1995.

第八章 印花糊料及合成增稠剂

第一节 概述

染料或涂料在织物上形成图案的过程称为织物印花。不同于染色，印花是一种纺织品的局部染色过程，其印制效果与被印织物、印花方法和印花色浆有密切关系。

印花色浆是由染料、原糊及必需的化学药剂组成，常用溶剂为水，其中原糊占比高。糊料一般是一些亲水性高分子化合物，在水中能分散，成为黏稠胶体即原糊。糊料的作用是将染料及必需的化学药剂传递到织物上，防止花纹渗化。染料固着于纤维后，糊料须从织物上洗去。

印花糊料是印花色浆的主要成分，它决定着印花运转性能、染料表面给色量、花型轮廓光洁度等性能指标。

一、印花糊料及印花增稠剂

常见印花增稠剂主要有四类：无机增稠剂、淀粉及纤维素类增稠剂、丙烯酸类增稠剂、聚氨酯缔合型增稠剂。其中无机增稠剂主要有改性膨润土及凹凸棒土等无机类物质。该类增稠剂靠水合溶胀及片晶电荷作用增稠，成本低、分散性良好，但由于保水性和流平性差且使用条件苛刻，现在已较少使用。表8-1是一些常见印花增稠剂的分类。

表8-1 常见印花增稠剂分类

类别	糊料名称	特性
(一)天然糊料		
淀粉及其衍生物	小麦淀粉、玉蜀黍淀粉、糊精、印料胶	海藻酸钠有一定的流变性、抱水性、易洗性；3%海藻酸钠PVI值0.78
植物性胶	海藻酸钠胶、醚化植物胶、天然龙胶、树胶、白芨胶	
动物性胶	甲壳质、白明胶	
矿物性胶	白黏土(膨润土)	
(二)化学类糊料		
加工及半合成糊料(天然变性类糊料)	变性淀粉、海藻酸酯、羧甲基淀粉、羧甲基纤维素、甲基纤维素	6%变性淀粉PVI值0.65；3%海藻酸酯PVI值0.58
乳化糊	油/水相乳化体、水/油相乳化体	油/水相乳化体渗透性好、流变性好、透网性好；3%乳化糊PVI值0.28
聚丙烯酸类糊料	微交联聚丙烯酸类增稠剂 疏水缔合型聚丙烯酸类增稠剂	3%聚丙烯酸类糊料PVI值0.28

续表

<table>
<tr><th>类别</th><th>糊料名称</th><th>特性</th></tr>
<tr><td colspan="3">（三）复合类糊料</td></tr>
<tr><td>海藻酸钠为主糊料</td><td>海藻酸钠–淀粉糊料、海藻酸钠–乳化剂、海藻酸钠–聚丙烯酸类糊料</td><td rowspan="3">新型复合糊料的流变性、抱水性、渗透性、易洗性、透网性良好，给色量高；
3.5%糊料PVI值0.63</td></tr>
<tr><td>聚丙烯酸类为主糊料</td><td>聚丙烯酸类乳化剂、聚丙烯酸–淀粉和海藻酸钠糊料</td></tr>
<tr><td>新型复合类糊料</td><td>海藻酸钠和缔合型聚丙烯酸类的复合乳化糊</td></tr>
</table>

二、天然印花糊料

1. 淀粉及其衍生物

淀粉是天然多糖类碳水化合物，存在于植物种子、果实或块茎中。从种子或果实中提取叫种子淀粉，如小麦淀粉、玉蜀黍淀粉；从块茎中提取叫根淀粉，如马铃薯淀粉。

淀粉经酸、碱、氧化剂分解或醚化反应形成各种衍生物，可作为印花糊料；淀粉经酸和氧化剂分解生成黄糊精、白糊精；经碱加热处理，生成印染胶；经醚化反应，生成羧甲基淀粉（CMS）或羟乙基淀粉（HES）等。醚化淀粉由于具有良好的水溶性、稳定性，其分散力强、给色量高、易洗除性好，成为印花糊料的主要品种。

2. 海藻胶（海藻酸钠）

海藻是生长在海洋中隐花植物的总称，其中绝大部分为褐藻类，由海藻中的褐藻作为原料经中和制得的褐藻胶，目前统称为海藻胶或海藻酸钠。我国在20世纪50年代中期开始把海藻酸钠作为活性染料印花用糊料，并一直被认为是活性染料印花理想的糊料。

海藻酸钠外观为微黄色粉末，微溶于水，其1%水溶液或水溶胶的pH值约为7.2，不溶于大部分有机溶剂，溶于碱性溶液；海藻酸钠具有吸湿性，其溶液在pH值5~9时很稳定。海藻酸钠溶液的黏度与其聚合度（DP）和分子量有关，聚合度高的海藻酸钠稳定性不及聚合度低的海藻酸钠。

3. 植物胶及其衍生物

植物胶包括植物树胶和植物种子胶。植物树胶为树所分泌的液汁，如阿拉伯树胶、龙胶、结晶胶等；植物种子胶为植物的种籽，如刺槐豆胶、瓜耳豆胶、皂荚豆胶、罗望子胶等。这两种胶都广泛用于印花糊料，近年来瓜尔豆胶产量最高，主要产地是意大利西西里岛、印度西北部、巴基斯坦与印度接壤处及美国东南部等干燥地带。

瓜尔豆胶一般为浅棕色粉末，其1 wt.%溶液的pH值为5.5~6.0。瓜尔豆胶水溶性比刺槐豆胶好，这是由于瓜尔豆胶的侧链比刺槐豆胶多，侧链分子间不易缔合，所以在冷水中易溶解，在热水中更易溶解。

罗望子胶为一种亲水性较强的植物胶。当罗望子胶在冷水中分散后，加热到85℃以上就会溶解，形成均匀胶体溶液。它的胶体黏度性质与质量浓度有关，浓度小于15.8 wt.%时，胶体表现出近似牛顿流体性质；浓度大于15.8 wt.%时，胶体表现出非牛顿型流体的流变特性，胶液具有剪切变稀的触变性或假塑性。罗望子胶还具有良好的耐热、耐酸、耐盐、耐冷冻和解冻性，其水溶液的黏稠性较强，黏度不受酸类和盐类等影响，广泛用于涤纶分散染料印花糊料。

植物种子胶的衍生物，如植物种子胶中的瓜耳豆胶、皂荚豆胶、刺槐豆胶和罗望子胶都可经羧甲基化、羟乙基化、胺化等制成各种衍生物。改善了其印花性能，应用面更广，适用于各种染料的印花浆，且它们的溶解性、耐化学稳定性、曳丝性、渗透性、匀染性和抱水性等都有明显提高。

4.纤维素衍生物

纤维素不溶于水，须经过碱化、水解或氧化后再进行酯化或醚化，使其具有强亲水性，才能作为印花糊料使用。一般醚化后的纤维素溶解性比酯化后的更好，甲基纤维素的醚化度要在1.5以上才可溶于冷水，而羧甲基纤维素的醚化度在0.5以上即可溶于冷水。

羧甲基纤维素的外观为白色粉末，1 wt.%溶液的pH值为6~7，其给色量、渗透性、易洗性等都比甲基纤维素要好。因此，一般使用羧甲基纤维素（CMC）作为印花糊料。此外，羧甲基纤维素的成糊率通常也较高。

三、合成增稠剂及其性能特点

1.常见合成增稠剂

合成增稠剂按增稠机理可分为缔合型和非缔合型两类。缔合型增稠剂相比非缔合型增稠剂具有更佳的综合性能。常见的合成增稠剂包括聚丙烯酸盐类和聚氨酯类。前者主要为阴离子型，可分为非缔合型和缔合型；后者为非离子缔合型，可分为线性、梳状、交联和枝化、多臂等不同结构类型。

聚丙烯酸盐合成增稠剂是一种可快速提高体系黏度及改善流变性的亲水性聚合物，常用于印染、涂料、建筑等行业。其增稠体系的黏度随剪切速率的增加而急剧下降，为非牛顿液体，具有良好流变性能。在印花中，有利于印花色浆透过网孔而不易堵网；印花色浆透过筛网印在织物上后，其黏度可迅速恢复，防止印花渗化现象，保证花型轮廓清晰。

缔合型聚氨酯增稠剂（HEUR）是新出现的一种环境友好型增稠剂，其在溶液中的性质类似于表面活性剂，增稠机理也不同于一般增稠剂。HEUR特殊的性质取决于它特殊的分子结构，一般在其亲水链末端或侧链带有疏水链段。HEUR由于其独特的分子结构和增稠机理，其增稠性能相比其他增稠剂更加优异，且环保经济，被广泛用于涂料、印染、化妆品、油墨、造纸、皮革加工等行业和各种水性配方中。它的加入不但能使涂料增稠，获得优异机械及物理稳定性，且在产品施工中可起到控制流变性的作用，极大改善了涂料的使用性能。比如，HEUR作为水性胶黏剂的一种添加助剂，可改进和调节黏度，提高防沉、防流、减渗等性能，能大大提高水性胶黏剂的使用性。相关研究表明，以功能性水性聚氨酯对纺织品进行功能涂饰，并对其贮能效果、防水透湿性能、变色效果及拉伸断裂性能等进行测试，发现利用HEUR调节水性聚氨酯涂层浆料的黏度，水性涂层织物相比溶剂型涂层织物有更佳性能。

2.聚丙烯酸盐合成增稠剂性能特点

在合成增稠剂中，阴离子型聚丙烯酸盐是使用最广的一类。这类增稠剂因用量少、增稠效果好而被普遍使用。早期面世的聚丙烯酸盐增稠剂为非缔合结构，其主链上含有大量羧基，这些羧基在电离状态下产生的电荷斥力使其分子链充分伸展，流体力学体积增大，发生溶胀作用而使得体系的黏度升高。

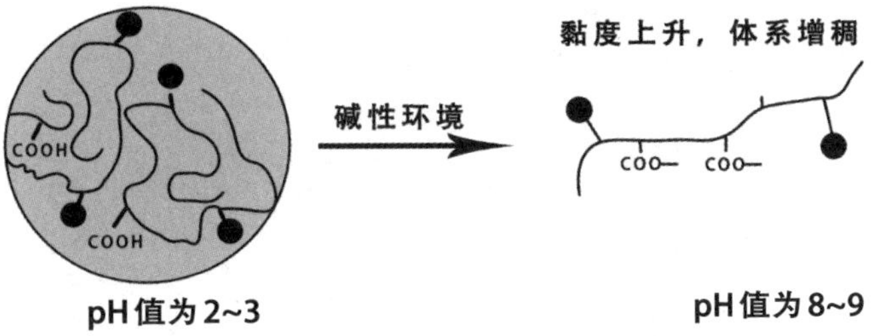

图8-1　聚丙烯酸盐类增稠剂的增稠原理(非缔合型)

图8-1显示,由于非缔合型聚丙烯酸盐增稠剂主要通过亲水单体和亲油单体共聚而成,亲水单体提供聚合物分子链上羧基基团。在体系中加入碱性中和剂后,增稠剂分子上大量的羧基被中和成盐使得分子内产生静电排斥,大分子链变得舒展,使大量水分子被舒展的增稠剂高分子吸附、包覆,从而限制了水分子的自由运动,表现为体系的黏度上升。

合成增稠剂应具有较高成糊率和良好流变性。其原糊黏度随着增稠剂浓度的增加而提高,能在较少用量时得到较高黏度,满足纺织印花对增稠剂成糊率的要求。增稠剂属假塑性流体,其黏度随着转速(剪切应力)的增加而快速下降,具有易刮印、易透网等特点,可用于高目数的圆网印花和平网印花。

需要指出的是,非缔合型聚丙烯酸盐增稠剂的成糊率、流变性和耐电解质性能不佳,这严重限制了其应用。因为在纺织品印花时,需将各种电解质和染料均匀溶解于原糊中,制成具有一定黏度的色浆。若合成增稠剂耐电解质能力低,色浆黏度大幅降低,花纹发生渗化。因此,改善聚丙烯酸盐增稠剂的耐电解质性能一直是研究热点。根据增稠机理,适度限制增稠剂高分子在水相中的溶胀,有利于改善其耐电解质性能。缔合型聚丙烯酸盐增稠剂大分子间存在的疏水长链缔合结构能够在增稠剂高分子间建立起可逆交联结构,在有效抑制增稠剂高分子过度舒展并提升其耐盐性的同时,还能赋予其更佳流变性,这一点将在本章稍后部分进行详细介绍。

第二节　淀粉与海藻类印花糊料及其衍生物

一、淀粉类印花糊料及其衍生物

1.淀粉的结构和性能

淀粉由两种结构组成,即葡萄糖单位在淀粉分子中有两种连接方式,因而形成直链淀粉和支链淀粉。

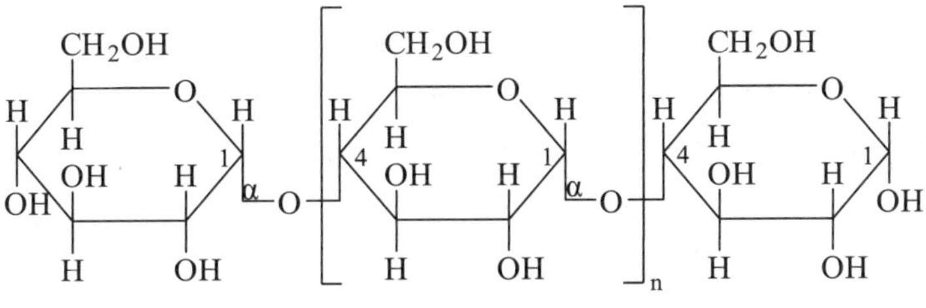

图8-2　直链淀粉分子结构

直链淀粉主要为线状α-葡萄糖,平均聚合度在700~5000,在溶液中的构象为螺旋形、间断式螺旋形、无规线团3种形式。直链淀粉在天然淀粉中占20%~26%,可溶,其余均为支链淀粉。

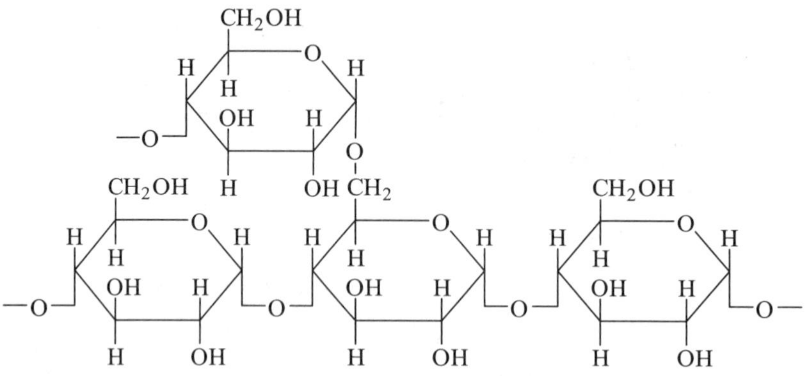

图 8-3 支链淀粉分子结构

支链淀粉分子是近似球形的大分子，每一个链虽然比较短，但是纵横交联，所以平均分子量要比直链淀粉大得多，聚合度约在 1×10^3~3×10^5 之间，平均相对分子质量超过 8×10^6。

不同品种的淀粉，直链淀粉与支链淀粉比例不同，比例高低会影响其溶液的分散稳定性。对于印花性能而言，这两种不同结构的淀粉可相辅相成，取长补短。支链淀粉有优良黏着力，烘干成膜慢，耐磨性好。直链淀粉有一定弹性和挠曲性，烘干成膜快，有增塑作用，皮膜不易折断，具良好印花性能。

2. 常见变性淀粉及其应用性能

淀粉因分子中含有大量活性伯羟基，易与活性染料反应影响得色率，不宜用于活性染料印花，经化学改性后方可用作活性染料印花糊料：①将活性较高的伯羟基羧甲基化（醚化），使其阴离子化，增加对染料的斥力；②通过化学交联增加糊料结构黏度，改善流变性能。

羧甲基淀粉印花性能主要取决于取代度（醚化度），醚化度低或醚化不均匀时，耐酸碱、耐盐性较差，水中溶解度低。调制印花原糊时，未醚化的伯羟基与活性染料反应，产物沉积在织物表面手感发硬。同时，原糊中难溶物会造成印花疵病。若将羧甲基淀粉醚化度提高到 1.0 以上，原糊的化学稳定性大为提高，流动性和渗透性良好，可改善印花性能。

羧甲基淀粉的黏度非分子间作用力形成，而是由糊料分子链团在水中迁移困难导致，成糊率较低，原糊质量分数一般在 8 wt.%左右。羧甲基淀粉是典型的非牛顿流体，结构黏度大，外观稠厚，*PVI* 值约为 0.4。羧甲基淀粉没有海藻酸钠的黏弹性，分子链团间水分子几乎是自由的，抱水性不好。用该种糊料印花的最大缺点是渗化现象严重，若通过提高浆料浓度防止渗化，则布上残存浆料过多，影响织物手感。

（1）酸解淀粉

酸解淀粉是淀粉大分子中苷键在酸性条件下水解断裂，聚合度降低而得。水解反应中，酸起催化作用，即反应过程中酸不被消耗，因而酸会对淀粉大分子无限进行分解，酸解程度和中和时间不好控制。由于国内企业大都受生产设备限制，酸解淀粉的黏度波动很大，给实际应用带来很大困难。

（2）交联淀粉

交联淀粉是淀粉与双官能团试剂或与能影响链上葡萄糖剩基间键的试剂反应的产物。交联后的分支型大分子流动所受内摩擦阻力很大，通常需在交联作用前或同时用酸解等方式使淀粉聚合度降低。交联淀粉由于大分子间的化学链交联，柔顺性进一步恶化，表现出薄膜脆硬。

(3)醚化淀粉

醚化淀粉是淀粉分子羟基与活性物质反应而成的淀粉取代基醚，通常以一定浓度的氢氧化钠溶液处理淀粉，制成碱性淀粉后，再在碱性条件下加入不同醚化剂使淀粉醚化，具有比普通淀粉更好的黏度稳定性。羟丙基淀粉是羟烷基淀粉醚的一种，具有突出的贮藏稳定性及溶冻性质。

①羧甲基淀粉：羧甲基淀粉（简称CMS）是改性淀粉的代表产品，为天然淀粉或分解淀粉在碱性条件下，与一氯乙酸或其钠盐通过醚化反应而得，如下所示。

$$St-OH + NaOH \longrightarrow St-O^-Na^+ + H_2O$$

$$St-ONa + ClCH_2COOH \longrightarrow St-O-CH_2COONa + NaCl + H_2O$$

CMS是阴离子醚类淀粉，为可溶于冷水的聚电解质。取代度在0.15左右的产品能在冷水中润胀。随取代度增加，其在水中溶解度也随之增加。取代度大于0.3时，则可溶于碱水溶液；取代度在0.5~0.8时，即便在酸性溶液中也不沉淀。工业产品主要是低取代度（DS≤0.1）产品。CMS通常使用其钠盐，故又称羧甲基淀粉钠（CMS-Na），其外观为白色或微黄色粉末或细小颗粒，易溶于水并形成透明液体，对光、热皆稳定。

CMS具有较高黏度，其热稳定性较差，糊液耐盐及耐剪切能力较低。CMS在中性至碱性溶液中稳定，在强酸性溶液中，溶解度降低，甚至析出沉淀。

CMS印花性能主要取决于其醚化度。醚化度越大，淀粉大分子上所带阴离子越多，分子链由于静电斥力在水中能充分伸展，进而使每一个羧基阴离子都充分与水分子接触并对水分子产生吸引，从而增加糊料抱水性；另一方面，醚化度增大后，淀粉水溶性也增大。一般而言，羧甲基醚化度为0.4~0.8时，可溶于冷水，对热、光和细菌都稳定；若醚化度为0.15~0.3，则仅能溶于热水；若将CMS醚化度提高至1.0以上，则原糊化学稳定性大为提高，其流动性和渗透性良好，从而可改善印花性能。

在CMS中加入Ca^{2+}、Mg^{2+}后，浆料变稀。这是由于分别形成了难溶性的羧酸钙、羧酸镁，使双电层压缩，彼此间的静电排斥力降低，从而促使淀粉分子链收缩，黏度下降。

②羟乙基淀粉：羟乙基淀粉（简称HES）是玉米或土豆中支链淀粉葡萄糖环经羟乙基化而形成的高分子复合物，通常HES是由淀粉与环氧乙烷作用而制得不同取代度的产物，如图8-4。

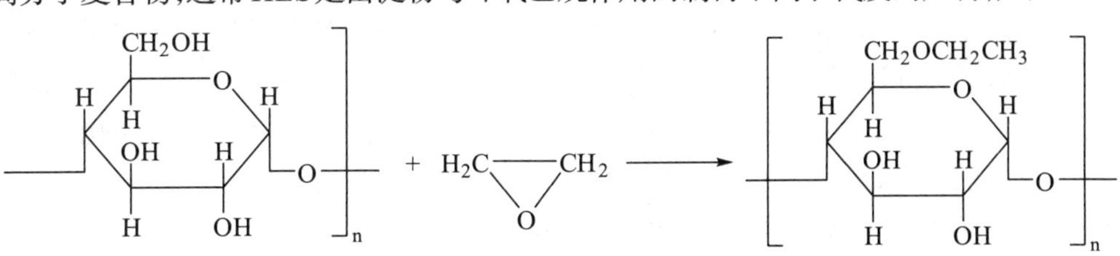

图8-4　羟乙基淀粉的制备

HES的突出优点是醚键稳定性高，在水解、氧化、交联、羧甲基化等化学反应中，醚键不断裂，且受电介质和pH值影响小，能在较宽pH值条件下使用。羟乙基淀粉对酸、碱稳定，糊化温度低于原淀粉，冷热黏度变化较原淀粉稳定，且其与食盐、蔗糖等混用对黏度无影响。醚化后的HES冻融稳定性和透明度均有所提高。

一般而言，随取代度增高，糊化温度降低，糊液黏度稳定，透明度好，胶黏力强，凝沉性弱，冻融稳定性高，贮存稳定性高。HES薄膜比原淀粉清晰，较易弯曲，柔软、光滑、均匀，少有微孔。HES为非离子型，不会引起颜料或填料的凝集，盐或硬水不影响糊液黏度稳定性。

高取代度HES醚化度在0.5以上时，具有热塑性和水溶性，可溶于冷水中。醚化度在0.4以下时仅能溶于热水，与金属盐、酸或酸式盐均有良好相容性。与普通淀粉相比，它具有耐酸、耐碱和金属盐类性能，渗透性也比普通淀粉好；其印花性能和易洗除性比羧甲基淀粉好且抱水性好，但*PVI*值较高；其原糊的结构黏度较淀粉低，综合印花性能优于淀粉。

HES适用于纺织品整理，特别是永久抗皱整理。该整理优点在于羟乙基与热固体性树脂的高反应性，给织物带来持久手感变化；同时，HES具有透明性和浆液稳定性，适用于纺织品印花糊料配方。

③羟丙基淀粉：羟丙基淀粉是一种白色或淡白色且无特殊气味的粉末，不溶于冷水，可在加热条件下糊化成具有一定透明性的黏稠胶体，稳定性好。

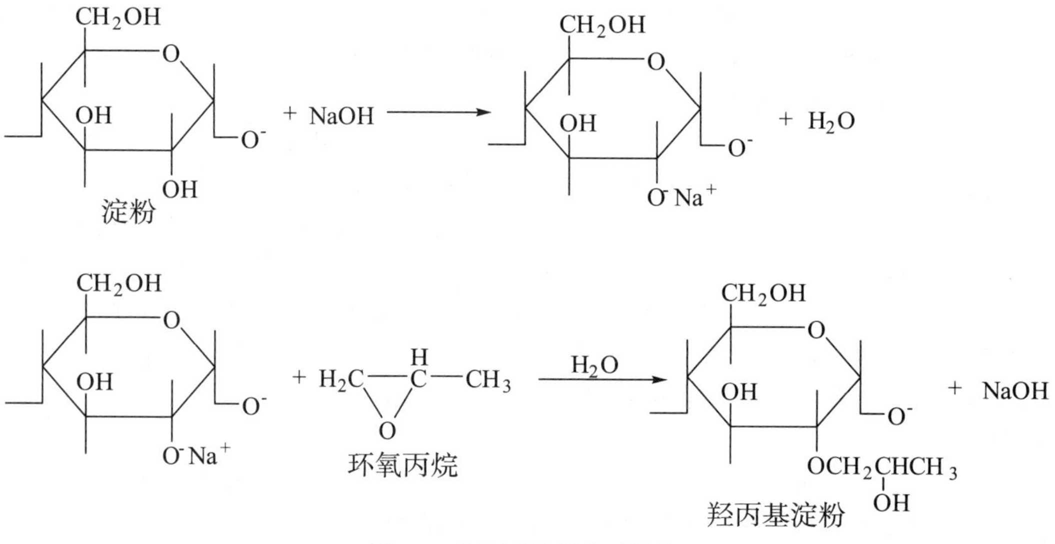

图8-5 羟丙基淀粉分子结构

羟丙基淀粉性质类似于羟乙基淀粉，它引入一定数量的羟丙基至淀粉分子。一方面，羟丙基因空间位阻效应，阻止淀粉链的聚集和结晶；另一方面，羟丙基的亲水性减弱了淀粉颗粒结构的内部氢键强度，使得淀粉糊性质有所改善，易于膨胀和糊化，所得淀粉糊透明度高、流动性强、凝沉性弱、稳定性高、冻融稳定性好。羟丙基淀粉对酸、碱稳定，糊化温度低于原淀粉，冷热黏度变化较原淀粉稳定，与食盐、蔗糖等混用对黏度无影响；醚化后，冻融稳定性和透明度均有所提高。羟丙基淀粉能提供快速增稠能力，高取代度的羟丙基淀粉可作印花糊料。

(4)酯化淀粉

酯化淀粉指淀粉分子中羟基与有机酸或无机酸发生酯化反应而制得的变性淀粉。组成淀粉分子的每个脱水葡萄糖单位中均有三个游离醇羟基，与酸反应可形成单酯、双酯和三酯化物。根据发生酯化反应酸的种类不同，淀粉酯可分为无机酸酯和有机酸酯两类。淀粉经过酯化改性后，其葡萄糖单元上的羟基被酯键取代，分子间的氢键作用被削弱，从而使得酯化淀粉具有热塑性、疏水性等优点。

①醋酸酯淀粉：醋酸酯淀粉黏度高、澄明度高、凝沉性弱、储存稳定，又被称作乙酰化淀粉、醋酸淀粉酯。它是一种白色粉末，以醋酸或其衍生物为酯化剂与淀粉发生酯化反应而得到的产物。

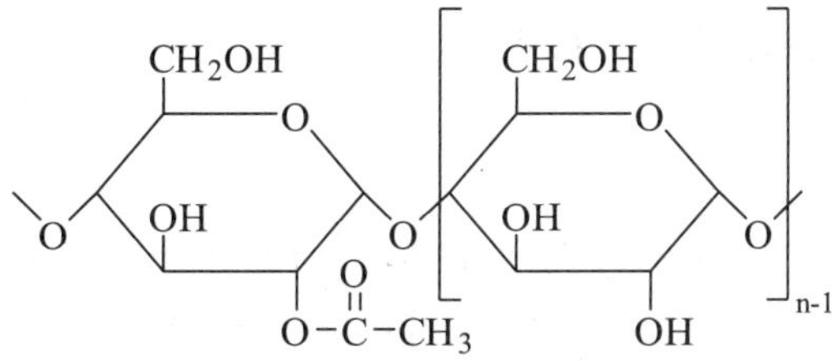

图8-6　醋酸酯淀粉分子结构式

醋酸酯淀粉经不同生产工艺可得到低取代度和高取代度产品，这两种产品具有独特性质。低取代度醋酸酯淀粉（DS<0.2）在淀粉中引入少量酯基团，因而阻止或减少了直链分子氢键缔合，使醋酸酯淀粉的许多性质优于原淀粉，如：糊化温度降低、糊化容易。乙酰化程度越高，糊化温度越低，糊稳定性增加，凝沉性减弱，透明度好。醋酸酯淀粉易被碱分解，脱去乙酰基的淀粉颗粒与原淀粉颗粒完全一样。高取代度醋酸酯淀粉（取代度为2~3）是白色到棕褐色粉末，熔点随原料淀粉中直链淀粉含量降低而降低，在水中的溶解度随乙酰基含量增加而降低。未降解过的醋酸酯淀粉在乙酰基含量达15%时，可溶解于50~100℃的水中；乙酰基含量大于40%的醋酸酯淀粉不溶于水、乙醚、脂肪醇及脂肪烃中，可溶于丙酮、乙二醚、苯等溶剂中。

低取代度醋酸酯淀粉通过淀粉和乙酰剂在碱性条件下反应制得，常用乙酰剂有醋酸酐、醋酸乙烯酯和醋酸等，一般以醋酸酐居多，如下式所示：

$$\mathrm{St-OH + (CH_3CO)_2O \xrightarrow[\text{pH值7\sim11}]{OH^-} St-O-\overset{\overset{\displaystyle O}{\|}}{C}-CH_3 + CH_3COONa + H_2O}$$

高取代度醋酸酯淀粉通过在酸性催化剂存在下，淀粉与醋酸酐反应制得，如下式所示：

$$\mathrm{St-OH + (CH_3CO)_2O \xrightarrow{H^+} St-O-\overset{\overset{\displaystyle O}{\|}}{C}-CH_3 + CH_3COOH}$$

②磷酸酯淀粉：磷酸酯淀粉是淀粉中葡萄糖内羟基与磷酸盐（磷酸根）经酯化而制得的淀粉酯衍生物。淀粉与磷酸盐反应生成磷酸酯淀粉，即使低取代度也能显著改变原淀粉性质。磷酸为三价酸，能与淀粉分子中的3个羟基反应生成磷酸一酯、二酯和三酯，淀粉磷酸一酯也称为磷酸单酯，是工业上应用最广的磷酸酯淀粉。

磷酸酯淀粉由原淀粉在碱性条件下与环氧丙烷进行醚化反应，再与磷酸交联剂进行酯化反应制得。以淀粉与正磷酸盐反应为例：用磷酸氢二钠和磷酸二氢钠混合盐为酯化剂与淀粉在155℃加热反应可生成磷酸酯淀粉，如下式所示：

$$\mathrm{St-OH + NaH_2PO_4/Na_2HPO_4 \longrightarrow St-O-\underset{\underset{\displaystyle OH}{|}}{\overset{\overset{\displaystyle O}{\|}}{P}}-ONa}$$

磷酸氢二钠和磷酸二氢钠混合盐可方便制得DS为0.2以上的淀粉磷酸单酯，但淀粉是发生部分水解。

磷酸酯淀粉的糊液具有较高透明度和黏度及较强胶黏性。糊稳定性高，凝沉性弱，对酸、碱、热的稳定性高，糊透明度高。磷酸酯淀粉分散液具有长的内聚组织及冷冻冻融稳定性，老化稳定性高。提高取代度会使糊化温度降低，阴离子性明显增加。8%~10%正磷酸盐酯化产品能溶于冷水，制成的薄膜透明、柔软且有水溶性，可代替阿拉伯树胶类植物胶用于许多糊料做增稠剂。

二、海藻类糊料

海藻是生长在海洋中隐花植物的总称，产量上份额较大的是褐藻类、红藻类和绿藻类，褐藻类海藻为海产品中应用最广的一类工业原料。作为印花用褐藻酸盐，目前最常用的有褐藻酸钠，其次是褐藻酸酯和褐藻酸铵。

1.海藻酸及海藻酸盐的基本性质

1960年，D.L.Vincent确定褐藻酸由M型和G型两种糖醛酸共同聚合而成，平均相对分子质量为25000~32000，结构式如图8-7所示。

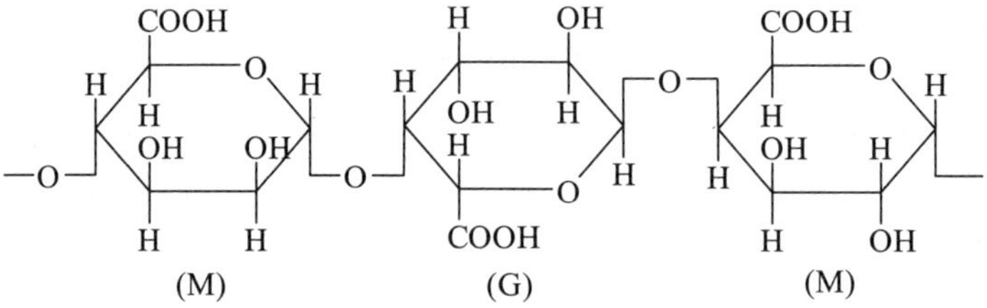

图8-7 褐藻酸结构式

生产褐藻酸时由于使用了不同种类原藻，故M/G糖醛酸的比率及其排列顺序不尽相同，比率在0.37~3.10之间变动。分子结构排列大致为MGMGMG、MMMGM、GGGMGG，它们的离子交换性、溶液性等也各不相同。

褐藻酸为无色非晶体物，在水中能吸收大量水而膨胀，水的酸性越大，褐藻酸吸水量越少。褐藻酸的溶解性与pH值的关系如表8-2所示。

表8-2 pH值对褐藻酸钠溶解性的影响

pH值	4.8	5.4	5.8	7.5	10.7	11.2
褐藻酸钠的溶解状态	凝胶	凝胶	溶解	溶解	溶解	凝胶

褐藻酸盐分子中–COOMe/2（Me指二价金属离子）基团均匀存在，在水中解离后成$-COO^-$。由于羧基间的斥力大于分子间形成的氢键，导致其无法形成网状结构。因而，平均相对分子质量低（低聚合度）的褐藻酸盐流变性接近牛顿型流体。褐藻酸盐水溶液黏度取决于溶液浓度、温度、所受切向应力和自身聚合度等。

①浓度对黏度的影响：褐藻酸盐的黏度与溶液的浓度有关，随溶液浓度的增大，其黏度急剧上升。高浓度的褐藻酸盐呈典型的假塑性流变特性，随着溶液浓度的降低，其流变性向牛顿型流体靠近；高聚合度的褐藻酸盐的抗稀释性比低聚合度的差。

②温度对黏度的影响：温度升高，同浓度褐藻酸盐的比黏度下降。温度下降时，褐藻酸

盐的黏度又会上升，但其上升的轨迹并不遵循原来的下降轨迹，即温度对褐藻酸盐溶液黏度的影响有较大的滞后触变现象，加温时间越长，其滞后触变性越大。

③聚合度对黏度的影响：相同浓度褐藻酸盐溶液的黏度大小与其聚合度高低成正比。低聚合度褐藻酸盐的流变性近似牛顿型流体，其结构黏度较小，有较高的印花黏度指数，抱水性及压透性也好，且染料上染的匀染性好，表观给色量高、易洗除性好，具有优良的印花性能。

④pH值对褐藻酸盐黏度的影响：褐藻酸盐溶液对pH值稳定的范围为5.8~10.7。pH值在5.8以下时，褐藻酸盐呈凝冻状态，表现为其可塑性逐渐变差，且酸性越强，可塑性越差，凝冻现象越显著。弱碱性物质，如碳酸氢钠、氢氧化铵等加入到褐藻酸盐原糊中，对其黏度无影响；加入碳酸钠、碳酸钾等时，其凝冻的倾向随碱加入剂量的增加而逐渐明显；将强碱剂（氢氧化钠、氢氧化钾）加入到褐藻酸盐糊中时，则会产生凝冻。

⑤金属离子对褐藻酸盐的影响：大多数金属络合离子不会使褐藻酸盐凝冻，但能离解的金属离子会使褐藻酸盐凝冻。为此，在使用含有重金属离子的助剂时，必须预先对重金属离子进行络合，使其在色浆中不易与褐藻酸盐发生作用。

⑥氧化剂和还原剂对褐藻酸盐的影响：强氧化剂（如次氯酸钠）可使褐藻酸的甙链断裂降低其聚合度并去除褐藻酸中的天然色素；弱氧化剂在低温加入时，对黏度影响不大；少量保险粉、亚硫酸钠、亚硫酸氢钠对褐藻酸盐溶液黏度的影响不大，不会造成褐藻酸盐糊的凝聚，但雕白粉、氯化亚锡会造成褐藻酸盐糊凝胶。

⑦染料的加入对褐藻酸盐黏度的影响：阴离子染料与褐藻酸盐有良好相容性。市场上供应的商品化染料加入了一定量的填充剂，以帮助染料溶解、扩散和标准化。由于填充剂各异，它们对糊料流变性的影响也不同，所印得的花纹匀染性不一样。一般来说，填充剂对低聚合度的褐藻酸盐比对高聚合度的褐藻酸盐的影响更小。

⑧小苏打及尿素对褐藻酸盐的影响：室温时，由于尿素引起褐藻酸原糊体积增加，从而稀释了褐藻酸原糊，导致尿素添加量越多，黏度下降越大；小苏打添加量越多，黏度下降率越小。升温后，尿素添加量越多，黏度下降越大。

2.褐藻酸钠

褐藻酸钠主要由褐藻酸的钠盐组成，商业用褐藻酸钠分子量像多糖一样，较分散。因此，褐藻酸钠的分子量通常代表该组所有分子的平均值，最常见表达分子量的方式是数均分子量（Mn）和重均分子量（Mw）。在多分散性分子群中，通常Mw＞Mn。Mw/Mn值为分散性指数，褐藻酸钠商品指数经典范围为1.5~2.5。

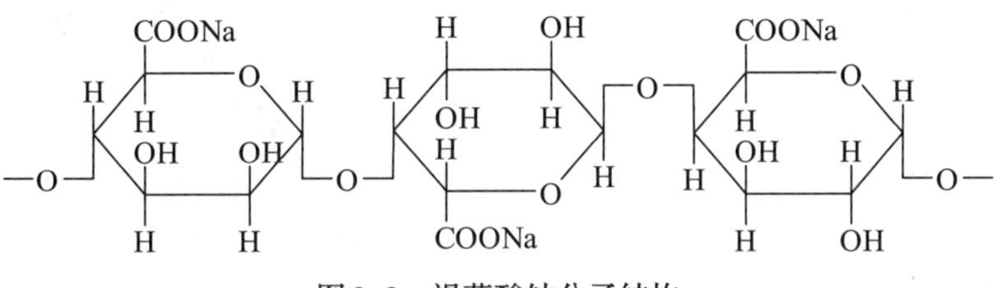

图8-8 褐藻酸钠分子结构

褐藻酸微溶于水，不溶于大部分有机溶剂，溶于碱性溶液后具有黏性。若水中含有其他与褐藻酸盐竞争水合的化合物，褐藻酸钠不易溶解于水中。水中的糖、淀粉或蛋白质会降低褐藻酸钠的水合速率，混合时间必须延长，单价阳离子盐在浓度高于0.5%时也会有类似作用。褐藻酸钠溶液加热至80℃以上时，其黏性降低。对于褐藻酸钠溶液，螯合剂可络合体系中的二价离子，使褐藻酸钠稳定存在于体系中。

在酸性条件下，$-COO^-$转变成$-COOH$，这会导致其电离度降低而使分子链收缩。pH值较高时，$-COOH$基团不断地解离，褐藻酸钠的亲水性增加，分子链伸展。因此，褐藻酸钠具有明显的pH值敏感性。

褐藻酸钠渗透性与可塑性均较好，在印染工业中常用于活性染料色浆，其印制花纹鲜艳、线条清晰、给色量高、得色均匀且印花后织物手感柔软，是现代印染业的最佳浆料，特别适用于配制拔染印花浆。

从褐藻酸钠的分子结构(图8-8)上看，它的5位碳原子上链接有羧基，能与阴离子活性染料产生相斥作用，其2位及3位上的羟基也因空间位阻效应而不会与活性染料起反应。因此，它是活性染料印花最适宜的原糊之一。一般来说，原糊加水后黏度多数下降，但由于褐藻酸钠分子结构上$-COO^-$具有强水化能力，可形成较高的牛顿黏度，具有良好抱水性，故其属于抗稀释性好的原糊。

3.褐藻酸酯

褐藻酸酯是褐藻酸中的羧基与环氧化合物或醇类化合物发生酯化反应后的聚合物。

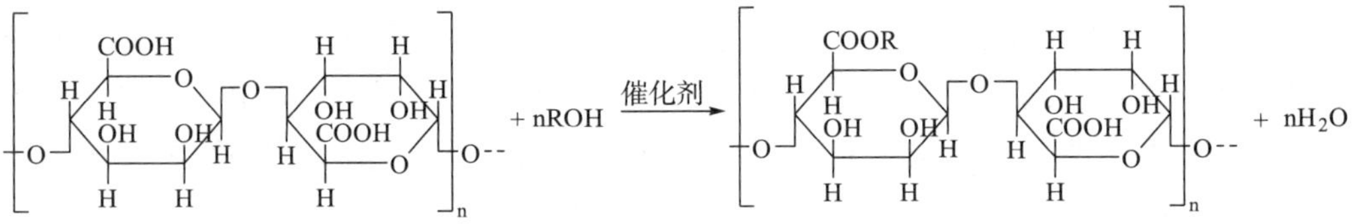

图8-9 褐藻酸酯反应式

褐藻酸酯的耐酸性和耐重金属离子能力较褐藻酸钠强，它不像褐藻酸钠那样易生成凝胶，也不会降低黏度。因此，它可用作耐酸性的增稠剂，可用于阳离子染料在腈纶织物上印花。

海藻酸钠负离子$-COO^-$遇酸和重金属离子会凝胶化，流变性能迅速恶化，使用范围受到限制。通过将部分羧基酯化，可得到水溶性和糊化能力良好、既耐碱又耐酸的海藻酸酯。与海藻酸钠相比优点如下：

①酯化将羧基封闭，提高了化学稳定性，其耐酸、耐重金属离子、耐还原剂和对不同染料的适应性均优于未改性海藻酸钠，可用于活性、分散、还原、酸性、直接、冰染料和阳离子染料印花。

②部分酯化后，$-COO^-$减少，代之以可形成氢键的酯键，水化能力减弱，大分子链间的静电斥力减小，利于形成网状结构。所以，海藻酸酯糊料结构黏度相对较高，其*PVI*值在0.6左右，流变性能更接近于假塑性流体，有效改善了网印刮印性和透网性。

4.褐藻酸铵

褐藻酸铵别名海藻酸铵、藻酸铵或褐藻胶，是一种白色至浅黄色纤维状或颗粒状粉末，不溶于氯仿、乙醚，迟缓溶于水形成黏稠状pH值低于3的胶状溶液。

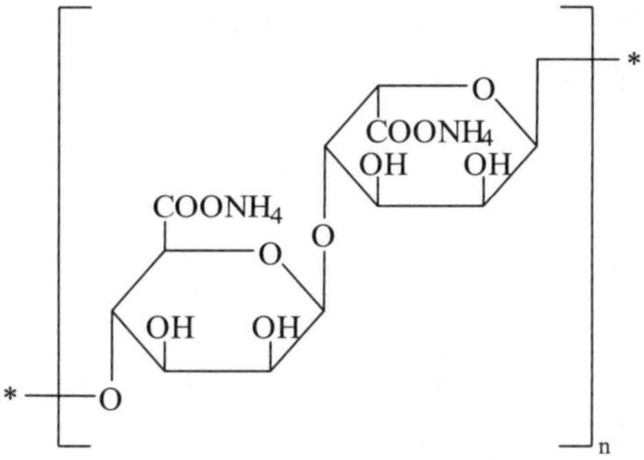

图8-10　褐藻酸铵分子结构

褐藻酸铵是褐藻酸盐的另一产品，用氨水中和褐藻酸而制得。褐藻酸铵遇钙离子可迅速发生离子交换，生成凝胶，凝胶具有热不可逆性。

在纺织印染工业中，褐藻酸铵可作为分散染料在涤纶织物印花时糊料。褐藻酸铵在高温下易释放氨(NH_3)，导致色浆pH值下降，一般稳定pH值在6左右，因此不宜作为活性染料印花色浆原糊。然而，这一特性却使其适宜用作分散染料在纯涤纤维织物上印花糊料。因为它在高温下释放NH^{4+}后，色浆pH值下降，有利于分散染料上染，而且给色量高、色光纯正。

表8-3　褐藻酸盐的印花特性

项目	褐藻酸钠	褐藻酸铵	褐藻酸酯
给色量	一般	一般	一般
匀染性	良好	良好	良好
渗透性	良好	良好	好
尖锐性	良好	良好	好
流动性	接近牛顿型流体	接近牛顿型流体	接近牛顿型流体-假塑性流体
易洗除性	良好	良好	良好

第三节　聚丙烯酸盐合成增稠剂

一、聚丙烯酸盐增稠剂的结构特点及增稠

聚丙烯酸盐增稠剂分子中含有大量羧酸盐并具有一定交联度。与水接触时，其分子中的-COOM电离为$-COO^-$和M^+离子。此时，聚合物分子间的静电斥力使增稠剂分子网状结构发生扩张；同时，由于M^+在增稠剂分子网状结构内外的浓度差较大，由此产生的渗透压使水分子渗入网络。随着分子网状结构的扩张，分子弹性收缩力增加，逐渐抵消$-COO^-$间的静电斥力，最终达到吸水平衡，结果是使其流体力学体积明显变大，体系黏度显著上升。

二、聚丙烯酸盐增稠剂的制备方法

1.配方组成及制备过程

聚丙烯酸盐增稠剂是一种高分子聚合物，其合成方法有多种，如：乳液聚合、悬浮聚合、反相乳液聚合等。其中，反相乳液聚合具有反应快、分子量适中、体系黏度低、反应过程中传

热快、易控制、聚合体系稳定等优点，是目前合成增稠剂的主要方法之一。将水溶性单体、引发剂、交联剂等溶解在一定量的水中，借助W/O乳化剂将水相以微米或纳米级颗粒分散于非极性液体（如煤油）中，构成油包水（W/O）型乳液聚合反应体系，在水性引发剂作用下进行聚合。

（1）参数选择

①反应单体：合成单体选用乙烯类和丙烯酸类单体，主要有2-丙烯酰胺-2-甲基丙磺酸、乙烯基苯磺酸铵、甲基丙烯酸、丙烯酸和改性单体等。

②引发剂：包括偶氮二异丁腈、过氧化苯甲酰等油性引发剂和过硫酸盐水性引发剂，较为常见过硫酸盐/亚硫酸氢钠组成的氧化/还原引发体系。

③乳化剂：反相乳液聚合中，乳化剂的选择至关重要，它直接影响乳液稳定性、反应平稳性和产品性能。一般选用*HLB*值为4～7的油溶性非离子型乳化剂，如Span-60、Span-80，也可采用Span-20、Span-60、Span-80与*HLB*值高的乳化剂复配。

④有机溶剂：有机溶剂（反应介质）一般为烷烃、环烃和芳烃等，要求其不溶解单体和聚合产物，又能与水形成100℃以下的共沸物，还要与所选择的乳化剂具有良好匹配性，即两者溶解度参数应接近。

⑤交联剂：交联剂直接关系到增稠剂分子量大小，影响抱水性、防渗化能力、匀染性等。常用交联剂有N,N-亚甲基双丙烯酰胺、二甲基丙烯酸已二醇酯、三烯基异氰酸酯、邻苯二甲酸二烯丙酯等。

（2）具体制备过程

①中和：

$$H_2C=CHCOOH+NH_3\cdot H_2O \longrightarrow H_2C=CHCOONH_4+H_2O$$

②丙烯酸盐自聚：

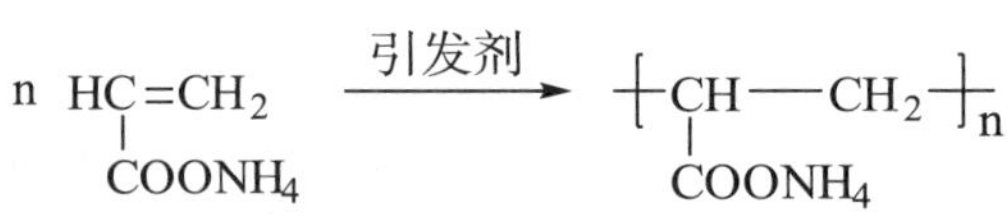

③丙烯酸十八酯参与共聚：

④N,N-亚甲基双丙烯酰胺参与交联：

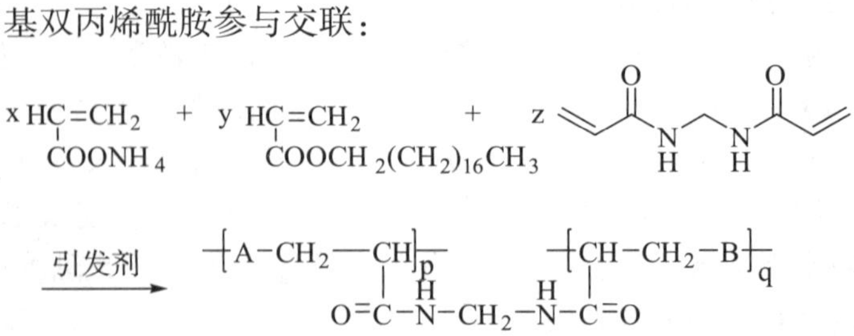

式中，A、B为丙烯酸盐链节或丙烯酸十八酯链节或分别表示两者。

2.控制条件与影响因素

（1）亲水单体：合成增稠剂时，提供大量羧基基团的单体一般是丙烯酸AA或甲基丙烯酸MAA，它们在体系中所占比例直接决定了增稠剂在水相中的增稠性能。

研究发现，以MAA聚合比以AA聚合得到的增稠剂增稠性能更强。产生这一现象的原因是MAA在油相中的分配系数远大于AA，因此MAA在乳液聚合时更易与其他改性单体共聚而分布在大分子主链上，而AA更易富集于凝胶微粒的表面。即，MAA与其他单体的共聚效果明显好于AA。因此，加碱中和后，以MAA共聚所得的增稠剂分子链在水相中可充分伸展，大量被中和的羧基使乳液粒子快速膨胀，体系的黏度快速均匀增长。

（2）反应体系pH值：反应体系pH值不同，丙烯酸单体的反应性及其在油、水两相的分配比例不同，进而影响聚合产物的结构、性能和反应过程稳定性。表8–4为丙烯酸中和程度对产物主要性能的影响（1wt.%白糊）。

表8–4 反应pH值对聚丙烯酸盐增稠剂主要性能的影响

pH值	白糊黏度（mPa·s）	抱水性（cm）	*PVI*值	黏度保留率（%）
5.5	爆聚	–	–	–
6.0	1299.7	1.9	0.31	43.3
6.5	1335.4	1.6	0.27	47.2
7.0	805.8	2.2	0.36	38.8

根据表8–4可知，反应体系pH值过低，体系水相尤其是油相中存在较多分子态的丙烯酸。聚合反应主要在水相中进行，即在反应过程中，油相中分子态丙烯酸穿过水油界膜进入水相，水相和油相中的丙烯酸平衡体系被打破，使得水油界面变得不稳定，从而导致破乳生成凝胶。

pH值较高时，增稠剂分子内的羧酸阴离子增多，链间斥力过大，导致高分子交联密度降低，增稠力下降且反应速度明显较慢。从抱水性来看，增稠剂的抱水性越好，印花图像就越清晰。就流变性而言，*PVI*值越小，流体黏度随剪切应力变大而减小的程度越显著，即流体的假塑性越强，印花不易堵网。从耐盐性来说：黏度保留率越大，增稠剂的耐盐能力越强。

还有观点认为，中和液pH值不仅影响丙烯酸的聚合活性，还影响水相反应体系中丙烯酸含量。当pH值大于6.5时，中和液中丙烯酸盐比例增多，由于丙烯酸盐聚合活性小于丙烯酸，导致聚合速度和转化率降低，进而增稠剂增稠能力下降；在酸性条件下，丙烯酸含量相对较高，聚合速度快，但反应难以控制，生成的聚合物分子量分布宽，相对较低分子量的聚合物增多，同样导致增稠剂黏度低；pH值低于6.5时，溶解于油相中或水相液滴的界面层的丙烯酸增多，引发聚合时，此处生成的聚丙烯酸相互黏连，容易发生凝胶。

综上，一般控制中和反应pH值6.5左右为宜。

（3）溶剂：有机溶剂不但会影响增稠剂的稳定性，还会影响其增稠性能。有机溶剂的选择还与乳化剂种类有关。一般要求有机溶剂和乳化剂的溶解参数相差不大且配伍性好。根据增稠剂1wt.%白糊主要应用性能（表8–5），一般宜用煤油作溶剂来制备增稠剂。

表8–5 溶剂种类对增稠剂主要性能的影响

溶剂	白糊黏度（mPa·s）	抱水性（cm）	*PVI*值	黏度保留率（%）
白矿物油	862.7	2.0	0.34	39.7

续表

溶剂	白糊黏度(mPa·s)	抱水性(cm)	*PVI*值	黏度保留率(%)
无味煤油	1101.2	2.1	0.35	44.2
煤油	1138.4	1.7	0.30	48.0

(4)乳化剂:乳化剂主要起分散作用,并对聚合乳液的粒径大小起决定作用,从而影响增稠剂的增稠性和流变性。表8-6为乳化剂用量对产物1 wt.%白糊主要性能的影响。

表8-6 Span-80用量对增稠剂主要性能的影响

Span-80用量(%)	白糊黏度(mPa·s)	抱水性(cm)	*PVI*值	黏度保留率(%)
6	1157.7	2.5	0.35	31.7
7	1357.6	2.3	0.31	39.2
8	1884.1	1.5	0.27	45.9
9	1524.8	2.0	0.30	42.6
10	爆聚	—	—	—

表8-6表明,随乳化剂用量增加,体系中胶束浓度增加,聚合体系较为稳定,增稠效果提高;继续增加乳化剂用量,形成的乳液胶束过多、表面能过大。此时,由于反应过快而导致体系稳定性下降,因此白糊黏度下降,甚至出现爆聚现象。从抱水、流变和耐盐性来说,Span-80用量一般应为单体总用量的8 wt.%左右。

(5)交联剂:交联剂用于向聚丙烯酸主链引入化学交联,构建聚丙烯酸盐增稠剂在水中的网络结构并控制增稠剂高分子适度溶胀。交联剂用量虽然很少,但是对增稠剂的性能影响很大。通常所制备的聚丙烯酸盐类增稠剂为具有一定程度交联网络结构的功能高分子。一般可通过调节聚合物空间网络结构加以改善聚合物的吸水能力。即,通过改变交联剂的用量可改善聚合物吸水能力。

交联剂用量较低时,聚丙烯酸盐高分子运动空间很大,且水分子的溶剂化作用使得羧基负离子互相排斥的作用很小,体系黏度主要靠长链线形分子间的运动阻力产生,导致聚合物增稠效果较差。随交联剂加入,共聚物逐渐形成网状结构,渗透压作用使大量水分子被包络在网状结构中,大大增加了增稠剂分子对自由态水的限制。

同时,网状结构中的聚丙烯酸盐由于分子间的电荷排斥,使得共聚物链段扩张,增加了聚丙烯酸盐共聚物分子间的运动阻力,增稠剂黏度升高;然而,交联剂加入过量会导致网状结构交联过度,聚合物的交联网络密度过大,导致其溶胀减小,胶粒间摩擦减小,增稠剂黏度下降。

(6)引发剂:引发剂用于引发反应体系中各反应单体的聚合反应,在反相乳液聚合中,常采用过硫酸铵、过硫酸钾、双氧水等水性氧化引发剂或由水性氧化引发剂与亚硫酸氢钠组成的氧化/还原引发体系。

反相乳液聚合的聚合度和聚合速率与引发剂浓度的关系如下式:

$$R_p \propto [I]^{1/2}; X_n \propto 1/[I]^{1/2} \qquad (8-1)$$

式中：$[I]$为引发剂浓度、R_p为聚合反应速率、X_n为聚合度。

式中可以看出，随着引发剂用量增加，聚合反应速率增加，聚合度降低。单体通过自由基聚合反应，主链先形成长链高分子，然后侧基上双键聚合产生支链并通过偶合终止交联，形成网络结构。引发剂用量过大，导致反应体系爆聚而产生凝胶，且较多活性中心争夺聚合单体，导致产物分子量和黏度降低。

实际生产中，采用由过硫酸铵和亚硫酸氢钠组成的氧化/还原引发剂体系，可在低温下触发丙烯酸单体聚合且产物分子量高、增稠效果好。低温下，亚硫酸氢钠可有效激活过硫酸铵形成自由基，但若其用量过多，则会因反应剧烈而导致产物分子量不均，此时过硫酸铵消耗过快，影响聚合效率而降低增稠效果。

(7)反应温度与反应时间：丙烯酸盐聚合为放热反应，体系温度随聚合进行而上升，影响反应稳定性。温度过低，反应不彻底；温度过高，易导致产物分子量不均，产生爆聚现象。同时，适宜的反应时间可提高反应稳定性和聚合反应效率。在氧化/还原催化体系下，产物黏度随反应温度先增大后减小，*PVI*呈略微下降趋势。随温度升高，自由基生成量增大，单体转化率快速提高，产物黏度也随之提高。但温度过高导致自由基生成速率过快，部分自由基被快速消耗，导致聚合效率及产物分子量降低，黏度下降。在氧化/还原催化体系下，产物原糊黏度随时间延长达到峰值后趋于平衡，*PVI*略微降低。这是因为反应初期聚合效率高，产物分子链和分子量增长较快，黏度显著提高；反应后期，单体逐渐反应完全，延长反应时间对产物性能的提高没有意义。

此外，酸性单体的中和温度也极为关键。中和液温度过高，会引起丙烯酸热引发聚合，导致部分聚合的丙烯酸不易乳化均匀，影响乳化体系稳定性；同时，部分丙烯酸聚合也会降低反相聚合的有效性。

(8)含水量：分散相中水的存在与否及其含量不仅直接影响单体相的界面张力和单体在油、水两相中分配比例，从而影响反应稳定性，而且还通过单体、引发剂、交联剂等浓度变化，影响产物的结构与性能。

相关研究发现反应体系中含水量小于单体重量的3倍时，反应迅速易造成破乳、凝胶；高于3倍后，反应均能稳定进行，但反应速度较慢。这是因为AA不仅可溶于水，其在分散介质油相中的溶解度也较大，而聚丙烯酸盐PAA可溶于水，却不溶于油相。其次，反应物系中水含量的不同，导致分子结构中网络舒张程度不同，使得单位体积有效交联网络数不同，从而改变交联度。在交联剂用量一定时，随含水量的增加交联度降低，聚合物吸水能力下降。

在相同稀释水量条件下，随反应体系中含水量增加，聚合物交联密度相对降低，聚合物增稠性随含水量增加而缓慢下降。实际上，增稠能力与聚合物的吸水能力及其微粒的形变难易程度（即模量的大小）有关。含水量增大时，聚合物的交联度减少，其微粒的吸水能力和模量降低，导致相同稀释水量条件下体系黏度降低。从实际应用考虑，在稀释水量较少时，增稠剂受其聚合过程中分散相含水量的影响比在稀释水量较大时显著，故应选用含水量小的增稠剂；稀释水量较大时，增稠剂的选择不受含水量的限制，但增稠剂的吸水能力会下降。

聚合物的触变性、剪切变稀性随聚合过程中分散相含水量的增加而减小。聚合物的流变行为受剪切力作用下聚合物微粒的形变和微粒间摩擦力大小的共同影响。一方面，聚合物微粒模量减小使其在应力下形变变大，导致黏度下降，即聚合物触变性增大；另一方面，使微粒间相对运动摩擦力增大，体系黏度随剪切应力增大而上升。聚合物水增稠体系的流变行为受微粒形变影响占主导地位，体系的触变指数随含水量增加而减小，即含水量较少时，增稠剂的剪切变稀性高，作为涂料印花增稠剂较有利。

三、聚丙烯酸盐增稠剂的性能特点

阴离子型聚丙烯酸盐合成增稠剂是目前使用最广的一类增稠剂，这类增稠剂给色量高、含固量低、易生产、成本低。据相关研究，聚丙烯酸盐增稠剂的应用性能主要受其用量、电解质、温度、表面活性剂、酸性物质等因素影响，具体为：

1.电解质对增稠剂黏度的影响

电解质对增稠剂凝胶黏度影响显著，其对增稠剂凝胶黏度影响的大小顺序为：$CaCl_2$>KCl>NaCl>CH_3COONa。

这是因为一价离子仅降低增稠剂增稠效率，二价离子不但使体系变得稀薄，还能产生不溶性沉淀物。同时，电解质降低了聚合物主链上电荷总斥力及水分子渗入聚合物网络渗透压。活性染料印花色浆中常需添加大量的盐，而商品染料中通常也含有较多的盐，导致色浆黏度下降，不能很好满足印花要求。因此，在实际应用中应考虑电解质对增稠剂黏度的影响。

增加增稠剂质量分数，原糊黏度增大；随NaCl溶液加入量增加，原糊黏度下降，但黏度下降速率逐渐减小。这是因为，增稠剂浓度较大时，体系中疏水链段较多，产生分子间缔合，能有效改善耐盐性能。

2.酸性物质对增稠剂黏度的影响

增稠剂是阴离子型聚电解质，酸性物质加入破坏了原有电离平衡，使得羧基负离子减少，大分子内静电斥力减小，大分子链发生卷曲，导致体系黏度下降。

3.温度对不同浓度增稠剂黏度的影响

随温度升高，增稠剂分子运动动能增加，运动速度加剧，凝胶分子和水分子在体积上的差异导致两者运动频率不一致析出水分；另外，升温导致凝胶分子和水分子间氢键作用减弱，从而导致体系黏度减小。

实际上，聚丙烯酸盐合成增稠剂还存在以下问题亟待解决：生产过程中使用了易挥发的煤油，造成环境污染；抗渗化能力差，不能印制精细花纹等；耐电解质、耐酸能力差，用量较大；洗脱性差，印后织物手感硬等。

四、聚丙烯酸盐增稠剂的化学改性与性能优化

在合成增稠剂增稠过程中，溶液渗透压差是增稠主要动力。随盐溶液浓度增加，溶液渗透压差减小，导致增稠效果显著下降，这限制了其应用。如何提高增稠剂的耐盐性十分重要。目前，有关增稠剂改性暨效能优化的方法有：引入非离子疏水长链单体，制备两性聚合物，提高产物亲水性，优化产物交联结构等。

1.引入长链疏水单体，提高增稠剂分子间缔合能力

在聚丙烯酸盐主链上引入少量疏水性长链，可获得耐温性、耐盐性更优的增稠剂。一方面，引入长链疏水单体会降低共聚物亲水性；另一方面，长链烷基由于憎水作用，易与乳液粒子等亲油组分发生缔合或自身间发生缔合，在由极性基团带来的水化作用下，使增稠剂高分子形成具有一定强度的可逆空间网状结构，进一步限制了体系中各组分的自由运动，改善了聚合物的流变性，并具有较大流体力学体积和较强的增黏能力。目前，最常采用的长链烷基疏水单体为丙烯酸长链烷基酯和长链烷基乙烯基醚。

(1)丙烯酸长链烷基酯改性

加入丙烯酸长链烷基酯单体，可使产物黏度显著下降，而黏度保留率呈先增后降的趋势。原因是接枝后产物的交联网状结构可减弱静电斥力引起的分子链舒展，增加了体系的耐电解质性能；而过多丙烯酸长链烷基酯会导致疏水长链缔合卷曲严重、黏度降低，也影响其耐电解质性能。

相关研究表明，将甲基丙烯酸十八酯和甲基丙烯酸月桂酯进行复配，可能通过协同作用得到耐电解质性能和增稠性能均佳的增稠剂。

目前，最常采用的长链烷基疏水单体为丙烯酸十八酯。向增稠体系加入NaCl溶液时，由于异性电荷的吸引作用，钠离子会屏蔽合成增稠剂大分子上的羧基负离子，从而减少了大分子上负离子间斥力，使舒展的大分子链发生卷曲，导致体系黏度下降。向增稠剂分子中引入长链烷基后，由于高分子间长链烷基的缔合作用限制了增稠剂高分子网格中水分的析出，从而在一定程度上抑制了高分子链的卷曲，表现出较好的耐盐性。

除了常用的丙烯酸长链烷基酯，近年来人们还开发出长链烷基乙烯基聚醚和单端含有亲水基团的疏水长链单体等亲水性更好的长链烷基单体，以期解决疏水改性产物亲水性与缔合性之间的矛盾。

(2)长链烷基乙烯基醚改性

随疏水单体用量增多，白糊黏度下降。另外，在相同用量下，具有适宜疏水长链的增稠剂亲水性较好且能形成有效分子间缔合，白糊具有较高的黏度。

引入少量疏水单体，不同分子链间的长链烷烃相互缔合，降低了同离子效应，从而增加了体系的耐电解质性能；然而，当分子链中的长链烷烃过多时，长链烷基引起增稠剂水溶解性下降和分子内缔合，加剧分子链的蜷曲趋势，极大降低白糊黏度。由于具有较长烷基链样品高分子更易发生分子内缔合，因此其黏度保留率下降得更加明显。采用组合疏水单体、适宜的配比和用量可减少分子内缔合的几率，强化增稠剂分子间的相互缔合作用，形成更大网络，结合更多自由态水分子。

(3)长链烷基乙烯基聚醚改性

分别将二十二烷基醇聚氧乙烯醚甲基丙烯酸酯(BEM)、三苯乙烯苯酚聚氧乙烯醚甲基丙烯酸酯(BEM25)、丙烯酸十二酯(LA)与甲基丙烯酸甲酯(MAA)和丙烯酸乙酯(EA)按相同配比在相同条件下进行乳液聚合反应，并进行乳液增稠性能比较。结果发现，随BEM用量的增加，增稠剂增稠性能逐步提高。这主要因为随着疏水基团增加，分子间缔合作用越来越强。但BEM用量过大时，疏水基团更易发生分子内缔合，增稠性能反而下降；疏水基团较多，也会降低聚合物分子的溶解性。

(4)单端含有亲水基团的疏水长链单体改性

将少量单端含有亲水基团的疏水长链单体与聚合单体共聚，可明显改善聚合物的耐盐性，且这种改性单体对产物增稠性能的影响规律与长链烷基酯相同。由于该长链反应型单体的一端为-COONa，其加入使得在增稠剂分子中引入非交联的端基支链-COONa，这种支链结构增加了增稠剂分子流体力学半径。因此，有效增加了体系黏度的绝对值，提高了体系的耐盐性，但过多的支链反而会使得胶粒交联网络部分相对变小，体系黏度随之降低。

2.引入阳离子聚合单体制备两性缔合型增稠剂，使其具备反电解质特性

近年来，有关合成两性聚合物方面的研究十分活跃，这类聚电解质的分子构象在盐溶液中的变化形式与阴离子型增稠剂不同，其在盐溶液中的黏度并不一定随外加盐浓度增加而减小，甚至会上升，为合成耐电解质性能较好的增稠剂提供了新思路。

水溶液中，阳离子改性聚丙烯酸盐增稠剂吸水后，聚合物大分子化学交联及长链缔合网络限制了水分子向网络外部逸失，起到了强化吸水和储水的作用；同时，由于聚合物大分子的纠缠作用弱于化学交联，其三维网络结构较为松弛，有利于提高聚合物的饱和吸水率，并使其具有吸、放水分的可逆性。需要指出，两性增稠剂高分子上正负离子间的静电引力使其更易于缔合，导致增稠剂分子链收缩，流体力学尺寸减小，分子构象较为紧密。

盐溶液中，两性聚合物较为紧密的缔合结构被小分子盐屏蔽、破坏，使得高分子与溶剂相互作用增强，分子构象逐渐变得舒展(即解缔合)。在一定程度上，随盐含量增加，解缔合趋势逐渐增强，导致溶液体系黏度增加，呈现反电解质溶液特性。即，通过静电力、氢键、范德华力及电荷转移等次价力作用，两性聚合物大分子具有独特的反电解质性能，为疏水缔合型增稠剂无法比拟。通常将(聚)甲基丙烯酰氧乙基三甲基氯化铵(PDMC)与丙烯酸、丙烯酸十八酯(ODA)等单体进行反相乳液聚合，得到阳离子改性并具互穿网络结构的两性聚丙烯酸盐增稠剂乳液。

需要指出，随着甲基丙烯酰氧乙基三甲基氯化铵(DMC)或PDMC用量的增加，增稠剂乳液的表观黏度下降，增稠能力降低。这是由于：一方面，其上的$-COO^-$阴离子基团与PDMC中的阳离子基团相互作用导致聚合物网络收缩，吸水能力下降；另一方面，由于这种作用损失了部分$-COO^-$，导致与网络回弹力相抗衡的静电斥力减弱，使得网络回缩卷曲、表观黏度下降。因此，阳离子改性单体的用量存在最佳范围。

3.引入强酸性单体，增强增稠剂的亲水性

有研究表明：向聚丙烯酸盐增稠剂高分子引入少量2-丙烯酰氨基-2-甲基丙磺酸(AMPS)，可显著改善增稠剂的耐酸和耐盐性。这是因为，相较于传统聚合单体丙烯酸或甲基丙烯酸上的羧酸基，AMPS上的磺酸基为强酸性基团，较强酸性和电解质环境对其可电离性及强亲水性的影响较小。

4.引入新型交联剂，优化增稠剂高分子的交联结构

有报道以N-马来酰化壳聚糖(N-malely chitosan，N-MACH)为新型交联剂，制备N-马来酰化壳聚糖-丙烯酸共聚物增稠剂(图8-11)。

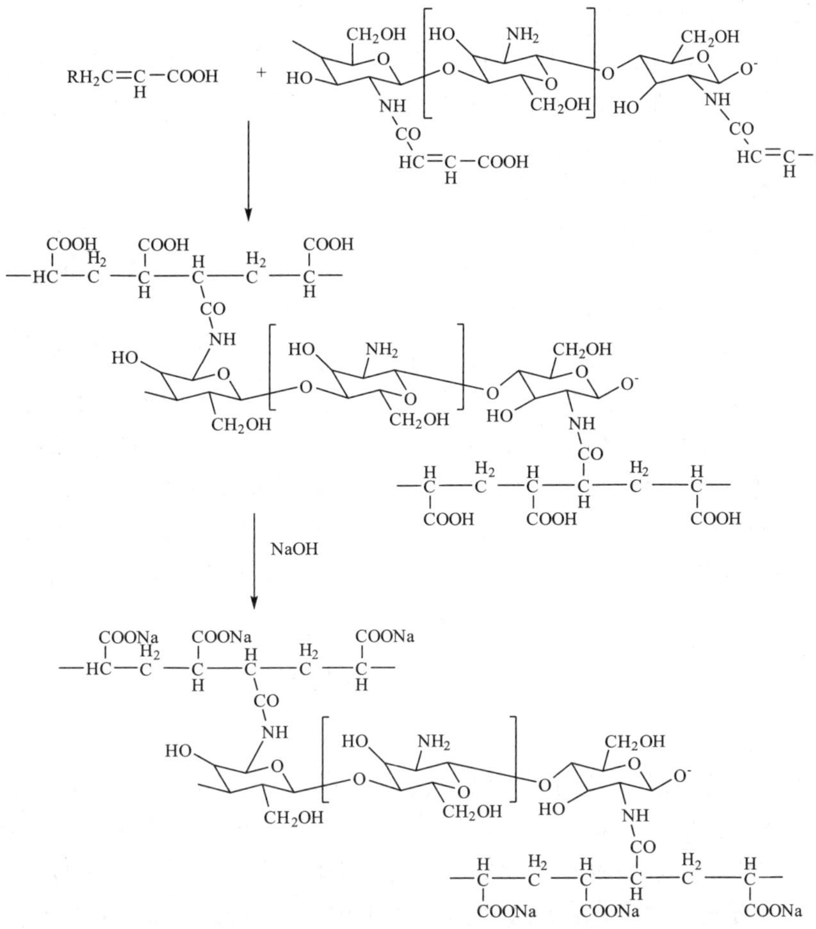

图 8-11 N-马来酰化壳聚糖交联改性聚丙烯酸盐增稠剂的制备

研究认为：以N-马来酰化壳聚糖交联改性的聚丙烯酸盐增稠剂具有优良生物黏附性且毒性低，适合用于生物黏附制剂，其可降解性优异，符合行业发展方向。

5.采用高分子表面活性剂，改善聚合稳定性

通过向聚丙烯酸盐增稠剂高分子中引入聚合型表面活性剂，一定程度上也可提高聚合产物的增稠效果和耐电解质性能。

例如：采用具增稠和抗电解质作用的丙烯酸聚氧乙烯酯活性单体和有聚合稳定作用的高分子表面活性剂（如甲基丙烯酸和甲基丙烯酸十八酯共聚物），通过反相乳液聚合法合成涂料印花用聚丙烯酸增稠剂。

聚合物中侧链基聚氧乙烯酯为长链醚键，有较强亲水性，由于是非离子型亲水基，受电解质影响甚小。同时，活性单体长链的空间位阻屏蔽效应可保护聚合物链上羧酸根离子，极大提高了聚合物的抗电解质能力。此外，聚合物侧基长链聚氧乙烯酯为柔性基团，在高剪切力作用下易变形卷曲，剪切力撤销后又可恢复成伸展状态，改善了聚合物的流变性能。

6.提高脱糊率，改善印花手感

合成增稠剂导致织物手感较硬，而带来长期的消费困扰。手感的优劣直接取决于脱糊率高低。亲水性越好，脱糊率越高，手感也越柔软。在丙烯酸类增稠剂中引入不饱和二元羧酸高亲水性单体，一定程度改善了丙烯酸类增稠剂的印制手感；引入长链疏水单体，维持长链疏水单体低于一定含量，也可获得较高脱糊率，这与长链疏水单体均聚物的Tg较低有关；引入长链非离子型表面活性剂单体（长链烷基聚氧乙烯醚），由于该长链疏水单体具有一定表面活性，水洗效果也获得明显改善。

五、聚丙烯酸盐增稠剂制备技术发展

众所周知，反相乳液聚合是合成聚丙烯酸盐增稠剂的理想途径。与溶液聚合不同，实施反相乳液聚合时，存在如何使亲水性单体和疏水性单体充分接触并共聚的问题，这是疏水缔合型增稠剂采用反相乳液聚合法聚合难点。

对于反相乳液聚合，在疏水单体含量相同时，增稠剂耐电解质性能和溶液聚合法的产物相比有较大差距。因为在溶液聚合中，亲水单体和疏水单体充分混合，易形成无规共聚物，疏水单体在大分子中呈无规分布，有效产生分子间缔合，改善了耐电解质性能；反相乳液聚合体系中，疏水单体和引发剂存在于油相中，成核机理以疏水单体低聚物成核为主，故疏水单体在大分子链中的分布和溶液聚合产物中的无规分布不同，不能有效发挥长支链间的物理交联作用。可见，若设法使大量长链单体有效参与无规共聚，则增稠剂耐电解质性能可得到进一步改善。

第四节　复合型印花糊料及增稠剂

一、概述

聚丙烯酸盐合成增稠剂，其分子中含有更多羧基阴离子，具有更佳流变特性，因此其固色率比海藻酸钠高；同时，由于其具有交联和缔合结构，因此成糊率也更高。但合成增稠剂普遍存在耐电解质性能较差和脱糊率较低两个主要缺陷，这也是影响合成增稠剂在活性印花工艺中普遍应用的主要障碍。合成增稠剂的耐电解质问题虽可通过优化结构改善，但在产业化应用方面，尚有一定难度。因此，在深色系染料印花时，合成增稠剂大多与海藻酸钠浆拼混使用。

海藻酸钠糊料作为主要的活性染料糊料具有易着色、得色量高、色泽鲜艳和印花织物手感柔软等特点。印花后花型轮廓清晰、不易渗化。但海藻酸钠糊料存在流变性不佳（*PVI*为0.7~0.9），圆（平）网印花特别是高目数网印、精细花型和大面积印花印制效果不理想等缺陷。黄原胶（XG）作为一种多聚糖物质，其增黏性好、耐电解质性能强，能与多种糊料相容，但单独用于染料印花时印制性能差。可见，基于合成增稠剂和天然糊料的性能特点，将聚丙烯酸盐合成增稠剂与天然糊料复配应用是一种较好的选择。

实际上，在生产实践中，不同的印花方法对增稠剂及色浆有相对侧重且全面的要求：

①平网印花：平网印花时，色浆在筛网板上受到刮刀或磁棒给予的压力与剪切力，是以“压”为主，“刮”为辅的联合动作。色浆所受剪切力比辊筒印花小，因此要求原糊具有良好流变性能和透网性能，即原糊的分子结构不宜很大，但结构黏度要较大。因此，平网印花机所使用的糊料一定要厚而不黏，流变性要好，触变性要小。

②圆网印花：圆网印花时，色浆仅经历一次刮浆，刮刀或磁棒和圆网切点的截面呈弧形。刮刀工作时，除了受机械压力外，还可调节刮刀前后位置（角度）和横梁位置的高低，改变剪切应力大小，以利于刮刀适应各种花型的印制。相较于平网印花，圆网印花机尤其是高目数

圆网所应用的糊料结构黏度更大，流变性更好。

③辊筒印花：辊筒印花是传统印花方式。色浆在给浆辊、印花刮刀与印花辊筒间受到较大剪切应力，受到先“刮”后“压”的力，并在瞬间完成。因此，辊筒印花机所使用的糊料曳丝性要好，流变性对印制操作影响更大。

表8-7　各种印花机、色浆适宜的*PVI*值

印花机种类及网目数	色浆所受剪切应力τ	色浆适宜的*PVI*值
辊筒印花机	较大	0.6~0.8
平网印花机	较小	0.55~0.7
圆网印花机	小	0.45~0.7
圆网印花机高目数网	小	0.35~0.65

表8-7给出了不同印花机所用色浆所对应的适宜*PVI*值。可见，海藻酸钠、天然及其改性类糊料、合成增稠剂各有特点。生产实践中对增稠剂的要求是相对全面的，故任何一种糊料都很难全面满足需要，通常需要将各种不同糊料复配使用，获得良好的综合印制效果。复合糊料可集合几种单一糊料的优点，弥补缺点，显示出优异的综合性能。通过复合糊料特有的化学相容性、流变性，改善印花织物的表观得色量和渗透率是目前活性染料印花糊料的研究方向之一。

如：海藻酸钠、聚丙烯酸盐和油水乳化糊的复配分散体，不仅保留了海藻酸钠糊、聚丙烯酸盐增稠剂的原有特性，且结构黏度高于海藻酸钠，流变性能适用于网印，尤其在高目数圆网印花中更为显著，不但可提高给色量，还能获得轮廓清晰的印制效果。天然聚合物分子结构的特点决定了对其进行化学改性程度有限，将合成增稠剂与植物醚化淀粉拼混用于活性染料印花，可兼具合成增稠剂及植物醚化类糊料的优点，在一定程度上弥补各自缺点，印制效果可达到海藻酸钠印制水平。

二、印花增稠剂的物理复配实例

聚丙烯酸盐合成增稠剂和变性纤维素糊较多用于海藻酸钠（SA）代用品。这两类糊料在某些单项性能虽然优于海藻酸钠，但仍不能满足活性染料印花色浆的综合性能要求。

1.羧甲基淀粉或羧甲基纤维素与海藻酸钠的复配

羧甲基淀粉（CMS）黏度非分子间作用力造成，而是分子链团在水中迁移困难所致，其成糊率较低，原糊一般在8 wt.%左右。CMS是典型的非牛顿流体，结构黏度较大，外观稠厚，*PVI*值约为0.4。CMS无海藻酸钠的黏弹性，抱水性不佳，分子链团间的水分子几乎是自由的。用该糊料印花的最大缺点是渗化现象严重，若通过提高浆料浓度防止渗化，则布面上残存浆料过多，严重影响织物手感。

羧甲基纤维素（CMC）成糊率较高、抱水性好，不会发生渗化。但CMC是典型非牛顿流体，结构黏度大，*PVI*值较低（0.3左右），不适合圆（平）网印花。

研究发现：将CMS和CMC与其他糊料拼混，例如使用海藻酸钠与羧甲基淀粉钠拼混，印花效果良好。与CMS相比，其拼混海藻酸钠后的混合糊料抱水性、曳丝性得以改善，且印花后得色量高。采用高取代CMC与海藻酸钠混合制备的糊料，其*PVI*值随混合比例的不同变化很大，印制精细花纹时应选用高取代度CMC比例较大的原糊，而印制大块面花纹时则宜选用海藻酸钠比例较大的原糊。

2.聚丙烯酸盐合成增稠剂与黄原胶的复合

(1)聚丙烯酸盐合成增稠剂及黄原胶的耐电解质性能

以分散蓝HGL为例,采用不同质量分数染料和5 wt.%聚丙烯酸盐合成增稠剂调成色浆。结果发现,5 wt.%合成增稠剂色浆黏度随染料用量的增加而减小,当染料为4.5 wt.%时,合成增稠剂色浆黏度趋于0,说明染料中的电解质破坏了增稠剂阴离子基团间斥力,使伸展分子链卷缩,黏度下降。然而,5 wt.%黄原胶色浆黏度随染料用量的增加而增加,该现象与其分子结构(图8-12)有关。

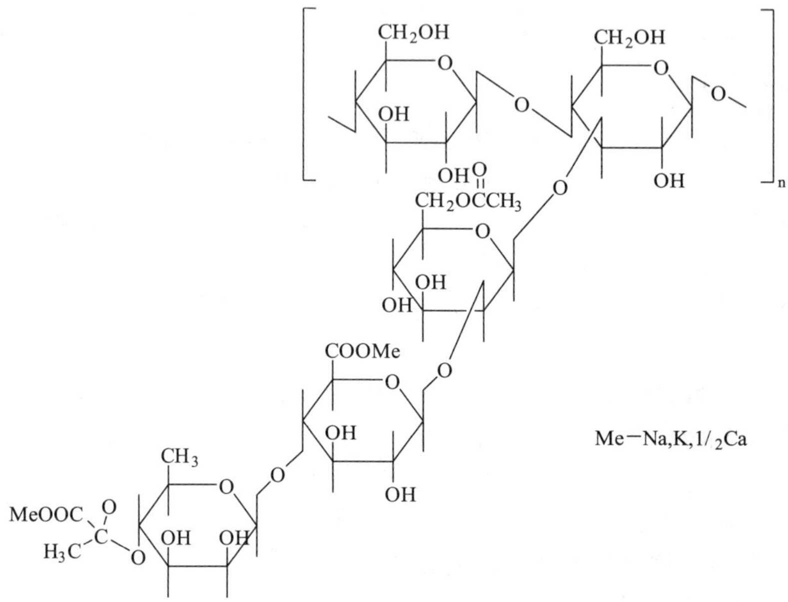

图8-12　黄原胶分子结构

黄原胶分子中主链上含有大量羟基亲水基团,三糖侧链围着主链缠绕成螺旋结构,形成半刚性体系。其水溶液增稠机理是:在一定范围内,侧链上的羧基等阴离子基团发生离子化,产生负电荷,使得分子链间静电斥力增强,分子链扩展,达到增稠效果。在一定范围内,较高的染料深度会对黄原胶的分子构象产生影响,进而可能对粘度造成负面影响。然而,由于黄原胶分子的网状结构相对稳定,因此其耐电解质性能较好。

可见,两种增稠剂的应用性能差异为其间的复合提供了可能。

(2)聚丙烯酸盐合成增稠剂(T)与黄原胶(XG)复合比对黏度保留率的影响

将复合糊料配制成质量分数为5 wt.%的白糊,测其黏度后,在糊料中分别加入2 wt.%的分散蓝HGL搅拌,静置4h测其黏度(表8-8)。

表8-8　T/XG复合比对黏度保留率的影响

m(T):m(XG)	10:0	9:1	8:2	7:3	6:4	5:5	0:10
η前(Pa·s)	21.5	22.3	22.6	22.9	23.1	23.7	23.2
η后(Pa·s)	3.4	6.6	9.7	12.8	14.0	17.1	25.5
黏度保留率(%)	15.8	29.6	42.9	55.9	60.6	72.1	110

表8-8数据显示复合后糊料的耐电解质性能得到改善。随着黄原胶用量越多,耐电解质性能改善越明显。由于黄原胶在一定程度上影响织物手感和轮廓清晰度,为得到较好的印制效果,其复合用量不宜过大。

(3)复合糊料的印制性能

①脱糊率:印花糊料脱糊率是评价糊料性能的重要标准。印制织物在经过水洗后,糊料在织物上残留率过高,影响织物手感。根据表8-9,在不同复合比下,复合糊料的脱糊率相差不大,但随黄原胶比例增加,脱糊率下降,手感变差,因此复合糊料中的黄原胶比例不宜过大。

表8-9　T/XG复合比对脱糊率的影响

m(T):m(XG)	10:0	9:1	8:2	7:3	6:4	5:5	0:10
脱糊率(%)	92.5	91.6	91.1	87.6	86.1	84.6	83.2

②透网量:印花糊料的透网性能是影响印花织物表面得色深浅和轮廓清晰度的重要指标。随着对印花精细度要求的不断提高,需要相应高目数印花筛网,要求色浆能顺利通过高目数筛网。相关研究比较了聚丙烯酸盐合成增稠剂与黄原胶在不同复合比下色浆的透网性能,结果如表8-10所示。

表8-10　T/XG复合比对透网量的影响

m(T):m(XG)	10:0	9:1	8:2	7:3	6:4	5:5	0:10
透网量(g/m^2)	95.2	90.1	87.6	85.3	84.0	82.6	71.9

由表可知,黄原胶的透网性较差,这是由于其分子间形成的网状结构使其具有较大结构黏度和较小流变性所致。

③表观得色量与渗透率:织物印花得色量主要与色浆的透网量、渗透性相关。复合糊料印花织物的得色量与渗透率如表8-11所示。

表8-11　T/XG复合糊料的表观得色量和渗透率

m(T):m(XG)	10:0	9:1	8:2	7:3	6:4	5:5	0:10
(K/S)正	15.6	15.4	15.5	13.4	12.9	12.6	9.8
(K/S)反	3.4	2.6	2.4	2.7	3.5	3.1	5.2
渗透率(%)	21.8	18.2	15.5	20.1	27.1	24.6	53.1

可见,随黄原胶配比增大,在渗透率相近条件下,印花织物表观得色量逐渐下降,当聚丙烯酸盐合成增稠剂/黄原胶复合比低于8:2时,印花织物表观得色量明显下降。

④花型轮廓清晰度:花型轮廓的清晰度与糊料的抱水性及其黏度有密切关系,复合糊料对印制花纹轮廓清晰度的影响如表8-12所示。复合糊料中,随黄原胶配比增大,印花织物花型轮廓清晰度变差。

表8-12　T/XG复配比对花型轮廓清晰度的影响

m(T):m(XG)	10:0	9:1	8:2	7:3	6:4	5:5	0:10
线条宽度(μm)	967	989	1087	1205	1265	1288	1368

这是因为黄原胶抱水能力及色浆流变性较差，抗渗化性能不佳的缘故。

3.聚丙烯酸盐合成增稠剂与瓜尔胶复合

天然亲水性高分子化合物瓜尔胶（GG）具有优良增稠性和流变性，且耐酸碱、耐电解质，与染料相容性好，能与其他糊料混合使用。单独用于分散染料印花时，其黏度不易控制，生产稳定性差。基于GG和合成增稠剂各自性能优点，可将两者合理复合，以提供一种成本低、应用效果好的分散染料印花糊料。

（1）复合增稠剂的增稠性能

在m（FS）∶m（GG）不同复合比例下，固定聚丙烯酸盐合成增稠剂与GG的总用量为4wt.%，加入不同用量分散蓝HGL搅拌，静置4h测其透网率（图8-13）。

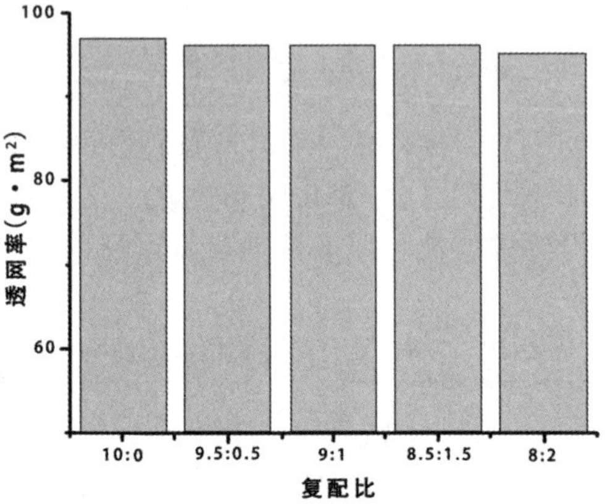

图8-13　FS及GG不同复合比下的透网率

复合GG糊料后，聚丙烯酸盐合成增稠剂的耐电解质性能得以改善，随GG用量增加，复合糊料的耐染料性能变好。可见，FS与GG存在协同增稠作用。

（2）复合增稠剂的印制性能

①透网量：随GG比例增加，印花浆料透网率略微下降，不利于得色量的提高。

②表观得色量与渗透率：表8-13显示，随复配体系中GG用量增加，由FS贡献的复合增稠剂流变性变差，印花色浆透网量下降，得色量下降；同时，色浆渗透性的提高导致了印花织物背面得色量的增加。

表8-13　糊料FS与GG不同复配比下糊料的表观得色量、渗透率

m（FS）∶m（GG）	正面*K*/*S*值	反面*K*/*S*值	渗透率（%）
10.0∶0	15.4	1.6	10.4
9.5∶0.5	14.9	1.8	12.1
9.0∶1.0	14.3	1.9	13.3
8.5∶1.5	13.5	2.2	16.3
8.0∶2.0	13.4	2.4	17.9

③花型轮廓清晰度：由表8-14可知，随瓜尔胶比例增大，织物花纹轮廓清晰度变差；9.5∶0.5时，花纹图案已出现明显渗化。即：GG用量增加，糊料抗渗化能力变差，其原因仍与复合增稠剂的流变性较差有关。

表8-14　糊料FS与GG不同复合比下花型轮廓清晰度

m(FS):m(GG)	线条宽度(μm)	线条不匀度(%)
10.0:0	887	10.9
9.5:0.5	987	23.4
9.0:1.0	1086	35.8
8.5:1.5	1122	40.3
8.0:2.0	1209	51.1

在聚丙烯酸盐合成增稠剂中少量复配GG，分散染料印花产品的风格与海藻酸钠相差不大，但综合成本明显降低。

4.海藻酸钠糊与疏水缔合聚丙烯酸盐和油/水相乳化糊的复合

疏水缔合聚丙烯酸类合成糊料具有一定耐电解质性能和耐二价金属离子螯合性能，在复合糊中可提供良好流变性；此外，拼入部分乳化糊，能提高原糊渗透性、润滑性，最后与海藻酸钠糊复合，进一步改善复合糊料应用性能。

(1)复合增稠剂的综合性能

根据表8-15可知，复合糊料4-油/水相乳化糊剪切变稀指数*STI*最小(绝对值最大)，印花黏度指数为0.235(最小)；2-海藻酸钠糊剪切变稀指数*STI*最大(绝对值最小)，印花黏度指数为0.789(最大)；新型复合糊料的剪切变稀指数*STI*和印花黏度指数居中。

此外，还可看出，新型复合糊料*PVI*和*STI*处于其三个组分*PVI*和*STI*之间，即"海藻酸钠糊+疏水缔合聚丙烯酸盐+油/水相乳化糊"复合物流变性及印制性与其三组分间的质量比具有较好线性相关性，故可基于需要进行灵活调整。

表8-15　各种糊料的*PVI*值和*STI*值

编号	糊料	*PVI*值	*STI*值
1	新型复合糊料	0.633	−0.58
2	海藻酸钠糊	0.789	−0.41
3	疏水缔合聚丙烯酸糊	0.278	−0.70
4	油/水相乳化糊	0.235	−0.79
5	变性淀粉糊	0.655	−0.55

新型复合糊料剪切变稀性优于海藻酸钠糊，比疏水缔合聚丙烯酸盐糊有更适宜流变性，综合性能较优。

表8-16　不同配比复合原糊的性能

3%海藻酸钠糊(%)	3%疏水缔合聚丙烯酸乳化糊(%)	黏度(mPa·s)					表观给色量(*K/S*)	手感
		η6	η12	η30	η60	*PVI*		
100	0	7380	7150	6600	5820	0.789	19.35	一般
75	25	3380	2980	2460	1860	0.550	18.21	差
50	50	3540	3100	2740	1930	0.545	21.71	差

续表

3%海藻酸钠糊(%)	3%疏水缔合聚丙烯酸乳化糊(%)	黏度(mPa·s)					表观给色量(*K/S*)	手感
		η6	η12	η30	η60	*PVI*		
25	75	3550	3300	2920	2250	0.633	24.63	好
0	100	5540	3650	2740	2050	0.370	23.75	好

注：*PVI*(印花黏度指数)为4#转子在20℃测定；测定表观给色量染料为活性艳红M8B用3wt.%浓度。

根据印花织物得色量和综合手感(表8-16)，海藻酸钠与疏水缔合聚丙烯酸乳化糊质量比为1:3时，复合糊料脱糊性、流变性和黏度间达到最佳配合，印花效果最优。

(2)复合增稠剂的印制性能

圆网印花印制效果一般可由表观给色量、渗透性、色块均匀度、线条光洁度、轮廓清晰度和织物手感加以衡量。

表8-17 新型复合色浆印制效果

色浆	表观给色量		渗透率(%)		透网率(%)			脱糊率(%)
	活性艳红M8B	活性深蓝KR	艳红M8B	深蓝KR	80目	125目	155目	
新型复合色浆	106	102	45	82	101	108	113	95
海藻酸钠色浆	100	100	35	65	100	100	100	95

表8-17可看出，新型复合糊料的表观给色量高于海藻酸钠糊，这是由于聚丙烯酸盐高分子中负性基团比海藻酸钠分子中$-COO^-$基团多，与活性染料分子中$-SO_3^-$间存在更大斥力，利于染料向纤维转移。原糊透网性很大程度上取决于原糊结构黏度及其剪切变稀指数(*PVI*)。由于新型复合糊料结构黏度远高于海藻酸钠糊，流变性更佳，在圆网印花时透网性好，且圆网目数越高，新型复合糊料透网率越优于海藻酸钠糊。

实际生产中，海藻酸钠色浆难以适用125目以上圆网，而对新型复合色浆，不但给色量高且印花色块均匀、效果好。可见，新型复合糊料具有明显优于海藻酸钠的流变性，适用于高目数圆网，能印制出轮廓清晰色块和光洁线条，其脱糊率与海藻酸钠糊相近，织物手感较好。

5.海藻酸钠糊(SA)与聚丙烯酸盐增稠剂的复合

(1)海藻酸钠与聚丙烯酸盐增稠剂特性及与聚丙烯酸盐原糊化学品相容性比较

①成糊率：随海藻酸钠原糊和聚丙烯酸盐增稠剂原糊质量分数增加，两者黏度均增大。但聚丙烯酸盐增稠剂原糊黏度大于海藻酸钠原糊黏度，且聚丙烯酸盐增稠剂黏度增加更快。

②相容性：分别制备6 wt.%海藻酸钠和6 wt.%聚丙烯酸盐增稠剂白糊，加入规定量尿素、碳酸氢钠和活性染料K-2BP，测试原糊黏度与化学品浓度的关系。结果据表明，尿素对海藻酸钠和聚丙烯酸盐增稠剂原糊黏度几乎无影响，碳酸氢钠和活性红K-2BP对海藻酸钠原糊黏度影响很小。由于SA为多糖体结构，在水中形成稳定胶体体系。聚丙烯酸盐合成增稠剂主要依靠主链上伸展的大量羧基负离子与水形成氢键，连同分子链间网格抱合水分子形成黏度。但随着碳酸氢钠和活性红K-2BP用量增加，由电解质带入的阳离子削弱了增稠

剂高分子羧基间的斥力，导致水渗透压的下降，造成增稠剂高分子蜷缩，增稠能力显著下降。

(2)复合糊料特性

①抱水性：抱水性指原糊对水分的抱合能力，即糊料的膨润性、吸水性和耐稀释性。结构黏度大的原糊，抱水能力强。但抱水性过强，汽蒸过程中吸收过多水蒸气，造成花纹模糊；抱水性过弱，色浆中游离在水中的染料易向纤维内部扩散，造成渗化。

抱水性和结构黏度有关，海藻酸钠结构黏度低，抱合水分子能力差；聚丙烯酸盐增稠剂为高分子化合物，分子间形成较为稳定的网状结构，结构黏度大，抱合水分子能力强。将海藻酸钠与聚丙烯酸盐增稠剂以不同比例进行复合，随聚丙烯酸盐增稠剂相对含量增加，复合糊料抱水性增大。

②色浆黏度：印花方式不同，要求色浆黏度也不同。一般辊筒印花色浆黏度为0.5～1.5Pa·s、平网印花为6～15 Pa·s、圆网印花为4～8 Pa·s。随聚丙烯酸盐增稠剂含量增加，复合糊料色浆黏度降低，由聚丙烯酸盐增稠剂不耐电解质所致。

③色浆 *PVI*值：(Printing Viscosity Index，印花黏度指数)是衡量色浆流变性的重要指标。色浆流变性对印花效果影响很大。*PVI*值越小，色浆流变性越好，适合印制精细花纹；*PVI*值越大，匀染和印透性越好，适合大面积印花。

表8-18　不同比例复合色浆的*PVI*值

$m_{SA}:m_{聚丙烯酸盐增稠剂}$	10:0	9:1	8:2	7:3	6:4	5:5	4:6	3:7	2:8	1:9	0:10
*PVI*值	0.76	0.69	0.64	0.55	0.58	0.54	0.51	0.45	0.42	0.37	0.36

表8-18显示，随聚丙烯酸盐增稠剂含量增加，色浆 *PVI*值减小，色浆流变性提高。可见，增稠剂的复合是调节色浆 *PVI*值的一种有效方法。

(3)复合糊料印花性能

①脱糊率：指原糊在加工过程中与织物分离的概率。复合增稠剂脱糊率随聚丙烯酸盐增稠剂在复合糊料中占比提高而降低。

②花纹清晰度：色浆黏度越高，其在纤维上越不易向周围渗化，越利于提高花纹清晰度；色浆的流变性越好，越利于提高花纹清晰度和得色量。海藻酸钠色浆黏度较高，其*PVI*值也较高，流变性不好；聚丙烯酸盐增稠剂色浆流变性好，但其黏度耐盐性较差，导致色浆黏度较低。海藻酸钠与聚丙烯酸盐增稠剂复合后，改善了聚丙烯酸盐增稠剂不耐电解质和脱糊率低的缺点，同时也克服了海藻酸钠 *PVI*值过高，不适用于大面积印花和精细印花的缺点。

三、印花增稠剂的化学复合实例

1.淀粉改性聚丙烯酸盐增稠剂

将适量淀粉(SA)接入聚丙烯酸盐增稠剂高分子，制得化学复合增稠剂“PAA/淀粉”。淀粉的“交联”作用有助于提高产物结构黏度，但当其占比过高时，产物分子链不够舒展而导致黏度较低，其占比过低改性效果不明显。

有研究采用过硫酸铵作引发剂，N，N-亚甲基双丙烯酰胺为交联剂，以丙烯酸和马铃薯淀粉为聚合原料，通过接枝，制备聚丙烯酸钠/淀粉复合型糊料，旨在克服单种糊料性能缺陷，从而取代海藻酸钠用于活性染料印花。

(1)流变性分析：聚丙烯酸钠及淀粉糊料均属假塑性流体。在相同剪切速率下，聚丙烯酸钠/淀粉复合糊料黏度较海藻酸钠高；随剪切应力增加，聚丙烯酸钠/淀粉复合糊料黏度下降较大，说明其易被剪切稀化，适用于精细印花。

（2）触变性分析：两种糊料黏度随时间的变化情况如图8-14所示。

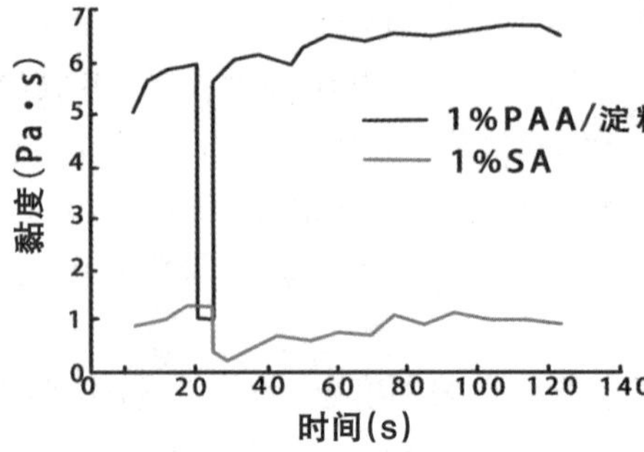

图8-14　两种糊料的触变性比较

20~25s时，两种原糊的黏度均下降。糊料黏度恢复速度越快，色浆在织物上固化速度越快，渗化现象越不易发生。可见，PAA/淀粉复合糊料黏度在剪切应力消失时，黏度迅速恢复，说明其触变性较好；SA黏度恢复速度慢，触变性差。

2.羧甲基纤维素（CMC）改性聚丙烯酸盐增稠剂

以丙烯酸和CMC为单体，N，N-亚甲基双丙烯酰胺为交联剂，过硫酸铵为引发剂，通过共聚反应制备聚丙烯酸钠/CMC复合型糊料。发现聚丙烯酸/CMC复合糊料储存稳定性较聚丙烯酸盐增稠剂有所提升，与海藻酸钠相近；相较于CMC，由于复合糊料的阴离子性增强，其化学相容性较原料CMC有所降低。此外，复合型糊料原糊抱水性、*PVI*和黏度较原CMC均有所提高，且各项性能均优于海藻酸钠，可用于活性染料印花。

（1）单体总浓度对聚丙烯酸/CMC复合糊料印花性能的影响

表8-19所示，反应体系中单体浓度过低，反应发生几率过小；单体浓度高于10 wt.%时，CMC低交联作用使改性物形成良好空间网状的吸水结构，此时改性产物溶液体系黏度达最大，且其抱水性及*PVI*最佳；继续提高单体浓度，丙烯酸的支链变短，不利于形成微交联网状保水结构。

表8-19　单体总浓度对复合糊料原糊抱水性及*PVI*值的影响

单体总浓度(%)	5	10	15	20	25
原糊抱水性(mm)	5.22	5.28	5.34	5.32	6.00
原糊*PVI*值	0.71	0.65	0.72	0.68	0.75

（2）单体配比对聚丙烯酸/CMC复合糊料印花性能的影响

固定其他反应条件不变，改变CMC与AA质量配比，考察其对改性糊料印花性能的影响（表8-20）。

表8-20　CMC与AA质量比对复合糊料原糊抱水性及*PVI*值的影响

$m_{淀粉}:m_{AA}$	1:5	1:7	1:9	1:15	1:20
原糊抱水性(mm)	4.42	5.32	5.28	6.46	5.88
原糊*PVI*值	0.65	0.67	0.65	0.68	0.70

数据表明，单体配比对复合糊料原糊的*PVI*值影响较小，均维持在0.65左右，与原料

CMC固有*PVI*值0.68接近；将适量CMC接入聚丙烯酸盐增稠剂高分子，由于其“交联”作用有助于提高产物结构黏度，当$m_{淀粉}$∶m_{AA}为1∶9时，聚合物的黏度最高，抱水性良好。其占比过高，产物分子链不够舒展导致黏度较低；占比过低，改性效果不明显。

（3）糊料的化学相容性比较

表8-21　各种糊料的化学相容性

糊料	时间/h	黏度变化率（%）		
		10%尿素	4%$NaHCO_3$	2%防染盐S
3%海藻酸钠	0	9.08	−9.11	−18.19
	2	10.02	−9.99	−9.99
	4	8.32	−16.68	−8.33
	48	7.69	−15.37	−7.69
1%CMC	0	16.65	−16.65	−33.35
	2	12.49	−25.01	−37.50
	4	11.10	−33.33	−22.23
	48	12.49	−12.49	−25.01
1%复合糊料	0	4.76	−33.33	−28.57
	2	8.69	−43.49	−34.79
	4	12.50	−41.66	−29.16
	48	8.34	−45.84	−33.34

对比表8-21数据可知，加入尿素后各糊料黏度有所增加。因为尿素的吸湿膨化作用改善了增稠剂与水形成氢键的能力，导致原糊黏度增加。随后由于增稠剂高分子过于舒展而导致黏度又有所下降。在CMC白糊中加入尿素后黏度变化率较大，而聚合的复合产物和海藻酸钠黏度变化率接近，说明聚合接枝后改善了产物与尿素的化学相容性。防染盐S和$NaHCO_3$的加入使原糊黏度下降。CMC、复合糊料的黏度较海藻酸钠下降较大，因为CMC本身耐电解质性能不佳，聚合后阴离子增加，电解质效应更为明显，故黏度下降较大。

表8-22　不同原糊的印花性能对比

糊料类型	含固量（%）	抱水性（mm）	*PVI*	黏度（mPa·s）
原CMC	1	6.18	0.620	1033
复合糊料	1	4.30	0.483	2567
海藻酸钠	3	4.82	0.690	1767

表8-22可知，复合糊料的抱水性、*PVI*和黏度较原CMC均有所提高，且含固量1%原糊的各项性能均优于含固量3%海藻酸钠，复合型糊料性能得到显著提升，适用于活性染料印花。

第五节　印花糊料及增稠剂性能评价

印花糊料及增稠剂应用性能主要从其白浆黏度、印花黏度指数（*PVI*）、保水值、抱水性、pH 值、稳定性等理化性能和给色量、脱糊率、透网性、背透性、轮廓清晰度、匀染性及色牢度等应用性能来评价。

一、糊料与增稠剂的配制

1.含盐白糊的制备

将 9.0 g 氯化钠溶于 282 g 蒸馏水中后，加入 9g 糊料（以干重计）或合成增稠剂（含固率 15%）；搅拌直至体系黏度稳定后，将其置于 25℃±1℃恒温水浴中保持 2 h，制得含盐白糊。用于白糊黏度、印花黏度指数、保水值、抱水性测试。

2.活性色浆的制备

将 25 g 糊料（以干重计）或合成增稠剂（含固率 15%）溶于 475 g 蒸馏水中，搅拌至充分溶解且黏度稳定，制得原糊；准确称取 4 g 碳酸氢钠、3 g 六偏磷酸钠、2 g 防染盐 S、16 g 尿素于 500 ml 烧杯中，加入 49 g 蒸馏水，搅拌至完全溶解；加入 120 g 原糊和 6 g 活性染料（根据实验需要选择），充分搅拌均匀至黏度稳定，制得活性色浆。用于稳定性及给色量、脱糊率、透网性、背透性、轮廓清晰度、匀染性和色牢度测试。

3.涂料色浆的制备

准确称取 4 g 碳酸氢钠、3 g 六偏磷酸钠、2 g 防染盐 S、16 g 尿素于 500 ml 烧杯中，加入 49 g 蒸馏水，搅拌至完全溶解；加入 120 g 原糊和 4 g 涂料，充分搅拌均匀且黏度稳定，制得涂料色浆。用于脱糊率测试。

二、实验条件

1.蒸化

将试样置于 100℃±2℃、0.1~0.11MPa 饱和蒸汽中蒸化 8 min。

2.冷水洗

将试样放入适量室温水中漂洗 3 min，脱除布样上过量的水分。

3.热水洗

将试样在适量 65℃±5℃的水中漂洗 3 min，冷却后脱除试样上过量的水分。

4.皂洗

将试样在适量 95℃±5℃的皂液（2 g/L）中漂洗 3 min，冷却后脱除试样上过量的皂液。

三、印花布样的制备

1.布样前处理

将待印制布样进行冷水洗、热水洗、皂洗、冷水洗处理，于 105℃±2℃烘干后，抽取边纱，熨烫平整后备用。

2.活性染料印花布样

选择 200 mm×200 mm 正方形图案印花网框，以活性染料色浆对前处理后的布样进行印花并烘干（用于透网性测试），之后对其进行汽蒸固化、冷水洗、热水洗、皂洗、冷水洗处理，于 105℃±2℃烘干、整烫，制得活性染料印花布样。用于给色量、脱糊率、背透性、匀染性和色牢度测试。

3.留白印花布样

选用具有留白图案（图8–15）印花网框，以活性色浆对前处理后的布样进行印花并烘干，之后对其进行冷水洗、热水洗、皂洗、冷水洗处理，于105℃±2℃烘干、整烫，制得留白印花布样。用于印花轮廓清晰度测试。

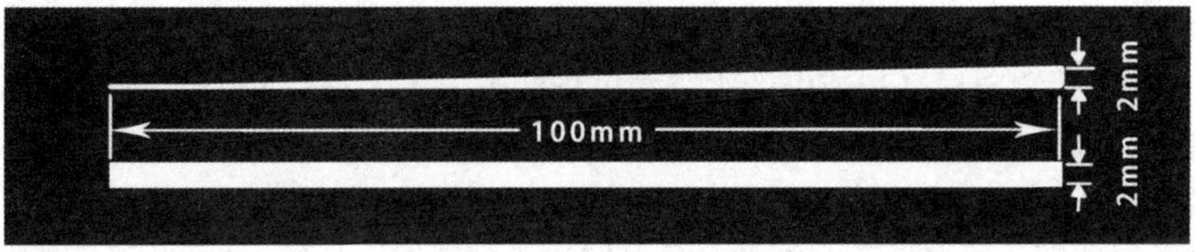

图8–15　印花网框留白图案

4.涂料印花布样

选择有5条210 mm×40 mm矩形图案的印花网框，以涂料色浆对前处理后的布样进行印花并烘干，之后对其进行冷水洗、热水洗、皂洗、冷水洗处理，于105℃±2℃烘干、整烫，制得涂料印花布样。用于脱糊率（涂料显色法）测试。

四、试验及测试方法

1.黏度

选用转子黏度计，转子在样品溶液中旋转时，由于样品溶液黏滞性，转子受到与样品溶液黏度成正相关扭力，通过扭力传感器测得扭力大小即得样品溶液的黏度。

根据样品溶液黏度大小，常选转速为6 r/min、12 r/min、30 r/min、60 r/min，转子选用1~4号或61~64号转子；测试样品控温精度为±1℃。一般情况下，取适量已恒温至25℃±1℃样品白糊，选用仪器对应的4号或64号转子于30 r/min转速下测量。

2.印花黏度指数（*PVI*）

黏性液体黏度随其受到剪切应力的变化而改变。通常剪切应力越大，黏度越小。印花黏度指数*PVI*值以样品溶液在相差10倍的剪切速率条件下所测黏度的比值来反映样品流变性能。

黏度指数按式（8–2）计算：

$$PVI=\eta_{60}/\eta_{6} \qquad (8-2)$$

式中：*PVI*为样品溶液黏度指数；η_{60}为转子转速为60 r/min测试所得样品黏度，mPa·s；η_{6}为转子转速为6 r/min测试所得样品黏度，mPa·s。

3.保水值

在一定压力作用下，亲水性高分子样品对水具有一定固定能力。在确定时间内样品溶液中的水分从滤膜中流过并进入到滤纸中的量与样品中的亲水性高分子对水的固定能力呈正相关。通过称量测试前后滤纸的质量变化，即可计算出样品溶液水分渗出的单位量即为保水值（单位为g/m²），以此值衡量糊料保水性，一般数值越小，保水性越好。

保水值按式（8–3）计算：

$$WRV=\frac{m_2-m_1}{S}\times 10000 \qquad (8-3)$$

式中：WRV为样品溶液保水值，g/m^2；m_1为专用层析滤纸初始质量，g；m_2为测试后专用层析滤纸质量，g；S为测量槽面积，cm^2。

4.抱水性

一定温度下，测定样品溶液中的水分在层析滤纸上于一定时间内上升高度来评价样品溶液的抱水性。上升高度值越大，表明糊料抱水性越差。

5.给色量

活性染料印花色浆对印花织物的给色量取决于糊料综合性能，涉及其流变性、与活性染料的相容性和排斥力、透网性、可洗性等。一般相同用量染料印于织物后，以印花织物表面得色深浅浓淡（K/S值）来评价糊料给色量，得色越深越浓则给色量越高。

6.脱糊率

脱糊率即在确定净洗条件下，糊料样品从印花织物上被洗除的量占其总量的比率，用于评价其被洗除的难易程度。脱糊率越高，样品的脱糊性越好，印花织物手感就越好。

（1）重量法

将经过前处理后布样置于干燥器内平衡30 min，称量布样干重m_0；采用含盐白糊印制、烘干后置于干燥器内平衡30 min，称量印花布样干重m_1；将印花后布样进行蒸汽固化、冷水洗、热水洗、皂洗、冷水洗处理，烘干后置于干燥器内平衡30 min，称量净洗后印花布样干重m_2。

脱糊率按式（8-4）计算：

$$T=\frac{m_1-m_2}{m_1-m_0}\times 100 \qquad (8-4)$$

式中：T-脱糊率，%。

（2）显色法

涂料对黏性高分子糊料具有一定沾污性，印花织物的脱糊率越高，涂料对其沾污能力就越弱。因此，可采用涂料对印花织物的沾色难易程度评价印花织物的脱糊率。依据净洗后印花织物被涂料沾污得色深浅浓淡加以评判。得色越深越浓，涂料越难洗除，脱糊性越差；得色越浅越淡，涂料越易洗除，脱糊性越好。

7.透网性

印花糊料的黏度和流变性等应用性能显著影响印花色浆对印花筛网的穿透能力。通过测定一定质量印花色浆在规定印花压力下，通过一定目数筛网的质量比，可综合评价其筛网印花性能。

透网性按式（8-5）计算：

$$D=\frac{m_1-m_0}{S}\times 1000 \qquad (8-5)$$

式中：D为透网性，kg/m^2；m_1为印花后布样的质量，g；m_0为印花前布样的质量，g；S为印花面积，mm^2。

8.背透性

印花糊料黏度、抱水性、保水性和流变性等应用性能显著影响印花色浆对印花织物的穿透能力。通过测定印花试样净洗后织物两面得色浓淡，可综合评价印到织物表面上印花色浆向织物和纤维内部润湿并渗透的性能，即背透性。一般通过计算正面*K/S*值与背面*K/S*值的比值来判断布样背透性。

背透率按式(8–6)计算：

$$BP = \frac{(K/S)_1}{(K/S)_2} \times 100 \qquad (8-6)$$

式中：*BP*为背透率，%；$(K/S)_1$为印花布样正面8个点的色深平均值；$(K/S)_2$为印花布样背面8个点的色深平均值。

9.轮廓清晰度

印花色浆的印花清晰度取决于印花糊料的黏度、保水性、抱水性、流变性和透网性等综合性能。轮廓清晰度即织物上准确显现花纹图案的程度。测试时，在织物上印制留白的楔形图案，测定印花后织物上未被渗没的留白三角形图案长度作为轮廓清晰度的度量。测定的长度与筛网上三角形长度之比即为该糊料的轮廓清晰度(尖锐性)*ES*，留白三角形图案$ES \leqslant 1.0$。值越小说明*ES*越差。

测量在印花布样(图8–15)上获得的三角形图案留白长度L_1和矩形图案实际长度L_2。

轮廓清晰度按式(8–7)、(8–8)计算：

$$\alpha = \frac{L_2}{100} \qquad (8-7)$$

$$ES = \frac{L}{100 \times \alpha} = \frac{L_1}{100 \times (L_2/100)} = \frac{L_1}{L_2} \qquad (8-8)$$

式中：*ES*为轮廓清晰度；α为校正系数，即因印染后处理导致的棉织物形变率；L_1为印花布样上三角形图案留白长度，mm；L_2为印花布样上矩形图案实际长度，mm；100为筛网上三角形图案和矩形图案长度，mm。

10.稳定性

样品溶液在存储过程中，由于亲水高分子物理、化学结构发生改变，其主要应用性能可能会发生变化。可通过测定样品溶液黏度随时间变化，计算黏度离散值来评价其耐存储稳定性。离散值越大，表明样品溶液储存稳定性越差。一般测定恒温至30℃±1℃样品活性色浆的初始黏度后，于30℃±1℃条件下存放7天，期间每隔24小时测定一次黏度，记录黏度数值。

黏度离散值按式(8–9)计算：

$$VD = \sum_{i=1}^{i=7} (\eta_0 - \eta_i)^2 \qquad (8-9)$$

式中：*VD*为黏度离散值；η_0为初始黏度值，mPa·s；η_i为第i天黏度值，mPa·s。

11.匀染性

印花匀染性除受染料分子和纤维基质的物理、化学性质影响外，还受工艺条件如温度、上染速率、所用染色助剂等多种因素制约。同时，印花匀染性明显受制于印花色浆及印花糊料的抱水性、保水性、吸湿性和黏度稳定性等应用性能。通过对印花织物不同位置色深*K/S*

及总色差ΔE等数据的量化数学分析，可较为准确描述其印花均匀性（图8-16）。

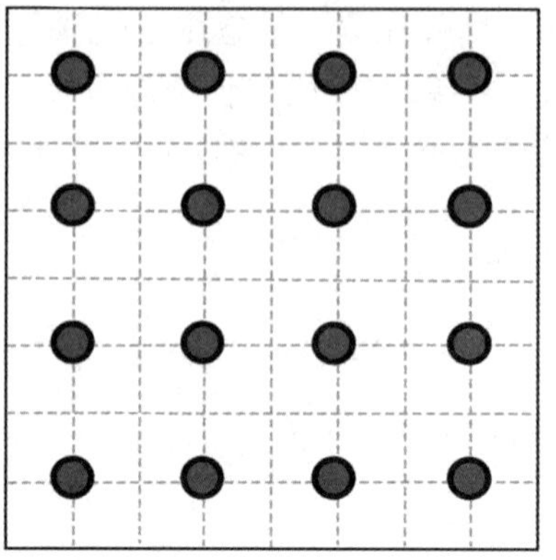

图8-16　布样测试取点示意图

印花布样K/S值的平均值按式（8-10）计算：

$$\overline{(K/S)} = \frac{1}{n}\sum_{i=1}^{n}(K/S)_i \tag{8-10}$$

式中：$\overline{(K/S)}$为K/S值的平均值；$(K/S)_i$为第i次的K/S值；n为测量次数。

相对不匀度按式（8-11）计算：

$$S_r(\lambda) = \sqrt{\frac{\sum_{i=1}^{n}\left[\frac{(K/S)_i}{\overline{(K/S)}} - 1\right]^2}{n-1}} \tag{8-11}$$

式中：$S_r(\lambda)$为相对不匀度；$\overline{(K/S)}$为K/S值的平均值；$(K/S)_i$为第i次的K/S值；n为测量次数。$S_r(\lambda)$数值越小说明织物各点的给色量越平均，也说明其匀染性越好。

参考文献

[1]李小瑞，朱胜庆，李培枝．两步聚合法制备两性聚丙烯酰胺增稠剂[J]．石油化工，2009，38（10）：1106-1110.

[2]王一龙，毕彩丰．聚丙烯酸系增稠剂的合成及性能研究[J]．胶体与聚合物，2010，28（1）：25-28.

[3]宋子云，陈洪龄．疏水单体组合对聚丙烯酸盐增稠剂耐电解质性能的影响[J]．日用化学工业，2010，40（5）：338-341.

[4]张海玲，周向东，史亚鹏等．耐盐增稠剂的合成与性能[J]．印染，2011，37（23）：9-13.

[5]彭文杰，陈学刚，于善普．新型耐盐型增稠剂的制备与性能[J]．涂料工业，2012，42（6）：55-59.

[6]党常华，丁奋，闵茸等．聚丙烯酸酯乳液类增稠剂的合成研究[J]．上海涂料，2015，53（4）：6-11.

[7]段鹏真，张军燚，张玲玲．耐电解质疏水缔合增稠剂的制备[J]．浙江理工大学学报（自然科学版），2016，35（2）：170-177.

[8]韩丽娟，罗艳辉，梁娟等．新型染料印花增稠剂的开发[J]．纺织科技进展，2018，（11）

15-19.

[9]程双会，张志，庄勤亮等．印花用耐盐型合成增稠剂的制备及性能[J]. 印染，2018，44(20)：37-44.

[10]王进，于善普，史显宗等．分散相含水量对涂料印花增稠剂性能的影响[J]. 印染，2000(1)：10-12+2.

[11]周明，倪成涛，姜武．环保柔软型印花增稠剂的合成与应用[J]. 染整技术，2005，(10)：41-43+6.

[12]肖春方，吴明华．聚丙烯酸型合成增稠剂 LG-301 的研制及其在涂料印花中应用[J]. 浙江理工大学学报，2008(4)：387-391.

[13]叶高勇．聚丙烯酸增稠剂的反相乳液聚合及其增稠性能[J]. 化学研究，2004(3)：36-38.

[14]蔡进勇，刘志林，唐成．新型水性聚氨酯缔合型增稠剂的制备与表征[J]. 聚氨酯工业，2014，29(1)：18-20.

[15]胡飞燕，彭军，刘薇薇．聚氨酯缔合增稠剂的结构对其流变学行为影响的研究[J]. 涂料工业，2015，45(7)：8-13.

[16]何新照，丁奋．PU 缔合增稠剂的合成、性质及其应用[J]. 中国涂料，2005，(2)：34-37+4.

[17]高楠，张琢，董擎之．缔合型水性聚氨酯增稠剂的制备及其对聚氨酯水分散液性能的影响[J]. 涂料工业，2012，42(5)：20-22+27.

[18]宋忠奥，杨建军，吴庆云等．聚氨酯缔合型增稠剂的合成方法及其在水性胶黏剂中的应用[J]. 黏接，2016，37(3)：40-44.

[19]王君，吕彤，黄丹丹等．聚氨酯缔合型增稠剂的合成及性能研究[J]. 涂料工业，2015，45(1)：67-71.

[20]乔义涛，张伟辉，冯聪聪等．聚氨酯缔合型增稠剂的合成及性能研究[J]. 涂料技术与文摘，2012，33(12)：29-31.

[21]王武生，陈修宁，刘斌等．聚氨酯缔合型增稠剂分水现象的理论[J]. 涂料工业，2006(4)：1-4.

[22]张方涛，罗钟瑜，修玉英．聚氨酯缔合增稠剂增稠机理及增稠效果研究进展[J]. 合成材料老化与应用，2009，38(02)：50-54.

[23]胡飞燕，彭军．聚氨酯缔合增稠剂增稠效果影响因素探讨[J]. 中国涂料，2015，30(04)：52-56.

[24]陈海伦，周瑜，许彩霞等．拟合法分析水性聚氨酯增稠影响因素[J]. 皮革科学与工程，2014，24(2)：16-19.

[25]蔡玲，张兵，鲍俊杰等．疏水侧链型水性聚氨酯缔合型增稠剂的制备与表征[J]. 涂料工业，2016，46(1)：19-26.

[26]彭军，李欣，郑岩青等．树形分子疏水改性聚氨酯缔合增稠剂的合成及在乳液中的流变行为[J]. 涂料工业，2016，46(11)：1-6.

[27]宋忠奥，杨建军，吴庆云等．水性聚氨酯缔合型增稠剂的研究进展[J]. 涂料工业，

2016,46(06):81-87.

[28]王伟,范浩军,汪峰等.水性聚氨酯缔合增稠剂的制备及其增稠特性[J].中国皮革,2014,43(05):10-14.

[29]黄艳玲,郭建维,吕满庚等.新型梳状聚氨酯缔合型增稠剂的合成及性能研究[J].功能材料,2010,41(S1):168-171+175.

[30]关有俊,谢兴益.新型水性缔合型聚氨酯增稠剂的研制[J].现代涂料与涂装,2006(3):46-48.

[31]蔡进勇,刘志林,唐成.新型水性聚氨酯缔合型增稠剂的制备与表征[J].聚氨酯工业,2014,29(01):18-20.

[32]马乃宇,王武生,彭晓萌等.星型聚氨酯缔合型增稠剂的研究[J].涂料工业,2016,46(8):12-18.

[33]宋忠奥,杨建军,吴庆云等.星型水性聚氨酯缔合型增稠剂的合成及其性能[J].精细化工,2017,34(01):11-15,39.

[34]宋忠奥,杨建军,吴庆云等.支化型水性聚氨酯缔合型增稠剂的合成与性能[J].精细化工,2018,35(04):574-579.

[35]赵军子,翁志学.活性染料印花糊料研究进展[J].精细石油化工,2002(01):53-57.

[36]黄艳,朱平,王炳等.活性染料用印花糊料现状[J].印染助剂,2008(05):5-8.

[37]唐增荣.印花糊料的发展和应用研究(一)[J].丝网印刷,2015(06):16-22.

[38]唐增荣.印花糊料的发展和应用研究(二)[J].丝网印刷,2015(07):28-35.

[39]李亦然,吴婧轩.合成增稠剂在活性染料网印中的应用[J].印染助剂,2019,36(1):57-60.

[40]张永高,徐华君,章金芳等.分散染料印花用复配糊料的性能[J].印染,2018,44(18):37-39+44.

[41]王啸.活性染料印花复合糊料的制备及应用性能研究[D].东华大学,2014.

[42]马晓原.聚丙烯酸类增稠剂的合成与性能研究[D].中国日用化学工业研究院,2014.

[43]唐增荣.活性染料印花糊料概述[J].印染助剂,2000(2):1-6.

[44]张爱平,张军燚,段鹏真等.聚丙烯酸钠/淀粉复合糊料的制备工艺探究[J].现代纺织技术,2016,24(2):12-17.

[45]王啸,侯爱芹,谢孔良.海藻酸钠/EM610复合糊料的活性印花性能[J].印染,2014,40(8):25-28.

[46]王莉莉,闵洁,沈秋惠等.海藻酸钠和黄原胶糊料黏弹性行为的研究[J].印染助剂,2011,28(4):11-14.

[47]张军燚,段鹏真,黄璐等.聚丙烯酸钠/CMC复合糊料的制备及其印花性能[J].浙江理工大学学报,2015,33(7):439-446.

[48]张永高,徐华君,章金芳等.合成增稠剂/瓜尔胶复配糊料在分散染料印花中的应用[J].染整技术,2019,41(4):37-40.

[49]徐立宏,张本山,高大维.羟乙基淀粉的制备与应用[J].粮食与饲料工业,2001

(11):41-43.

[50]曹余,韩舜愈,吴隆民等.小麦羟丙基淀粉的制备及其特性研究[J].粮食加工,2012,37(05):48-51.

[51]李光磊,惠明.羟丙基淀粉的生产与应用[J].山西食品工业,2001(01):40-42.

[52]李玉英.羟烷基淀粉的生产和用途[J].湖南化工,1993(01):24-25+28.

[53]陈小叶.羟烷基淀粉研究[J].湖北化工,2001(03):20-21.

[54]胡平藩,武祥珊,钱灏,王中夏.筛网印花[M].北京:中国纺织出版社,2005.

[55]张燕萍.变性淀粉制造与应用[M].北京:化学工业出版社,2007.

[56]刘明华.水处理化学品[M].北京:化学工业出版社,2010.

[57]张友松.变性淀粉生产与应用手册[M].北京:中国轻工业出版社,2007

[58]李和平.精细化工工艺学(第三版)[M].北京:科学出版社,2014.

[59]张燕萍.变性淀粉制造与应用[M].北京:化学工业出版社,2007.

[60]余平,石彦忠.淀粉与淀粉制品工艺学[M].北京:中国轻工业出版社,2011.

第九章 典型后整理化学品

第一节 概述

服装的基本功能在于抵御外部环境对人体的侵害，而防水织物能够建立液相屏障，有效阻隔外界水分渗透，维持人体微环境舒适性，是现代功能化服装的研究热点。防水织物最初应用于军事领域，后逐步拓展至民用领域。根据用途，防水织物可分为两类：

(1)服用类：包括军服、运动服、工作服等；

(2)辅助类：如帐篷、鞋类、睡袋等。

此外，按应用场景还可细分为日常防护类(如雨衣、雨伞)和特种防护类(如消防服、洁净室服、医用防护服、伤口敷料等)。基于应用场景的差异化需求，其功能体系已从基础防水向复合防护方向延伸，其中手术室帷帘等医疗纺织品对防水性能提出了微生物阻隔的附加要求。

一、防水整理技术的历时性演进

1.古代智慧与工业革命前的技术积淀

考古证据显示，中国西周时期(公元前1046~前771年)已出现漆涂布工艺，其基布-漆复合结构展现出早期材料复合增强理念。15世纪大航海时代催生了亚麻籽油浸渍帆布技术，而美洲原住民利用海豹肠衣构建的生物材料防水体系，则体现了仿生学思想的原始应用。

2.工业化时代的化学革新(19~20世纪)

防水整理剂的系统研发始于1823年Macintosh橡胶涂层专利，但真正突破来自1844年Goodyear的橡胶硫化技术。20世纪关键进展包括：

20世纪30年代：纤维素反应型防水剂(如ICI公司Velan PF)实现共价键结合，耐久性显著提升；

20世纪40年代：配位化学的应用催生铬络合物防水剂(DuPont Quilon Werner)；

20世纪50年代：有机硅化学的突破带来DC-1111等耐久性硅氧烷整理剂；

20世纪60年代：氟化学的进展推动Scotchgard等含氟聚合物商业化。

二、现代防水体系的技术特征与发展趋势

1.透湿-防水协同机制创新

聚氨酯(PU)材料的突破性发展解决了传统防水材料的透湿难题。Bayer实验室1962年开发的水汽渗透性PU引发技术革命，通过微孔结构设计(日本Toray公司Entrant系列)与亲水基团改性(比利时UCB公司Ucecoat NPU)的双重策略，实现透湿率>5000 g/(m^2·24h)的突破。

2.含氟化合物的环境挑战与技术应对

尽管含氟防水整理剂具有优异拒液(拒水拒油)性，其生产过程中产生的全氟辛酸

(PFOA)和全氟辛烷磺酸(PFOS)因持久性有机污染物特性面临严格监管。欧盟REACH法规(EC)1907/2006将PFOS列为限制物质,推动产业向以下三个环保方向转型:

①有机硅-氟杂化体系(3M公司FC-5102)

②超支化聚氨酯(Baxenden公司Witcoflex)

③生物基防水剂(植物多酚改性材料)

三、未来技术发展方向

根据最新研究预测,下一代防水材料将呈现以下特征:

①动态响应性:湿度/温度调控的智能孔径变化;

②仿生多尺度结构:荷叶(lotus)效应与鲨鱼皮结构的协同仿生;

③循环经济兼容:可解聚回收的闭环材料体系;

④纳米复合增强:MXene/石墨烯复合膜层技术。

从古代漆布到现代含氟聚合物,防水整理技术不断突破功能与环保的平衡。未来,绿色化学与多功能复合整理将成为行业发展的核心驱动力。

第二节 防水机理

一、润湿过程与接触角

润湿是液体在固体表面自发铺展的动态过程,其本质是固-气界面被固-液界面取代。接触角(θ)(液体与固体表面形成的夹角)是衡量润湿性的核心指标:

$\theta=0°$:液体完全铺展(完全润湿);

$\theta<90°$:部分润湿,θ越小润湿性越强;

$\theta>90°$:液体难以润湿,θ越大防水性越好;

$\theta>150°$:达到超疏水标准(如荷叶效应)。

织物防水性能取决于水滴从表面脱离的难易程度,可用水滴在倾斜或粗糙的固体表面形成接触角来说明(图9-1)。后退接触角θ_β越大,水滴越易滚落,即防水性能越好。

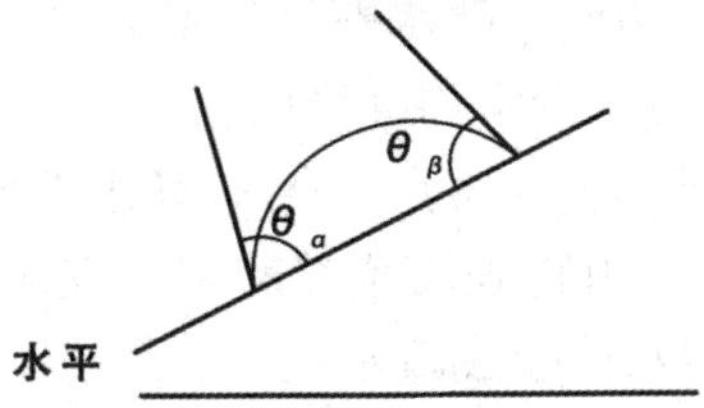

图9-1 液滴在倾斜或粗糙固体表面上的接触角

二、润湿过程的热力学分析

润湿过程分为三种状态,其能量关系如下:

(1)沾湿:液体附着于固体表面

$$\text{沾湿功 } W_a=\gamma_{SG}+\gamma_{LG}-\gamma_{SL} \tag{9-1}$$

(2)浸湿:固体完全浸入液体

$$\text{浸湿功 } W_i=\gamma_{SG}-\gamma_{SL} \tag{9-2}$$

(3)铺展:液体在固体表面自发扩展

$$铺展功\ W_s=\gamma_{SG}-(\gamma_{SL}+\gamma_{LG}) \tag{9-3}$$

润湿性、接触角及其热力学平衡之间的关系如表9-1所示，若液体不能在固体表面完全铺展，则只能部分润湿固体，即液体以珠状形式存在于固体表面，且θ越大，固体防水(液)性能越好。

表9-1　润湿性、接触角及其热力学平衡之间的关系

润湿程度	接触角	能量关系
不沾湿	$\theta=180°$	$W_a=\gamma_{SG}+\gamma_{LG}-\gamma_{SL}=\gamma_{LG}(\cos\theta+1)\leqslant 0$
部分浸湿	$90°\leq\theta<180°$	$W_i=\gamma_{SG}-\gamma_{SL}=\gamma_{LG}\cos\theta\leqslant 0$
	$0°<\theta<90°$	$W_i=\gamma_{SG}-\gamma_{SL}=\gamma_{LG}\cos\theta>0$
完全铺展	$\theta=0°$	$W_s=\gamma_{SG}-(\gamma_{SL}+\gamma_{LG})=\gamma_{LG}(\cos\theta-1)>0$

因此，当固体表面能γ_{SG}越低，或者液体表面能γ_{LG}越高时，液体越不容易润湿固体；反之，液体越容易润湿固体。

三、纤维的润湿性与防水整理目标

如表9-2所示，常见商业化纤维与水的接触角存在显著差异，其数值分布揭示以下规律：丙纶($\theta=90°$)处于临界状态，其余纤维($\theta=38-81°$)均属亲水范畴，证实商品化纤维普遍缺乏本征防水性。合成纤维(涤纶、锦纶、腈纶)接触角显著高于天然纤维(棉、羊毛)及再生纤维(黏胶)。羊毛虽属天然纤维，其81°高接触角源于表面鳞片层产生的Cassie-Baxter复合润湿效应(粗糙度因子r=1.32)。

表9-2　常见的商业化纤维与水的接触角

纤维种类	棉	羊毛	黏胶	锦纶	涤纶	腈纶	丙纶
接触角(°)	59	81	38	64	67	53	90

防水整理是将纤维表面接触角由<90°转变为>90°。通过以下途径实现：

(1)降低固体表面能(γ_{SG})：如使用疏水整理剂覆盖纤维表面；

(2)提高固-液界面能(γ_{LS})：减少水与纤维的相互作用。

在防水整理中，将液体(水)的表面张力(γ_{LG})看作常数，接触角θ越大越有利于水滴滚动，即$\gamma_{SG}-\gamma_{LS}$越小越好。通过在织物表面覆盖疏水整理剂，就能够降低γ_{SG}，同时提高γ_{LS}，从而减小$\gamma_{S}-\gamma_{LS}$，将纤维表面由亲水性变成疏水性。

常见固体的临界表面张力(γ_{SG})和液体的表面张力(γ_{LG})关系如图9-2所示。水的表面张力为72.8 mN/m，而一般油类表面张力为20-40 mN/m。油的润湿能力远大于水。由Young's方程可知，织物防水需要其与水的界面张力小于72.8 mN/m，若要达到防油效果，织物与油的界面张力需小于20-40 mN/m。有机氟表面张力低于20 mN/m，可使织物表面张力降至油类物质表面张力以下，故而兼具防水性和防油性。用临界表面张力约为30 mN/m的疏水性脂肪烃化合物，或表面张力约为24 mN/m的有机硅整理剂加工织物，可获得足够的防水性。然而，疏水性脂肪烃化合物以及有机硅系列防水剂结构中，主键上接有甲基，表面张力高于或等于油的表面张力，因此无防油性。

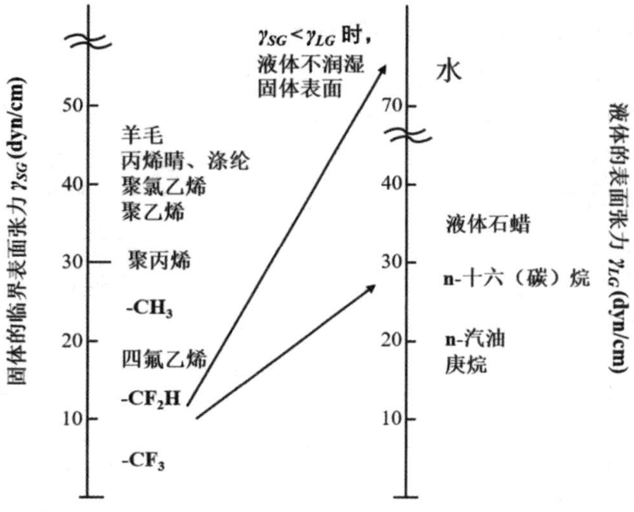

图9-2　常见固体的临界表面张力(γ_{SG})和液体的表面张力(γ_{LG})

四、表面粗糙度对防水性的影响

织物表面的粗糙度对其防水性能有较大影响，如表9-2所示，虽然天然纤维分子结构中具有亲水基团，但由于其表面覆盖有蜡质，且表面结构不平整，造成其实测的接触角比合成纤维高。而同样具有纤维素纤维结构的黏胶纤维，其接触角明显降低。Wenzel提出固体表面粗糙度可用液体在固体表面上的真实或者实际接触面积(A_0)与表观或投影接触面积(A_r)之比来表示，即

$$粗糙度r=\frac{A_0}{A_r}=\frac{\cos\theta'}{\cos\theta} \tag{9-4}$$

式中：θ'为实测接触角。粗糙度恒大于1，由式(9-4)可知，材料的粗糙度既使亲水性材料的亲水性增加，又使疏水性材料的疏水性增加。Cassie and Baxter提出了描述液体在由固体和空气组成的材料表面的接触角θ'：

$$\cos\theta'=f_1\cos\theta-f_2 \tag{9-5}$$

式中：f_1为液体与固体接触面积分数，f_2为液体与空气接触面积分数。

由式(9-5)可知，当有空气陷在粗糙材料的低凹处时，液体在该材料表面的接触角增大。

第三节　防水整理剂

根据化学作用机理，防水整理剂可分为暂时型(物理吸附型)和反应型(化学键合型)两大类。随着纺织化学工业的发展，暂时型防水剂因耐久性不足已逐步退出主流市场。目前应用最广泛的是反应型防水整理剂，其分子结构中包含可与纤维发生化学键合的活性基团，主要包含三大化学类别：长链脂肪烃类化合物、有机硅聚合物以及有机氟聚合物。值得注意的是，由于有机氟化合物具有显著的生物蓄积性、生态毒性及环境持久性特征，国际纺织行业对其应用已建立严格管控标准。基于此，现代防水整理剂可进一步依据氟元素存在与否细分为：含氟防水整理剂(兼具防水防油功能)和无氟环保型防水整理剂(以有机硅和碳氢化合物为主体)。

三、含氟防水整理剂

1.含氟防水整理剂的作用机制与结构特性

(1)氟原子的独特性质

氟原子因其独特的电子构型展现出显著特性(表9-3):其Pauling电负性达4.0,居元素周期表首位;范德华半径仅1.35Å(介于氢1.20Å与氯1.80Å之间);极化率低至$1.27×10^{-24}$cc,远低于氯的$4.61×10^{-24}$cc。这种特殊组合赋予C-F键三大特征:①键能高达116kcal/mol(较C-H键提升16.6%);②键长1.317Å形成有效空间位阻;③键极化率仅$0.68×10^{-24}$cc。三者协同作用导致氟碳化合物呈现表面自由能低(<20mN/m),热稳定性优异(分解温度>400℃)以及化学惰性强等特点。

表9-3 H、F、Cl原子的比较

	H	F	Cl
最外层电子层的配置	$1S^1$	$2S^22P^2$	$3S^23P^53d^0$
范德华引力半径(A)	1.20	1.35	1.80
电负性(Pauling)	2.1	4.0	3.0
离子化能(kcal/mol)	315.0	403.3	300.0
电子亲和力(kcal/mol)	17.8	83.5	87.3
极化率(X_2)(10^{-24}cc)	0.79	1.27	4.61
C—X结合距离(Å)	1.091	1.317	1.766
C—X结合能(kcal/mol)	99.5	116	78
C—X极化率(10^{-24}cc)	0.66	0.68	2.58

(2)氟碳聚合物的构效关系

含氟聚合物的性能与其微观结构密切相关。以聚偏二氟乙烯(PVDF)和聚十五氟庚烷基甲基丙烯酸乙酯(PPFMA)为例,虽两者氟含量相近(59.3% vs 59%),但临界表面张力差异显著(25mN/m vs 11mN/m)。这源于PPFMA的支链全氟烷基结构能形成更致密的表面覆盖层,其自由体积分数较PVDF直链结构降低32%,有效抑制了液体渗透。

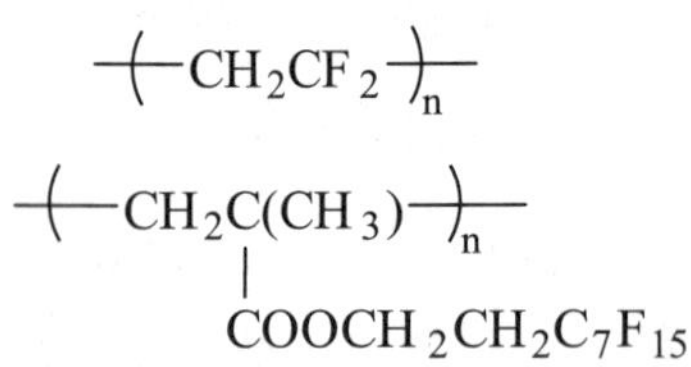

PVDF

PPFMA

(3)全氟化链长的优化规律

图9-3显示含氟聚丙烯酸类聚合物的临界表面张力(γc)随全氟化支链长度(n)呈非线性变化。当n=1-8时,γc从28 mN/m陡降至10 mN/m(R^2=0.96);n>8后变化趋缓(Δγc<0.5 mN/m)。对应性能测试(表9-4)表明,全氟化链长增至C_9F_{19}时,防油等级达AATCC118标准的8级(较CF_3提升8级),防水性能提升60%(ISO4920从50升至80)。此现象可用Flory-Huggins理论解释:当链长超过8个CF_2单元时,分子链构象熵降低,导致表面取向度趋于饱和。

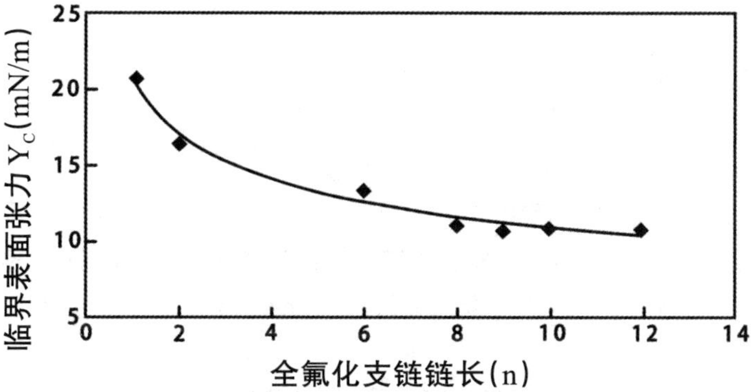

图9-3　全氟化支链链长对含氟聚丙烯酸类聚合物临界表面张力的影响

表9-4　含氟聚丙烯酸处理后织物的防水防油性能

全氟化支链	防油性能（AATCC 118）	喷淋测试（ISO 4920）
$—CF_3$	0	50
$—CF_2—CF_3$	3-4	70
$—(CF_2)_2—CF_3$	6-7	70
$—(CF_2)_4—CF_3$	7-8	70
$—(CF_2)_6—CF_3$	7-8	70
$—(CF_2)_8—CF_3$	8	80

2.含氟防水剂的分类与制备体系

含氟织物整理剂的核心功能组分是全氟及多氟烷基物质(Per-and polyfluoroalkyl substances,PFAS),其结构特征为碳链上氢原子被氟原子部分或全部取代形成C-F键网络。根据OECD发布的《PFAS术语指南》,该类物质按分子量及聚合度可分为两大技术体系:

(1)非聚合型PFAS(分子量<1000Da)

表9-5列出了常见的非聚合型PFAS。

表9-5　常见非聚合型PFAS

类别	通式结构	典型代表
全氟烷基酸 （PFAAs）	$C_nF_{2n+1}A$ ［A=COOH，SO_3H，$PO(OH)_2$，HPO(OH)等］	PFOA（$C_7F_{15}COOH$）、 PFOS（$C_8F_{17}SO_3H$）
磺酰氟前驱体 （PFASFs）	$C_nF_{2n+1}SO_2F$	6:2 FTS（$C_6F_{13}SO_2F$）
碘调聚物 （PFATIs）	$C_nF_{2n+1}C_2H_4B$ ［B=I，OH，$OCOCR_2=CH_2$（R_2=H，CH_3等）］	PFATIs（$C_8F_{17}C_2H_4I$） $C_6F_{13}C_2H_4COOCH_3$

注:调聚物(Telomer)通过链转移控制聚合(如四氯化碳体系下乙烯调聚),其分子链两端携带特定官能团(如-Cl),平均聚合度n=3-10,可作为氟化单体的关键中间体。

(2)聚合型PFAS(分子量>10^4Da)

①全氟化主链聚合物

聚四氟乙烯(PTFE)[$-CF_2-CF_2-$]$_n$,氟化共聚物(FEP/PFA),引入全氟烷氧基侧链(如$-C_3F_7O-$);

②侧链氟化共聚物

包括氟化丙烯酸酯共聚物$CH_2=C(R)COO(CH_2)_mC_nF_{2n+1}$,氟化聚氨酯$-NHCOO-(CH_2)_mC_nF_{2n+1}$,以及氟化环氧树脂(-环氧基-)$C_nF_{2n+1}$。

非聚合PFAS主要作为功能性单体(如C8调聚醇),通过酯化反应接入聚合物骨架。聚合型PFAS直接通过溶液纺丝或后整理工艺赋予织物超双疏特性(接触角$\theta>150°$)

目前工业界主要采用三类工艺路线制备含氟防水剂单体,其技术特征与产业现状对比如表9-6:

表9-6　含氟防水剂的制备方法

工艺路线	反应机理	核心优势	技术缺陷	产业现状
电解氟化法	Simons法:碳氢化合物在液态HF中电解氟化	产物直链度高(>95%)	产生全氟辛酸(PFOA)等PFAS副产物	3M公司2021年全面停产
调聚法	自由基链转移聚合(碘介导)	可控支链结构(n=3-8)	需多步后处理(收率≈75%)	国际主流工艺(>80%市场占有率)
齐聚法	四氟乙烯光催化低聚	无PFAS副产物	产物分子量分布宽PDI>2.0)	实验室研发阶段

(3)当前主流的调聚法工艺包含五级连续反应体系

①四氟乙烯单体合成

通过二氟一氯甲烷高温裂解制备:

$$2CHClF_2 \xrightarrow{700℃\ Pt催化} C_2F_4 + 2CHI\ (转化率>85\%)$$

②全氟烷基碘化物合成

四氟乙烯与五氟化碘发生加成反应:

$$nC_2F_4IF_5 \xrightarrow{700℃} C_{2n}F_{4n+1}I\ (n=3-6)$$

③调聚反应工程化控制

采用碘作为链转移剂,在超临界CO_2介质中进行(P=10 Mpa,T=60℃):

$$C_{2n}F_{4n+1}I + mC_2H_4 \xrightarrow{AIBN引发} C_{2n}F_{4n+1}(C_2H_4)_mI\ (m=2-8)$$

④亲核取代制备醇中间体

在碱性水相体系中进行SN2取代反应:

$$C_{2n}F_{4n+1}(C_2H_4)_mI + KOH \rightarrow C_{2n}F_{4n+1}(C_2H_4)_mOH + KI\ (选择性>92\%)$$

⑤酯化功能化反应

与(甲基)丙烯酰氯进行Steglich酯化:

$$C_{2n}F_{4n+1}(C_2H_4)_mOH + ClCOC(R)=CH_2 \xrightarrow{DMAP催化}$$
$$C_{2n}F_{4n+1}(C_2H_4)_mOCOC(R)=CH_2 + HCl\ (R=H,\ CH_3)$$

不同氟化链长单体的副产物毒性差异显著,C8单体(C_8F_{17})体系的副产物为全氟辛酸(PFOA,分子式为$C_8HF_{15}O_2$),半衰期$t_{1/2}$=5.4年,生物蓄积系数BCF=4500;C6单体(C_6F_{13})体系副产物为全氟己酸（PFH_xA，分子式为 $C_6HF_{11}O_2$），$t_{1/2}$=0.8年，BCF=120。根据欧盟REACH法规（2023修订案），C8产品已被禁止流通，C6产品需申报生态毒性数据（LC50<1 mg/L）。因此推动了产业界加速开发无氟替代技术。

3. 含氟防水防油剂的功能设计与环境挑战

（1）功能化共聚物分子设计

含氟防水防油剂通过多组分共聚实现性能协同，通常是由一种或几种氟代单体和一种或几种非氟单体共聚而成，氟代单体一般为含氟烷基丙烯酸酯单体，提供防水、防油性；非氟单体则提供聚合物成膜性、柔软性、耐洗性、交联性等。其结构单元如图9-4所示，（a）为氟烷基丙烯酸酯是含氟防水防油剂的主体[$Rf=CF_3(CF_2)_n$]，降低表面能，赋予防水防油性；（b）为长链烷基丙烯酸酯（$R_1=C_nH_{2n+1}$），增强成膜连续性，柔软性；（c）为反应性单体（Y=H，Cl），赋予与纤维的接合性（特别是聚酯、尼纶）、耐磨性、耐洗涤性；（d）是交联单体（$R_2=CH_2OH$ 或 $C(CH_3)_2CH_2COCH_3$，X=H、CH_3），根据自交联和与纤维的交联，形成强韧的皮膜后，赋予耐久性。

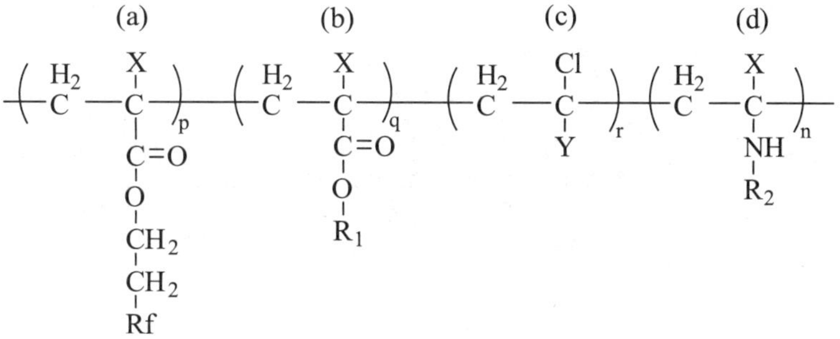

图9-4　防水防油共聚物的结构

（2）易去污技术突破与双稳态机制

传统含氟整理剂因Lotus效应不完全（接触角 $\theta<150°$），导致污渍渗入织物孔隙后形成Wenzel润湿态（渗透压 $\Delta P=-2\gamma\cos\theta/r$）。当 $\theta>90°$ 时，$\Delta P<0$ 产生自发渗透，造成去污困难（清洗效率<40%）。为了解决这个问题，新型易去污整理剂采用三嵌段结构（F-H-F），如图9-5所示，该类整理剂分子结构中既含有憎水性链段（全氟烷基丙烯酸酯，F段），同时也存在亲水性链段（聚氧乙烯，H段）。

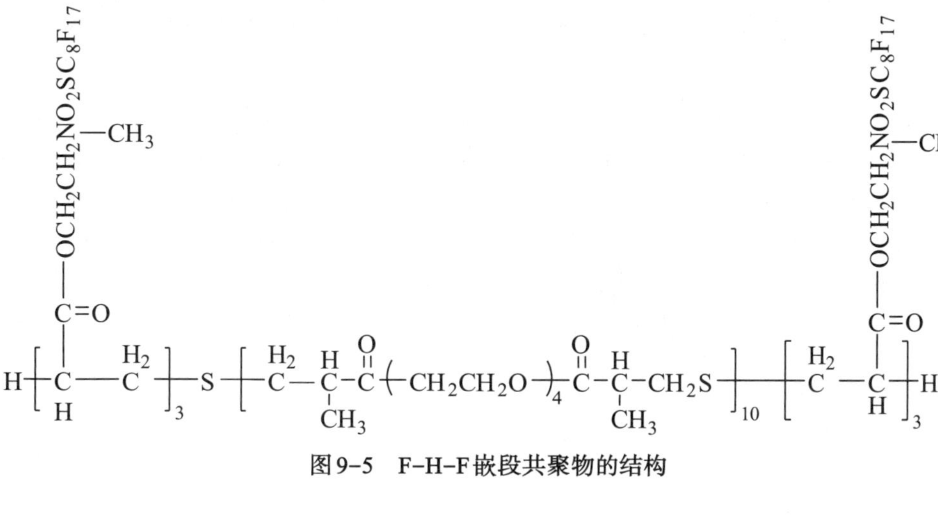

图9-5　F-H-F嵌段共聚物的结构

含氟易去污整理剂通过分子链段的空间重排实现环境响应功能，其动态行为受表面能最小化原理支配。如图9-6所示，在空气介质中，含氟链段（F段）由于低表面能特性，通过熵驱动在气-固界面富集，形成致密排列，亲水链段（H段）采取构象蜷缩态，埋藏在织物界面，保证织物在空气中具有防水防油的特性。当织物转入到水介质中，由于PEO的水合作用，引发H段链段伸展，而F段疏水塌缩，迁移至固-液界面形成隔离层，使织物表面发生润湿转变，改善了织物的润湿性，有利于污垢的去除（反转净洗效应，也叫Filp-Flop）。若将织物重新干燥（即在空气介质中），其分子链段能够再次定向分布，恢复其防水防油的特性。这种在空气中和水中的聚合物结构变化的现象叫做双稳态现象。但是由于这种反复定向的结果，容易导致膜的松动，使整理耐久性下降。一般带有亲水性链段的含氟易去污整理剂，耐60℃洗涤的次数不超过5~7次。

这类兼有憎水-亲水性能的易去污整理剂，通常是以憎水性单体与亲水性单体为基础，通过嵌段共聚或接枝共聚而成，各链段间的比例，遵循对易去污整理剂的性能要求有所选择。

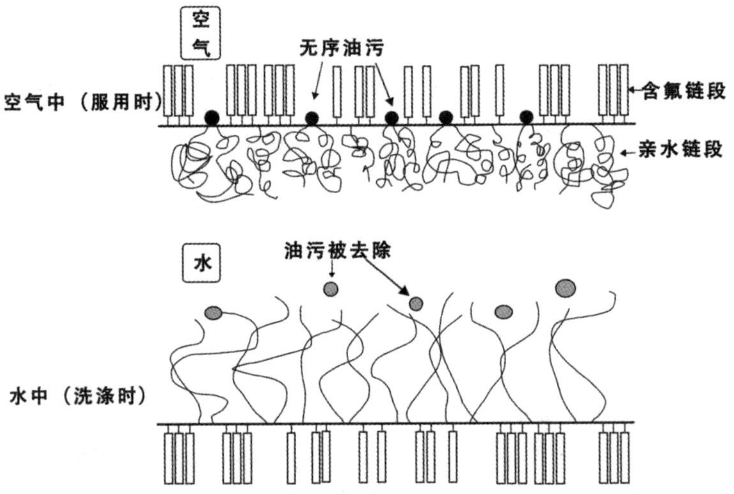

图9-6　易去污整理剂在空气中和水中的表面变化模式

含氟防水剂的工业化生产主要基于自由基聚合机理，通过溶液聚合或者乳液聚合的工艺制备。其技术路径选择受环保法规（如欧盟REACH法规）和工艺经济性双重驱动，近年来以乳液聚合为主。防水防油剂按照离子形态又可分为阳离子型、非离子型和阴离子型。大部分防水防油剂是阳离子型（市场占有率约75%），含有季铵盐基团（如$-N^{+}(CH_3)_3$）修饰的氟聚合物侧链，能与纤维素纤维产生静电吸附，增强其耐洗性（20次洗涤后接触角保持率>90%）；非离子型为聚氧乙烯链段（EO=15-25）与氟链段共聚产品，常用于低温焙烘、低色变加工；阴离子型采用磺酸基（$-SO_3H$）或羧酸基（-COOH）功能化，应用很少，常见于阴离子黏合剂（如丙烯酸酯胶乳）同浴加工，应用于地毯防污整理。

防水防油剂的加工方式如图9-7所示。

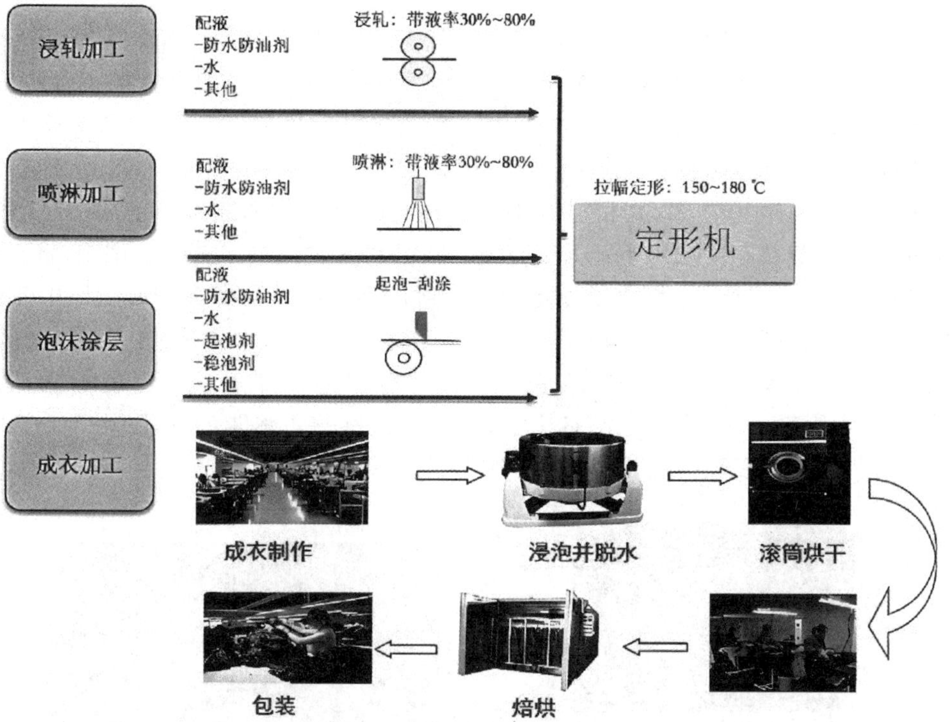

图9-7　防水防油剂的加工方式

含氟织物整理剂虽具备超双疏性能，但其环境毒理特性引发全球监管升级。虽然通过降低全氟烷基链长度可减少对生物及环境的危害，但短链全氟织物整理剂的防水防油性能效果逊于C8整理剂，特别是防油性能降低更明显，C8整理剂为8级，而C6整理剂和C4整理剂分别为6~7级和4~5级。近年来，美国及欧盟不遗余力取代全氟化合物的使用，从早期管控长链全氟化合物，到限制中长链全氟化合物，直至管制短链C6全氟化合物，足见限用全氟化合物全系物已成趋势。

4.复合型含氟防水剂技术突破

目前来看，要解决安全问题只能按不同客户要求分别对待。在要求不太高的情况下可通过增加C6类或C4类短链氟碳织物整理剂用量，或添加配套使用增强剂，或两者同时使用等方法解决。然而对多数要求较高的应用领域，使用短链氟碳织物整理剂达不到所需性能水准，则需研发新型安全防水防油整理剂。据近年研发状况分析，有两类新型安全防水防油整理剂值得进一步深入研究和开发。

（1）氟硅协同体系

通过分子设计融合氟碳链（低表面能）与硅氧链（高柔顺性），实现性能-安全双优化。经氟硅改性后的丙烯酸酯乳液具有含氟化合物和含硅化合物的优点，如更优疏水疏油性、化学稳定性和较低T_g，不含PFOS，且PFOA质量分数在限值以下。从20世纪末到21世纪初，国内外先后有众多的研究机构和科研团队对此类研究成果进行了报道，其中比较有代表性的有德国瓦克化学制备的硅氧烷-氟丙烯酸酯嵌段共聚物以及中国科学院化学所合成的超支化氟硅树枝状聚合物。

(2)纳米杂化技术

纳米杂化技术是基于仿生学原理构建微纳复合结构,突破传统化学疏水极限。纳米微粒型含氟整理剂又称为纳米杂化含氟防水防油整理剂,不仅具有优良防水防油性能,而且能保持纳米特性,不含有PFOS,PFOA质量分数在限值以下。例如,德国鲁道夫公司开发的三防整理剂Rucostar EEE通过将氟碳聚合物与树状聚合物在纳米范围内自组装,然后共结晶获得优良防水防油拒污效果,产品中氟质量分数低,不含烷基酚聚氧乙烯醚(APEO)与PFOS,PFOA质量分数在限值以下;美国Nano-Tex公司开发的纳米三防整理剂,将有机氟和仿生学的原理相结合,使纳米级分子模仿荷叶及桃皮表面的结构形态和簇绒作用(图9-8),在纤维面料上形成有序排列,形成超疏水层,从而产生优良的防水防油拒污效果。该产品适用于棉、化纤及其混纺针梭织物的耐久防水防油整理,经整理的纺织面料可耐30次以上的水洗,对于毛料织物可耐7次以上溶剂干洗,仍具有优良的防水防油性能,不影响整理加工织物的手感,且能与大多数树脂相容,不含PFOS和PFOA。

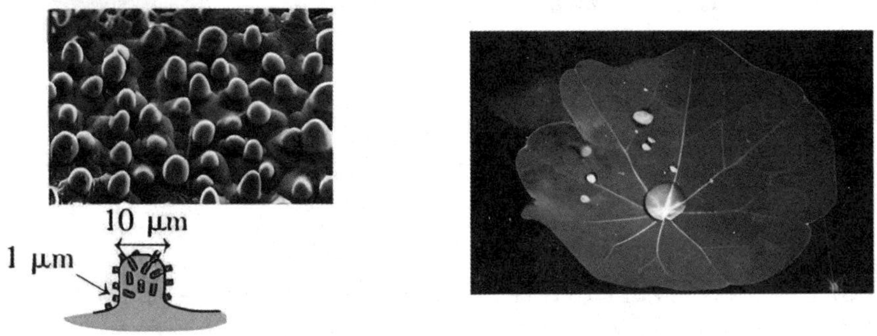

图9-8 荷叶表面的结构形态和簇绒作用

由此可见,基于微纳复合结构的纳米杂化技术通过仿生多级结构设计与化学改性协同作用,可同步降低防水防油整理剂的生态毒性并提升长效防油防污性能,成为突破传统全氟化合物技术瓶颈的重要方向。尽管已有商品化产品实现产业化应用,但其生产成本仍高出传统C8体系3-5倍。仍需突破关键技术瓶颈,逐步实现成本可控性与性能稳定性的平衡,以精准匹配差异化市场需求,开发梯度化产品体系。

二、无氟防水整理剂

无氟防水整理剂泛指不依赖氟碳树脂的防水功能材料,依据与纤维的键合机制可分为暂时性物理吸附型与反应性化学键合型。由于环保法规对持久性污染物的限制,无氟防水剂因其生物可降解性和生态安全性成为研究热点。

1.金属盐类防水剂

金属盐防水整理剂主要以铝皂和锆皂为代表。将织物用肥皂液浸渍后,再用乙酸铝处理,形成铝皂,固着在织物上,这种方法称为两浴法。

$$3C_{17}H_{35}COONa+(CH_3COO)_3Al \longrightarrow (C_{17}H_{35}COO)_3Al+3CH_3COONa$$

两浴法的缺点是黏着力差,易起灰尘,而且钠皂的残留会降低织物防水效果。后发展为一浴法来代替两浴法,即将铝皂制成分散液,以明胶、聚乙烯醇为保护胶体,但这类保护胶体如果清洗不干净,则容易滋生细菌。后来又发展了乳化石蜡和铝皂并用的方法,石蜡-铝皂类防水剂价格低廉，工艺简单，防水效果好。缺点是耐洗涤性差、不耐磨。由于铝皂在碱性溶液中容易水解，以锆盐代替铝盐，由于锆皂的疏水性和耐洗性都比铝皂好，因此可以有效地改善整理品的耐久性，但锆离子具有显著的生物毒性（EC_{50}=12 mg/L，超出EPA限值5 mg/L），且价格较高。

随着对家用洗涤和商用洗涤牢度要求的提高，除少数临时整理外，铝皂和锆皂已很少用于防水整理。

2.石蜡基复合防水剂

石蜡和蜡状物质均能够用于织物的防水整理，通过加热使其由固态形式转变为熔融状态，或将其溶于有机溶剂制成溶液，或制成乳液，施加于织物上。

将铝皂、乙酸铝及石蜡混合制成乳液应用，可提高防水效率。石蜡-铝皂使用方便、价格低廉，属于环保类防水剂，特别适用于工业用布的防水整理，但耐洗性较差。而以乙酸锆、碳酸三氯二锆的铵盐、氯氧化二锆代替乙酸铝，可增强整理品耐干洗和水洗的能力；此外，在石蜡乳液中引入聚合物，可改善其稳定性和整理品的耐久性，如聚乙烯醇、聚乙烯、聚丙烯酸酯和聚丙烯酸丁酯等；还可通过引入交联剂进一步改善整理效果的耐久性，提高纤维素纤维织物的尺寸稳定性和抗皱性。

石蜡-铝皂一浴法防水整理工艺是将乙酸铝、石蜡和肥皂乳液混和，并加入保护胶体，如明胶等，以避免破乳和沉淀。

石蜡-铝皂防水浆液配方如下：

石蜡	60 g/L
乙酸铝	55 g/L
烧碱	11 g/L
松香	20 g/L
明胶	15 g/L
甲醛	10 g/L
硬脂酸	5 g/L

工艺流程为：二浸二轧（防水液20~30 g/L，轧液率100%，轧液温度35~40°C）→烘干→成品

配制防水整理液时，先将松香、硬脂酸、明胶及烧碱混合，加热至60~70°C，再注入熔融石蜡，不断搅拌至充分乳化，将乳液缓慢加入提前制备好的乙酸铝溶液中，充分搅拌均匀，最后加水到配制液量。

在进行防水整理时，应注意明胶用量要适当，用量少，乳液易发生破乳现象；用量过大，防水效果会降低。另外，整理前织物应为中性，不含渗透剂等亲水表面活性剂。

为了使织物具有耐水洗和干洗的耐久防水性，防水剂必须能和纤维的官能团发生化学反应而彼此牢固地结合，从而发展了反应性防水剂。

3.长链脂肪烃反应型防水剂

（1）脂肪酸金属络合物

主要为硬脂酸的铬络合物，但需注意的是铬离子对环境有严重污染，不符合生态纺织品要求。

常用防水剂CR、AC，其结构如下所示：

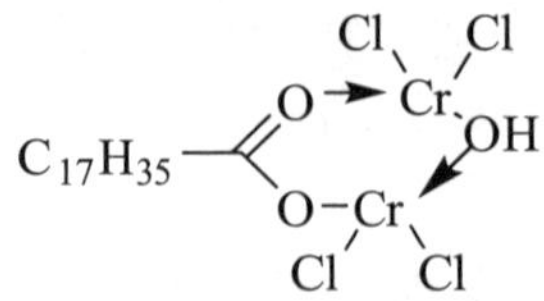

防水剂CR

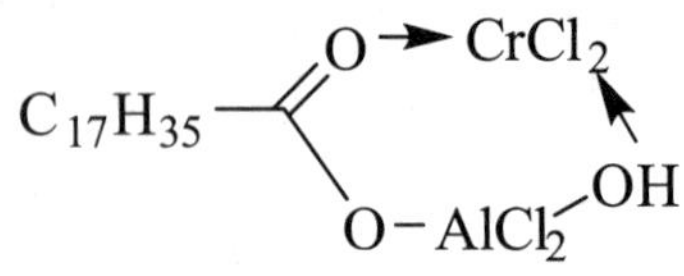

防水剂AC

防水剂CR的化学组成是硬脂酰氯化铬的醇溶液。它是由三氧化铬经还原后与硬脂酸络合而生成的（图9-9（a））。其分子的一端含有脂肪酸长碳链，另一端含有能与羟基氧原子（存在于纤维素分子）或酰胺基氧原子（存在于蛋白质分子）形成配位键的三价铬原子。在加水加热条件下，铬的氯化物逐渐水解形成铬的氢氧化物，经高温焙烘发生缩合反应。用铬络合物处理后的织物于150~170°C焙烘时，络合物发生进一步聚合。同时，该络合物也可与纤维表面的羟基、羧基、酰胺基或磺酸基等反应形成共价键。络合物的无机部分键合于纤维表面，有机疏水部分（硬脂酸链）远离纤维表面而垂直于纤维表面排列如图9-9（b）所示，从而赋予织物以防水性能。

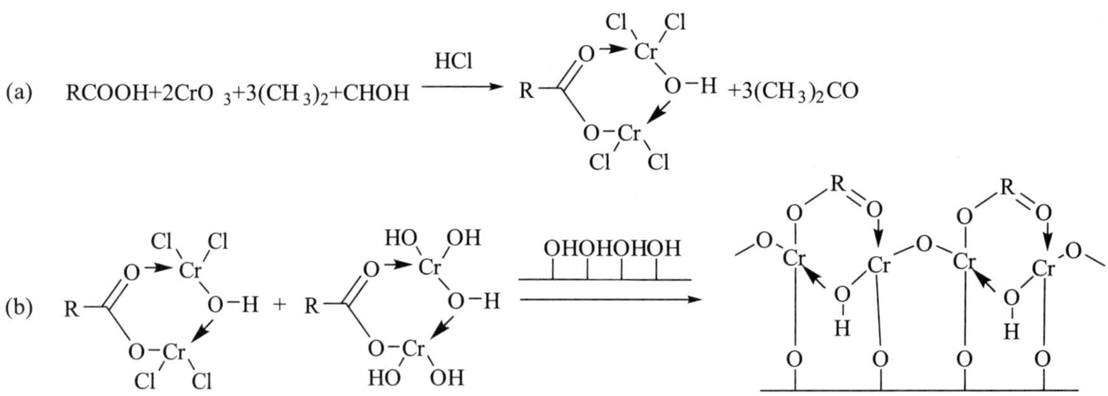

图9-9　防水剂CR的合成(a)及其与纤维素纤维的反应(b)示意图

经过处理后，天然或合成纤维织物上可获得半耐久性的防水效果。但铬络合物呈蓝绿色泽，主要用于深色织物的防水整理。为了消除颜色，后来采用肉豆蔻酸的铝络合物，但防水效果较差。

防水剂CR整理工艺配方如下：

防水剂CR	7%
六亚甲基四胺	0.84%
加水合成	100%

工艺流程为：二浸二轧（温度40°C以下，轧液率60%~70%）→烘干（温度60~70°C）→焙烘（温度110~130°C，时间3~5 min）→皂洗（温度50~60°C）→水洗→烘干

防水剂CR在水解时释放出的HCl，会损伤纤维素纤维，因此在浸轧液中常加入缓冲剂六亚甲基四胺，质量百分含量为防水剂CR的12%。

（2）吡啶季铵盐类

吡啶季铵盐类防水剂是含有N-吡啶亚甲基醚基的长碳链烷基衍生物，能和纤维羟基发

生反应，生成纤维素醚。早期的制法是将鲸油醇（十六醇）或硬脂醇（十八醇）与甲醛和干燥氯化氢进行醚化反应，再与吡啶反应，所得产物结构如下所示：

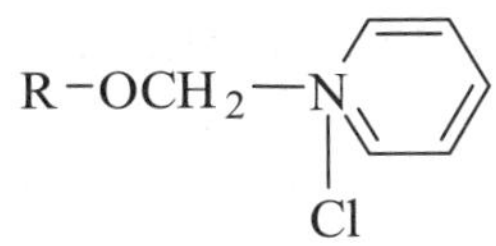

R：$C_{16}H_{33}$或$C_{18}H_{35}$

此后，采用脂肪酰胺代替早期的原料脂肪醇，苯作为溶剂，加入纯碱，与甲醛进行反应，生成的羟甲基脂肪酰胺，再与吡啶盐酸盐反应，制得吡啶季铵盐化合物。如防水剂PF，其结构如下所示：

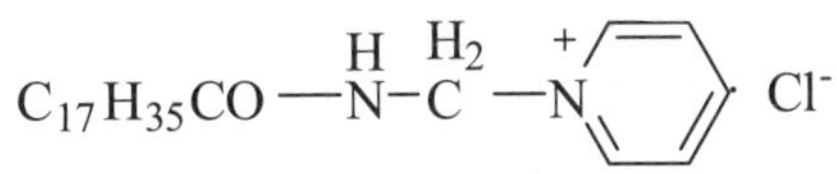

此类防水剂的国外商品牌号有防水剂Zelan A、AP和Cerol等。

防水剂PF的整理工艺的配方如下：

防水剂PF	6%
酒精（95%）	6%
结晶醋酸钠	2%
水（40°C）	25%
加水合成	100%

工艺流程为：浸轧整理液（温度40℃，轧液率70%）→热风烘干（温度70~80℃）→焙烘（温度150°C，时间2~3 min）→皂洗（肥皂2 g/L，纯碱2 g/L，温度40~50℃）→水洗→烘干

酒精的作用是先将防水剂PF调成浆状，使其更好分散于水中。通过轧→烘→焙工艺将整理剂施加于纤维素纤维织物上。由于在反应过程中会放出刺激性很强的有毒气体吡啶，同时还有氯化氢，故需加缓冲剂醋酸钠，用量是防水剂PF的30%~40%，中和焙烘过程中释放出的氯化氢，以防止损伤纤维。配液温度应控制在35℃~40℃，温度不能过高，否则防水剂PF会分解并释放盐酸。焙烘前织物要充分烘干，如水分过多，防水剂PF易被水解而影响防水效果。

防水剂PF对热较为敏感，在焙烘过程中，一部分分子与纤维素纤维分子上的羟基发生化学反应而形成醚键，使织物具有耐久性的柔软防水性能。另一部分分子则自身缩聚成二聚体，成为具有高疏水性的双硬脂酰胺甲烷（$C_{17}H_{35}CONHCH_2NHCOC_{17}H_{35}$）而附着于纤维表面。

防水剂PF属阳离子表面活性剂，在40℃水中能溶成胶体状溶液。耐酸和硬水，不耐碱和大量硫酸盐、磺酸盐、磷酸盐等盐类，不耐100℃以上的高温。可与阳离子表面活性剂和非离子表面活性剂共用，不能与阴离子表面活性剂或染料同浴使用。有残余吡啶臭味的缺点。主要用于棉、麻、黏胶等织物防水整理和柔软整理，也用于尼龙、聚酯等纤维的防水整理和柔软整理。它可与氨基树脂等同浴使用，也可用作还原染料和可溶性还原染料的着色防染剂。

（3）N–羟甲基化合物类

这类整理剂为含有长碳链脂肪烃的氨基树脂初缩体，是用高级醇和高级脂肪酸将氨基

树脂初缩体中的部分羟甲基进行醚化和酯化后的产物，通过未反应的羟乙醚与纤维素反应或自身进行缩聚，而获得持久防水效果。这类产品1953年投于工业生产，瑞士汽巴-嘉基公司的商品名为Phobotex FTC、FTG，国产商品名为防水剂AEG、MDT、MWZ等。

在酸性催化剂和高温作用下，N-羟甲基可以与纤维素纤维的羟基反应：

$$—NHCH_2OH + HO-Cell \longrightarrow —NHCH_2O-Cell + H_2O$$

以N-羟甲基化合物为基础的最简单的防水剂是与硬脂酰胺反应制备的N-羟甲基十八酰胺（$C_{17}H_{35}CONHCH_2OH$）。其整理工艺为：先用N-羟甲基十八酰胺乳液对织物进行整理，再以氯化铵或磷酸二氢铵为催化剂，用甲醛处理，反应在织物上进行，形成具有优良耐久性的防水剂。它的化学结构和吡啶季铵盐化合物防水剂基本相同，反应机理也类似。特点是无吡啶臭味，不使染色织物变色，可与其它氨基树脂合用。缺点是不易乳化，需用大量乳化剂。

此外还有羟甲基三聚氰胺硬脂酸衍生物。这类防水剂的代表是Permel Resin（ACC）（国内称为防水剂703），是用途较为广泛的防水剂，可用于纺织、皮革和造纸等行业。它由三聚氰胺与甲醛缩合生成六羟甲基三聚氰胺，再与乙醇作用制成部分乙醚化的六羟甲基三聚氰胺，然后加硬脂酸酯化，得乙醚化的六羟甲基三聚氰胺硬脂酸酯，再加三乙醇胺，制得三元碱缩合物，最后加甘油二硬脂酸酯和白石蜡复配而成。

此类整理剂主要用于棉及涤/棉的防水整理，整理后的织物适于做风雨衣、户外服，其整理工艺配方如下：

防水剂	6%
醋酸（40%）	1.5%
热水（95°C左右）	适量
温水	适量
硫酸铝（结晶）	0.3%~0.4%

工艺流程为：二浸二轧（轧液率60%~65%，pH=4.5~5.5，温度30~50℃）→预烘（温度80~90℃）→焙烘（温度155~160℃，时间3~3.5 min）→水洗→烘干

除了脂肪酸的金属络合物，吡啶季铵盐和羟甲基化合物以外，还有其他化学反应型防水剂，可以共价键和纤维结合，并产生耐久性的防水效果。

十八烷基异氰酸酯与乙烯亚胺反应生成氮丙啶基的化合物，如下所示，与纤维素纤维反应，还伴随有氮丙啶基的聚合作用，同时添加二氮丙啶化合物可改善防水效果的耐久性。

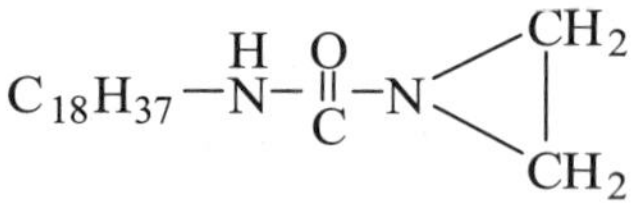

纤维素纤维与反应性染料的染色化学，也可应用于耐久性防水整理。比如通过-NH-键合疏水性基团的一氯和二氯均三嗪类染料，如下所示：

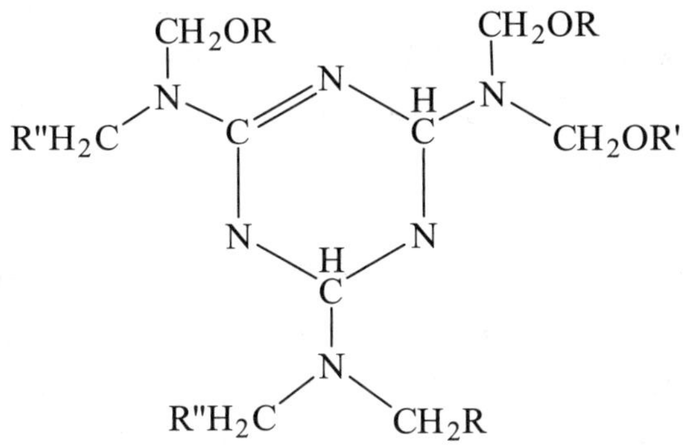

$R=CH_3$或C_2H_5

$R'=C_{18}H_{37}$

$R''=-NHCOC_{18}H_{37}$或$-O-CH(CH_2-O-C_{18}H_{37})_2$

利用环氧氯丙烷和纤维素纤维羟基反应性强的特点，将脂肪醇和多胺类化合物与其缩合，生成具有反应性环氧基的防水剂，结构式如下所示：

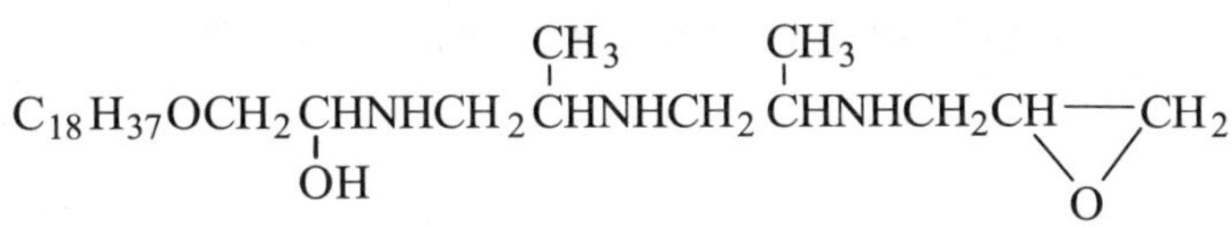

通过硬脂酸异丙烯醇酯与棉织物的酰化作用，可赋予棉织物防水性能。硬脂酸异丙烯醇酯与纤维素纤维的羟基反应如下所示：

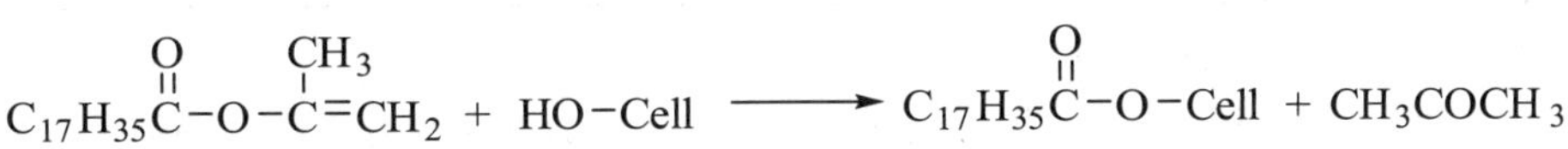

4.聚丙烯酸酯类无氟防水剂

聚丙烯酸酯类化合物作为当前无氟防水剂体系的主流材料，凭借其良好的加工适用性、优异的耐水洗性能以及显著的成本优势，在纺织后整理领域得到广泛应用。然而，该类材料仍存在若干性能缺陷，主要表现为成膜手感偏硬及加工后织物易产生手抓痕等问题，目前市售典型产品包括上海福可的X-2 Pro、301 Pro，日华的NEOSEED NR7080。

为改善聚丙烯酸酯类防水剂的综合性能，研究者多采用有机硅改性技术。其核心机理是通过化学共聚将聚硅氧烷或硅烷偶联剂引入丙烯酸酯分子链，构建有机硅-丙烯酸酯复合体系。该改性方法可显著优化材料的表面特性：聚硅氧烷链段的引入不仅增强分子链柔顺性，改善织物手感，其低表面能特性还可协同提升防水性能。有研究团队采用自制的反应型硅油与丙烯酸酯单体进行乳液共聚，成功制备的有机硅改性聚丙烯酸酯防水剂，其静态接触角较传统产品提升15%~20%，经20次标准洗涤后防水性能保持率超过85%，同时兼具色变值低和手感柔顺的特点。

在提升耐洗性方面，工业界普遍采用聚氨酯复合改性技术。该方法通过在丙烯酸酯共聚体系中引入含反应性基团的封端异氰酸酯单体，构建双重交联网络结构。在织物后整理过程中，经高温焙烘处理后，封端异氰酸酯发生解封闭反应，释放出活性异氰酸酯基团

(-NCO)。这些活性基团可与纤维素纤维的羟基或蛋白质纤维的氨基发生共价键结合，形成稳定的三维交联网络。该技术路线有效降低了传统工艺对交联剂的依赖，经测试表明，经聚氨酯改性的防水剂耐皂洗次数可达50次以上(AATCC 61-2013标准)，且交联剂用量减少约60%。

3.2.5有机硅类无氟防水剂

有机硅化合物作为纺织防水整理领域的里程碑材料，其疏水性能的系统研究始于20世纪40年代。1940年，通用电气实验室通过甲基氯硅烷气相沉积实验，首次揭示硅基化合物可在材料表面构建稳定防水膜，这一发现为有机硅材料的工业化奠定了基础。1943年实现规模化生产后，聚硅氧烷于50年代中期正式进入纺织工业，率先用于涤棉混纺和醋酸纤维雨衣的防水处理。经数十年发展，现已成为适用于棉、麻、丝、毛及各类合成纤维的广谱型防水整理剂。

(1)有机硅防水剂的防水机理及性能优势

从分子结构分析，有机硅防水剂的核心特征源于其独特的-Si-O-主链结构(表9-7)。研究表明，Si-O-Si键角为143°，O-Si-O键角为109°，配合1.65Å的Si-O键长，形成螺旋状分子构象。

表9-7 有机硅分子中的键角，键长及键能参数

键角[a]	键长	键能
C-Si-C~106°	1.92 Å	Si-C 326 kJ/mol
Si-O-Si~143° O-Si-O~109°	1.65 Å	Si-O 443 kJ/mol

[a]:在-50℃下测试[$(CH_3)_2SiO$]$_4$

如图9-10所示，甲基基团垂直于Si-O主链呈伞状分布，可自由绕Si-O键进行360°旋转。这种动态构型产生显著空间位阻效应：一方面，旋转的甲基通过"疏水屏蔽"作用形成致密防水层；另一方面，分子间距离增大导致范德华力降低至碳氢化合物的1/3，赋予材料优异的柔顺性(玻璃化转变温度T_g<-127℃)。

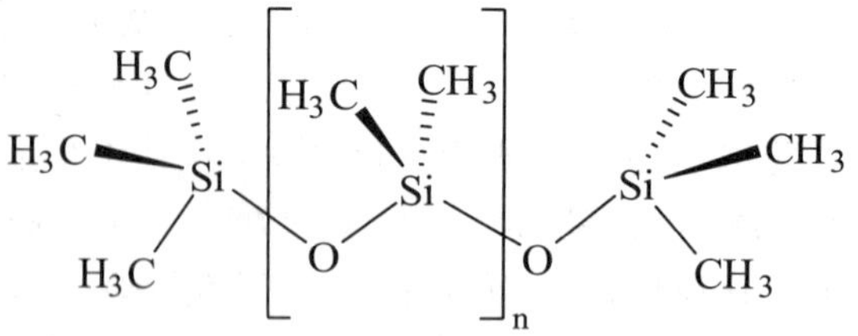

图9-10 有机硅聚合物立体构型

聚二甲基硅氧烷(PDMS)的防水机制具有分子级定向排列特征(图9-11)。主链中的O原子通过氢键(B)与纤维表面(F)形成稳定结合，而侧链甲基定向排列构成疏水界面(A)。这种自组装特性使其表面张力可低至20~22 mN/m，显著低于水(72 mN/m)，从而实现疏水效果。动态接触角测试显示，经PDMS整理的棉织物初始接触角可达145°±3°，经50次洗涤后仍保持125°±5°。

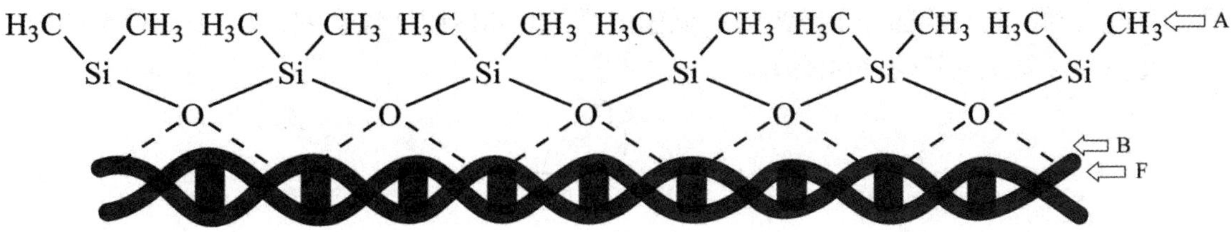

图9-11　聚二甲基硅氧烷与纤维结合示意图(A聚二甲基硅氧烷疏水面;B极性氢键;F纤维表面)

有机硅防水剂的卓越性能源于其独特的分子结构与理化特性,具体表现为以下多维度优势,

①本征疏水特性:侧链甲基(–CH_3)作为疏水官能团,通过空间定向排列形成致密分子屏障;

②化学稳定性:主链Si–O键能达443kJ/mol(高于C–C键的347kJ/mol),赋予材料热稳定性、耐紫外性和耐化学性;

③界面润湿调控:有机硅分子具有低表面张力和高铺展系数。通过调控黏度,可在纤维表面迅速铺展,并渗透织物,而不堵塞织物孔隙,使整理后的织物具有良好的透气性;

④动态链柔性;优良的低温延展性,增加织物的柔软性,降低收缩率,提高折皱回复率、撕裂强度和耐磨性。

上述特性协同赋予了织物持久防水效果和服用舒适性。

(2)有机硅防水剂的分类与应用体系

有机硅防水剂根据溶解特性可分为溶剂型和乳液型两类。溶剂型需使用有机溶剂,VOCs排放量超标,且存在燃爆风险,已逐步被淘汰。乳液型通过微乳化技术实现水性化,但残留乳化剂会导致接触角降低,现代工艺采用可分解型复合乳化剂或反应性乳化剂可将接触角损失控制在小于5°。

有机硅防水剂分子结构类型如图9–12所示,主要有硅氧烷,聚二甲基硅氧烷及其取代衍生物。

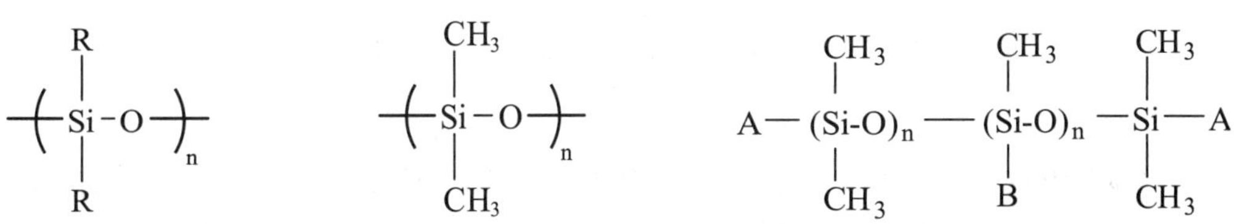

(a)　　(b)　　(c)

图9–12　(a)硅氧烷,(b)聚二甲基硅氧烷及其取代物(c)的结构示意图,取代通常是在A端基和B侧链上

典型工业化有机硅防水剂包括:

①聚二甲基硅氧烷(PDMS)

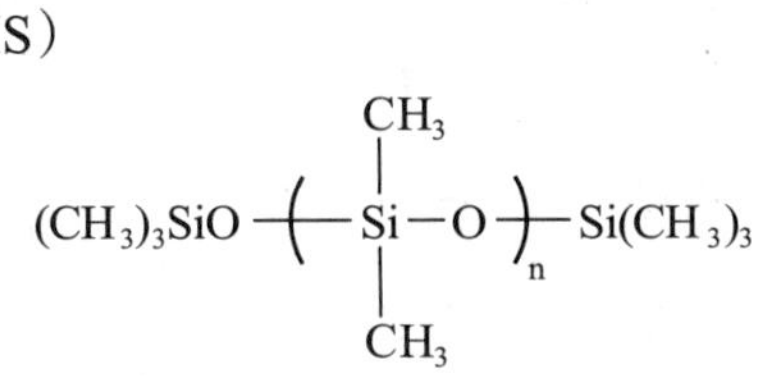

PDMS防水剂在低温成膜得到的是线性聚合物,高温下虽可在氧气存在下发生氧化交

联，但程度较低，同时伴随分子链断裂。低温成膜的PDMS耐洗性较差，故主要用作柔软剂。

②甲基含氢聚硅氧烷（PMHS）

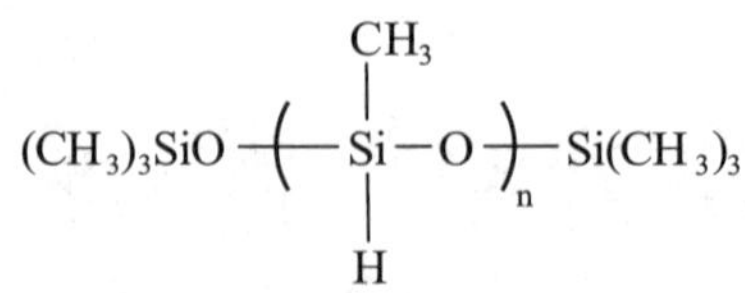

HMPS在高温下和空气中的氧发生作用，使氢转变为醇羟基，随后与纤维素纤维表面的羟基发生反应，通过脱水缩合形成稳定的醚键共价结合，同时HMPS上的羟基也可以通过脱水缩合发生自交联反应：

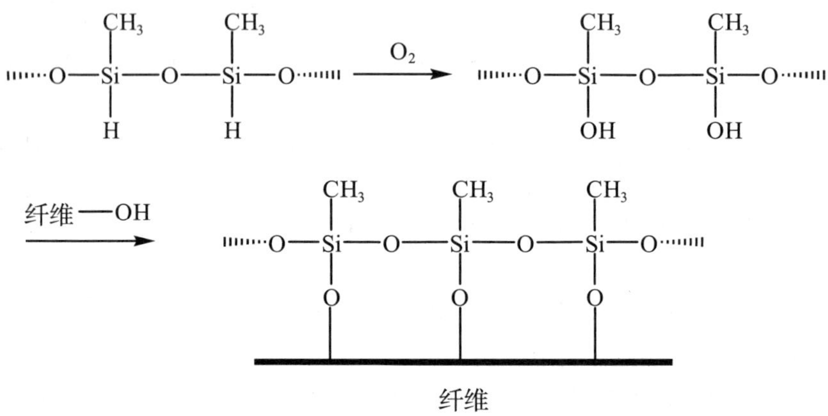

这种化学交联机制使得处理后的织物不仅表现出优异的耐洗性能，还能维持持久防水效果。然而，较高的交联密度影响织物柔顺性。为此，通常会加入一定比例的二甲基聚硅氧烷以改善手感，增加弹性。

③乙基含氢聚硅氧烷（PHES）

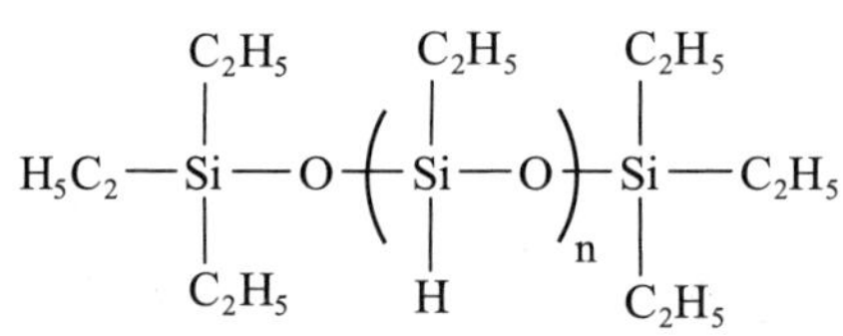

HES与HMPS结构类似，区别主要是取代基为乙基。研究表明，由于乙基的存在，其分子结构更为稳定，耐候性和耐热性较好。同时，其防水性能也相当出色，具有润湿角大和耐久性强的优点。但由于空间位阻效应，不如甲基含氢硅油反应性活泼。HES广泛应用于建筑、电子、汽车、航空航天等领域，特别适用于对耐候性和耐热性要求较高的场合。

④端羟基聚二甲基硅氧烷（PDMS-OH）

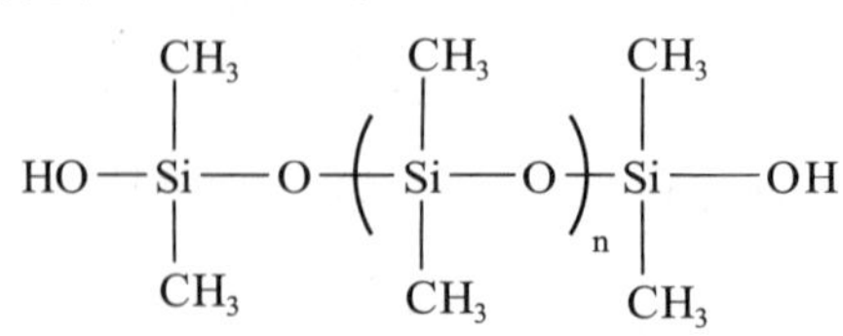

PDMS-OH分子链两端的羟基（-OH）可与纤维表面的羟基（如棉、羊毛的-OH）或金属氧化物（如TiO_2、SiO_2）发生缩合反应，形成稳定的Si-O-C或Si-O-M共价键，显著提升耐久

性；在加热或催化剂（如有机锡）作用下，端羟基可相互缩合形成三维网络，增强膜层强度；交联后弹性模量仅为0.5~1.0GPa（含氢硅油整理后模量通常大于1.5GPa），可避免传统防水剂的僵硬感；与氨基硅油复配，同步实现防水与柔软整理；特别适用于各种合成纤维和羊毛织物，也可用于纤维素纤维织物。它用于超细涤纶仍可获得良好的防水性、悬垂性和手感，经改进后还可作为防污、去污的防水整理剂。

工业化的有机硅防水剂通常是两种以上的有机硅复配产物。国产商品有防水剂PS（羟基硅油和含氢硅油为主的乳液），国外品牌有国际品牌则包括DOWSIL（陶氏公司）、Phobotone WS（原汽巴-嘉基，现属亨斯迈集团）、Perlit® SI-SW（原拜耳，现科思创旗下）等。

防水剂整理工艺配方举例如下：

PDMS-OH乳液（30%）	70 g/L
PMHS乳液（30%）	30 g/L
618氨化环氧树脂（31.8%）	14 g/L
醋酸锌	11 g/I
二氯氧化锆	5.4 g/L
乙醇胺	22 g/L

操作步骤：按配方中各组成及用量，调制成浸轧液，用乙醇胺调节pH至6~7。取漂白或染色卡其织物二浸二轧（轧液率65%），在80~90°C下烘干5 min，再经150~160°C焙烘3~5 min。

上述配方以PDMS-OH为主体，提供优异的防水性与弹性；加入PMHS作为协同交联剂，增强防水性；加入618氨化环氧树脂能进一步提高防水剂在织物上的附着力；加入催化剂醋酸锌，可降低焙烘温度和时间，减少对织物强度的损伤；二氯氧化锆是耐高温稳定剂，Zr^{4+}能与Si-O形成配位键，提高防水剂的热稳定性；乙醇胺是pH值缓冲剂和乳化稳定剂。

3.2.6 聚氨酯类无氟防水剂

（1）聚氨酯化学体系的发展与工业化进程

20世纪30年代，德国化学家Otto Bayer研究团队通过异氰酸酯与多元醇的逐步加成聚合反应，成功合成具有氨基甲酸酯重复单元的高分子化合物，标志着聚氨酯（Polyurethane，PU）化学体系的正式确立。第二次世界大战结束后，英美等国于1945-1947年间获得德国聚氨酯树脂制造技术，至1950年前后实现工业化生产。在应用技术演进方面，20世纪50年代初期，聚氨酯材料开始作为纺织整理剂在欧洲实现应用，当时主要采用溶剂型体系进行干式涂层整理。随着20世纪60年代全球环保意识觉醒及《清洁空气法》等法规的相继出台，水性聚氨酯涂层技术取得突破性进展，成功应用于皮革涂饰领域，实现挥发性有机物（VOC）排放的显著降低。至20世纪70年代，聚氨酯涂层织物的工业化应用进入快速发展期，产品性能与加工工艺得到系统性提升。材料科学的重大突破出现在20世纪80年代，研究人员通过分子结构设计，调控异氰酸酯指数（NCO/OH比）、多元醇类型（聚酯/聚醚型）及扩链剂种类，实现对材料形态（热塑型/热固型）和性能（硬度、弹性、耐候性）的精准调控。这种分子可设计性优势推动聚氨酯向功能化、专业化方向快速发展。从产业格局演变来看，随着化学基础研究、生产工艺革新和应用领域的持续拓展，聚氨酯现已成为全球第六大合成材料，年产量超2000万吨。我国聚氨酯工业虽始于20世纪60年代，但通过实施清洁生产技术和循环经济模式，在MDI、TPU等关键材料领域已形成完整产业链，特别是在水性体系开发、生物基原料替代等可持续发展方向取得重要突破，展现出显著的后发优势。

(2)聚氨酯分子结构与性能的构效关系

PU是由多异氰酸酯(含≥2个-NCO基团)与多元醇(含≥2个-OH基团)通过逐步加成聚合形成的高分子材料(图9-13)。其分子链中特征结构为氨基甲酸酯键(-NH-CO-O-)，同时可含醚键、酯键、脲键等。PU通常是由不同T_g的柔性链段(软段)和刚性链段(硬段)嵌合而成(图9-14)。在热力学方面，极性较强的硬段与软段间具有不相容性，使得硬段聚集形成许多微区并分布于软段间，从而构成微相分离结构，该结构赋予聚氨酯材料独特性能。聚氨酯材料的柔韧性、机械强度、耐磨性、黏结性、耐化学药品及耐久性等都十分出色，可赋予织物多种优异性能，如柔软度、丰满感、耐洗耐磨、高弹性、抗静电等，这些性能使得聚氨酯整理剂在纺织行业具有广泛的应用潜力。

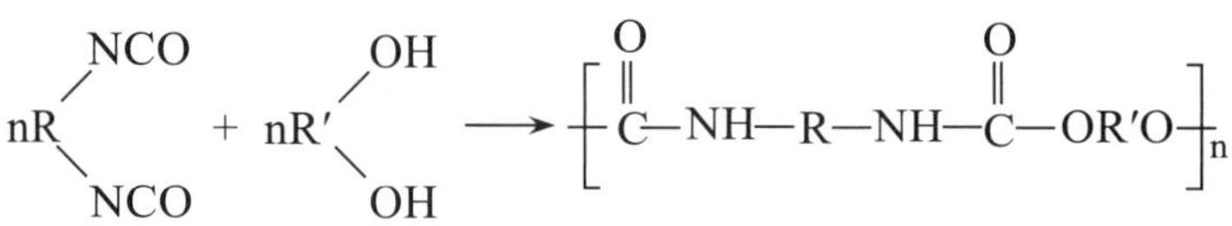

图9-13 聚氨酯的合成反应

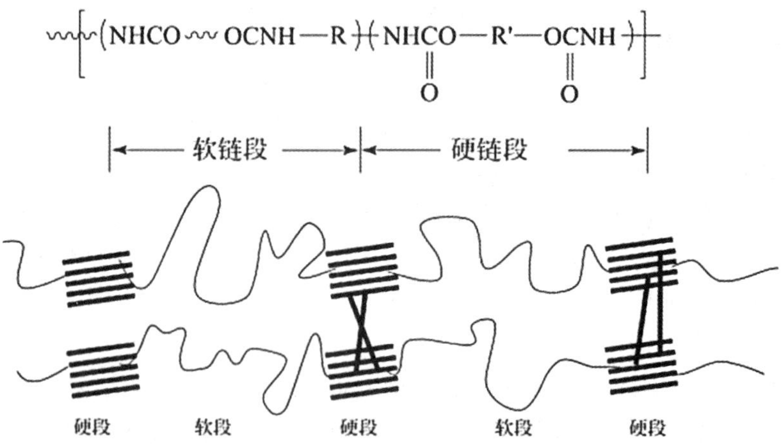

图9-14 聚氨酯的软链段和硬链段结构

(3)水性聚氨酯的原料体系与合成工艺

水性聚氨酯在环保、安全和加工方面具有明显优势，而溶剂型聚氨酯在强度和耐磨性上表现更佳。纺织品整理方面以水性聚氨酯乳液为主。在水性聚氨酯乳液的合成中，主要涉及的基本原料有多异氰酸酯、大分子多元醇化合物、亲水扩链剂、成盐剂、溶剂和水。

①多异氰酸酯

常用的品种有甲苯二异氰酸酯(TDI)、4,4'-二苯基甲烷二异氰酸酯(MDI)等芳香族二异氰酸酯，己二异氰酸酯(HDI)等脂肪族二异氰酸酯和异佛尔酮二异氰酸酯 (IPDI)、二环己基甲烷二异氰酸酯(H-MDI)等脂环族二异氰酸酯等十多个品种。芳香族聚氨酯材料的力学性能较好，但不耐黄变，由于苯环结构的存在，使得水分散液的热活化温度较高，限制了其应用范围。而脂肪族或脂环族聚氨酯的耐水解性比芳香族聚氨酯要好，储存也更稳定，更重要的是其具有优异耐黄变性能。国外高品质的聚酯型水性聚氨酯一般均采用脂肪族或脂环族异氰酸酯原料制成。我国受原料品种及价格等因素的限制，多数产品仍采用TDI为多异氰酸酯的首选原料。

②大分子多元醇

聚氨酯所用大分子多元醇化合物主要是聚醚多元醇、聚酯多元醇、聚乙二醇、聚四氢呋喃醚、聚酯酰胺、丙烯酸多元醇、蓖麻油类多元醇以及端羟基聚丁二烯橡胶、聚1,6-已二醇碳酸酯等。水性聚氨酯的制备常采用低聚物多元醇，一般以聚醚二元醇和聚酯二元醇居多，有时还使用聚醚三元醇、低支化度聚酯多元醇、聚碳酸酯二醇等小品种低聚物多元醇。聚醚型聚氨酯中的醚基易旋转，具有较好的柔顺性，较好的低温性能，且醚基不易水解，耐水解性优于聚酯型。但醚键的α碳易被氧化，产生一系列氧化降解反应。鉴于价格原因，目前国内主要采用聚醚多元醇制备水性聚氨酯。聚酯型聚氨酯强度高、黏结力好，但由于聚酯本身的耐水解性较差，故采用一般原料制得的聚酯型水性聚氨酯，其储存稳定期相对较短。若采用耐水解性的聚酯多元醇品种，可显著提高水性聚氨酯的耐水解性。国外聚氨酯涂料的主流产品均为聚酯型聚氨酯。

③亲水扩链剂

亲水扩链剂是在对端异氰酸酯基的聚氨酯预聚体进行扩链同时引入亲水性基团的物质，分为阴离子型、阳离子型和非离子型三种。常用的品种有二羟甲基丙酸（DMPA）、二羟基半酯、乙二氨基乙磺酸钠、二乙烯三胺、甲基二乙醇胺等。这类亲水扩链剂是水性聚氨酯制备中使用的专用原料，其结构中常含有羧基、磺酸基或仲氨基，当其侧挂于聚氨酯分子链上时，会使聚氨酯链段带有可被离子化的功能性基团。

④成盐剂

成盐剂也称中和剂，是一种能和羧基、磺酸基、叔氨基或脲基等基团反应形成聚合物盐或者生成离子基团的试剂。阴离子型水性聚氨酯使用的成盐剂主要有三乙胺、氨水、氢氧化钠等，阳离子型水性聚氨酯使用的成盐剂主要有盐酸、醋酸、CH_3I、$(CH_3)_2SO_4$、环氧氯丙烷等。

⑤溶剂

在预聚反应过程中，根据反应原料，有时反应过程中的黏度较大，导致搅拌困难，此时需向体系中加入有机溶剂以降低黏度，利于搅拌。同时，加入溶剂有助于体系的充分反应，使分子链进一步增长。目前合成水性聚氨酯常用溶剂有丙酮、丁酮、二氧六环、N,N-二甲基酰胺、N-甲基吡咯烷酮等。基于成本，工业上多采用丙酮作为溶剂。丙酮沸点低，易于脱除，但造成合成后期反应温度较低，延长反应时间。

合成水性聚氨酯，一般先将二异氰酸酯、低聚物二醇（或多元醇）和扩链剂预先反应，制备一定分子量的预聚体或高分子量聚氨酯树脂后，再采用相转移法将其溶解或乳化于水中。水性聚氨酯的合成方法主要有以下几种：

a. 由低聚物二醇、二异氰酸酯及小分子扩链剂，制备端-NCO聚氨酯预聚体，或在有机溶剂中制备高分子量聚氨酯，在乳化剂及高剪切力作用下乳化。

b. 由中低分子量的聚氧化乙烯二醇作为低聚物二元醇原料，与二异氰酸酯（及扩链剂）制备聚氨酯或预聚体，再分散于水中。

c. 采用含羧基、磺酸基或叔氨基的扩链剂制备聚氨酯或其预聚体，中和后制成离子型聚氨酯并乳化。根据具体情况,中和可在乳化前或与乳化同时进行,预聚体的乳化过程可用二胺扩链。

d.制备聚氨酯-脲-多胺(PUUA)。PUUA在稀酸水溶液中乳化,或将PUUA与环氧氯丙烷(ECH)的加成物在酸性水溶液中乳化,得到阳离子型聚氨酯乳液。PUUA与二乙酸酐反应,在碱性水溶液中乳化,或PUUA和ECH的加成物与内酯或磺内酯反应,在碱性水溶液中乳化,可得到阴离子型聚氨酯乳液。

e.使聚氨酯带有亲水的羟甲基。引入羟甲基的方法是利用聚氨酯的氨基与甲醛的反应,或含-NCO聚氨酯的预聚体与过量三乙醇胺反应。

f.先制备含PEO等亲水扩链性链节或基团的端-NCO预聚体,再与亚硫酸氢钠醇水溶液反应并乳化,预聚体还可与酮肟或已内酰胺等封闭剂反应,并乳化于水中,形成封闭聚氨酯乳液。

g.采用含羧基、磺酸钠或叔氨基团的低聚物多元醇制备聚氨酯预聚体并离子化,乳化于水。

利用上述方法制备的水性聚氨酯产品品种繁多,应用广泛,稳定性高,性能较好。

(4)功能化改性的技术路径

为了提高水性聚氨酯的综合性能,常对其进行改性,主要集中在五方面:原料及合成工艺改进;交联改性;使用各种助剂;优化复合;多重改性。从功能性方面来看,目前的研究集中在提高其防水透湿性和智能响应性方面。

①防水透湿型聚氨酯

防水透湿织物是指织物在一定的水压下,能阻止外部环境的雨水和雪水渗透,但人体散发的汗液却能以水蒸气的形式通过织物扩散传递到外界,不在体表和织物之间积聚冷凝。这种织物不仅能满足人们在严寒雨雪恶劣环境中的穿着需要,也适用于日常生活中人们对雨衣、帐篷等防水衣物及各种高档服装面料的要求,具有广阔的发展前景。

织物经水性聚氨酯整理后,其透湿透气性受到一定程度的影响。对于防水透湿织物而言,透湿性能是其最重要的衡量指标,但想直接用水性聚氨酯涂层获得较好透湿性较为困难,在水性聚氨酯涂层胶中引入亲水性基团以改善透湿性能极有必要。羧甲基纤维素(CMC)和海藻酸钠(ALG)具较强吸水性,形成的水溶胶有高黏稠度和混溶性,在织物涂层中可用作增稠剂、分散剂和吸湿透气剂。聚乙二醇(PEG)具有特殊透湿和热调节双重性能,分子中醚键是典型非离子亲水性基团,与水分子形成氢键具有良好导湿性。故在水性聚氨酯涂层胶中加入CMC、ALG和PEG可提高涂层织物透湿透气性能。此外,还涉及有机硅改性、交联改性和纳米改性等。

a.有机硅改性

有机硅聚合物中的硅氧键键能高,可有效提高水性聚氨酯膜的耐热性,同时硅氧烷基团容易水解形成硅羟基(Si-OH),并在成膜过程中凝结形成致密的Si-O-Si三维交联网络,提高膜的力学性能和耐水性。

有机硅组分的迁移与水性聚氨酯胶膜的耐水性改善密切相关。Zhang等研究发现,当有机硅链段引入水性聚氨酯结构,成膜过程中有机硅会在膜-空气界面处大量富集,从而提高水性聚氨酯的耐水性,整理后织物的拒水效果可达4~5级,防水效果优异。沈麟泷等采用聚丙二醇和聚四亚甲基醚二醇作为混合软段，异佛尔酮二异氰酸酯和二羟甲基丁酸作为硬段，合成出具有高耐静水压性能的水性聚氨酯涂层剂。为改善其性能，使用双端羟丙基聚硅氧烷对其进行改性，提高了水性聚氨酯胶膜的力学性能和涂层织物的耐静水压性能。

b.交联改性

聚氨酯涂层整理剂优异防水性能与透湿性能间往往互相制约。夏雪婷等将酒石酸与PEG直接反应合成具有4官能度羟基和聚氧化乙烯链段的酒石酸聚乙二醇酯（TPEG），以交联剂形式引入水性聚氨酯中，制备出交联型水性聚氨酯（TPWPU）织物涂层剂。TPEG将WPU从线型大分子链变为交联网络结构，可有效改善WPU涂膜的力学性能与防水性能。TPEG中亲水的聚氧化乙烯链段可在致密涂层中形成亲水通道，通过“吸附-扩散-解吸”过程，允许气态水透过，保证涂层织物的透湿性能。

c.纳米改性

疏水型气相纳米二氧化硅是采用活性硅烷与亲水型二氧化硅反应得到的无机疏水粒子，具有超小粒径和超大比表面积，能与高分子链结合形成立体网状结构，提高涂层膜的致密性、平整性和防水透湿性等各项性能。丁子寒等采用R972疏水型气相纳米二氧化硅对水性聚氨酯进行共混改性，以涂层方式对纯棉针织物进行整理。疏水型气相纳米二氧化硅可在水性聚氨酯体系中发挥良好纳米效应，对水性聚氨酯涂层膜的结构并无较大影响；当纳米二氧化硅为1.5 wt.%时，涂层膜的吸水率降低55.4%，涂层织物的透湿量增加54.7%，耐静水压和接触角分别增大86%和131.4%，同时复合涂层产品的力学性能也得到显著改善。

②智能响应型聚氨酯

智能响应聚氨酯是近年来的研究热点，其在防水透湿上的应用较为广泛，主要集中在温度和pH响应两方面。

a.温度响应型

温敏聚氨酯分子通常具有典型的嵌段结构，主链一般由柔性链段（软段相）和刚性链段（硬段相）嵌段而成，其软段在使用温度范围内具有明显的相态转变温度　（定义为开关温度）。温敏聚氨酯分子的硬段因刚性与极性强形成微相晶区，从而导致与软段产生明显相分离结构。通过调节软段种类、链长、以及和硬段的比例等，可制得具有不同开关温度的温敏聚氨醋材料。若聚氨酯软段采用具有结晶性能的低聚物二醇，聚氨酯的防水透湿性会在其相转变温度附近发生明显变化，从而表现出明显温敏特性。当温度升高到软段的Tg或Tm以上时，软链段的微布朗运动加剧，使得水汽分子在大分子间透过，即高聚物的扩散能力增强，从而提高了聚合物透湿性能；当温度低于软段的相转变温度时，此时聚合物处于玻璃态或结晶态，软段的自由运动被束缚，增加了对小分子物质的阻碍，从而保证低温状态时的低透湿性。

有研究人员采用聚已内酯二元醇（PCL10000），MDI和1，4-丁二醇，通过两步溶液共聚法合成了温敏型聚氨酯材料。该材料具有典型微相分离和嵌段结构，软段和硬段各具独立的结晶熔融转变温度，且软段的结晶具优良热致可逆性。当温度低于软段的结晶熔融转变温度时，软段具有完整的结晶形态，温敏聚氨醋膜的内部自由体积，孔洞尺寸和透汽性均较低；当温度高于软段的结晶熔融转变温度时，软段结晶完全熔融、消失，同时膜的内部自由体积孔洞尺寸和透汽性均明显增大，显示了温敏特性。

b.pH响应型

pH敏感型聚氨酯通常含有可电离基团，这些可电离基团在不同pH值下会发生质子化或去质子化。对于高pH响应的聚合物，其主链上连接有酸性功能基团（如羧酸、磺酸或甲基丙烯酸基团）。这些聚合物在高pH条件下发生质子化，导致链间静电排斥增加，从而吸水膨胀。对于低pH响应的聚合物，含有碱性功能基团（如吡啶衍生物、哌嗪或氨盐基团）。这些碱性功能基团在低pH条件下会发生质子化，增加邻近聚阳离子基团之间的电荷排斥，扩大链间网络，聚合物吸水膨胀。

有研究人员通过在聚氨酯骨架中引入吡啶环，成功合成了一种高pH敏感性聚合物。该材料的pH敏感性是由于在中性或碱性环境中吡啶环的N原子与聚氨酯中的N–H之间形成氢键相互作用，在酸性环境中由于吡啶环的质子化而断裂。因此，通过简单地调整环境的pH值就可以触发可逆的pH敏感性。

随着人们对服装舒适性和功能性要求的提高，防水整理剂不但需要具有高防水性，还必须具备高透湿性及防污、抗菌、抗紫外、阻燃等等多功能以及智能响应性，新的挑战必将会带来新的变革。

第四节　测试方法

一、织物表面抗沾湿性能测试方法

织物的防水特性首先体现在其表面抵抗液态水渗透的能力。当雨雪降落在经过防水处理的织物表面时，有效的水珠滚落现象不仅能维持层压结构的干燥性，还可避免因织物吸湿导致的重量增加，从而为透湿功能创造有利条件。

为科学评估这一性能，国际通行的测试方法是模拟自然降雨环境进行喷淋实验。依据AATCC 22–2020标准，实验人员需准备三块180 mm×180 mm的方形试样，将其置于恒温恒湿环境舱（21℃±1℃、65%±4%相对湿度）中进行4小时平衡处理，以消除环境波动对纤维吸湿性的干扰。随后，试样被精确固定在特制金属夹持环上，调整装置使织物经纱方向与水流路径一致，并以45°倾角架设于喷淋系统下方，确保试样中心点正对喷嘴下方150 mm处（见图9–15）。

测试启动时，250mL经严格控温（20℃±1℃）的蒸馏水通过标准孔径喷嘴持续倾泻，水流在25~30s内均匀覆盖织物表面，模拟中到大雨冲击强度。喷淋结束后，操作人员将试样水平翻转，轻叩夹持器边缘以振落表面游离水珠，此时织物表面将形成特征性水渍图案。

最终评级需参照GB/T 4745–2012规定的沾水等级标准样照（图9–16）进行视觉比对：0级试样呈现完全润湿状态，如同普通棉布遇水的渗透效果；而5级试样则表现出荷叶效应般的水珠弹跳特性，表面仅存零星水滴。值得注意的是，每块试样的评级结果需独立记录，禁止取平均值处理，以此确保对织物局部防水薄弱点的精准捕捉。该分级体系将1级及以下判定为抗沾湿性能缺失，4级以上则标志着织物具备卓越的防雨雪渗透能力。

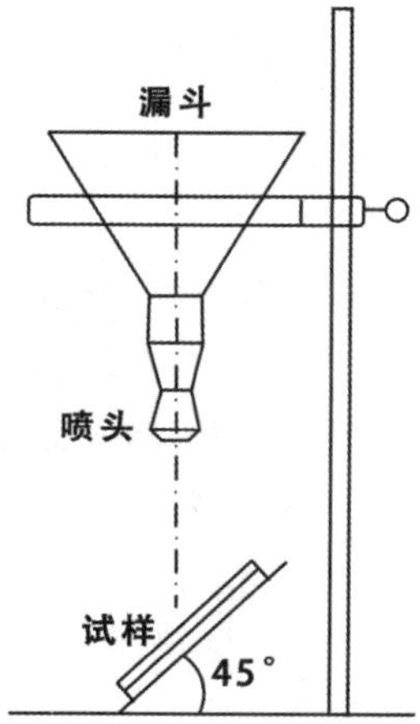

图9-15　抗沾湿性实验

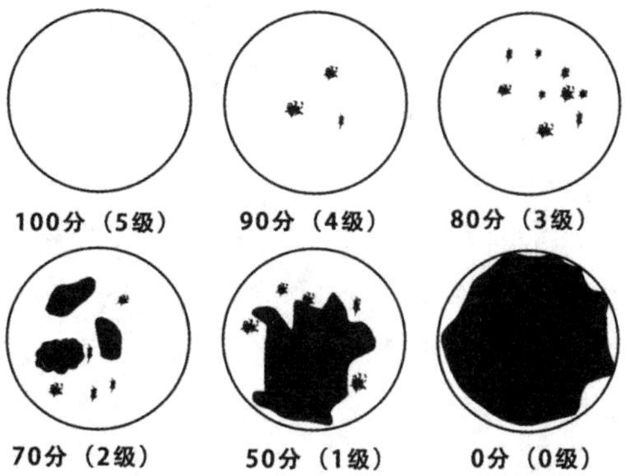

图9-16　标准沾水等级

二、织物抗渗水性能测试方法

静水压测试通过量化织物抵抗液态水渗透的临界压力值，直观反映其防水屏障效能。当实验室技术人员启动YG312型水压仪时，精密的水压加载系统开始向170 mm×170 mm试样表面施压，这一过程模拟了深海潜水服或防洪材料在极端水压环境下的实际工况。

根据ASTM D751-19标准要求，测试需采用蒸馏水介质以避免杂质干扰，试样被液压夹具紧密固定后，连通管系统开始匀速增压。随着水柱高度在透明标尺上逐步攀升，织物内部纤维与防水涂层共同承受着持续增强的流体压力。当检测到试样背面出现第三处独立渗水点时（通常呈现为直径≥1 mm的清晰水珠），系统自动锁定当前水柱高度值，此时压力值可通过公式$P=\rho gh$换算为千帕单位（例如100 cm水柱对应9.8 kPa）。

值得注意的是，该测试结果不仅揭示防水膜的完整性，更反映了织物基材的致密程度——高支高密尼龙与疏松棉帆布在同等涂层条件下会呈现显著差异。为消除偶然误差，实验要求对同批次样品进行三次独立测试，三次结果极差需控制在10%以内方可取均值记录。整个操作过程中，操作者需佩戴无粉手套，避免手指油脂改变织物表面能特性，这种严格的操作规范确保了数据的高度复现性。

三、织物耐久性防护效能评估方法

防水防油织物的功能性并非永恒不变，频繁水洗带来的机械摩擦与化学侵蚀会逐步瓦解其防护屏障。当一件采用氟碳聚合涂层的工作服经历30次标准洗涤循环后，其表面微观结构将发生显著改变——原本有序排列的氟碳链段在洗涤剂作用下发生扭曲，导致材料表面能从初始的110 mN/m升至130 mN/m以上，此时水滴接触角会从120°锐减至90°，丧失抗渗透能力。

为量化这种衰减规律，实验室根据GB/T 19977-2014模拟真实洗涤场景：在容积≥30 L的振荡式洗涤机中，织物试样与含2 g/L弱碱性洗涤剂的溶液按1∶30质量比混合，水温严格控制在27~33℃区间，通过10分钟中速揉搓（转速40±5 rpm）模拟日常磨损。每完成一次"洗涤—漂洗—脱水"循环，试样需经烘干程序恢复至恒重，如此反复直至达到预设的30次老化周期。

关键在于，检测残留防护性能前必须进行热激活处理——将试样置于150±2℃热风循环烘箱中精确焙烘240秒。此过程通过热能驱动氟碳分子发生重排，部分修复因水洗破坏的晶体结构，这类似于金属退火工艺对材料性能的恢复机制。相比之下，使用熨斗处理虽看似便捷，但实际温度波动可达±20℃，且压力施加不均易导致局部过熔，这会使同批次试样测试结果出现高达15%的离散偏差。因此，标准化焙烘工艺成为确保检测数据可比性的核心技术保障。

4.4 织物透湿性能评估方法

透湿性能的精准测定如同为织物搭建一座微观水蒸气传输观测站，实验室技术人员将直径80 mm的圆形试样密封于特制透湿杯口，杯内或盛装吸湿性极强的无水氯化钙（GB/T 12704.1-2009吸湿法），或注入恒温蒸馏水形成饱和蒸汽压（GB/T 12704.2-2009蒸发法），由此在织物两侧构建稳定的湿度梯度。

当采用GB/T 12704.2-2009中的正杯法测试时，试样外侧暴露于38℃、相对湿度50%的循环风环境中，水分子在热力学驱动下从高湿侧穿过纤维间隙向低湿侧迁移。24小时后，精密电子天平以0.0001 g分辨率称量吸湿剂的增重值，此时换算得到的水蒸气透过率[单位g/(m^2·24h)或g/(m^2·h)]。

而对于医用防护材料等低透湿产品，则需启用GB/T 12704.2-2009中的倒杯法：将透湿杯倒置使试样接触液态水，通过监测杯体质量损失计算渗透量，该方法灵敏度可精确至2g/(m^2·h)级，甚至能检测出单层石墨烯膜对水蒸气传输的阻滞效应。

4.5 织物透气性能测试方法

透气性测试实质是量化空气穿透织物屏障的难易程度。当技术人员将20 cm^2的试样夹持在圆形测试头时，精密气流控制系统开始工作，在100 Pa固定压差下，风速传感器以毫秒级精度捕捉每秒透过织物的空气体积。

根据GB/T 5453-2017标准，夏季劳保服的透气率需达到60 mm/s以上——这相当于每秒有6%的测试空气成功穿透织物，确保高温环境下体表汗液能及时蒸发；而冬季防护服则需将透气率压制在23 mm/s以内，如同为人体构筑起防风保温的微观气闸。

决定这一性能的核心在于织物纤维间的孔径及孔隙率：高密度平纹面料孔隙直径仅10~20 μm，空气分子需曲折穿行；而网眼针织物的毫米级孔洞则形成高速气流通道。这些微观结构的集合效应最终决定了服装在飓风环境中的抗风表现与高原登山时的散热效率。

参考文献

[1]张建春，黄机质，郝新敏．织物防水透湿原理与层压织物生产技术[M]．北京：中国纺织出版社；2003.

[2]Holmes DA. Waterproof breathable fabrics. In：Horrocks AR，Anand SC，editors. Handbook of Technical Textiles-A volume in Woodhead Publishing Series in Textiles：Elsevier B.V. ；2000,282-315.

[3]Loghin C，Ciobanu L，Ionesi D，Loghin E，Cristian I. Introduction to waterproof and water repellent textiles. In：Williams J，editor. Waterproof and Water Repellent Textiles and Clothing. The Textile Institute Book Series. 1. Netherlands：Elsevier Ltd.；2018. p. 3-24.

[4]李显波．防水透湿织物生产技术[M]．北京：化学工业出版社；2006.

[5]阎克路．染整工艺与原理[M]．北京：中国纺织出版社有限公司；2019.

[6]Ozek HZ. Development of waterproof breathable coatings and laminates. In：Williams J，editor. Waterproof and Water Repellent Textiles and Clothing. The Textile Institute Book Series. 1. Netherlands：Elsevier Ltd.；2018,25-72.

[7]梁治齐，陈溥．氟表面活性剂[M]．北京：中国轻工业出版社,1998.

[8]朱平．功能纤维及功能纺织品(第2版)[M]．北京：中国纺织出版社,2016.

[9]顾浩，韩杰，杨皓,等．防水整理剂的发展与应用现状[J]．纺织导报,2019;4:20-6.

[10]杜宣萱，辛斌杰，王纯,等．无氟环保型防水透湿纺织材料研究进展[J]．现代纺织技术,2021,29(03):23-9.

[11]久保元伸．含氟防水防油剂(Ⅰ)关于防水防油性能的机理[J]．印染,1995,21(12):37-41.

[12]Wenzel RN. Resistance of solid surfaces to wetting by water[J]. Industrial & Engineering Chemistry,1936,28(8):988-94.

[13]Cassie ABD，Baxter S. Wettability of porous surfaces[J]. Transactions of the Faraday Society,1944,40:546-51.

[14]Sayed U，Dabhi P. Finishing of textiles with fluorocarbons. In：Williams J，editor. Waterproof and Water Repellent Textiles and Clothing. The Textile Institute Book Series：Elsevier Ltd.,2018,139-52.

[15]章杰，张晓琴．近10年禁用含氟整理剂的新法规_新替代品和新问题(待续)[J]．印染助剂，2018;35(1):9-15.

[16]顾翼东．化学词典[M]．上海:上海辞书出版社,1989.

[17]章杰，张晓琴．列入POPs的纺织用含氟表面活性剂及新型替代品[J]．印染助剂，2009;26(2):1-6.

[18]涂伟文．纺织品防水防油剂的历史、现状和发展方向[J]．印染,2022,48(05):82-9+93.

[19]罗巨涛,姜维利．纺织品有机硅及有机氟整理[M]．北京:中国纺织出版社,1999.

[20](以)利温(Lewin,Menachem),(美)塞洛(Sello,Stephen B.)主编,王春兰译．纺织

品功能整理 上[M]. 北京:纺织工业出版社,1992.

[21]章杰，张晓琴. 近10年禁用含氟整理剂的新法规_新替代品和新问题(续一)[J]. 印染助剂,2018,45(2):8-14.

[22]章杰，张晓琴. 近10年禁用含氟整理剂的新法规_新替代品和新问题(续二)[J]. 印染助剂，2018,35(3):9-15.

[23]涂伟文，李宝洲，凯 赵. 纺织品用防水剂的发展现状及趋势[J]. 纺织导报，2024,2:21-5.

[24]陈晓妹，陆志毅，方伟镇. 新型有机硅改性聚丙烯酸酯类无氟防水的开发剂及在化纤面料上的应用[J]. 纺织导报,2024,2:26-9.

[25]Ozek HZ. Silicone-based water repellents. In: Williams J, editor. Waterproof and water repellent textiles and clothing. The Textile Institute Book Series: Elsevier B. V.; 2018,153-89.

[26]盛茂桂,邓桂琴.新型聚氨酯树脂涂料生产技术与应用[M]. 广州：广东科技出版社，2001.

[27]章杰. 环保节能型织物涂层胶的发展和应用(一) [J]. 印染,2010,36(24):41-5.

[28]黄毅萍,许戈文,等. 水性聚氨酯及应用[M]. 北京：化学工业出版社,2015.

[29]孙雪娜，鲍利红. 智能防水透湿织物用温感型聚氨酯的研究进展[J]. 印染,2016,12:49-52.

[30]崔君洁，师文钊，刘瑾姝,等. 纺织用有机硅改性水性聚氨酯研究进展[J]. 印染助剂,2024,41(4):11-21.

[31]Zhang W, Zou X, Liu X, Liang Z, Ge Z, Luo Y. Preparation and properties of waterborne polyurethane modified by aminoethylaminopropyl polydimethylsiloxane for fluorine-free water repellents[J]. Progress in Organic Coatings,2020,139:105407.

[32]沈麟泷，王成龙，宋瑶瑶，等. 高耐静水压水性聚氨酯的制备及其有机硅改性[J]. 浙江理工大学学报,2022,47(4):542-9.

[33]夏雪婷，杨建军，吴庆云，等. 交联型水性聚氨酯织物涂层剂的制备及防水透湿性能[J]. 高分子材料科学与工程,2022,38(12):56-62.

[34]丁子寒，华邱. 纳米二氧化硅改性水性聚氨酯防水透湿涂层织物的制备及其性能[J]. 纺织学报，2021,42(3):130-5.

[35]韩学琴,梁志光,田军明. 聚氨酯防水透湿整理研究进展[J]. 山东纺织科技，2021,6:50-3.

[36]周虎，曾坚贤，陈东初,等. 温敏聚氨酯软段的结晶行为及其智能响应特性[J]. 材料研究学报，2010,24(6):579-84.

[37]Tan RYH, Lee CS, Pichika MR, Cheng SF, Lam KY. pH responsive polyurethane for the advancement of biomedical and drug delivery[J]. Polymers,2022,14(9):1672-705.

[38]Chen H, Li Y, Liu Y, et. al. Highly pH-sensitive polyurethane exhibiting shape memory and drug release [J]. Polymer Chemistry，2014,5(17):5168-74.

[39]党敏. 功能性纺织产品功能性评价及检测[M]. 北京：中国纺织出版社,2019.

第十章　纺织化学品与环境保护

第一节　纺织化学品对环境的影响

一、概述

据中国印染协会《印染行业节能减排政策研究》报告，21世纪以来，我国纺织工业规模不断扩大，纤维加工量由2000年1360万吨增长到2016年5420万吨，占全球纤维加工总量53.5%。与此同时，纺织相关行业发展越来越受资源环境制约。2015年环境统计41个不同行业数据显示，纺织工业废水排放量18.4亿吨，位列全国工业废水排放第三位；COD_{Cr}排放量20.6万吨，居第四位；氨氮排放量1.5万吨，居第四位。据环保部2013年全口径统计数据分析3812户企业数据表明，纺织产业近70%废水排放源于染整行业。纺织印染工业已成为我国在污染物减排、排放总量控制、清洁生产及产业结构调整等方面严格把控的重点行业之一。

“十二五”期间，印染行业通过技术进步、管理水平提升，节能减排取得显著成效。2010-2015年，印染行业单位产品水耗下降28%，由2.5吨/百米下降到1.8吨/百米；单位产品综合能耗下降18%，由50公斤标煤/百米下降到41公斤标煤/百米；印染行业水重复利用率由15%提高至30%，提高15个百分点。我国《纺织工业发展规划（2016-2020年）》就已提出至2020年绿色发展目标为：纺织单位工业增加值能耗累计下降18%，单位工业增加值取水下降23%，主要污染物排放总量下降10%。印染行业能耗、水耗和污染物排放分别占纺织全行业的30%、70%、70%左右，这三方面的达标对完成纺织工业“十三五”绿色发展目标举足轻重。“十二五”期间，国家全面推进结构减排、工程减排、管理减排等系列污染减排政策，对印染行业结构调整起到了重要作用，印染行业总量减排成效显著。但必须清醒认识到，随着行业发展，资源环境问题仍是制约行业发展的瓶颈，节能减排形势依旧严峻。如何更好实现资源化利用，减少污染物排放，面临巨大挑战。

二、纺织化学品对环境的影响

1.纺织化学品对水体的影响

废水处理是纺织行业最主要的环境问题。资料表明：从20世纪90年代中期开始，纺织行业废水排放总量在11亿吨以上，位于各行业废水排放量前列。废水COD_{Cr}排放占全国工业排放量5%左右。其中相当一部分废水采取直排入海方式。

纺织废水主要包括印染废水、化纤生产废水、洗毛废水、麻脱胶废水和化纤浆粕废水五种。印染废水是纺织工业的主要污染源。据不完全统计，国内印染企业每天排放废水量约300万～400万吨，印染厂每加工100 m织物，产生废水量3～5吨。

印染行业涉及的纤维材料有棉、毛、麻、丝绸和化学纤维；所用染料包括直接染料、活性染料、分散染料、还原染料、硫化染料、不溶性偶氮染料、酸性染料、阳离子染料等；染色方法有散纤维染色、纱线染色、织物染色和成衣染色等。不同纤维及不同染料的印染废水性质不同，治理方法也各不相同。

化学纤维含杂质少，而棉、毛、麻、丝等天然纤维均含一定杂质，羊毛含杂最多。国产原料毛含杂约30%~70%，进口原毛含杂10%~30%，故洗毛是第一道工序。棉纤维含93%~95%纤维素，约6%杂质中，蜡状物质占0.3%~1.5%，果胶物质（以果胶酸酯计）1.0%~1.5%，含氮物质（以蛋白质计）1.0%~2.5%，灰分约1%。其中蜡状物、果胶及含氮物质须通过煮练去除，以确保印染加工质量。织造过程中，为减少摩擦断线，必须棉纱上浆，而印染过程中又须先退浆再染色，浆料成为污染物主要来源。染色过程中，多数染料上染率仅70%~80%，染色过程中20%~30%染料成为废弃物排出。一般而言，每吨织物印染使用染料约25~32 kg，助剂约22~28 kg。按照染料上染率75%计，则残留在废水中的染料高达7 kg左右，助剂也基本全部残留于废水中。因此，对染色工序而言，COD_{Cr}主要来自助剂，色度主要来自残余染料。

印染分为前处理、染色/印花和后整理三个工序。印染废水中污染物主要来自纤维材料印染过程中使用的染料与化学药剂。印染废水前处理部分，废水量约占50%左右，染色/印花部分废水量约占50%，后整理工序废水产生量少。

印染企业排放的水污染物主要为退浆浆料、煮练溶出的胶质和半纤维素、印染助剂和残留染料。浆料、染料和助剂绝大部分是有机化合物，COD_{Cr}可集中反映这些污染物总的情况。采用COD_{Cr}作为主要特征污染指标。印染废水BOD小于500 mg/L，B/C（BOD/COD）一般小于0.25，属难生物降解废水。

印染废水色度也是特征污染指标，人们极为关注。由于染料平均上染率在70%~80%，故印染废水中染料残留率高达20%~30%，是造成色度的主要因素。根据不同染料和工艺，印染废水处理前一般色度高出200~500倍。

pH值是印染废水又一特征指标。棉织物前处理时，无论退浆、煮练还是丝光均采用强碱于90 ℃左右高温处理，废水pH值在10~11范围。涤纶碱减量工艺主要使用苛性钠，废水pH值也在10~11。而丝绸印染和毛印染采用酸性染料上染，染色废水呈酸性，一般pH值为5。故印染废水或为碱性或为酸性，处理的第一道工艺是调节pH值至中性。

印染废水总氮和氨氮源于染料和其他原料。废水中总氮和氨氮并不高，在10 mg/L以下；但若采用蜡染工艺，需大量使用尿素，其废水总氮高达300 mg/L，处理达标较困难。

印染废水硫化物来源主要有三个途径：一是硫化染料和含硫涂料；二是促染时，在染色和印花过程中加入一定量硫酸盐，硫酸盐中的硫酸根在废水处理过程厌氧或酸化水解时生成硫化氢或硫离子；三是印染废水处理时，为了调节废水酸碱度，加入硫酸，引入硫酸根。就目前废水处理技术而言，废水处理过程中并无去除硫化物的工序。因此，印染废水中硫化物很难达到痕量水平。

印染废水六价铬主要源于酸性媒染染料的媒染剂、硫化染料、苯胺黑氧化剂及全氟羧酸铬络合物。

苯胺是染料工业生产中重要中间体，以其为中间体所合成的染料高达1300多种。苯胺自身也可直接作为染料用于染色。因此，印染废水中的苯胺源于以苯胺为中间体合成的染料。

2.纺织化学品对大气的影响

一般造成空气污染的化学品主要是油、蜡等碳氢化合物和有机溶剂。这些分子吸附于烟雾颗粒，并随之扩散到空气中，造成严重空气污染。纺织行业废气主要来自生产锅炉，因其大多以煤(包括一部分原煤)为燃料。煤含有一定量硫，燃烧过程中排放大量燃烧废气、二氧化硫和烟尘。此外，印染工序中，定型机也是废气主要来源。定型机工作时，常温空气从进布口进入定型机，通过热源加热烘道至140～230℃工作温度，这其中产生大量高温废气，并由引风机抽出排入大气，废气含大量热能和油分，未经热能回收及油气净化直接排放，造成能源浪费和严重空气污染。

3.纺织化学品对土壤的影响

纺织化学品污染物在土壤中可发生吸附、迁移和降解。其被吸附能力主要取决于分子自身性质(结构、电性及水溶能力)，此外还与土壤性质(黏土矿物、有机质含量和组成)、类型及介质条件(土壤溶液pH值)等密切相关。通过吸附，污染物滞留于土壤中。通过挥发、淋溶、径流及废物吸收等迁移过程，污染物转移至周边土壤环境中。土壤中迁移的主要形式是扩散和质体流动。影响因素主要有土壤水分含量、空隙率、吸附度、温度及污染物结构性质。通过降解，污染物在土壤中逐渐被转化为小分子化合物，乃至CO_2、H_2O等。微生物的生命活动是污染物降解的主要因素。此外，蚯蚓等非脊椎动物的代谢对降解污染物也发挥重要作用。土壤污染物通过植物根系根毛细胞积累于茎、叶和果实中，并被代谢降解。土壤中的污染物还经受水解、氧化-还原等化学降解、机械降解及光解作用。

三、纺织化学品环境毒理

1.生物可降解性

阴离子型表面活性剂生物可降解性从高到低依次为：线型脂肪皂类＞高级脂肪醇硫酸酯＞线型醚类硫酸酯＞线型烷基～烯基磺酸盐＞线型高级硫酸酯＞支链高级硫酸酯＞支链醚类硫酸酯＞支链十二烷基苯磺酸钠。直链十二烷基苯磺酸钠生物可降解性好，但降解过程中产生苯，对鱼及水生物有害，进而危害食物链。阴离子型表面活性剂中生物可降解性较好的有脂肪醇硫酸酯、脂肪醇聚氧乙烯醚硫酸钠、烯基磺酸钠、仲烷基磺酸钠、烷基葡糖苷和多肽基表活剂等。

非离子型表面活性剂的分解速度与聚氧乙烯链的长短相关，即$(EO)_n$中n越大，链越长，分解越慢。如：烷基酚聚氧乙烯醚的EO数n=3～10，其生物可降解性比其他脂肪醇聚氧乙烯醚(如渗透剂JFCn=4～5，MOAn=3～4)更差。TX-10等烷基酚聚氧乙烯醚在降解过程中产生酚，对鱼类及水生物有害。脂肪酸聚氧乙烯酯类非离子型表面活性剂酯键易水解，具有低泡、无毒、生物可降解性好等特点，如柔软剂SG、乳化剂SE-10等。

阳离子型表面活性剂的毒性使生物降解受阻，用乳化活性污泥基本能使烷基三甲基氯化铵降解，但对二烷基二甲基氯化铵和烷基吡啶氯化物的降解性较差。阳离子柔软剂中含双长链烷基者生物可降解性差且毒性较大，应控制使用。阳离子型表面活性剂排放过程中与阴离子型表面活性剂结合后易降解。阳离子型表面活性剂含有氮、磷、硫等多种元素(以氮为主)，会产生水体污染。

某些工业洗涤剂会加入助洗剂三聚磷酸钠和助溶剂尿素。由于三聚磷酸钠中的磷和尿素中的氮是引起水体富营养化的重要因素，可引发水中藻类和浮游生物急剧生长与繁殖，导致水体溶解氧下降，水质恶化造成鱼类及其他水生物大量死亡。氧漂中使用含磷类稳定剂，亦影响生物可降解性。

2.生物毒性

纺织助剂的生物毒性问题主要集中于表面活性剂。表面活性剂作为洗涤剂被大量使用初期，人们发现其对皮肤产生明显刺激作用，逐步认识到其在接触过程中对人体安全性潜在危险及随废水排入水体对环境生态系统的影响。表面活性剂的毒性包括急性毒性、鱼毒性和细菌藻类毒性。表面活性剂的毒性或安全性常以试验动物口服的半致死剂量(LD_{50}, g/kg)表示，LD_{50}在1g/kg以上一般认为急性毒性较低。废水或污水中残留表面活性剂对水生生物的危害则用半致死浓度(LC_{50}, mg/L)表示，即鱼毒性，其数值越小，毒性越大。鱼类可安全生存的表面活性剂浓度应在0.5 mg/L以下，1～5 mg/L将使敏感鱼类致病。

表面活性剂对人体经口毒性可分为急性、亚急性和慢性3种毒性。急性毒性是指被实验动物一次口服、注射或皮肤涂抹后产生急性中毒。阳离子表面活性剂有较高毒性，阴离子型毒性居中，非离子型和两性表面活性剂的毒性普遍较离子型表面活性剂低。两性表面活性剂的LD_{50}甚至比乙醇LD_{50}(6670 mg/kg)还低，与食盐相当，因而较为安全。表10-1是各种常见表面活性剂的LD_{50}值。

表10-1 常见表面活性剂口服急性毒性

种类	表面活性剂	LD_{50}(g/kg)
阴离子型	直链烷基苯磺酸盐($C_{12\sim14}$)	1.3～2.5
	十二烷基硫酸钠	1.3
	辛基酚聚氧乙烯硫酸钠	3.7～5.4
	烷基磺酸钠	3.0
	脂肪醇聚氧乙烯醚硫酸钠(C_{12})	1.8
非离子型	十二醇聚氧乙烯(4)醚	8.6
	十二醇聚氧乙烯(7)醚	4.1
	十二醇聚氧乙烯(23)醚	8.6
	十八醇聚氧乙烯(2)醚	25.0
	壬基酚聚氧乙烯(9～10)醚	1.6
阳离子型	十六烷基三甲基氯化铵	0.4
	十六烷基吡啶氯化物	0.2
	十二烷基二甲基苄基氯化铵	0.6

通常，表面活性剂使水的表面张力下降到50 mN/m时，鱼类难以存活。对淡水鱼毒性，表面活性剂质量浓度为1 mg/L时的死亡率为10%；2 mg/L时死亡率为40%；4 mg/L时死亡率为90%；80 mg/L时死亡率达100%。针对LC_{50}很低的表面活性剂，应控制其使用浓度。其中以LAS和APEO(10)为原料制成的助剂，对鱼的毒性最大。BASF公司规定助剂先进指标为LC_{50}>100 mg/L；LC_{50}=1～100 mg/L能使用；LC_{50}<1 mg/L属强毒性，不能使用。阴离子表面活性剂烷基苯磺酸钠对鱼的急性毒性，链长C_{10}其LC_{50}为100 mg/L，链长C_{11}为27.9 mg/L，链长C_{12}为6.6 mg/L，链长C_{13}为1.8 mg/L，链长C_{14}为0.5 mg/L。可见链长对LAS的毒性影响很大，有效的生物降解对其毒性消除至关重要。壬基酚聚氧乙烯(6-EO)醚对鲤鱼的LC_{50}-48h

为0.7 mg/L，而壬基酚聚氧乙烯（11–EO）醚为5.4 mg/L，壬基酚聚氧乙烯（21–EO）醚达93.0 mg/L。表10–2是常见表面活性剂的LC_{50}值。

表10–2　常见表面活性剂LC_{50}值

种类	表面活性剂	LC_{50}（mg/L）	全部存活浓度极限（mg/L）	全部致死浓度极限（mg/L）
阴离子型	马赛皂	20.5	5 ~ 10	40 ~ 80
	抹香醇硫酸盐	2.0	0.3 ~ 1.5	3.2
	直链烷基苯磺酸盐	2.2	0.2 ~ 1.0	4.0
非离子型	壬基酚聚氧乙烯（6EO）醚	0.7	0.5	2.0
	壬基酚聚氧乙烯（9EO）醚	1.7	0.6	3.0
	壬基酚聚氧乙烯（11EO）醚	5.4	0.5 ~ 2.0	8.0
	壬基酚聚氧乙烯（17EO）醚	18.3	5.0 ~ 10.0	40.0
	壬基酚聚氧乙烯（21EO）醚	93.0	40.0 ~ 80.0	160.0
	月桂醇聚氧乙烯（7EO）醚	1.7	1.2	2.4
	油醇聚氧乙烯（19EO）醚	2.5	0.6	3.0

表面活性剂对细菌与藻类的毒性以ECO_{50}表示，指24h内表面活性剂对水生细菌与藻类运动抑制程度的性质，一般在1 ~ 67 mg/L内。BASF公司规定ECO_{50}>100 mg/L为先进指标，ECO_{50}在1 ~ 100 mg/L可使用，若ECO_{50}<1 mg/L则不能使用。表10–3是几种常见表面活性剂的ECO_{50}值。

表10–3　常见表面活性剂对菌藻类毒性

表面活性剂		ECO_{50}（mg/L）	
		水蚤	藻类
阴离子型	直链烷基磺酸钠$C_{12 \sim 14}$	42 ~ 50	—
	线形醚类硫酸酯	5 ~ 70	60
	辛基酚聚氧乙烯醚硫酸钠	5 ~ 70	10 ~ 100
非离子型	十二醇聚氧乙烯（7–EO）醚	10	50
	十八醇聚氧乙烯（10–EO）醚	48	—
	壬基酚聚氧乙烯（9–10EO）醚	42	50
阳离子型	十二烷基三甲基氯化铵	82	—

表面活性剂的化学结构与其水生生物毒性的关系可归纳为以下3点：①疏水性越大（HLB值越小），其水生生物毒性越大；②乙氧基越多，其水生生物毒性越低。

3. 人体毒性

表面活性剂中，对皮肤的刺激性从大到小依次为：阳离子型>阴离子型>非离子型。日用肥皂一般为阴离子型，水解产生NaOH，可除去皮肤表面油脂但会对部分人（尤其婴儿）产生刺激性。

各类印染助剂中，对人体健康产生危害的主要来源是助剂在使用过程中产生的游离甲醛。从报道甲醛对人体皮肤有刺激性及被疑致癌性以来，各国政府都限制了其容许含量，我国TJ36-79标准规定，在居民区甲醛最高允许浓度为0.05 mg/m^3，印染车间为3 mg/m^3。ECO-Tex规定儿童服装游离甲醛含量低于20 mg/kg，贴身衣物为75 mg/kg，其他服装为300 mg/kg。某些柔软剂，如柔软剂S-1、HRQ、TR、MS-80、MS-20、DTD等均为硬脂酸胺与甲醛反应制得。由于柔软整理后不经水洗，故甲醛残留较多。2D树脂等整理剂在生产过程中也需与甲醛反应，在产品中留下残余甲醛。此外，一些固色剂、阻燃剂、防水剂、黏合剂等助剂也有较高含醛量。

某些纺织化学品中重金属离子对人体危害也不容忽视。阻燃剂三氧化二锑乳液中含有大量汞；防水剂CR、Phobo Tex C等均为硬脂酸与三氯化铬在甲醇中生成的络合物，由于成分中含有Cr（VI），已被禁用；媒染剂重铬酸盐，均为Cr（VI）氧化物；照相雕刻中使用的感光胶，以$(NH_4)_2Cr_2O_7$为光敏剂；花筒镀铬使用的原料铬酐，均属禁用品。

此外，有机卤化物毒理极为有害，且潜势很大。德国MAK委员会第30号公告指出22类物质为致癌物，有机卤化物榜上有名。印染助剂受其影响，如净洗剂LS、聚氨酯涂层剂等均需注意该成分。应避免使用部分高温匀染剂及含联苯氯化物及氯代烃载体。通常载体对人体和环境均有害，可使动物致癌致畸。氯漂时释放的游离氯，对人体有害，空气中最高允许浓度为1 mg/m^3。氯漂时释放的少量二氧化氯，其毒性更高，最高允许浓度为0.1 mg/m^3。某些抗菌整理剂如THDE（2，4，4-三氯-2-羟基二苯醚），能与含氯漂白剂生成三种有毒氯化物，受热和紫外线辐照后生成致癌物，禁止停用。

第二节　环保法规对纺织化学品的影响

一、概述

纺织化学品的环境污染问题引起世界各国关注，纷纷采取措施，制定法规，并召开全球环境保护会议，防止生态环境进一步恶化。由于各国法律及法规标准不一，必将对国际贸易产生深远影响，引发一场“绿色生产”与“绿色产品”市场竞争，造成技术壁垒，极有必要制定国际标准。国际标准化组织ISO于1992年成立了环境问题特别咨询组（ISO/SAGE），并在此基础上于1993年6月正式成立了环境管理技术委员会（ISO/TC207），开始着手制定环境领域的国际标准。该委员会于1996年10月颁布了制定的ISO 14000系列环境保护标准。它以审核、评定、标志、生命周期评定为基础，包括一套综合性管理型标准。我国也已于1997年4月将ISO 14000系列标准转化为国家标准。开展ISO 14000认证为自愿行为，旨在通过对企业环境管理体系进行客观与公正评价，帮助企业建立自我约束机制和科学管理体系，实现企业增长方式从粗放型向集约型转变，形成有利于节约资源、降低消耗、保证质量、控制污染、增加效益的经营机制，从而提高企业在市场竞争中的有利地位。目前ISO 14000已被认为是国际贸易的绿色通行证，值得我国纺织印染界人士给予足够重视。纺织印染助剂生产商及用户必须做好准备，开发环保型纺织印染助剂以支持纺织印染行业将环保产品打入国际市场。

二、纺织化学品国际相关法规

1.REACH法规

REACH法规是欧盟规章《化学品注册、评估、许可和限制》的简称，于2007年6月1日实施。是关于化学品注册、评估、授权和限制的法规，包括技术壁垒、环境壁垒、社会壁垒等新型贸易壁垒，旨在保护人类健康的环境和市场，增强欧盟化学工业竞争力。为了实现这些目标，欧盟建立了统一的化学品监控管理体系，将市场3万种化学品及下游产品纳入注册、评估和授权三个管理系统。REACH法规对化学品的主要管控措施是注册、限制、通报和授权，其对纺织印染产品的管控主要体现在限制危险物质和通报高度关注物质两方面。REACH法规核心内容为3个物质清单，即限制物质清单、SVHC候选物质清单和授权物质清单。

REACH法规把高度关注物质（即SVHC）列为重点监控对象，主要指下列物质：①致癌、致突变或对生殖系统有毒的物质；②持久稳定存在，生物积累和毒性物质；③非常持久稳定和高生物积累的物质；④经科学评价可能对人体和环境造成严重影响的物质，如环境激素等；⑤具有危险性，如剧毒物质、皮肤和呼吸道过敏物质，以及易燃、易爆物质；⑥多氯二噁英、多氯联苯等斯德哥尔摩公约禁止生产和销售的12种持久性有机污染物。自2008年10月28日公布第1批SVHC清单以来，欧盟每隔半年根据最新科学研究成果、各国政府法律法规中限制的新化学物质及有毒有害化学物质对人类安全与健康和环境的挑战等因素更新SVHC清单。

随着REACH法规注册工作的不断推进，各类化学品风险信息和毒理学数据的不断丰富，纳入3个物质清单的有害化学物质越来越多。2020-2021年3项物质清单均有所增加，其中限制物质清单已增至第74项，项目数达71项。修订3项与纺织有关的限制物质，删除第22项五氯苯酚及其盐类和酯类、第67项十溴联苯醚和第68项全氟辛酸及其盐类和相关物质，它们同时被列为欧盟POPs法规管控物质。2020年中和2021年初，ECHA又先后公布了2批最新SVHC清单（共6项物质），这6项新物质中，与纺织相关化学物质共2项，均为纺织助剂。迄今SVHC清单中的物质总数达211项，其中涉及纺织化学品物质合计107项，占总数50.7%；其中涉及纺织助剂的SVHC物质有78项，占37.0%；涉及染料与中间体的SVHC物质有29项（有1项与涉及纺织助剂的相同），占13.7%。2020年2月7日，欧盟委员会用指令发布REACH法规修订案Regulation（EU）2020/171，正式修订REACH法规授权物质清单（新增11项授权物质），授权物质总数增至54项。

2.OEKO-Tex Standard

OEKO-Tex Standard由“奥地利纺织研究院”设计，15个国家组成“国际生态纺织品研究和检验协会”颁布，于1992年4月7日发布执行，是当今使用最广最有影响力的纺织品生态标准。OKEO-Tex Standard首次引用了生态纺织品概念，从消费者角度以不伤害使用者健康为前提，规定了纺织品生态性能最低要求。包括在纺织品中禁止或限量使用的有毒有害物质限量值及分析方法。具体分为OEKO-Tex Standard 100和OEKO-Tex Standard 200。OEKO-Tex Standard的生态性指最终产品对人身健康无害，不涉及生态环境保护，也不涉及纺织品生命全周期。该标准专为测试纺织品及辅料的有害物质的方法和标准，适用对象为纺织品生产链中的各类纺织品，从纤维到纱线、面料和成衣、家纺成品，及成品中用到的各类辅料产品如纽扣、拉链、织标、缝纫线、衬布等，不适用于染料和助剂等化学品。

3. ECO-Lable

该标准于1992年由欧共体以法律形式推出，是目前国际上最严，影响最大的生态纺织品技术标准。ECO-Lable分为三个主要类目即纺织纤维标准、纺织加工和化学品标准、使用标准的适用性，其主要关注纺织品生命周期中的主要生产工序对环境产生的影响，旨在减少纺织品供应链中有害物质的释放。该标签不但考虑纺织品在生产、加工、销售、使用及废弃等过程中的环境因素，还考虑到生产者对环境和社会肩负的责任，如对自然资源和能源的消耗，释放到空气、水、土壤中的有害物质，产生的废水和噪音等。

4. RSL清单

2007年6月，美国服饰和鞋类协会推出首版《限用物质清单》(简称RSL)，该清单包含了世界各国法规或政府立法限制的家用纺织品、服饰、鞋类产品中的化学物质和其他物质。RSL将超过150种有害物质按芳香胺、分散染料、溶剂、杀虫剂、石棉、氟化温室气体、二噁英和呋喃、阻燃剂、金属、有机锡化合物、其他化学品和邻苯二甲酸酯类增塑剂等12个大类，分别列出CAS编号、化学名或染料索引名称、限制或在最终产品或所测组分限量、限用国家或地区、相应法规、测试方法(检测限)、其他也限制使用此化合物的国家及附注等内容。

5. 日本生态标签标准

生态标签标准是日本环境协会制定的自愿性标准，其中纺织品中化学物质标准主要依据日本《家用产品中有害物质控制法》(112法)和《关于日用品中有害物质含量法规的实施规则》制定的有毒有害化学物质限量标准，以及禁用致癌染料两部分内容组成。112法与纺织有关的化学物质涉及：阻燃剂、杀虫剂、甲醛、有机锡化合物、有机汞化合物、含磷和含溴阻燃剂等。

6. 全球有机纺织标准

全球有机纺织标准由美国有机贸易协会、英国土壤协会、德国天然纺织工业国际协会与日本有机棉协会联合组织制定。该标准对前处理助剂的要求主要分为三方面：(1)禁用和限用物质；(2)禁用的生物毒性和生态毒性的物质种类；(3)物质毒性、生物可降解性和生物累积性等指标限制。有机纺织品最终产品要求检测项目：氯苯酚、邻苯基苯酚、芳香胺、AOX、甲醛、乙二醛及其他短链醛、pH值、杀虫剂总量、重金属、有机锡化合物等。

7. 欧盟相关法规

2002年9月11日欧盟委员会发出了2002年第61号指令，禁止使用在特定(即还原)条件下分解产生22种致癌芳香胺的偶氮染料，并规定2003年9月11日后，在欧盟15个成员国市场上销售的欧盟自行生产或从第三国进口的有关产品中，含22种致癌芳香胺偶氮染料的量不得超过30ppm。这是将欧共体1994年发布67/1548指令附录C2级中的内容进一步法律化，并形成欧盟所有成员国的统一行动。

2003年1月6日欧盟委员会发出了2003年的第三号指令，规定在欧盟的纺织品、服装和皮革制品市场上禁止使用一种蓝色含铬偶氮染料(Index No.611-070-00-2)，并从2004年6月30日起在欧盟15个成员国中生效。

2003年3月欧盟公布了修改的《未来化学品政策》白皮书。同年5月7日欧盟又公布了《化学品政策咨询文件》7册共1140页，206万字。上述文件简称《欧盟未来化学品新政策》。根据该新政策，欧盟将建立统一的化学品监控管理体系。该体系包括化学品注册、评估、许可等3个系统。进口的化工产品和下游用户的产品同样要符合此规定。该政策涵盖产品范围之广、涉及产品之多、检测成本之高，史无前例，绝大多数企业无法承受，纺织品和纺织化学品又为重点。可以说该新政策从表面看只是一部规范欧盟成员国内部的化学品管理法律，实质上是对化学品特别是纺织品和纺织化学品设置的又一个新的更加严厉的“绿色壁垒”。

欧盟2003/53/EC指令规定除特定情况，如用于涂料印花黏合剂等除外，对APEO的使用、流通和排放作相应限制：限定若化学品及其制备物中APEO（烷基酚聚氧乙烯醚）及AP（烷基酚）含量高于0.1%（1000 mg/kg，质量百分率），则该化学品及其制备物不能用于纺织品、皮革加工、纸浆生产、造纸生产、化妆品、杀虫剂和生物杀灭剂的配方。据报道，APEO能造成对眼睛和皮肤的刺激，其产生的环境激素可对人的生殖健康产生直接影响。在织物阻燃后整理中，涂层或浸轧、浸渍、喷涂或阻燃染色同浴中，需避免使用APEO类表面活性剂。更为关键的是，需从染整源头把关，各种前处理后整理助剂都应避免使用APEO。

欧盟2005/84/EC指令对六种邻苯二甲酸酯物质DEHP、DBP、BBP、DINP、DIDP、DNOP进行限制，其中前三种不得用于儿童玩具和用品中，含量不得超过0.1%。后三种不得用于能入口的儿童玩具及儿童类物品中，每种含量不得超过0.1%。REACH限制类列表关于邻苯二甲酸盐（酯）的描述与2005/84/EC指令一致。在纺织品阻燃涂层开发中，有不少配方采用增塑剂改善手感。就目前而言，限用邻苯二甲酸盐/酯指令较多，大量法规频繁涉及和更新，需要科研人员及时跟踪，做好新品研发和品控管理。

2009/251/EC指令规定：产品或产品零件中富马酸二甲酯含量不应超过0.1mg/kg；产品及包装内不得使用含富马酸二甲酯的干燥剂、防霉剂小袋。国内仍有少数企业采用富马酸二甲酯作防霉剂用于纺织品或包装袋，故纺织阻燃品生产企业需从整个产业链管控富马酸二甲酯。

欧盟2009/425/EC规定消费品或消费组件中特定的有机锡化合物（如三丁锡[TBT]化合物、三苯基锡[TPT]化合物、二丁基锡[DBT]以及二辛基锡[DOT]化合物）浓度不得超过0.1%（质量分数，下同）。由于有机锡化合物可用作PU合成反应催化剂、PVC稳定剂、纺织抗菌防霉防腐剂，导致PU类阻燃涂层胶/阻燃织物、PU软泡、PVC中特定有机锡化合物可能超标，研发人员必须提前规避。

欧盟EN71-3指令由于对重金属的苛刻限制，开发纺织阻燃产品时，应限制重金属类协效剂及稳定剂的使用。

三、禁用和限用纺织化学品现状

典型的挥发性有机化合物即VOC，如甲苯、二甲苯、苯乙烯、乙烯基环己烷、苯基环己烷、丁二烯、氯乙烯、甲醛、芳香剂、汽油、煤油和多环芳香族碳氢化合物（如焦油）等，对人体健康和周围环境造成极大危害，不少国家制定了VOC法规，禁用和限用含VOC的纺织印染助剂。目前，世界上包含范围最广的VOC法规是美国的*Clean Air Act*。为了对助剂中的VOC有定量判断，必须进行定量分析，嗅觉判断法无论对人体的安全性还是测量的准确性而言都极为不妥。目前，国际上定义VOC是由碳元素与一个或多个氮、氧、氢、硫、磷、硅或卤素（氟、氯、溴、碘）相结合的化合物，在20℃或运行条件下其蒸汽压超过0.01 kPa，且不发生化学变化。瑞士除了考虑化学物质的蒸汽压外，还规定在标准压力下的沸点≤240℃，且不发生化学变化。这是VOC定量分析的基础,通常可采用仪器组合进行分析。禁用和限用含VOC的纺织印染助剂能否做到?回答是肯定的。以涂料印花用糊状合成增稠剂为例,纺织品涂料印花是一个会产生较大VOC量的加工过程,原先使用的糊状合成增稠剂中矿物油含量高达35%~65%,其VOC量远高于法规允许限量。随后发展了粉状增稠剂,虽然VOC量从原35%~65%降至4%~6%,但其可加工性,如溶解性和可膨胀性等较差,且粉尘易飞扬,加之配制印花糊的黏度控制和调整较困难,还因膨胀不充分而产生凝胶粒子堵塞网板等,使得粉状增稠剂在市场上难以推广。近年来开发的不含VOC天然油为基础的载体制备所得新型糊状合成增稠剂既解决了VOC问题,又兼具原有含矿物油糊状合成增稠剂的优点。代表产品有瑞士CHT公司开发的Tubivis ECO 650和Tubivis ECO 400。

助剂中的甲醛问题备受关注。关于纺织印染助剂中的甲醛含量,国内外早就颁布了相关法规。最近国际市场上不少法规和技术标准及品牌纺织品销售商的化学品限制条款中对甲醛含量的要求更为严格。按照这些要求,国内外纺织印染助剂企业都开发了不少低甲醛(甲醛含量<75ppm)和无甲醛助剂取代含甲醛助剂,包括固色剂、免烫整理剂、黏合剂、交联剂、分散剂、阻燃剂和防水拒油整理剂等。

一些含危险性化学物质的纺织印染助剂也遭禁用。危险性化学物质即DS,具有低引火点,如丙酮的引火点为-20℃,是一种危险性化学物质,对人体和环境危害不言而喻。目前,为确保纺织助剂中不含危险性化学物质,均采用高引火点、高安全性物质制备。如一缩二丙二醇甲醚引火点为74℃,三缩四丙二醇甲醚引火点为135℃,己二醇引火点为110℃等,用它们取代丙酮制备的纺织印染助剂较为安全。再如火油引火点较低,用其制备的乳化增稠浆易燃、易爆、危险性大,现已用不含矿物油或低矿物油含量的合成增稠剂取代,大大提高了涂料印花安全性。

此外还有含环境激素的纺织印染助剂。目前公认的70种环境激素中与纺织印染助剂有关的环境激素有26种,占环境激素品种总数的37%。例如多氯联苯、烷基酚、多氯二苯并对二噁英、邻苯二甲酸酯类化合物、氯化苯酚、有机锡化合物、二苯甲酮和对硝基甲苯等。这些环境激素通过不同方式进入纺织印染助剂中,大致有下列途径:①环境激素用作原料,如烷基酚;②环境激素作为最终产品,如五氯苯酚和2,4-二氯苯酚;③环境激素在助剂制备中作为副产物,如多氯联苯;④环境激素在制备助剂受到高温或燃烧时产生,如多氯二苯并对二噁英。近年,对我国纺织品进行检测发现的问题中,有相当部分与环境激素有关。列第一位的是与环境激素烷基酚直接关联的烷基酚聚氧乙烯醚(APEO),APEO在欧盟法则2003/53/EG中对其使用进行了严格限制。列第二位的是环境激素邻苯二甲酸酯类化合物,它们主要用于涂层整理、柔软整理、增塑溶胶印花及涂料染色中等。

PFOS和PFOA为具有高持久环境稳定性和高生物积累性的有毒有机氟化合物,用于织物的三防整理剂中。在制备含氟表面活性剂过程中产生,以及在制得含氟表面活性剂与整理剂分解(化学分解或生物降解)时产生,是迄今世界上发现最难降解的两种有机污染物。另外,它们具有强环境迁移性,污染范围很广,欧盟及世界各国都把禁用和限用这两种含氟物质纳入纺织品考核项目。规定PFOS和PFOA应检测不出,或PFOS在I-IV类纺织品中限量为≤1.0 μg/m^2,PFOA在所有纺织产品中的限量为≤0.025 mg/kg。

可吸附有机卤化物(AOX)在一定条件下反应生成多卤二苯并对二噁英和多卤二苯并

呋喃等致癌物质，对人体健康和生态环境的危害极大，因此也应受到限制。纺织印染助剂中涉及的物质有：①含卤有机载体，如二氯苯、三氯苯、一氯甲苯、二氯甲苯等；②氯化烃溶剂，如1，2-二氯乙烷、三氯乙烯等；③含卤整理剂，如含卤阻燃剂TRIS、PBB、PBDPE、OBDPE等；防缩整理剂；防蛀剂如MitinFF、防蛀剂N等；含卤杀虫剂如DDT等；防霉防腐剂如五氯苯酚等；含卤杀菌剂如霉菌净ASM等；④含卤前处理剂，如含卤精炼剂、含氯漂白剂等；⑤聚氯乙烯等。近年已研究开发出一些不含AOX的新型纺织印染助剂，如无卤有机载体[N-甲基邻苯二甲酰亚胺、N-环己基吡咯烷酮及85%二乙烯乙二醇与10%N-环己基吡咯烷酮组成的混合物(其余5%为水)等]、无卤阻燃剂(双环笼状磷酸酯衍生物、有机硼系阻燃剂等)，受技术、经济和应用等限制，还较难全面取代。

此外，有一些含致癌、诱变和对生殖有害化学物质的纺织印染助剂，含持久稳定和生物积累毒性化学物质的纺织印染助剂，含有或在特定条件(还原)下裂解产生24种致癌芳香胺的纺织印染助剂，均被禁用。纺织印染助剂在重金属含量等指标上也存在诸多限制。

四、环保法规下纺织化学品应对策略

1.符合环保法规，提高产品质量

自我国加入WTO以来，国际市场上不断公布禁止和限制使用纺织化学品的新规定，它们对我国纺织化学品行业和纺织行业造成了极大影响，但也反映了市场对保护环境和消费者健康的迫切要求。实际上，整个纺织化学品工业的发展自身就是一个不断推陈出新的过程，随着科学进步和环保要求不断提高，开发新型纺织化学品活动将贯穿于纺织化学品工业的整个发展过程，纺织化学品企业经营者须从这一高度进一步转变更新观念，树立绿色生产、绿色营销思想，使纺织化学品生产精细化、绿色化。另一立足点就是提高产品质量。我国纺织化学品生产企业需竭力采用国际标准组织生产，不断追踪国外先进标准和先进技术，采用新技术和清洁生产工艺，及时收集、研究各国有关法规和标准，调整产品质量指标，适应国内外市场需要。

2.提高检测技术水平

目前纺织相关企业急需纺织化学品基础数据，但我国数据检测技术有待进一步提高，还需增添更新检测设备。显然，进一步提高纺织化学品的检测技术水平，强化与欧盟等建立互相认可的合作关系，才能使我国纺织化学品检测水平尽快与国际接轨，保证纺织化学品的检测与国际同步，确保产品质量满足国际市场需求。

3.加强新产品开发

国际市场上禁止和限制使用纺织化学品的新规定、新政策对我国纺织化学品工业及纺织行业的影响巨大。大力开发环保型纺织化学品极其迫切。目前我国对取代禁用纺织化学品的新型环保型产品开发和产业化已达到一个崭新水平。我国染料生产企业已开发和生产出不少新型环保型染料，如ESM型还原染料、D型直接染料、蓝迪素毛用活性染料等。它们完全能满足国内外纺织品市场对绿色染料的需求，特别是新近开发的活性黑KN-G2RC133，可获得各项色牢度均优良的深黑色染色棉织物，提升力达12%，是取代禁用黑色直接染料如C.I.直接黑38等和黑色硫化染料的最佳选择之一。我国的助剂生产企业也开发和生产出了不少新型环保型助剂，如双氧水稳定剂GJ-201、生物酶制剂ZS-200、低温型交联剂LE-780、涂料印花黏合剂CS、免烫整理剂SDP、改性柠檬酸、RS系列有机硅柔软剂、防水整理剂H(与触媒HA并用)、防水剂WDC-108、壳聚糖抗菌防霉产品等。当前我国纺织化学品生产企业均把开发新型环保型纺织化学品的工作视为企业生存,参与市场竞争的主要技术进步内容,并不断强化,以在国内外市场上争得主动。

参考文献

[1]周晓峰.纺织品化学评价与管理[M].北京:中国环境科学出版社,2013.
[2]赵华.纺织化学与生态安全[M].北京:化学工业出版社,2014.
[3]马力.纺织助剂与环境保护[M].北京:中国环境科学出版社,2015.
[4]陈平.纺织化学与生态[M].北京:中国纺织出版社,2010.
[5]印染行业节能减排政策研究报告[R].中国印染行业协会,2017-11.
[6]印染行业“十四五”时期总量减排管理研究报告[R].中国印染行业协会,2019-11.